聚沙成塔

Go语言构建高性能、分布式爬虫项目

郑建勋/著

电子工业出版社·
Publishing House of Electronics Industry
北京·BEIJING

内 容 简 介

本书是颇具创新性的 Go 语言实战指南，巧妙地将理论知识与实践案例串联起来，为读者搭建了一套完整的知识体系和方法论。本书以爬虫项目为基础，全面阐述了 Go 语言在网络服务开发中的卓越性能，并深入探讨了如何利用 Go 语言打造高并发的爬虫系统、高性能的分布式系统，以及可扩展的领域驱动的微服务系统。本书有助于 Go 语言开发者根据编码规范，编写出简洁、高效、健壮且易于扩展的代码。同时，本书可以作为高等院校计算机和软件工程等相关专业师生的参考资料。

图书在版编目（CIP）数据

聚沙成塔：Go 语言构建高性能、分布式爬虫项目 / 郑建勋著. —北京：电子工业出版社，2023.8
ISBN 978-7-121-46040-1

Ⅰ．①聚… Ⅱ．①郑… Ⅲ．①程序语言－程序设计 Ⅳ．①TP312

中国国家版本馆 CIP 数据核字（2023）第 140428 号

责任编辑：张　晶
印　　刷：中国电影出版社印刷厂
装　　订：中国电影出版社印刷厂
出版发行：电子工业出版社
　　　　　北京市海淀区万寿路 173 信箱　　邮编：100036
开　　本：787×980　　1/16　　印张：28.5　　字数：820.8 千字
版　　次：2023 年 8 月第 1 版
印　　次：2023 年 8 月第 1 次印刷
定　　价：159.00 元

凡所购买电子工业出版社图书有缺损问题，请向购买书店调换。若书店售缺，请与本社发行部联系，联系及邮购电话：（010）88254888，88258888。

质量投诉请发邮件至 zlts@phei.com.cn，盗版侵权举报请发邮件至 dbqq@phei.com.cn。

本书咨询联系方式：faq@phei.com.cn。

献给我的父母，你们的鼓励如不灭的火焰在我心中燃烧。

献给我的女友，你的爱伴我在幽深晦暗的时光中前行。

或许你并未察觉，身边的奇迹往往由简单的元素组成。金字塔和狮身人面像由沙石堆砌而成，作为生物体遗传密码的 DNA，也不过是由几种基础的核苷酸组合而成的。当图灵在 1936 年提出图灵机的概念时，谁又能够想到，仅仅让机器遵循一些简单的规则就足以构建出今天丰富多彩的数字世界。

同样地，今天软件工程中许多令人眼花缭乱的框架与概念，都不过是基础元素的整合。但是简单元素的灵活组合，逐渐带来了让人无法轻易掌控的复杂度。在实践中，我发现很多开发者有下面的困惑。

- 疲于应付需求，程序缺乏设计，代码不规范，最终导致程序越来越难以扩展和维护。
- 不懂语法背后的运行机制，不知道如何掌握 Go 底层原理，无法解决包括性能在内的复杂系统问题。
- 不能跳出开发视角，从顶层思考整个系统的技术选型与架构设计。
- 困在自己的"一亩三分地"里，没有大规模云原生、分布式系统和微服务集群的实战经验。

本书正是尝试对一个大规模的后端系统进行拆解，用 Go 语言构建出可扩展、高并发、分布式、微服务的爬虫项目，从 0 到 1 为你呈现这个大型积木的设计和建造过程。你收获的将不只是开箱即用的爬虫框架、构建复杂项目的顶级技艺和进阶路线，更有关于如何学习的深刻洞见。

拨云见雾，走出进阶焦虑

没有人能一看到谜题就瞬间想出答案，摆脱思维定势、找到正确的进阶路线是每个求知者都会遇到的挑战。

回顾我的职业生涯，也遇到过许多困扰，几度面临焦虑，体验过一次次知识的升华。所以我想在开始正式学习之前，可以先交流一下经验，或许会有事半功倍的效果。我的职业生涯大体上可以分为四个阶段。

- 第一阶段：照猫画虎。

初入职场的时候，我会为独立完成一个小项目感到兴奋。那时候我能够实现基本的功能，喜欢研究 Go 语言的技巧，但不求甚解。后来，我逐渐意识到只琢磨一门语言的语法和技巧对成长的贡献较小。在实践中我仍然难以解释程序表现出的奇怪现象，难以解决困难的问题，也很难独当一面，这使我陷入迷茫。

- 第二阶段：深入原理。

于是，我转而系统学习知识背后的底层原理，其中就包括 Go 语言语法背后的底层原理，从基本类型的结构到 Go 运行时和 Go 编译时原理。我阅读了大量与 Go 语言相关的书籍、文章和源码。

对 Go 语言的深入理解帮助我看到了 Go 语言程序的"毛细血管",我开始能够排查、定位、解决程序中遇到的复杂问题。更重要的是,凭借对 Go 语言设计理念的了解,我能够更顺畅地设计开发出高性能、可扩展的程序了。

- 第三阶段:总揽全局。

如果说前两个阶段还只是我困在单一程序中的自娱自乐,那么设计复杂系统的实战经验让我有幸站在更高的位置驾驭大规模系统。

这一时期,我开始跳出开发单一程序的狭隘视角,站在巨人的肩膀上,借助业内的一些知名开源组件完成复杂系统的架构设计。技术选型涉及对不同组件之间的优劣判断,而前一个阶段的积累让我能够比较容易触达这些知名开源技术的原理,从而看出不同组件之间微妙的差异,让优秀的组件为我所用。

这个阶段,我在一家人工智能公司的中台部门工作。我们的系统需要应对海量的数据,也需要面临分布式系统具有的固有挑战:扩展性、一致性与可用性。对这些复杂问题的体系化思考和丰富的实战经验让我拥有了驾驭复杂分布式系统的能力。

- 第四阶段:赋能业务。

如果说前三个阶段还只是不食人间烟火似的技术修炼,那么真正让我将技术转化为生产力的是技术与业务的深度融合。

这一时期,我在一家大型互联网公司的中台部门工作,需要对接全公司所有的产品线。一开始我常常疲于应付需求,需要面对难以扩展的代码,保证系统的极高稳定性。这让我不得不进一步思考复杂业务需求之下的技术解决之道。也正因如此,我在微服务治理和稳定性建设方面积累了丰富的经验。

回顾我的职业生涯,每次进阶都离不开前一个阶段的铺垫、有意识的自我突破,也离不开理论与实践的相辅相成。在本书中,我希望从最简单的问题入手,层层深入、理论结合实践,带你一起实现一个具备扩展性、高并发、分布式、微服务的复杂系统。

我也给你绘制了一张本书的思维导图,方便你根据自己的实际情况按图索骥,欢迎你在配套资源中下载查看。我会用一种创造性的方式把知识点串联起来,形成 Go 语言和系统设计的完整知识体系与方法论。本书主要有以下几个特点。

特色一:在"玩"中学,以爬虫为基座

爬虫涵盖的知识点非常广泛,例如网页前端、数据解析、数据存储、可视化分析,等等。另外,爬虫对高并发的网络处理有极高的要求,而 Go 语言在开发网络服务方面正好有天然的优势。

此外,爬虫具有很高的商业价值,互联网就像一座免费的数字金矿,借助爬虫可以创造种类繁多的商业模式。依靠一些创意和想象力,爬虫甚至能够成为一家百亿市值公司的核心引擎。

当然,针对学习,爬虫还有一个重要的特点,那就是它生动有趣。比起一些传统的电商学习项目,爬虫项目更具有趣味性,你可以收集、过滤、组合并提炼互联网中任何你感兴趣的信息。

所以,本书以爬虫项目贯穿始终,从需求拆解和架构设计开始,帮助你独立完成能够支撑海量爬虫任务的

高并发系统、具有故障容错能力的分布式系统、具备可扩展性和领域驱动的微服务系统。在这个过程中，你会将学到的知识融会贯通。

特色二：谋定而后动，写出"好"代码

本书不只讲解如何写代码，还教你如何写出好代码。因此，我在书中不仅会给出一流团队的编码规范与扫描工具，还会讲解 Go 语言中的设计哲学。例如，Go 中为什么没有继承？如何用面向组合的设计理念使代码具备扩展性？其他系统的设计对我们的系统有哪些启发？Linux 的 VFS 层与 Go 接口的设计有什么异曲同工之处？只有遵循 Go 语言的编码规范与设计哲学，才能让我们摆脱思维定势，摆脱疲于应付需求的现状，写出简捷、高效、健壮和可扩展的代码。

特色三："深"入原理，理论结合实践

要系统掌握 Go 语言，可不是单纯的语法堆砌这么简单。了解语法背后的故事，才能够让我们"知其然，亦知其所以然"。我将在本书的项目开发中融入底层原理知识，通过理论结合实践的方式告诉你为什么代码要这样写，它背后的机制是怎样的。

举个例子，在 Go 语言中，一行简单的代码就能实现 HTTP 请求，但我会从 TCP/IP 网络模型讲起，带着你看一看一个网络包是如何层层封装、路由流转的，又是如何被硬件接收、被操作系统处理的。

更进一步地，我还会讲解 Go 语言为什么天然适合开发网络服务，为什么它借助"I/O 多路复用+非阻塞 I/O+协程调度+同步编程"的模式，能够简单高效地处理高并发网络服务。

特色四：硬核实战，"调"试复杂问题

代码是调试出来的，我会在本书中为你总结系统的性能分析方法论，并给出丰富的实战案例，"手把手"教你调试代码，定位线上复杂问题。

特色五：不畏浮云遮望眼，掌"控"更大规模系统

此外，我还会跳出开发单一程序的狭隘视角，为你系统介绍大型互联网产品的整个生命周期。同时，我还会为你介绍大规模微服务集群的典型架构，深入探讨微服务协议、架构、治理等问题。最后，我们还将看到在更大规模数据量、更复杂的业务和更多的服务时下面临的固有挑战，并深入浅出地讲解分布式系统在可用性与一致性之间的权衡。

当我们掌握了构建复杂系统的一整套方法论，就不会拘泥于特定的系统与细节了。当我们有能力掌控全局、创造真正的价值时，又怎会困在"内卷"的恶性循环中患得患失呢？

本书附带一个配套的爬虫项目，它可以帮助你更好地理解和实践书中的内容。你可以在以下地址找到项目的源代码：https://github.com/dreamerjackson/crawler。

本书在各个章节使用了特定的标签，如"vx.x.x"，这些标签对应项目的不同阶段。要查看特定阶段的代

码，你可以在 GitHub 项目页单击"Tags"选项，然后选择对应的标签。

对于熟悉命令行的读者，你可以先克隆这个项目（通过 git clone [URL]命令，其中[URL]是项目的链接），然后使用 git checkout [tagname]命令在本地查看和使用对应标签的代码。

读者服务

微信扫码回复：46040

- 获取本书配套资源
- 加入本书读者交流群，与作者互动
- 获取[百场业界大咖直播合集]（持续更新），仅需 1 元

目　录

第 1 篇　项目准备

第 2 篇　项目设计

第 3 篇　Worker 开发

第 7 篇 意犹未尽

第 1 篇

项目准备

1

基础知识：磨刀不误砍柴工

编程就像建造房屋。如果没有一个良好的基础，你就无法建造出坚固和可靠的结构。

——计算机行业谚语

构建一个复杂的 Go 项目如同搭建复杂的积木。想象一下，在搭建复杂积木之前，我们需要准备良好的环境（宽阔整洁的桌面、收纳盒）、拥有基础的要素（各种类型的零件）以及掌握必要的规则（零件拼接的规则）。同理，在构建复杂的 Go 语言项目之前，我们需要掌握一些 Go 语言的基础知识。

即使是在大型互联网公司，能够系统掌握 Go 语言用法的人也相对较少。很多人在做项目时直接采用实践出真知的方式，虽然这是一种解决问题的方法，但由于缺乏对 Go 语言体系的了解，这种做法限制了我们对语言的使用，并可能埋下隐患。举个例子，在 Go 项目中不使用通道可能并不妨碍实现功能，但如果我们压根不知道 Go 语言中还有这种更好地实现协程间通信的方式，那么构建的项目质量就是值得怀疑的，错误的设计对项目后期的影响是深远的。

因此，我们有必要先梳理 Go 语言的基础知识，查漏补缺，以便具备进一步学习的理论基础。

1.1 Go 语言的历史与设计理念

作为一门 2009 年才正式开源的高级编程语言，Go 语言取得了非凡的成功。Go 已成为云原生领域的流行语言[1]，"杀手级"的系统 Docker 与 Kubernetes 都是用 Go 语言编写的。目前，国内外使用 Go 语言的公司相当多。了解这门语言诞生的时代背景、创造者的编程哲学和设计理念，有助于我们更好地理解这门语言适用的场景及其未来发展趋势。

没有语言的时代，只有时代的语言，任何语言都是时代发展的产物。我们已经有了很多经典的语言（如 C、C++、Java、Python 等），它们都是在特定的时代背景下，为了解决特定的问题诞生的。然而，**在互联网迅猛发展的数十年中，出现了越来越多新的场景与挑战，例如大数据、大规模集群计算、上千万行的服务器代码、更复杂的网络环境、多核处理器成为主流等**。那些成熟但"上了年纪"的语言没能为新的挑战

---

[1] Go 语言成功的原因：https://cacm.acm.org/magazines/2022/5/260357-the-go-programming-language-and-environment。

提供直接的解决方案，Go 语言在这种时代背景下应运而生。

正如罗勃·派克（Rob Pike）在 2012 年的演讲①中提到的，Go 语言是为了应对谷歌在软件工程和基础架构上遇到的困难而设计的。这些困难包括软件开发变得缓慢和笨拙、软件设计的复杂度越来越高、编译速度越来越慢等。因此，设计 Go 语言的目标并不是要探索一种突破性的语言，而是让 Go 语言专注于软件开发过程本身，成为设计大规模软件项目的优秀工具，为软件开发提供生产力和扩展性。

为了实现这个目标，Go 语言在充分吸收和借鉴优秀开发语言特性的基础上，也审视了它们的缺陷。设计者使用第一性原理思维，思考复杂挑战背后的本质问题，并尝试用简单的设计来解决。

让我们来看看 Go 从哪些编程语言中"取了经"。

1.1.1　Go 语言的"祖先"

就像杂交生物会产生惊人的优势一样，新的编程语言也融合了过去优秀编程语言的特性和优点，产生了新的强大的表现力。如图 1-1[1]所示，Go 语言至少从三个"祖先"中继承了优势。

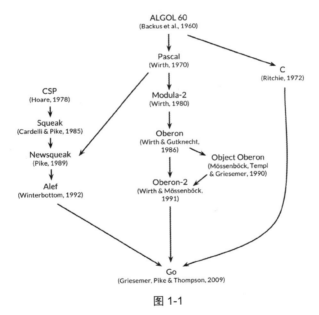

图 1-1

首先，Go 语言受 C 语言影响颇深。有时 Go 甚至被描述为 21 世纪的 C 语言，因为 Go 语言在许多方面（例如表达式语法、控制流语句、基本数据类型、参数的值传递、指针，等等）都与 C 语言相似。其次，Go 语言和 C 语言都力求编译出高效的机器可识别的二进制代码，这与 Python 等脚本语言以及需要把代码转换为字节码的 Java 存在本质区别。Go 语言在 C 语言语法的基础上做了许多改进，包括在 if 和 for 中不用加入()，也不用在每个语句的末尾加入;等。

①　https://go.dev/talks/2012/splash.article。

Go 语言的第二个"祖先"是 Pascal → Modula-2 → Oberon → Oberon-2 这条语言分支，Go 语法设计中的 package、import、声明以及特殊的方法声明的灵感都来自此处。

Go 的第三个"祖先"是 CSP→ Squeak → Newsqueak → Alef 这条语言分支，Go 语言借鉴了 CSP，并引入了 Channel 用于协程间的通信，这也是 Go 区别于其他语言的重要特性。Tony Hoare 在 1978 年第一次发表了关于通信顺序进程的想法。通信顺序进程（Communicating Sequential Processes，CSP）是描述并发系统中交互模式的形式化语言，它通过通道传递消息。在过去，多线程或多进程程序通常采用共享内存进行交流，通过信号量等手段实现同步机制，但 Tony Hoare 通过同步交流（Synchronous Communication）的机制解决了交流与同步两个问题。

CSP 语言利用通道发送或接收值进行通信。在最初的设计中，通道是无缓冲的，因此发送操作会阻塞，直到被接收端接收后才能继续发送，这就提供了一种同步机制。Rob Pike 和其他先驱在 Squeak 中实现了 CSP 的思想，并影响了之后的 Alef、Newsqueak、Limbo 等多种编程语言。

1.1.2　Go 的特性

除了吸收其他语言的优点，Go 语言还考虑了其他语言面临的问题，并解决了当前软件开发中的许多挑战，以下是几个较为重要的特性。

1. 高效的编译器和依赖管理

过去，C、C++编写的大型项目面临编译缓慢、依赖不受控制的问题。**为了提高编译速度，Go 语言会在 package 中有未使用的依赖项时报错，确保程序的依赖树准确**。在构建程序时，Go 语言避免编译多余的代码，从而最大限度地减少了编译时间。

另外，Go 语言的编译器还做了大量优化。当执行 import 导入包时，编译器只需打开一个与导入包相关的 obj 文件（object file），而无须导入依赖的源代码。这种方式具有扩展性，不会随着 Go 代码库的增多导致编译时间呈指数级上升。同时，Go 对 obj 文件的结构进行了优化，以便更快地导入依赖。

Go 依赖管理的特性还包括禁止循环依赖。因为代码之间的循环纠缠会导致模块间难以解耦和独立管理。取消循环依赖意味着编译器无须一次性编译大量的源代码。不过，这也要求我们在程序设计早期就确认 package 边界，并合理设计 package 目录，否则后期出现循环依赖问题将难以解决。

Go 还精心设计了标准库，为了避免导入庞大的依赖库，设计者甚至保留了一些冗余代码，从而在一定程度上缩短了编译时间。

2. 面向组合而非继承

Java、C++等面向对象的语言曾给软件工程带来深刻的革命，通过将事物抽象为对象和行为，并通过继承等方式实现对象间的关联。相较于面向过程编程，面向对象编程对现实有了更强的解释力，事实证明面向对象的思想在构建大规模程序中取得了成功。

Go 语言支持面向对象编程，但采用了独特的方式。**Go 语言中没有继承，设计者认为继承带来了类型的层次结构。随着程序的发展，继承使代码越来越难以变动**，这将导致代码变得非常脆弱，也导致开发者容易在前期进行过度设计。

因此，Go 语言摒弃了基于类型的继承，转而采用扁平化的、面向组合的设计。这种正交式组合不仅易于构建复杂程序，还具有良好的扩展性以应对后期功能变动。

在 Go 语言中，我们可以为任何自定义的类型添加方法，而不仅限于对象（例如 Java、C++ 中的 Class）。Go 语言中的接口是一种特殊类型，是其他类型可实现的方法签名集合。只要类型实现了接口中的方法签名，就隐式地实现了该接口。这种隐式实现接口的方式被叫作 Duck Typing，是一种极具表现力的设计。

3. 并发原语

Go 语言诞生于多核 CPU 盛行和互联网迅猛发展的时代，这对高并发提出了新的要求。例如，现代 Web 服务需处理海量的开发者连接，而传统的 C++ 或 Java 在语言级别上缺乏足够的并发支持。**Go 语言原生支持并发**，在线程之上抽象出了更加轻量级的协程，通过简单的关键字就可以快速创建协程，并借助运行时对协程进行管理与调度。

同时，Go 语言实现了 CSP 并发编程模式，通道成了 Go 语言中的一等公民。**通过通道共享内存的方式屏蔽了很多底层的实现细节，开发者无须了解互斥锁、条件变量及内存屏障等细节，让并发编程变得更简单。**

4. 简单与健壮性

Go 语言简捷易学，语法相对简单，缺少复杂特性。这是因为 **Go 团队在将新的特性加入语法时非常谨慎，做到了非必要不添加。** 在其他语言的实践中，一些特性带来的常常是复杂性而不是生产力，这也是 Go 语言起初未加入泛型的原因。经过时间验证和社区讨论，Go1.18 开始加入了泛型特性。

为了保证代码的健壮性，Go 屏蔽了一些容易犯错的操作。例如无隐式数值转换、无指针运算、无类型别名、运行时会检查数组边界。Go 语言采用垃圾回收管理内存，无须手动管理内存。Go 还具备内存逃逸功能，允许传递栈上变量地址，而这在 C 语言中会导致野指针问题。

Go 语言中还有一些设计和语言设计理念有关，例如没有继承、不暴露线程的局部存储、不暴露协程 ID。

5. 丰富的标准库与强大的工具集

软件工程需要包含一整套工具，这样才能更好地完成代码编写、编译、调试、分析、测试和部署等工作。例如，Go 语言自带的 go fmt 工具负责代码的格式化，go vet 报告代码中可能的错误，而 go doc 可以用于生成代码的注释文档。后续我们还会介绍其他优秀的工具与库。

Go 语言的基础知识可分为开发环境、基础语法、语法特性、并发编程、项目组织与依赖管理、工具与库六部分。 接下来，我们将分别介绍每部分内容。

1.2　开发环境

俗话说，"工欲善其事，必先利其器。"一个合格的开发者首先需要准备好开发环境。

（1）安装语言处理系统，以解释、编译或运行编写的代码。

（2）配置 Go 语言环境变量，如 GOPATH、GOPROXY。

（3）搭建舒适的集成开发环境（GoLand、Vim、VSCode 或 Emacs），以便快速开发代码。挑选集成开发环境需要考虑语法高亮、项目文件纵览与导航、查找与替换功能、编译错误跳转及跨平台运作。确保环境具备断点和调试、快速存取最近文件或项目、智能代码补全等功能。

（4）合格的开发者需要熟悉编辑器中的快捷键，例如上移（Up）、下移（Down）、右移（Right）、左移（Left）、复制当前或选中行（Duplicate Line or Selection）、提取选中内容为函数（Extract Method），还有众多的快捷键，不再赘述。

（5）掌握 Go 语言的一些命令行工具，特别是一些基础的命令。在命令行中可以执行多种子命令，如表 1-1 所示。

表 1-1

命令	说明
go bug	打开浏览器，报告错误信息
go bulld	编译源代码
go clean	移除目标文件和缓存文件
go env	输出 Go 环境信息
go fix	旧版本代码修正为新版本
go fmt	格式化源文件
go generate	扫描特殊注释，用于自动生成 Go 文件
go get	添加指定版本的依赖
go list	列出指定代码包的信息
go mod	依赖管理工具
go run	编译并运行源代码
go test	测试代码
go tool	运行特殊的 Go 工具
go version	输出 Go 版本
go wet	静态扫描代码，报告代码中可能的错误

1.3　基础语法

Go 语言的基础语法与其他高级语言相似，包括变量与类型、表达式与运算符、基本控制结构、函数和复合类型。

1. 变量与类型

需要了解以下内容。

- 变量的声明与赋值。特别是在 Go 函数中使用相当频繁的变量赋值语句 := ，它在编译时进行类型自动推断。

- Go 语言中的基本类型，包括整型、浮点型、复数、布尔型、字节、字符和字符串。
- 变量的命名规则。
- 变量的生命周期，了解变量何时存在和消亡。
- 变量的作用域，包括全局作用域、包作用域、文件作用域和函数作用域。

2. 表达式与运算符

除了对变量有深入理解，我们还需要掌握表达式与运算符，帮助程序完成基础的运算。运算符包括算术运算符、关系运算符、逻辑运算符、位运算符、赋值运算符和地址运算符。

当多个运算符同时存在时，运算符的优先级如表 1-2 所示。

表 1-2

优先级（由高到低）	运算符
5	* / % << >> & &^
4	+ - | ^
3	== != < <= > >=
2	&&
1	||

3. 基本控制结构

程序并不都是一行一行按顺序执行的，还可能根据条件跳转到其他语句执行，涉及基本控制结构。**无论多复杂的算法，都可以通过顺序、选择、循环 3 种基本控制结构构造出来**。Go 语言基本控制结构包括：

（1）if else 语句。

```
if {

}else if {

}else {

}
```

（2）switch 语句。

```
switch var1 {
    case val1:
        ...
    case val2,val3:
        ...
    default:
        ...
}
```

（3）4 种 for 循环语句。

- 完整的 C 风格的 for 循环。

```go
for i := 0; i < 10; i++ {
    fmt.Println(i)
}
```

- 只有条件判断的 for 循环。

```go
i := 1
for i < 100 {
    fmt.Println(i)
    i = i * 2
}
```

- 无限循环的 for 循环。

```go
for {
    fmt.Println("Hello")
}
```

- for-range 循环。

```go
evenVals := []int{2, 4, 6, 8, 10, 12}
for i, v := range evenVals {
    fmt.Println(i, v)
}
```

4. 函数

函数是高级编程语言中的重要概念。通过函数，我们可以为一连串的复合操作定义一个名字，并把它们作为一个操作单元。函数是一种强大的过程抽象技术，有助于构建大规模程序。在 Go 语言中，函数具有一些独特的性质，例如，函数是"一等公民"。以下是函数的基本用法。

（1）基本的函数声明。

```go
func name(parameter-list) (result-list) {
    body
}
```

（2）函数的多返回值特性。

```go
func div (a,b int) (int,error){
    if b == 0 {
        return 0, errors.New("b cat't be 0")
    }
    return a/b,nil
}
```

（3）可变参数函数。

```go
func Println(a ...interface{}) (n int, err error)
```

（4）递归函数。

另外，我们还需要掌握像递归这样复杂的函数形式，了解它的使用场景和执行过程。

```go
func f(n int) int {
  if n == 1 {
    return 1
  }
  return n * f(n-1)
}
```

函数作为"一等公民"拥有一些灵活的特性。

（5）函数作为参数可以提升程序的扩展性。

```go
func visit(list []int, f func(int)) {
  for _, v := range list {
    f(v)
  }
}
func main() {
  // 使用匿名函数打印切片内容
  visit([]int{1, 2, 3, 4}, func(v int) {
    fmt.Println(v)
  })
}
```

（6）函数作为返回值，常用于闭包和构建功能中间件，以较小的代价增加新功能而不修改核心代码。

```go
func logging(f http.HandlerFunc) http.HandlerFunc{
  return func(w http.ResponseWriter, r *http.Request) {
    log.Println(r.URL.Path)
    f(w,r)
  }
}
```

（7）函数作为值可提升服务的扩展性。

```go
var opMap = map[string]func(int, int) int{
  "+": add,
  "-": sub,
  "*": mul,
  "/": div,
}
f := opMap[op]
f()
```

最后要强调的是，在调用函数时，参数是通过值传递的，在调用过程中修改函数参数不会影响原始值。

5. 复合类型

如果说函数是对功能的抽象，那么复合类型带来了数据的抽象。

高级编程语言将简单类型组合成复合类型，提升了程序设计的抽象程度，增强了模块化程度和语言表达能力。例如，在处理分数时，分数包含分子和分母，如果我们只有基础的数据类型，那么这种处理将变得烦琐。而如果有了复合类型，我们就可以将分子和分母看作一个整体。复合类型是将数据对象组合成更复杂对象的"胶水"，使程序设计、维护和修改更容易。Go 语言中的内置复合类型包括数组、切片、哈希表和开发者自定义的结构体。

在 Go 中，切片比数组更常用。切片的基础语法如下。

（1）声明与赋值。

```
var slice1 []int
numbers:= []int{1,2,3,4,5,6,7,8}
var x = []int{1, 5: 4, 6, 10: 100, 15}
```

（2）使用 append 向切片中添加元素。

```
y := []int{20, 30, 40}
x = append(x, y...)
```

（3）截取切片。

```
numbers:= []int{1,2,3,4,5,6,7,8}
// 从下标 2 到下标 4，不包括下标 4
numbers1 :=numbers[2:4]
// 从下标 0 到下标 3，不包括下标 3
numbers2 :=numbers[:3]
// 从下标 3 到结尾
numbers3 :=numbers[3:]
```

在 Go 语言中，切片是非常容易犯错的数据结构，需要结合切片的原理才能理解得比较深刻。本书第 20 章还会详细介绍。

对于 Map 哈希表，我们需要掌握它的优势、使用场景和基本语法。

（1）Map 声明与初始化。

```
var hash map[T]T
var hash = make(map[T]T,NUMBER)
var country = map[string]string{
    "China": "Beijing",
    "Japan": "Tokyo",
}
```

（2）Map 的两种访问方式。

```
v := hash[key]
v,ok := hash[key]
```

（3）Map 赋值与删除。

```
m := map[string]int{
    "hello": 5,
}
delete(m, "hello")
```

自定义结构体是对程序进行数据抽象、增强编程语言表达能力的有效方式。例如，在实现分数加法时，如果没有自定义结构体的抽象，那么可能的实现方式如下。

```
func add(n1 int,d1 int,n2 int,d2 int) (int,int){
    return (n1*d2 + n2*d1), (d1*d2)
}
```

在这里，函数的参数是一长串的分子与分母。当我们调用 add 函数时，还需要保证正确地传递了每个参数，例如第一个参数为第一个数字的分子，第二个参数为第二个数字的分母……这也意味着 add 函数的调用者不仅要小心地排列其传递的参数，还要关注 add 函数内部执行和返回的细节。而自定义结构体可以为我们解决这样的问题，其基本语法如下。

（1）结构体声明与赋值。

```
type Nat struct {
    n   int
    d   int
}
var nat Nat
nat := Nat{
    2,
    3
}
nat.n = 4
natq := Nat{
    d:  3,
    n:  2,
}
```

（2）匿名结构体，常用于测试或 JSON 序列化反序列化等场景。

```
var person struct {
    name string
    age  int
    pet  string
}

pet := struct {
    name string
    kind string
} {name: "Fido", kind: "dog"}
```

（3）结构体的可比较性，如表 1-3 所示。

表 1-3

类型	可比较性	说明
布尔	可比较	
整数	可比较	
浮点	可比较	
复数	可比较	
字符串	可比较	

类型	可比较性	说明
指针	可比较	如果两个指针指向相同的变量，或者两个指针均为 nil，则它们相等
通道	可比较	如果两个通道都是由相同的 make 函数调用创建的，或者两个通道都为 nil，则它们相等
接口	可比较	如果两个接口具有相同的动态类型和相同的动态值，或者两个接口都为 nil，则它们相等
结构体	可比较	如果结构体的所有字段都是可比较的，则它们的值是可比较的
数组	可比较	如果数组元素的类型可比较，则数组可比较。如果两个数组对应的元素都相等，则它们相等
切片	不可比较	
函数	不可比较	
哈希表	不可比较	

同时，我们需要了解使用结构体的场景，掌握应该何时使用结构体来抽象复杂的数据模型。

1.4　语法特性

Go 语言拥有许多独特的语法特性，包括 defer、接口和反射等。让我们先从 defer 说起。

1. defer

defer 是 Go 语言中的关键字之一，应用广泛，如用于资源释放和 panic 捕获等场景。

```
defer func(...){
    // 实际处理
}()
```

我们需要掌握 defer 的几个关键特性，包括延迟执行、参数预计算、LIFO（后进先出）执行顺序。此外，Go 语言内置的 recover 函数用于异常恢复，需要与 defer 函数结合使用才能发挥作用。

```
func f() {
    defer func() {
        if r := recover(); r != nil {
            fmt.Println("Recovered in f", r)
        }
    }()
    fmt.Println("Calling g.")
    g(0)
    fmt.Println("Returned normally from g.")
}
```

2. 接口

接口在 Go 语言中是实现模块解耦、代码复用和控制系统复杂度的重要手段，因此，了解接口的使用方法和应用场景至关重要。让我们了解接口的基本用法。

Go 语言中的接口分为两种类型：带方法的接口和空接口（不考虑泛型的情况）。带方法的接口内部包含一系列方法签名。

```
type InterfaceName interface {
   fA()
   fB(a int,b string) error
   ...
}
```

空接口内部不包含任何内容，可以存储任意类型。

```
type Empty interface{}
```

接口部分需要掌握的知识点如下。

（1）接口的声明与定义。

```
type Shape interface {
   perimeter() float64
   area() float64
}
var s Shape
```

（2）隐式地让一个类型实现接口。

```
type Rectangle struct {
   a, b float64
}
func (r Rectangle) perimeter() float64 {
   return (r.a + r.b) * 2
}
func (r Rectangle) area() float64 {
   return r.a * r.b
}
```

（3）接口的动态调用方式。

```
var s Shape
s = Rectangle{3, 4}
s.perimeter()
s.area()
```

（4）接口的嵌套。

```
type ReadWriter interface {
   Reader
   Writer
}
type Reader interface {
   Read(p []byte) (n int, err error)
}
type Writer interface {
   Write(p []byte) (n int, err error)
}
```

（5）接口类型断言。

```
func main(){
```

```
    var s Shape
    s = Rectangle{3, 4}
    rect := s.(Rectangle)
    fmt.Printf("长方形周长:%v, 面积:%v \n",rect.perimeter(),rect.area())
}
```

（6）根据空接口中动态类型的差异选择不同的处理方式（例如在 fmt 库和 JSON 库的参数为空接口函数的内部处理中广泛使用）。

```
switch f := arg.(type) {
case bool:
    p.fmtBool(f, verb)
case float32:
    p.fmtFloat(float64(f), 32, verb)
case float64:
    p.fmtFloat(f, 64, verb)
```

（7）接口的比较性，具体规则如下。

- 动态类型值为 nil 的接口变量总是相等的。
- 如果只有 1 个接口为 nil，那么比较结果总是 false。
- 如果两个接口都不为 nil，且接口变量具有相同的动态类型和动态类型值，那么两个接口是相同的。关于类型的可比较性，可以参见前面讲到的结构体的比较性。
- 如果接口存储的动态类型值是不可比较的，那么在运行时会报错。

3. 反射

在计算机科学中，反射可以让程序在运行时动态地检查和修改它的结构（类型、对象、方法等）。反射为 Go 语言提供了复杂、灵活的处理能力。尽管在实践中反射使用较少，但在基础库和网络库中（如 fmt 库、json 库等）使用较多。反射能在运行时获取、检查、设置结构体或参数的类型和数量，并根据方法名动态调用函数。

（1）反射的两个重要类型。

反射的两个重要类型为 reflect.Value 与 reflect.TypeOf。可以通过函数 ValueOf 与 TypeOf 获得它们。reflect.Value 表示反射的值，reflect.Type 表示反射的实际类型。其中，reflect.Type 是一个接口，包含许多和类型有关的方法签名，例如 Align 方法、String 方法等。

```
func ValueOf(i interface{}) Value
func TypeOf(i interface{}) Type
```

（2）反射转换为值。

reflect.Value 中的 Interface 方法以空接口的形式返回 reflect.Value 中的值。如果要进一步获取空接口的真实值，那么可以通过空接口的断言语法对接口进行转换。

```
var num float64 = 1.2345
pointer := reflect.ValueOf(&num)
value := reflect.ValueOf(num)
```

```go
fmt.Println(pointer.Interface())
fmt.Println(value.Interface())
p := pointer.Interface().(*float64)
v := value.Interface().(float64)
fmt.Println(p)
fmt.Println(v)
```

除了使用接口进行转换，reflect.Value 还提供了一些转换到具体类型的方法，例如 String()、Int()、Float()。这些特殊的方法可以加快转换的速度。

```go
a := 56
x := reflect.ValueOf(a).Int()
fmt.Printf("type:%T value:%v\n", x, x) //type:int64 value:56
b := "Naveen"
y := reflect.ValueOf(b).String()
fmt.Printf("type:%T value:%v\n", y, y) //type:string value:Naveen
c := 12.5
z := reflect.ValueOf(c).Float()
fmt.Printf("type:%T value:%v\n", z, z) //type:string value:Naveen
aa := 56
xx := reflect.ValueOf(&aa).Elem().Int()
fmt.Printf("type:%T value:%v\n", xx, xx) //type:int64 value:56
```

（3）reflect.Kind。

reflect.Value 与 reflect.Type 都具有 Kind 方法，可以获取标识类型的 Kind，其底层是 unit。Go 语言中的内置类型都可以用唯一的整数进行标识。在实践中，通过 Kind 类型可以方便地验证反射类型是否相同。

```go
type order struct {
    ordId      int
    customerId int
}
func createQuery(q interface{}) {
    t := reflect.TypeOf(q)
    k := t.Kind()
    fmt.Println("Type ", t) // main.order
    fmt.Println("Kind ", k) // struct
}

func main() {
    num := 123.45
    equl := reflect.TypeOf(num).Kind() == reflect.Float64
    fmt.Println("kind is float64: ", equl) // kind is float64: true
    o := order{
        ordId:      456,
        customerId: 56,
    }
    createQuery(o)
}
```

（4）间接访问。

reflect.Value 提供了 Elem 方法返回指针或接口指向的数据。注意，如果 Value 存储的不是指针或接口，则使用 Elem 方法时会出错，因此在使用时要非常小心。

```
var x int = 42
value := reflect.ValueOf(&x)
pointer := value.Elem()
fmt.Println(x) // 42
```

（5）修改反射的值。

```
var num float64 = 1.2345
pointer := reflect.ValueOf(&num)
newValue := pointer.Elem()
newValue.SetFloat(77)
fmt.Println("new value of pointer:", num) // 77
```

（6）遍历结构体字段。

通过 reflect.Type 类型的 NumField 函数获取结构体中字段的数量。relect.Type 和 reflect.Value 都有 Field 方法，relect.Type 的 Field 方法主要用于获取结构体的元信息，其返回 StructField 结构，该结构包含字段名、所在包名、Tag 名等基础信息。

```
user := User{1, "jonson", 25}
getType := reflect.TypeOf(input)
getValue := reflect.ValueOf(input)
for i := 0; i < getType.NumField(); i++ {
    field := getType.Field(i)
    value := getValue.Field(i).Interface()
    fmt.Printf("%s: %v = %v\n", field.Name, field.Type, value)
}
```

（7）修改结构体字段。

要修改结构体字段，可以使用 reflect.Value 提供的 Set 方法。

```
var s struct {
    X int
    y float64
}

vs := reflect.ValueOf(s)
vx:= vs.Field(0)
vb := reflect.ValueOf(123)
vx.Set(vb)
```

（8）方法动态调用。

要获取任意类型对应的方法，可以使用 reflect.Type 提供的 Method 方法，Method 方法需要传递方法的 index 序号。在实践中，我们更习惯使用 reflect.Value 的 MethodByName 方法，根据方法名返回代表方法的 reflect.Value 对象。

```go
for i := 0; i < getType.NumMethod(); i++ {
    m := getType.Method(i)
    fmt.Printf("%s: %v\n", m.Name, m.Type)
}

// MethodByName 无参数的函数调用
func (u User) ReflectCallFuncNoArgs() {
    fmt.Println("ReflectCallFuncNoArgs")
}
m := getValue.MethodByName("ReflectCallFuncNoArgs")
args = make([]reflect.Value, 0)
m.Call(args)
// MethodByName 有参数的函数调用
func (u User) RefCallAgrs( age int, name string) error {
    return nil
}
m = ref.MethodByName("RefCallArgs")
args = []reflect.Value{reflect.ValueOf(18),reflect.ValueOf("json")}
m.Call(args)
```

（9）其他类型。

通过反射，我们不仅可以查询和修改之前的变量，还可以生成某一个类型的反射变量。Go 提供了 XXXof 方法构造特定的 reflect.Type 类型，如下所示。

```go
ta := reflect.ArrayOf(5, reflect.TypeOf(123)) // [5]int
tc := reflect.ChanOf(reflect.SendDir, ta) // chan<- [5]int
tp := reflect.PtrTo(ta) // *[5]int
ts := reflect.SliceOf(tp) // []*[5]int
tm := reflect.MapOf(ta, tc) // map[[5]int]chan<- [5]int
tf := reflect.FuncOf([]reflect.Type{ta},
    []reflect.Type{tp, tc}, false) // func([5]int) (*[5]int, chan<- [5]int)
tt := reflect.StructOf([]reflect.StructField{
    {Name: "Age", Type: reflect.TypeOf("abc")},
}) // struct { Age string }
```

为了根据 reflect.Type 生成对应的 reflect.Value，Reflect 包中提供了对应类型的 makeXXX 方法。

```go
func MakeChan(typ Type, buffer int) Value
func MakeFunc(typ Type, fn func(args []Value) (results []Value)) Value
func MakeMap(typ Type) Value
func MakeMapWithSize(typ Type, n int) Value
func MakeSlice(typ Type, len, cap int) Value
```

除此之外，Go 语言的特性还包括处理指针的 unsafe 包，以及调用 c 函数的 cgo 等。unsafe 包在语义上不具备兼容性，cgo 编写与调试困难、不受运行时的管理，这些技术比较复杂而且不常使用，所以在本书中不把它们放到"基础知识"部分。Go 语言还有一个重要的语法特性涉及并发原语，即协程与通道。因为并发极为重要，所以以下文专门讲解。

1.5　并发编程

Go 语言以易于编写高并发程序而闻名，这是它区别于其他语言的特点之一。在 Go 语言中，与并发编程紧密相关的就是协程与通道。我们需要区分几个重要的概念。

- **进程、线程与协程。** 进程是操作系统资源分配的基本单位；线程是操作系统资源调度的基本单位；协程位于开发者态，是在线程基础上构建的轻量级调度单位。
- **并发与并行。** 并行指同时处理多个任务，而并发指同时管理多个任务。
- **主协程与子协程。** main 函数是特殊的主协程，它退出之后整个程序都会退出。而其他的协程都是子协程，子协程退出之后，程序正常运行。

Go 语言将协程启动与调度工作托管给了运行时，我们可以只关注如何优雅安全地关闭协程，以及如何进行协程间的通信。

Go 语言实现了 CSP 并发编程模式，把通道视为 Go 语言中的"一等公民"，通道的基本使用方式如下。

（1）通道声明与初始化。

```
chan int
chan <- float
<-chan string
```

（2）通道写入数据。

```
c <- 5
```

（3）通道读取数据。

```
data := <-c
```

（4）通道关闭。

```
close(c)
```

（5）通道作为参数。

```
func worker(id int, c chan int) {
    for n := range c {
        fmt.Printf("Worker %d received %c\n",id, n)
    }
}
```

（6）通道作为返回值（一般用于创建通道的阶段）。

```
func createWorker(id int) chan int {
    c := make(chan int)
    go worker(id, c)
    return c
}
```

（7）单方向的通道，用于只读和只写场景。

```
func worker(id int, c <-chan int)
```

（8）select 监听多个通道实现多路复用。当 case 中的多个通道状态准备就绪时，select 随机选择一个分支执行。

```
select {
    case <-ch1:
        // ...
    case x := <-ch2:
        // ...use x...
    case ch3 <- y:
        // ...
    default:
        // ...
    }
```

除了使用通道完成协程间的通信，Go 还提供了一些其他手段。

（1）如何使用 Context 处理协程使其优雅退出和级联退出，将在第 14 章详细介绍。

```
func Stream(ctx context.Context, out chan<- Value) error {
    for {
        v, err := DoSomething(ctx)
        if err != nil {
            return err
        }
        select {
        case <-ctx.Done():
            return ctx.Err()
        case out <- v:
        }
    }
}
```

（2）传统的同步原语：原子锁。Go 语言提供了 atomic 包用于处理原子操作。

```
func add() {
    for {
        if atomic.CompareAndSwapInt64(&flag, 0, 1) {
            count++
            atomic.StoreInt64(&flag, 0)
            return
        }
    }
}
```

（3）传统的同步原语：互斥锁。

```
var m sync.Mutex
func add() {
    m.Lock()
    count++
    m.Unlock()
}
```

（4）传统的同步原语：读写锁，适合多读少写场景。

```
type Stat struct {
    counters map[string]int64
    mutex sync.RWMutex
}
func (s *Stat) getCounter(name string) int64 {
    s.mutex.RLock()
    defer s.mutex.RUnlock()
    return s.counters[name]
}
func (s *Stat) SetCounter(name string){
    s.mutex.Lock()
    defer s.mutex.Unlock()
    s.counters[name]++
}
```

除此之外，Go 语言还在传统的同步原语基础上提供了许多有用的同步工具，包括 sync.Once、sync.Cond、sync.WaitGroup。本书第 17 章还会详细介绍它们。

1.6 项目组织与依赖管理

为构建大型系统，在了解了 Go 语言的基本语法之后，我们还需要"站在巨人的肩膀上"，使用其他人已经写好的代码库。因此，我们需要妥善管理项目依赖的第三方包。

1. 包和文件

Go 语言程序由一个或多个包组成。一个包可以被看作一个目录，包含一组相关文件，这些文件包含了程序所需的函数、类型和变量等信息。在 Go 语言中，每个文件都必须属于一个包，而且一个包中只能声明一个包名。包名通常与文件所在的目录名相同。

我们通过 import 语句导入其他包，以便使用这些包提供的函数、类型和变量等信息。Go 语言的标准库中包含许多可供直接使用的包。此外，我们还需要了解包的一些规则。

- 包名应该使用小写字母，避免使用下画线或驼峰式命名。
- 包的导入路径应该是唯一的，不能与其他包的导入路径相同。
- Go 语言中的可见性规则非常严格，由变量、函数、结构体的首字母是否大写决定。只有可见的变量、函数、结构体才能在其他包中被访问和使用。

我们通常将相关的文件放在同一个目录下，并且使用有意义的文件名来描述它们的作用和功能。此外，我们还可以使用子目录来进一步组织和管理文件，以便更好地理解和维护程序。在第 13 章中，我们将看到如何在有众多依赖的复杂项目中更好地组织代码。

2. 依赖管理

Go 的依赖管理经历了长时间的演进。现如今，Go Module 已经成了依赖管理的事实标准，熟练使用 Go Module 已经成了 Go 语言开发者的必备技能。关于 Go Module 的演进、使用和原理，第 13 章会有更深入的介绍。

```
module github.com/dreamerjackson/crawler

go 1.18

require (
    github.com/PuerkitoBio/goquery v1.8.0 // indirect
    github.com/andybalholm/cascadia v1.3.1 // indirect
)
```

除此之外，理解 GOPATH 这种单一工作区的依赖管理方式也是非常必要的，因为现阶段它并没有完全被废弃。

3. 面向组合

构建大规模程序需要我们完成必要的抽象，这样才能屏蔽一些细节，从更高的层面去构建大规模程序。之前，我们介绍了一些比较经典的思想，比如函数用于过程的抽象、自定义结构体用于数据的抽象。如果你喜欢钻研，那么我建议你阅读 *Structure and Interpretation of Computer Programs* 这本书，感受这些简单元素背后的非凡哲学。

在理解了过程抽象与数据抽象之后，我们再来看另一种简单而又强大的设计哲学——面向组合。面向组合可以帮助我们完成功能之间的正交组合，轻松构建复杂的程序，还可以让我们灵活地应对程序的变化。

下面举一个在 I/O 操作中实现面向组合思想的例子，代码如下。

```
type Reader interface {
   Read(p []byte) (n int, err error)
}

type Writer interface {
   Write(p []byte) (n int, err error)
}

// 组合了 Read 与 Write 功能
type ReadWriter interface {
   Reader
   Writer
}

type doc struct{
   file *os.File
}

func (d *doc) Read(p []byte) (n int, err error){
   p,err := ioutil.ReadAll(d.file)
   ...
}

// v1 版本
```

```
func handle(r Reader){
    r.Read()
    ...
}

// v2 版本
func handle(rw ReadWriter){
    rw.Read()
    rw.Write()
    ...
}
```

Reader 接口包含了 Read 方法，Writer 接口包含了 Write 方法。假设我们的业务是进行与文档相关的操作，doc 类型一开始实现了 Read 功能，将文件内容读取到传递的缓冲区中，函数 handle 中的参数为接口 Reader。

随着业务发展，我们又需要实现文档写的功能，这时我们将函数 handle 的参数修改为功能更强大的 ReadWriter 接口。只需让 doc 实现 Writer 接口，就隐式地实现了 ReadWriter 接口。这样，通过组合，我们不动声色地完成了代码与功能的扩展。如果你想进一步了解结构体与接口的组合，那么可以查阅 *Effective Go*。在第 12 章中，我们还将实践面向组合的设计哲学。

1.7　工具与库

Go 语言致力于成为大型软件项目的理想工具，因此它不仅需要在语法上给出自己的解决方案，还需要在整个软件的生命周期（开发、测试、编译、部署、调试、分析）内具备完善的标准库和工具。随着 Go 语言的发展，越来越多优秀的第三方库应运而生。

1. 代码分析与代码规范工具

Go 语言自带了许多工具，它们可以规范代码、提高可读性，促进团队协作、检查代码错误等。

我们可以将这些工具分为静态与动态两种类型。其中，静态工具对代码进行静态扫描，检查代码的结构、代码风格及语法错误，这种工具也被称为 Linter。下面是一些静态扫描工具。

（1）go fmt。

静态扫描工具包括 go fmt，它能够格式化代码，规范代码的风格。

```
go fmt path/to/your/package
```

除了 go fmt，我们还可以直接使用 gofmt 命令将单独的文件进行格式化。

```
gofmt -w yourcode.go
```

gofmt 还可以完成替换的工作，可以使用 gofmt --help 查看帮助文档。

（2）go doc。

go doc 工具可以生成和阅读代码的文档说明。文档是使软件可访问和可维护的重要组成部分，我们需要编写准确、易于编写和维护的文档。在理想情况下，文档注释应该与代码本身耦合，以便文档与代码一起演进。go doc 可以解析 Go 源代码（包括注释），并生成 HTML 或纯文本形式的文档。

（3）go vet。

go vet 是 Go 官方提供的代码静态诊断器，能够检查代码风格，并报告可能存在的问题，例如错误的锁使用、不必要的赋值等。go vet 启发式的问题诊断方法不能保证所有输出都存在问题，但它可以找到一些编译器无法捕获的错误。

go vet 是多种 Linter 的聚合器，我们可以通过 go tool vet help 命令查看它具有的功能。Go 语言为这种代码的静态分析提供了标准库 go/analysis，这意味着我们只需遵循一些通用的规则就可以打造适合自己的分析工具，同时可以将众多的静态分析器进行选择和合并。

（4）golangci-lint。

尽管 go vet 功能强大，但在当前企业中更普遍使用的是 golangci-lint。由于 Go 分析器易于编写，社区已经创建了许多有用的 Linter，而 golangci-lint 恰好将这些 Linter 集合起来。要查看 golangci-lint 支持的 Linter 列表以及启用/禁用的 Linter，可以通过 golangci-lint help linters 查看帮助文档或者参阅 golangci-lint 的官方文档[①]。

（5）go race。

Go 1.1 版本中增加了 race。作为强大的检查工具，race 可以排查数据竞争问题，并可用于多个 Go 指令。

```
$ go test -race mypkg
$ go run -race mysrc.go
$ go build -race mycmd
$ go install -race mypkg
```

当检测器在程序中发现数据争用时，将输出报告。这份报告包含发生数据争用的协程栈，以及此时正在运行的协程栈。

```
» go run -race 2_race.go
==================
WARNING: DATA RACE
Read at 0x00000115c1f8 by goroutine 7:
main.add()
bookcode/concurrence_control/2_race.go:5 +0x3a
Previous write at 0x00000115c1f8 by goroutine 6:
main.add()
bookcode/concurrence_control/2_race.go:5 +0x56
```

动态扫描工具指需要运行指定代码才能分析出问题的工具。尽管 go race 可以完成静态分析，但有些并发冲突难以通过静态分析发现。因此，在运行时也可以开启 go race，以完成动态的数据竞争检测，go race 通常在上线前使用。此外，动态工具还包括在代码测试、调试等阶段使用的工具。

---

① golangci-lint 官方文档：https://golangci-lint.run/。

2. 代码测试工具

（1）go test。

Go 语言的测试函数位于单独的以_test.go 结尾的文件中，测试函数名以 Test 开头。go test 会识别这些测试文件并进行测试。测试包括单元测试、Benchmark 测试等。

单元测试用于测试代码中的某一个函数或者功能， 它能帮助我们验证函数功能是否正常，各种边界条件是否符合预期。单元测试是保证代码健壮性的重要手段。

Go 中比较有特色的单元测试叫作表格测试，通过表格测试可以简单地测试多个场景。另外，测试中还有一些特性，例如，t.Run 支持并发测试，能加快测试的速度，即便某一个子测试（subtest）失败，其他子测试也会继续执行。

（2）go test –cover。

执行 go test 命令时，加入 cover 参数能够统计出测试代码的覆盖率。

```
% go test -cover
PASS
coverage: 42.9% of statements
ok      size    0.026s
```

（3）go tool cover。

另外，我们还可以收集覆盖率文件并进行可视化展示。具体的做法是，在执行 go test 命令时加入 coverprofile 参数，生成代码覆盖率文件。然后使用 go tool cover 对代码覆盖率进行可视化分析。

```
> go test -coverprofile .coverage.txt
> go tool cover -func .coverage.txt
```

（4）go test –bench。

Go 语言还可以进行 Benchmark 测试，测试函数的前缀名需要为 Benchmark。

```
func BenchmarkFibonacci(b *testing.B) {
    for i := 0; i < b.N; i++ {
        _ = Fibonacci(30)
    }
}
```

在默认情况下，执行 go test –bench 后，Benchmark 测试将根据所需的时间（默认为 1s）自动迭代一定的次数，并在测试结束后输出内部函数的运行次数和时间。

在进行 BenchMark 测试时，我们还可以指定一些其他运行参数。例如，"–benchmem"可以输出每次函数的内存分配情况，"cpuprofile" "memprofile"可以收集程序的 CPU 和内存的 profile 文件，方便后续 pprof 工具进行可视化分析。

```
go test ./fibonacci \
  -bench BenchmarkSuite \
  -benchmem \
```

```
-cpuprofile=cpu.out \
-memprofile=mem.out
```

3. 代码调试工具

在程序调试阶段，除了可以借助原始的日志打印消息，我们还可以使用一些常用的程序分析与调试工具。

（1）delve[①]。

delve 是 Go 官方提供的一个简单且功能齐全的调试工具，其使用方式与传统的调试器 GDB 相似。delve 专门提供了与 Go 语言相关的功能，例如，查看协程栈、切换到指定协程等。

（2）GDB。

GDB 是通用的程序调试器，但它并不是在调试 Go 语言程序时的最佳选择。虽然 GDB 在某些方面可能比较有用，例如调试 cgo 语言程序或运行时，但在一般情况下，建议优先选择 delve。

（3）Pprof。

Pprof 是 Go 语言中用于分析性能指标或特征的工具。通过 Pprof，我们不仅可以发现程序中的错误（内存泄漏、数据争用、协程泄漏），还能找到程序的优化点（CPU 利用率不足等）。

Pprof 包含收集样本数据和对样本进行分析两个阶段。收集样本的简单方式是借助 net/http/pprof 标准库提供的一套 HTTP 接口访问。

```
curl -o cpu.out  http://localhost:9981/debug/pprof/profile?seconds=30
```

而要对收集到的特征文件进行分析，需要依赖谷歌提供的分析工具，该工具在 Go 语言处理器安装时就已包含。

```
go tool pprof -http=localhost:8000  cpu.out
```

（4）trace。

在 pprof 的分析中，我们能够了解一段时间内的 CPU 占用、内存分配、协程堆栈等信息。这些信息都是一段时间内数据的汇总，但是它们并没有提供整个周期内事件的全貌。例如，我们无法了解指定的协程何时执行、执行了多长时间、何时陷入了阻塞、何时解除了阻塞、GC 如何影响协程执行以及 STW 中断花费的时间等。Go 1.5 版本之后推出的 Trace 工具解决了这些问题。Trace 的强大之处在于它提供了程序在指定时间内发生的事件的完整信息，让我们可以精准地排查出程序的问题所在，本书后续还会用 Trace 完成对线上实战案例的分析。

（5）Gops[②]。

Gops 是谷歌推出的调试工具，它的作用是诊断系统当前运行的 Go 进程。Gops 可以显示出当前系统中所有的 Go 进程，并可以查看指定进程的堆栈信息、内存信息等。

---

① Go 调试工具 delve：https://github.com/go-delve/delve。
② Gops 调试工具：https://github.com/google/gops。

4. 标准库

Go 语言标准库[①]由官方维护，旨在为 Go 语言提供丰富且有力的基础功能和工具。它涵盖大多数场景和现代开发所需的核心内容。标准库按照不同的用途和功能进行分类，主要包括以下内容。

（1）字符串和文本处理，如 fmt（文本格式化函数）、strings（字符串操作）、strconv（类型转换）等。

（2）数学与加密功能，如 math（数学函数）、crypto（密码学和加密函数）、hash（哈希函数）等。

（3）I/O 和文件处理，如 io（输入输出原语）、bufio（带缓存的输入输出）、os（操作系统和文件系统操作）等。

（4）网络和协议相关，如 net（网络 I/O 函数）、net/http（HTTP 客户端和服务端）、encoding（JSON、XML、GOB 等编码和解码）等。

（5）并发和同步功能，如 sync（同步原语）、context（控制协程退出和传递上下文信息）等。

（6）数据结构和算法，如 container（常用的容器和数据结构）、sort（排序算法）、math/rand（随机数生成）等。

（7）实用工具，如 testing（代码测试）、log（日志记录）、time（时间和计时器）、reflect（反射操作）、database（数据库驱动）等。

Go 语言标准库经过了大量的测试，有稳定性的保证，并且具备向后兼容性。因此，开发者可以放心地通过标准库来快速完成开发。相较于其他语言，开发者对 Go 语言标准库的依赖更多。Go 语言标准库提供了丰富的内容和强有力的封装，比如 HTTP 库就对 HTTP 进行了大量封装，TCP 连接底层也通过封装 epoll/kqueue/iocp 实现了 I/O 多路复用。开发者使用这种开箱即用的特性就可以相对轻松地写出简捷高效的程序。

5. 第三方库

Go 语言拥有众多优秀的第三方库、框架和软件，包括 Web 框架（如 Gin、Echo 等）、数据库操作（如 GORM、sqlx 等）、缓存处理（如 go-redis、groupcache 等）、日志与监控（如 logrus、Prometheus 等）、测试工具（如 testify、gomonkey 等）、配置管理（如 Cobra、viper 等）、HTTP 客户端（如 resty、gorequest 等）、图片处理（如 imaging、govatar 等）、序列化（如 protobuf、msgpack 等）、微服务框架（如 go-micro、grpc-go 等）和网络编程（如 websocket、mqtt 等）等。

这些优秀的第三方库、框架和软件对于我们学习、借鉴和使用都非常有价值，有利于提高开发效率和质量。值得一提的是，Awesome Go[②]列出了大量优秀的 Go 代码库，也是学习和借鉴的好去处。

---

① Go 语言标准库：https://pkg.go.dev/std。
② 优秀的开源 Go 第三方库：https://github.com/avelino/awesome-go。

1.8 总结

Go 语言专注于软件开发过程本身，致力于成为设计大规模软件项目的优秀工具，为软件开发提供生产力和可扩展性。本章，我们回顾了 Go 语言的历史、诞生背景、发展历程与设计理念，复习了 Go 语言的开发环境和基础语法。除此之外，还介绍了语法特性、并发编程、项目组织、工具与库等内容。

通过学习本章内容，相信你已体验到 Go 语言庞大的知识体系和蓬勃发展的生态。本章所介绍的基础知识具有概括性，可助你快速查漏补缺，并进一步深入学习。

参考文献

[1] KERNIGHAN B W, DONOVAN A A. The Go Programming Language[M]. Cambridge: Addison-Wesley Professional, 2015.

2 大型项目的开发模式与流程

> 构建软件系统中最艰难的一环，莫过于精确地确定需要构建的内容。
>
> ——《人月神话》

为了完成一个项目，仅掌握高级语言的语法与原理是远远不够的，你还需要理解所要解决的问题，并遵循一些基本的开发流程。这些流程有助于识别和降低可能面临的风险，加快项目的开发进度。

那么，高效开发流程的最佳实践是怎样的？针对特定项目，又应如何选择合适的开发流程？本章将探讨大型互联网产品的整个开发模式与流程，包括需求分析、设计、开发、测试、部署和运维等阶段，以便你为自己的团队构建合适的开发流程。

2.1 开发模式

开发模式指在软件开发过程中采取的开发方式或方法论，它通常会影响到项目的组织、管理、交付和质量保证等方面。在实践中，我们逐步抽象归纳出了比较常见的开发模式，这些模式也被称为软件开发方法或软件开发流派。下面介绍两种比较经典的开发模式：瀑布模式和敏捷开发。

2.1.1 瀑布模式

谈到项目的开发流程，有经验的开发者脑海中大致会出现市场调研、需求分析、产品设计、研发实现、集成与测试、项目交付与维护这些阶段。**传统的开发流程是连续的过程，只有完成前一个阶段的验收审核才能开始下一个阶段，这种开发模式也被称为瀑布模式（Waterfall Model）**，如图 2-1 所示。瀑布模式借鉴了传统工业生产的预设性方法，它也是大多数软件开发的最初标准。

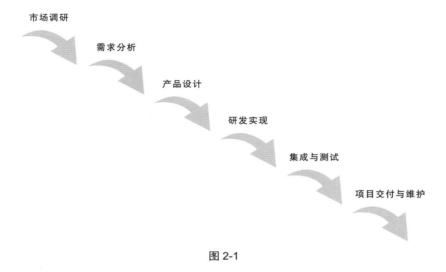

图 2-1

瀑布模式比较适用于下面的场景。

- 需求在规划和设计阶段就已经确定了，而且在项目开发周期内，需求变化很小或无变化。例如航空航天或金融核心系统等。
- 团队对技术领域很熟悉，风险较低且规模较小。
- 采用合同式的合作方式。项目开发严格遵循说明书，客户需求明确且不参与软件实现过程。

举个例子，假设一家人工智能公司的人脸识别技术已经相对成熟了。该公司需要为某大型体育馆开发一套识别观众是否佩戴口罩的系统。签好合同后，需求就基本固定了，不存在特别大的变更，客户只需在指定日期验收项目。这种需求只涉及对应人脸的模型训练和上层系统的适配，团队对这种技术比较熟悉，风险很低，适合采用瀑布模式。

但是，瀑布模式也存在很多问题。开发者只能在产品交付后提供有价值的反馈，因此，如果需求被遗漏或者一开始就是错误的，那么在开发后期进行变更可能导致成本或时间超支。正因如此，瀑布模式已不再是当前主流的开发模式，另一种更流行的开发模式叫作敏捷开发（Agile Development）。

2.1.2　敏捷开发

敏捷开发描述了一套软件开发的价值和原则。2001 年，多位行业专家达成了一致的敏捷软件开发方法，并发表了"敏捷宣言"，感兴趣的读者可以看看其中提到的 4 种价值观和 12 条原则[①]。

敏捷开发的核心思想是拥抱变化，强调对于变化的适应性，注重开发者与业务专家、客户之间的互动，强调持续改进和持续交付产品，持续提高客户满意度。

---

① 敏捷软件开发宣言：https://agilemanifesto.org/iso/zhchs/manifesto.html。

和多阶段顺序开发的瀑布方法不同，敏捷开发强调迭代，如图 2-2 所示。

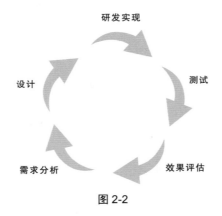

图 2-2

敏捷开发是增量构建的，每次迭代都满足总需求的一部分，而不是试图一次性交付所有功能。这使新功能的价值可以得到快速验证。

有多种实现了敏捷开发思想的框架供我们使用，比较知名的有 Scrum、看板（Kanban）、极限编程（XP）和精益软件开发（Lean Software Development）等。

以当前最流行的敏捷框架——Scrum 为例，它包括几个重要的阶段（如图 2-3 所示）。

（1）产品经理基于项目的愿景（Vision），收集产品待办事项清单（Product Backlog）并确定优先级。

（2）团队成员将项目阶段拆分为多个 Sprint（冲刺周期或开发周期）。在每个 Sprint 开始的时候，都需要开一个 Sprint 会议，把产品待办事项清单里的事项添加到当前 Sprint 中。添加的原则是，需要考虑 Sprint 的交付价值以及事项的优先级。当前 Sprint 清单里面的待办事项也被称为 Sprint Backlog。

（3）待办事项清单可以由团队成员拆分，并细化为每位成员每天具体的工作任务。成员可以根据任务进度去看板上更新任务的状态。

（4）在 Sprint 期间，团队成员要参加每日会议（Daily Meeting），每次会议时间控制在 15 分钟内。在会上，成员要根据看板的内容逐个发言，向所有成员汇报昨天已完成、今天待完成的事项，交流不能解决的问题。会议结束后，要及时更新项目的燃尽图（Burn-Down Chart），以便跟踪项目进度。

（5）Sprint 结束后，团队成员共同评审（Sprint Review）本次 Sprint 的产出。产出物（Release）可能是可以运行的软件，也可能是可展示的功能。每个人都可以自由发表看法，协助产品负责人对未来工作做出最终决定，并根据实际情况适度调整产品待办事项列表。

（6）最后，大家聚在一起开一次回顾会（Sprint Retrospective），回顾一下团队在流程和沟通等方面的成效。共同探讨优点和改进方向。

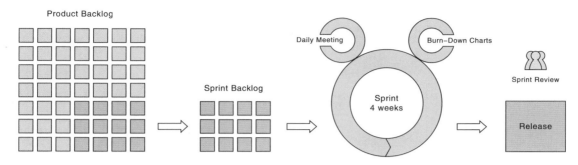

图 2-3

总的来说，敏捷开发的好处在于可以更快地响应变化和需求，降低项目成本和风险，同时提高客户满意度。但同时也需要注意，敏捷开发的实施需要具备一定的团队协作和沟通能力，以及技术和工具的支持。

2.1.3 其他开发模式

除了瀑布模式和敏捷开发，还有一些其他的开发模式。例如，原型模式是一种快速构建原型并在开发者反馈后进行迭代的模式；增量模式则是通过逐步增加新功能来完善产品的模式。此外，还有 V 模型、螺旋模型、混合模型等多种开发模式，不同的开发模式适用于不同的项目和团队，需要根据实际情况进行选择和调整。

2.2 开发流程

通过上面的讲解可以看到，**瀑布模式和敏捷开发模式的主要区别在形式，一种是顺序开发，另一种是迭代开发**。在从需求分析到项目上线交付的过程中，瀑布模式和敏捷开发要做的内容是类似的，例如，都需要经过需求分析、研发实现与测试。由于公司业务、所处阶段或者管理者理解的不同，每家公司对开发流程的设计有较大差异。

具体到每家公司应该如何选择开发流程，需要综合考虑公司规模、项目需求、人员配备、时间和成本等多方面因素。小型公司在人员较少、项目目标比较简单的情况下，可以适当简化流程，强调快速迭代和持续交付。随着公司规模的增大，为了规避项目风险、保证项目质量和按时交付，通常需要更加注重项目流程的规范性、项目进度和人员时间的管理。

根据业务需求和规模对开发流程进行设计和改进至关重要，可以参考大型互联网公司的典型开发流程（如图 2-4 所示）。这些流程已经经过时间的验证、全面且严谨、对其他公司的开发流程设计有很大的借鉴价值，可以帮助公司找到适合自己的开发流程。

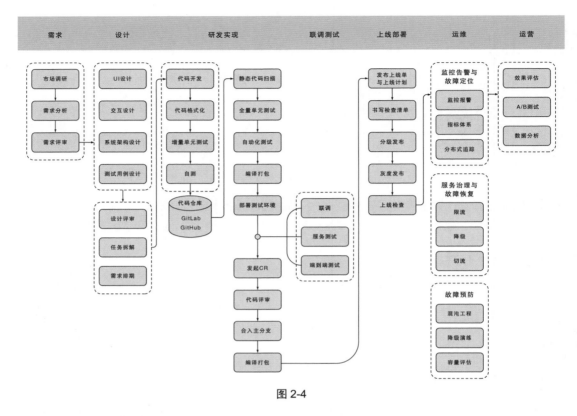

图 2-4

2.2.1　需求阶段

开发流程的第一步是需求的收集、识别与分析。这样我们才能确定有哪些项目可以做且值得做。

正所谓"方向不对，努力白费"。怎么强调需求的重要性都不为过。正确的需求识别与需求分析对于项目的成功至关重要，因为它会影响所有后续阶段，**而缺陷在软件流程中停留的时间越长，它对下游造成的损害就越大**。需求可以分为三种类型：商业需求、功能需求和非功能需求。

1. 商业需求

商业需求定义了软件发现的商业机会或者要解决的商业问题。商业需求可能来自市场调研、数据分析、竞品分析等。例如，项目能提供竞争对手未提供的功能，或提供某种经过改进的功能（如更快的响应时间）以增加竞争力。

商业需求通常会影响软件系统的质量。**在需求分析的最初阶段需要出一份市场需求文件（Market Requirements Document，MRD）**，主要讨论项目的商业价值，以判断是否真的要做这个项目。需要讨论的话题包括：（1）这是一个什么样的产品？（2）我们的目标客户是谁，解决了什么痛点？（3）这个产品在市面上有哪些竞争商品？（4）为什么要做这个产品，产品的销售策略、收益与风险是什么？

2. 功能需求

功能需求描述了软件的功能。例如，一个购物商城需要提供商品展示功能、购物车功能和支付功能。图 2-5 是爬虫项目的功能需求图，需要具备任务的增删查改、任务调度、代理、限流等功能。

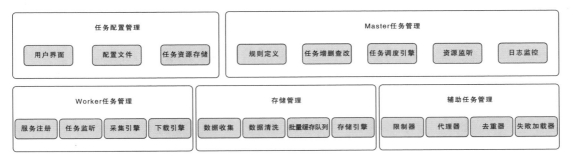

图 2-5

功能需求详细描述了软件系统在行为方面的能力，开发者后续需要完成对应功能的开发。许多项目不成功就是不充分的开发者调研、不完整的功能需求或者被误解的功能需求导致的。

3. 非功能需求

非功能需求指除功能需求外，软件产品为满足开发者业务需求而必须具备的特性，如可维护性、可用性、可移植性、可测试性等。其中，可用性是一个重要的非功能性需求，它指系统处于可用工作状态的时间比例。通常采用 N 个 9 来衡量服务的可用性等级，例如，3 个 9 代表服务在 99.9% 的时间内是可用的，对应年度允许的累积宕机时间为 8.76 小时；4 个 9 代表服务在 99.99% 的时间内是可用的，对应年度允许的累积宕机时间为 52.6 分钟。明确了要实施该项目后，就需要对三类需求进行分析了。对于敏捷开发，通常会选择最小可行性产品（Minimum Viable Product，MVP），以快速验证产品效果并抓住市场机会。

需求分析是一个重要的阶段，需要细化需求并确保所有利益相关者都理解它们。相关人员需要仔细检查需求，以确认是否存在错误、遗漏或其他缺陷。在此阶段，产品经理需要准备产品需求文档（Product Requirements Document，PRD），其中包括项目背景、产品结构、功能流程、原型图、需求说明等，并邀请利益相关方（例如设计师、测试经理、架构师、研发工程师）参与需求评审。

2.2.2　设计阶段

明确需求之后，技术人员需要根据需求明确设计方案，从而确定项目的具体排期。相关人员的分工如下。

- UI 设计师（User Interface Designer）与产品经理沟通视觉细节。UI 设计师要设计产品的颜色、尺寸、形状等要素，输出界面效果图。
- 交互设计师（User Experience Designer）了解开发者的思维方式和行为习惯，设计交互流程界面，让产品更容易被开发者使用，提供完美的开发者体验。例如，一次打车服务涉及预估价格、使用优惠券、派单、等待接驾、修改目的地、查看订单信息、结束行程等诸多环节，每环都可能影响开发者的体验。
- 系统架构师（System Architect）需要对系统架构进行设计，对技术进行选型。例如，如何拆分微服务；如何保证分布式系统的一致性；选择哪一种开发语言、框架、中间件和数据库等。

- 研发工程师（Development Engineer）需要设计技术方案、梳理功能流程、明确接口定义和上下游的调用流程、选择合适的算法与数据结构以保证程序的效率目标。

- 测试工程师（Test Engineer）为了验证某个需求是否实现、是否存在缺陷，在测试之前会设计一套详细的测试方案和测试集。测试集在某种意义上也定义了我们要实现的功能，测试合格意味着系统功能满足需求。

在明确设计方案后，就要对需求进行排期了，包括确定开发、联调、QA 测试和上线等时间节点。

大型公司通常都会使用专门的项目管理工具便捷地管理项目进度，这些工具通常包括责任人、重要节点的截止日期、当前任务的状态等重要信息，如图 2-6 所示。

图 2-6

众多知名的项目管理工具包括用于问题跟踪和敏捷项目管理的 Jira、腾讯敏捷产品研发平台 TAPD，以及阿里的团队协作工具 Teambition 等。这些工具旨在协助团队更高效地完成项目，确保各阶段的工作得以顺利推进。

2.2.3　研发实现阶段

在确定了设计方案和开发排期之后，我们终于可以进行实际的代码开发了。在大公司，开发过程并没有那么随意，需要遵循多种开发规范，**包括编码规范、接口规范、日志规范、版本控制规范、Git 工作流规范、Commit 规范等**。开发规范能够帮助团队更好地协作，提高代码质量和程序性能，同时规避低级的错误，发现隐含的问题。接下来，我们将详细介绍每个规范的重要性和实施方法。

1. 编码规范

编码规范是最受重视的规范，它是团队在程序开发时需要遵守的约定。这种约定在统一代码风格的同时，为团队定义了什么是好的代码。阅读好的代码就像阅读一本小说，读者脑海中的文字被图像取代，仿佛看到了角色、听到了声音、体验到了悲怆或幽默。当我们阅读一段代码时，发现它简单清晰、难以挑出毛病，那我们基本可以断定这段程序是被精心设计过的。相反，如果我们瞥一眼代码就能够发现很多命名问题、无效代码和注释问题，就可以预测这种不严谨或者错误已经渗透到了程序的其他角落。

优秀的代码需具备整洁、一致、高效、健壮和可扩展等特点。第 8 章将单独介绍 Go 的编码规范。

2. 接口规范

接口规范指定义系统与外界交互方式的协议。在微服务系统中，经常涉及服务之间的调用。一个微服务通常有自己的上下游，一般服务的上游叫作 caller，服务的下游叫作 callee。

服务间通信常用的协议有 HTTP、Thrift 和 gRPC。以最常见的 HTTP 为例，大多数 Web 服务采用

RESTful 风格的 API。RESTful 规范了资源访问的 URL，明确了标准 HTTP 方法（如 GET、POST、PUT、DELETE）及其语义。此外，接口规范还需要定义状态码的赋值、如何保证接口向后兼容等问题。

大型公司会单独管理 API 接口，甚至会有一套专门描述软件组件接口的计算机语言，称为接口描述语言（Interface Description Language，IDL）。IDL 通过独立于编程语言的方式来描述接口，每种编程语言都会根据 IDL 生成一套自己的 SDK。即便是相同的语言，也可能生成不同协议（例如 HTT、gRPC）的 SDK，使用 IDL 有如下好处。

- 作为接口说明文档，IDL 统一规范了接口定义和使用方法，避免不同使用方反复沟通接口用法。
- 不同语言编写的程序可以很方便地相互通信，屏蔽了开发语言的差异。
- 生成的 SDK 可以提供通用的能力，例如熔断、重试、记录调用耗时等，可以大大节省成本，毕竟在每个服务端都实现一遍这些功能是一种成本的浪费。

3. 日志规范

接下来我们看一看日志规范。运行中的程序就像一个黑盒，而日志提供了系统在不同时刻的记录，让我们能够了解系统的运行状态。日志的优势包括如下功能。

- 调试：利用日志来记录变量或者某一段逻辑，追踪程序运行的流程。
- 问题定位：当系统或业务出现问题需要快速排查时，日志功能便显得尤为重要。
- 开发者行为分析：日志的大量数据可以作为大数据分析的基础，例如分析开发者的行为偏好等。
- 监控：对于日志数据通过流处理生成的连续指标数据，可将其存储起来并对接监控告警平台，这有助于我们快速发现系统的异常。

我们将在第 16 章详细讨论日志分级、日志格式和日志库选型等内容。

4. 版本控制规范

我们过去常会遇到文件被删除，或者修改之后就无法找回的问题。我们好不容易写了大量资料，文档却被人删除，想想就让人抓狂。有时我们想查看之前改动的记录，或因为计划有变，想恢复之前的记录，也是很难办到的。而现在我们使用的在线文档工具（例如谷歌文档、腾讯文档、石墨文档、Notion 等）都能自动保存数据，这满足了团队间协作的要求，允许我们随时查看修改记录、恢复之前的数据。这些功能的背后离不开版本控制系统。

将版本控制应用到程序代码仓库中，我们就可以轻松地拥有各个历史阶段代码的快照，快速地退回到任意版本。我们可以比较任意两个版本的代码在细节上的变化，从而助推代码审查并预防修改中的错误。我们也可以方便地查阅何人何时修改了哪些代码。版本控制系统的这些好处让它成为代码开发的必备工具。

5. Git 工作流规范

版本控制系统经历了从本地版本控制系统到集中化的版本控制系统、再到分布式版本控制系统的演进过程。当前使用最多的分布式版本控制系统是 Git。在我们使用 GitHub、GitLab 进行代码管理和版本控制时，都依赖 Git。Git 的分布式指当任何客户端从代码仓库中拉取代码时，都包含了所有的代码记录，而不仅仅是最新的代码记录。这意味着即便服务器完全不可用，我们仍然可以从任意一台客户端轻松地恢复代码。Git 允许我们基于项目的稳定代码库创建新的分支，和团队成员并行工作，确保新的特性或实验性代码得以实现。创建"分支"是一种非常常见的做法，旨在确保主开发线的完整性，避免任何意外的更改破坏主分支。

在 Git 中，分支被认为是轻量级且低成本的，你可以在本地轻松切换分支，Git 中的分支名实际上只是一个指向特定提交（commit）的指针，分支切换就是指针切换。对于你创建的每个分支，Git 都会跟踪该分支的一系列提交。如图 2-7 所示，当我们提交一个新的 commit 时，代表分支名的指针会指向新的 commit，同时，新的 commit 会指向其父 commit。这样，我们就能够追踪到整个分支的所有 commit 了。如果你想更进一步地了解 Git 的内部原理，那么推荐你阅读 *Version Control with Git (3rd Edition)*。

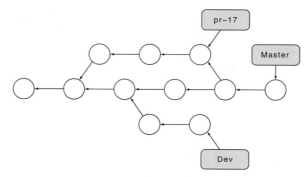

图 2-7

Git 的特性催生了多种工作流模式的发展，包括集中式工作流、Git Flow 工作流、GitHub Flow 工作流、GitLab Flow 工作流。这里主要介绍目前大型项目用得比较多的 Git Flow 工作流和 GitHub Flow 工作流。

Git Flow 工作流（Gitflow Workflow）由 Vincent Driessen 于 2010 年提出。它定义了一套完善的基于 Git 分支模型的框架。Git Flow 工作流结合了版本发布的开发流程，适合管理具有固定发布周期的大型项目。如图 2-8 所示，Git Flow 工作流定义了如下分支。

- Master 分支：作为唯一一个正式对外发布的分支，是所有分支里最稳定的。
- Develop 分支：基于 Master 分支创建。Develop 分支作为一种集成分支(Integration Branch)，专门用于集成已经开发完的各种特性。
- Feature 分支：基于 Develop 分支创建。在 Git Flow 工作流中，每个新特性都有自己的 Feature 分支。当特性开发结束以后，这些分支上的工作会被合并到 Develop 分支。
- Release 分支：当积累了足够多的已完成特性，或者预定的系统发布周期临近时，我们就会从 Develop 分支创建一个 Release 分支，专门做与当前版本发布有关的工作。Release 分支一旦创建，就不允许再有新的特性加入，只有修复 Bug 或者编辑文档之类的工作才能够进入该分支。Release 分支上的内容最终会被合并到 Master 分支。
- Hotfix 分支：直接根据 Master 分支创建，目的是给运行在生产环境中的系统快速提供补丁。当 Hotfix 分支上的工作完成以后，可以合并到 Master 分支、Develop 分支以及当前的 Release 分支。如果有版本更新，那么也可以为 Master 分支打上相应的标签（Tag）。

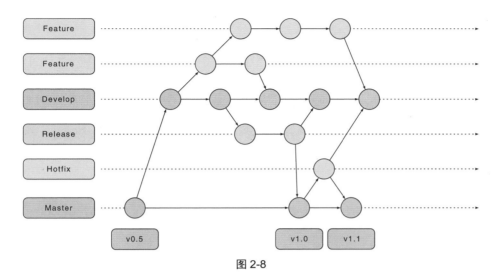

图 2-8

在过去的十年里，随着敏捷开发和持续迭代的推广，软件开发模式发生了很大变化。Git Flow 工作流自 2010 年问世以来，虽然享有盛名，但并非万能药丸，也并不适用于所有场景。**而更适合敏捷开发且流程简捷的 GitHub Flow 工作流逐渐成为主流。**

在 GitHub Flow 工作流[①]中，通常有一个管理者维护的主仓库。一般开发者无法直接将代码提交到主仓库，但是可以为主仓库代码提交变更。在通过了自动化 CI 校验和代码评审（Code Review）之后，维护者会将代码合并到主分支中。GitHub Flow 工作流的详细过程如下：（1）项目维护者将代码推送到主仓库；（2）开发者克隆（Fork）主仓库，做出修改；（3）开发者将修改后的临时代码分支推送到自己的公开仓库；（4）开发者创建一个合并请求（Pull Request），其内容包括本次更改所需的信息（例如目标仓库、目标分支、关联的待修复问题），以便维护者进行代码评审；（5）通过评审的合并请求将被合并到指定分支。合并前可能需要解决一些代码冲突问题。合并完成后，GitHub 在合并分支的 Commit 记录中可以链接到之前合并请求的页面，帮助我们了解更改的历史、背景和评论；（6）拉取合并请求后，维护者可以删除临时代码分支。这表明该分支上的工作已经完成，同时也可以防止其他人意外使用旧分支。

6. Commit 规范

与 Git 有关的另一个概念是 Commit。Commit 是开发者触发的一次代码提交，可以理解为向代码仓库中存储当前所有文件的快照，每次 Commit 都有必要的提交信息，而规范提交信息有利于：（1）统一格式，提高可读性；（2）方便审查和重构；（3）快速跟踪变更和问题定位；（4）提高提交质量。

Go 源码仓库中的 Commit 示例如下。

```
math: improve Sin, Cos and Tan precision for very large arguments

The existing implementation has poor numerical properties for
large arguments, so use the McGillicutty algorithm to improve
```

---

① GitHub Flow 工作流介绍参见 https://docs.github.com/en/get-started/quickstart/github-flow。

```
accuracy above 1e10.

The algorithm is described at https://wikipedia.org/wiki/McGillicutty_Algorithm

Fixes #159
```

第一行通常是对变更的简短描述，并在开始处指明本次修改受影响的 package。

正文部分详细地论述了本次修改的背景和目的。要注意的是，不要使用 HTML、Markdown 或任何其他标记语言。特殊符号"Fixes #159"将当前 Commit 与 github issue159 关联起来。当前变更被合并后，github issue 工具会自动将该 issue 标记为已修复。

Go 代码仓库庞大，包含众多的 Package，而上述 Commit 规范有助于开发者快速区分要修改哪一部分代码。当前还存在其他一些有名的 Commit 规范，例如 Vue、React、Angular 都在用的 Commit 规范[1]。

2.2.4 联调测试阶段

开发工作完成后，还需要进行必要的测试，这些测试可分为六类。

- 代码规范测试：检查代码风格、命名等。主要工具有 gofmt、goimport、golangci-lint 等。
- 代码质量测试：评估代码覆盖率。主要工具有 go tool cover 等。
- 代码逻辑测试：并发错误测试、新增功能测试等。主要工具有 race 和单元测试。
- 性能测试：Benchmark 测试、性能对比等。主要工具有 Benchmark、pprof、trace 等。
- 服务测试：测试服务接口的功能与准确性，以及服务的可用性。
- 系统测试：端到端测试，确保上下游接口与参数传递的准确性、确保产品功能符合预期。

本书后面还会提供爬虫项目的测试实践。

2.2.5 上线部署阶段

在代码被开发者提交代码到指定分支、发布合并请求进行代码评审之前，通常会对代码进行自动检查。这种检查包括：代码能否成功通过编译、静态扫描代码是否满足代码规范、自动化测试和单元测试能否通过。这些自动化测试可以降低变更出错的风险。

代码通过检查后就进入代码评审阶段。一般重要项目至少需要两个团队的成员对代码进行评审。通过评审之后，代码会被合并到 Master 分支作为稳定版本。接下来，还会进行代码编译、镜像打包、自动化测试等操作。这种将开发与运维结合起来，使用自动、连续和迭代的过程，来构建、测试和部署的过程也被称为持续集成/持续交付（Continuous Integration/Continuous Delivery，CI/CD[2]）。通常，我们使用自动化工具实现 CI/CD，如 Jenkins 和 Github Actions。本书第 38 章将详细介绍如何使用 Github Actions 自动打包并上传镜像。

---

① React 提交规范：https://github.com/ubilabs/react-geosuggest/blob/master/CONVENTIONS.md。
② CI/CD 解释：https://about.gitlab.com/topics/ci-cd/。

CI/CD 是 DevOps[①]的一种最佳实践，通过 CI/CD 能够提高软件开发和交付的效率、速度和安全性。有些项目可以不用人工干预，将打包后的镜像自动部署到生产集群中。不过在实践中，一些重要的项目仍需完成上线审批。上线单需要 QA 与项目负责人审批，**审批人需要二次检查上线步骤、检查项和回滚方案。**

完成上述检测和审批之后，就可以进行最终的上线部署了。上线部署过程中需要遵循如下流程。

- 避免高峰期上线，尽量不要在节假日前发布较大更新的版本，避免在业务量大时进行变更。
- 严格规范上线步骤、确定检查清单与回滚方案，提前通报利益相关者。
- 灰度发布，对于要变更的功能采取逐步放量的方式。例如，只放量 A 城市 M 品类 30% 的流量。
- 分级发布，遵循先少量、再部分、最后全量的原则，严格控制每次部署的时间间隔。
- 在上线时进行检查，观察当前服务指标是否异常，如发现异常则尽快回滚，**止损后再查明问题原因。**
- 在上线过程中及时关注报警群，收集上下游反馈，收集错误日志，并查看具体案例。

服务部署完成后，对于一些重要变更，还需要 QA 工程师进行回归测试，验证服务在线上是否符合预期。

2.2.6　运维阶段

产品新功能上线后，需要投入更多的精力到产品运维中。当前运维的趋势是减少人工介入，通过平台化建设与自动化手段自动发现和修复问题，并且衍生出了网站可靠性工程师（Site Reliability Engineer，SRE）的新岗位。SRE 日常会涉及开发工作，他们用系统来维护系统，通过自动化、工具化等手段提升服务管理效率，确保集群的可观测性、稳定性、可用性。图 2-9 是腾讯的 SRE 稳定性建设全景图。

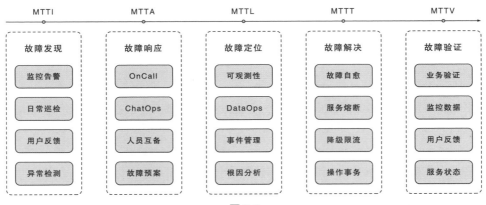

图 2-9

SRE 主要关注提高系统稳定性，缩减以下几个关键时间：平均故障发现时间（MTTI）、平均故障响应时间（MTTA）、平均故障定位时间（MTTL）、平均故障解决时间（MTTT）以及平均故障验证时间（MTTV）。

而要确定服务是否稳定运行，需要对目标进行量化。所有运维的工作都围绕着服务水平目标（Sevice Level Objective，SLO）的定制、执行、跟踪和反馈展开。Google 提出了 VALET 法用于定制 SLO 指

---

① DevOps 解释：https://about.gitlab.com/topics/devops/。

标，包括如下几个因素。

- 容量（Volume）：服务承诺的最大容量。例如，常见的 QPS、TPS、会话数、吞吐量以及活动连接数等。
- 可用性（Availablity）：服务是否正常或稳定。例如，请求调用 HTTP 的成功率、任务执行成功率等。
- 时延（Latency）：服务响应速度。例如，常见的 P90、P95、P99 等。
- 错误率（Error）：服务错误率。例如，5XX、4XX，以及自定义的状态码。
- 人工干预（Ticket）：服务是否需要人工干预，面对一些复杂的故障场景，就需要人工介入来恢复服务。

除此之外，我们还需要根据不同的业务场景，制定相对应的业务指标体系。对于单台容器请求耗时过大，或者服务器请求量上涨等异常，可以通过自动触发漂移和自动扩容来解决。另外一些需要人工介入的异常，就需要根据报警的级别将报警信息通过群、短信和电话的形式发送给相关责任人，以便快速完成发现、止损、修复过程。

在运维阶段，SRE 还需要与开发工程师保持良好的沟通合作，提升 CI/CD 水平，通过定时进行故障演练、压测演练、降级演练来保证服务运行状况符合预期，各项降级预案（限流、熔断、开关降级、切流）正常。

2.2.7　运营阶段

对于新上线的功能，项目团队需要进行数据分析和实验，以评估其收益是否符合预期。例如，新功能是否显著提高了日均活跃开发者数量（Daily Active User，DAU）和商品交易总额（Gross Merchandise Volume，GMV），通过实验结论和数据分析洞悉开发者需求变化，为进一步调整策略、研发产品提供决策依据。

2.3　总结

本章讲解了大型互联网产品的开发流程，产品开发的每个阶段都有比较完备的操作规范与相对应的专业角色。这种严谨的开发流程在保证产品质量的同时，也高效推进了互联网产品的敏捷开发，进而推动了社会的分工——不同的开发工程师、UI 设计师、测试工程师、运维工程师都发挥了自己的专业能力。

互联网产品的开发流程不一定适用于小规模企业，有一些流程（例如灰度发布和分级发布）可能不是必要的。但是它为我们提供了一些思路，可以帮助管理者设计好开发流程。

第 2 篇

项目设计

3

冰川之下：深入 Go 高并发网络模型

预测未来最好的方式是创造它。

—— Alan Kay

Go 语言被广泛认为是网络服务开发的理想选择，因为它能简捷、高效地处理大量并发请求。Go 之所以简单，是因为它采用同步的方式来处理网络 I/O，即在网络 I/O 就绪后才继续下面的流程，这是符合开发者直觉的处理方式。Go 之所以高效，是因为在同步处理的表象下，Go 运行时封装 I/O 多路复用，并灵活地调度协程以实现异步处理，从而充分利用 CPU 等资源。本章，我们就深入分析 Go 语言是如何做到这一点的。

3.1 网络的基本概念

我们将从阻塞与非阻塞、文件描述符与 Socket 等重要概念开始介绍。

3.1.1 阻塞与非阻塞

程序在运行过程中，要么执行、要么等待执行（陷入阻塞）。如果程序的处理时间大都花费在 CPU 上，则为 CPU 密集型（CPU bound）。相反，如果程序的处理时间主要集中在等待 I/O 上，则为 I/O 密集型（I/O bound）。很多网络服务属于 I/O 密集型系统，因为它们把大量时间花费在了网络请求上。如果后续的处理流程需要依赖网络 I/O 返回的数据，那么当前的任务将陷入阻塞状态。为了充分利用 CPU 资源、提高响应速度，我们不希望一个任务的阻塞影响其他任务的执行。

想象一下，如果浏览器必须等待页面完全加载才能关闭，那会多么让人抓狂。实际上，当一个浏览器在请求服务器时，服务器中的图片和文件可能来自几十个地方，浏览器通常会并行地请求多个资源，当一个连接阻塞时，CPU 会立即处理另一个连接。因此，一个高效的网络服务需要解决以下问题：一个任务的阻塞不影响其他任务执行，任务之间能够并行，以及阻塞的任务在准备好后能通过调度恢复执行。在 Linux 操作系统中，解决这些问题的关键结构是 Socket。

3.1.2 文件描述符与 Socket

当我们讨论网络编程时，免不了要谈 Socket，但是 Socket 在不同的场景下有不同的含义。

Socket 通常指的是一个"插槽"。在建立网络连接时，需要建立一个 Socket。服务器和客户端通过 Socket 发送和接收网络数据。在 Linux 系统一切皆文件的设计下，Socket 是一个特殊的文件，存储在描述进程的 task_struct 结构中。

以 TCP 连接为例，Socket 的相关结构如图 3-1 所示。进程可以通过文件描述符找到对应的 Socket 结构。Socket 结构中存储了发送队列与接收队列，每个队列中都保存了 sk_buffer[①]。sk_buff 是代表数据包的主要网络结构，但是 sk_buff 本身存储的是一个元数据，不保存数据包内容，所有数据都保存在相关的缓冲区中。

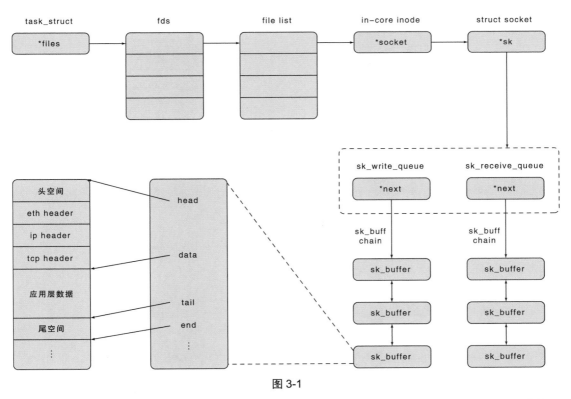

图 3-1

在另一些场景下，Socket 指的是开发者态和内核态之间进行交互的 API。现代操作系统在处理网络协议栈时，链路层 Ethernet 协议、网络层 IP、传输层 TCP 都是在操作系统内核中实现的，而应用层是在开发者态由应用程序实现的。应用程序和操作系统之间交流的接口就是通过操作系统提供的 Socket 系统调用 API 完成的。

---

① linux sk_buffer 结构：https://www.kernel.org/doc/html/latest/networking/skbuff.html。

还有些时候，Socket 指的是 Socket API 中的 socket 函数。如图 3-2 所示，在 UNIX 典型的 TCP 连接中，需要完成诸多系统调用，但是第一步往往都是调用 socket 函数。在这些系统调用中，默认使用的是阻塞模式。例如，accept 函数阻塞等待客户端的连接，read 函数阻塞等待读取客户端发送的消息。UNIX 操作系统也为我们提供了一些其他手段来避免 I/O 阻塞，相应地也需要一些机制，例如轮询、回调函数来保证非阻塞的 Socket 在未来准备就绪后能够正常处理，这就是我们将要谈到的 I/O 模型。

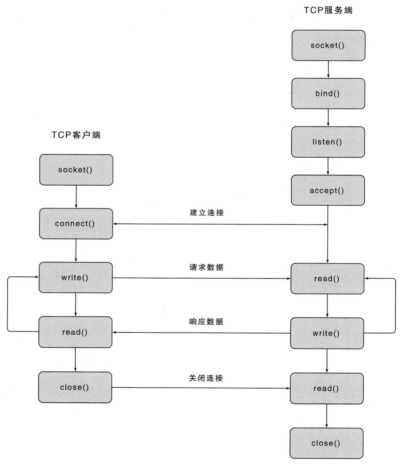

图 3-2

3.1.3　I/O 模型

在经典著作 *UNIX Network Programming*[1]中，就有对于 I/O 模型的论述，它将 I/O 模型分为阻塞 I/O、非阻塞 I/O、多路复用 I/O、信号驱动 I/O、异步 I/O 5 种类型，如图 3-3 所示。

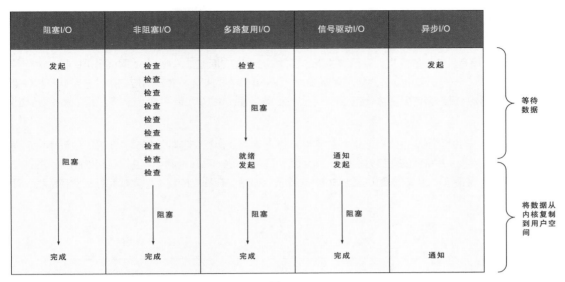

图 3-3

其中，阻塞 I/O 是最简单、直接的类型，例如，read 系统调用函数会一直阻塞，直到操作完成。

非阻塞 I/O 不会陷入阻塞，它一般通过将 Socket 设置为 SOCK_NONBLOCK 非阻塞模式来实现。这时就算当前 Socket 没有准备就绪，read 等系统调用函数也不会阻塞，而会返回具体的错误，所以一般需要开发者采用轮询的方式不时去检查。

多路复用 I/O 是一种另类的方式，它仍然可能陷入阻塞，但是它可以一次监听多个 Socket 的就绪状态，任何一个 Socket 准备就绪都可以返回。典型的函数有 poll、select、epoll。多路复用仍然可以变为非阻塞的模式，这时仍然需要开发者采用轮询的方式定时检查。

信号驱动 I/O 是一种相对异步的方式，当 Socket 准备就绪后，它通过中断、回调等机制来通知调用者继续调用后续对应的 I/O 操作，而后续的调用通常是阻塞的。

异步 I/O 则更彻底地实现了异步化，全程无阻塞，调用者可以继续处理后续的流程，所有的操作都完全托管给操作系统。当 I/O 操作完全处理完毕后，操作系统会通过中断、回调等机制通知调用者。Linux 提供了一系列 aoi_xxx[1] 系统调用函数来处理异步 I/O。

你可能觉得从阻塞 I/O 模式到异步 I/O 模式是越来越高级、越来越先进的。从单个进程的角度来看，这种想法也许有几分道理，但现实的情况是，阻塞 I/O 和多路复用 I/O 是最常用的。

为什么会这样呢？因为阻塞是一种最简单、直接的编程方式。同时，在多线程情况下，即便一个线程内部处于阻塞状态，也不会影响其他线程。

根据 I/O 模型不同、线程与进程的组织方式不同，也产生了许多不同的网络模型，其中最知名的莫过于 Reactor 网络模型。**我们可以把 Reactor 网络模型理解为 I/O 多路复用+线程池的解决方案。**目前，

---

① Linux 异步 I/O 接口：https://man7.org/linux/man-pages/man7/aio.7.html。

Linux 平台上大多数知名的高性能网络库和框架都使用了 Reactor 网络模型，包括 Redis、Nginx、Netty、Libevent 等。

Reactor 一词具有反应堆的含义，表示对监听的事件做出相应的反应。Reactor 网络模型的核心思想是监听事件的变化，一般通过 I/O 多路复用监听多个 Socket 状态的变化，并将对应的事件分发到线程中处理。Reactor 网络模型有许多变体，包括单 Reactor 单进程／线程、单 Reactor 多线程、多 Reactor 多进程/线程。

以多 Reactor 多线程为例，主 Reactor 使用 selelct 等多路复用机制监控连接建立事件，收到事件后通过 Acceptor 接收，并将新的连接分配给子 Reactor。随后，子 Reactor 会将主 Reactor 分配的连接加入连接队列，监听 Socket 的变化。当 Socket 准备就绪后，在独立的线程中完成完整的业务流程，如图 3-4[2]所示。

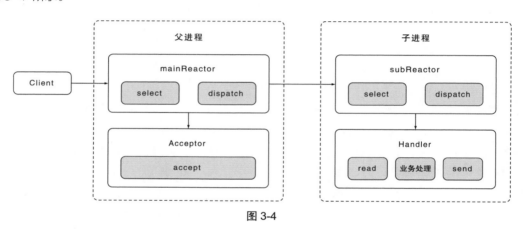

图 3-4

3.2　Go 语言网络模型

与 Reactor 网络模型（I/O 多路复用 + 线程池）不同，Go 语言采用了一种独特的方式构建自己的网络模型，即协程调度 + 同步编程模式 + 非阻塞 I/O + I/O 多路复用。下面我们将详细探讨 Go 语言是如何实现这些功能的。

3.2.1　协程调度

在多核时代，Go 语言在线程之上引入了轻量级的协程。作为并发原语，协程解决了传统多线程开发中的诸多问题，例如内存屏障、死锁等[1]，并降低了线程的时间成本与空间成本。

线程的时间成本主要来自切换线程上下文时，开发者态与内核态的切换、线程的调度、寄存器变量以及状态信息的存储。值得注意的是，如果两个线程位于不同的进程中，那么进程之间的上下文切换还会发生内

---

① 传统多线程开发的困境：https://web.stanford.edu/~ouster/cgi-bin/papers/threads.pdf。

存地址空间的切换，从而导致 CPU 缓存失效。所以不同进程的切换要显著慢于同一进程中线程的切换[①]。

线程的空间成本主要来自线程的堆栈大小。线程的堆栈大小一般是在创建时指定的，为了避免出现栈溢出（Stack Overflow），默认的栈会相对较大（例如 2MB），这意味着每创建 1000 个线程就需要消耗 2GB 的虚拟内存，将大大限制创建线程的数量。而 Go 语言中的协程栈大小默认为 2KB，并且是动态扩容的，因此在实践中，经常会看到成千上万个协程存在。

```
// 源码中初始的栈大小
_StackMin = 2048
```

线程的特性决定了线程的数量并不是越多越好。在实践中不会无限制地创建线程，而是会采取线程池等设计来控制线程的数量。而由于协程特性，我们通常不需担忧创建一个协程的成本。如下为一个典型的网络服务器，main 函数中监听新的连接，每个新建立的连接都会新建一个协程执行 Handle 函数。这种设计是符合开发者直觉的，因此编写起来非常简单。在正常情况下，网络服务器中会出现成千上万个协程，但 Go 运行时的调度器能够轻松应对。

```go
func main() {
    listen, err := net.Listen("tcp", ":8888")
    if err != nil {
        log.Println("listen error: ", err)
        return
    }

    for {
        conn, err := listen.Accept()
        if err != nil {
            log.Println("accept error: ", err)
            break
        }

        // 开启新的 Groutine，处理新的连接
        go Handle(conn)
    }
}

func Handle(conn net.Conn) {
    defer conn.Close()
    packet := make([]byte, 1024)
    for {
        // 阻塞直到读取数据
        n, err := conn.Read(packet)
        if err != nil {
            log.Println("read socket error: ", err)
            return
        }
```

---

① 现代 CPU 使用快速上下文切换技术解决了进程切换带来的缓存失效问题。

```
    // 阻塞直到写入数据
    _, _ = conn.Write(packet[:n])
  }
}
```

3.2.2　同步编程模式

继续看上面这个例子，在这里，每个新建的连接都有单独的协程处理 Handle 函数，这个函数通过 conn.Read 读取数据，然后通过 conn.Write 写入数据。在开发者眼中，这两个操作都是阻塞模式的。当 conn.Read 等待读取数据时，当前协程陷入等待状态，等到数据读取完毕，调度器才会唤醒协程去执行。这是一种直观、简单的编程模式，相对于回调、信号处理等异步机制，同步的编程模式明确并简化了处理流程，降低了出错风险，便于调试。

3.2.3　非阻塞 I/O

Go 表面上实现了同步编程模式，但背后在处理 Socket 时使用的是非阻塞模式。这意味着协程虽然会陷入阻塞，但是这种阻塞并不是对线程的阻塞，而是发生在开发者态的阻塞。图 3-5 所示的 GMP 模型描述了协程（G）、线程（M）与逻辑处理器（P）之间的关系。Go 运行时有强大的调度器，当某个协程阻塞时，其他可运行的协程借助逻辑处理器（P）仍然可以被调度到线程上执行。这种设计在保持编程简单化的同时，确保了高并发性能。

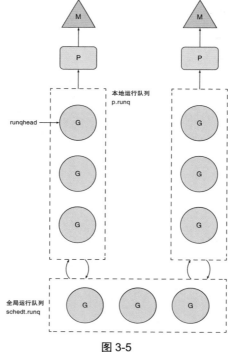

图 3-5

3.2.4　I/O 多路复用

Go 网络模型中另一个重要的机制是对 I/O 多路复用的封装。在前面的示例中，协程可能处于阻塞状态，所以我们需要能够监听大量 Sokcet 变化的机制。当 Socket 准备就绪之后，被阻塞的协程可以恢复执行。

为了实现这一目标，**Go 语言标准网络库封装了针对不同操作系统的多路复用 API（如 epoll/kqueue/iocp）。我们可以把 Go 语言的这种机制称作 netpoll。例如在 Linux 系统中，netpoll 封装的是 epoll。epoll 是 Linux 2.6 之后引入的，它采用了红黑树的存储结构**[1]，在处理大规模 Socket 时的性能显著优于 select 和 poll[2]。

epoll 中提供了 3 个 API，epoll_create 用于初始化 epoll 实例、epoll_ctl 将需要监听的 Socket 放入 epoll 中，epoll_wait 等待 I/O 可用的事件。

```
#include <sys/epoll.h>
int epoll_create(int size);
int epoll_ctl(int epfd,int op,int fd,struct epoll_event*event);
int epoll_wait(int epfd,struct epoll_event* events,int maxevents,int timeout);
```

在 Go 语言中对其封装的函数如下。

```
// netpoll_epoll.go
func netpollinit()
func netpollopen(fd uintptr, pd *pollDesc) int32
func netpoll(delay int64) gList
```

Go 运行时只会全局调用一次 netpollinit 函数。而我们之前看到的 conn.Read、conn.Write 等读取和写入函数底层都会调用 netpollopen 函数，将对应的 Socket 放入 epoll 中进行监听。

程序可以轮询调用 netpoll 函数获取准备就绪的 Socket。netpoll 函数会调用 epoll_wait 获取 epoll 中的 eventpoll.rdllist 链表，该链表存储了 I/O 就绪的 socket 列表。接着 netpoll 函数取出与该 Socket 绑定的上下文信息，恢复阻塞协程的运行。

调用 netpoll 的时机有如下两个。

- 系统监控定时检测。Go 语言在初始化时会启动一个特殊的线程来执行系统监控任务 sysmon。系统监控在一个独立的线程上运行，不用绑定逻辑处理器（P）。系统监控每隔 10ms 会检测是否有准备就绪的网络协程，若有，就放置到全局队列中。

```
func sysmon() {
  ...
  if netpollinited() && lastpoll != 0 && lastpoll+10*1000*1000 < now {
    atomic.Cas64(&sched.lastpoll, uint64(lastpoll), uint64(now))
    // netpoll 获取准备就绪的协程
    list := netpoll(0)
    if !list.empty() {
      incidlelocked(-1)
```

---

[1] Linux 中的红黑树：https://github.com/torvalds/linux/blob/master/Documentation/translations/zh_CN/core-api/rbtree.rst。

[2] 关于 select 和 poll 接口的缺陷，可以参考 *The Linux Programming Interface* 第 63 章。

```
        // 放入可运行队列中
        injectglist(&list)
        incidlelocked(1)
    }
  }
}
```

- 在调度器决定下一个要执行的协程时，如果局部运行队列和全局运行队列都找不到可用的协程，调度器就会获取准备就绪的网络协程。调度器首先通过 runtime.netpoll 函数获取当前可运行的协程列表，返回第一个可运行的协程。然后，通过 injectglist 函数将其余协程放入全局运行队列等待被调度。

```
func findrunnable() (gp *g, inheritTime bool) {
  ...
  if netpollinited() && atomic.Load(&netpollWaiters) > 0 {
    if list := netpoll(0); !list.empty() { // non-blocking
      gp := list.pop()
      injectglist(&list)
      casgstatus(gp, _Gwaiting, _Grunnable)
      if trace.enabled {
        traceGoUnpark(gp, 0)
      }
      return gp, false
    }
  }
}
```

要注意的是，netpoll 函数处理 Socket 时使用的是非阻塞模式，这也意味着 Go 网络模型不会让阻塞陷入操作系统调用中。而强大的调度器又保证了开发者协程陷入阻塞时可以轻松地切换到其他协程运行，保证了开发者协程公平且充分地执行。这就让 Go 语言在处理高并发的网络请求时仍然具有简单与高效的特性。

3.3 总结

本章重点讨论了 Go 语言的网络模型，并阐述了 Go 语言在网络服务开发方面的优势。实际上，Go 语言的致胜法宝可以概括为一个公式：协程调度+同步编程模式+非阻塞 I/O+I/O 多路复用。

Go 语言采用简单直接的同步编程模式，符合开发者的直觉。同时，协程的特点让开发者可以轻松地创建大量协程。在同步编程模式下，真正的阻塞并未发生在操作系统调用层面，而是发生在开发者态协程层面。通过封装各种操作系统下的多路复用机制以及采用非阻塞 I/O 模式，一旦可用的 Socket 准备就绪，之前陷入阻塞的协程就可以运行，并最终被调度器安排执行。调度器牢牢地锁定了协程的控制权，即便协程发生阻塞，调度器也能够快速切换到其他协程运行，在高并发网络 I/O 密集型环境下保证了程序的高性能。

参考文献

[1] STEVENS W R. UNIX Network Programming(Volume 1)[M]. 3rd ed Boston: Prentice Hall PTR, 2004.

[2] 李云华. 从零开始学架构：照着做，你也能成为架构师[M]. 北京：电子工业出版社，2018.

高性能设计：自顶向下的高性能 Go 语言程序设计与优化

> 计算机程序在其生命周期中所花费的时间，有 90% 是在执行最频繁的 10% 的代码。
>
> ——计算机行业谚语

用最少的资源将程序的性能优势最大化，不仅是每个有追求的开发者的目标，更是企业为了实现更好的开发者体验（例如更小的响应时间）、更低的成本面临的第一要务。从设计、开发阶段如何避免性能问题，再到如何发现问题，发现问题后如何分析、排查、调优，"性能"二字贯穿系统的整个生命周期。

但是应该怎样解决性能问题呢？性能问题涉及的知识面广且深，如果没有方法论的支撑，要找到解决它们的方法无异于大海捞针。接下来，我会带你构建起一种分层的分析范式，并通过它对问题进行分层抽象，抽丝剥茧、将问题逐个击破。

性能问题复杂多样，只有拥有了具体的方法论支撑，才能将问题分离出来，在面对性能问题时有的放矢。我参考 *Efficient Go* [1] 将性能优化**自上而下**划分为了 5 个级别，如图 4-1 所示。

图 4-1

性能优化的分层抽象可以帮我们把复杂的性能问题拆解并逐个击破。我们先来看第一层级的性能挑战：系统级别。

4.1 系统级别

我们都知道，系统架构经历了从单体应用到分布式应用的发展进程。随着数据规模日渐庞大，单台机器难以承受所有流量。因此，现代大型系统普遍采用了分布式、微服务的系统架构，借助灵活的程序伸缩快速适应动态的外部变化。

随着功能越来越复杂，服务变得越来越多，如何将大规模服务有机统一起来变成了一个新的难题，这也催生了架构师的职业。在系统级别进行思考意味着我们要以架构师的视角构建"概念完整性"的系统，从全局角度思考程序的系统问题。系统级别优化与架构设计的过程息息相关，其考虑的方面在于**"如何对服务进行拆分""如何将服务链接在一起""服务调用的关系以及调用频率"**等。

更具体地，我们需要考虑如何让服务随着负载的增加具有可扩展性；是否采用领域驱动设计（DDD）的架构设计；如何进行分布式的协调；选择何种中间件、缓存数据库与存储数据库；使用何种通信方式等。此外，大型微服务集群的性能优化还包括服务治理，它涉及服务的监控与告警、服务的降级策略（限流、重试、降级和熔断），以及分布式追踪与分布式日志收集等手段，这些在大型企业常常是基础设施的一部分。系统级别优化涉及的内容很多，本书后面的内容还会详细介绍微服务与分布式系统的演进、挑战与解决方案。

4.2 程序设计和组织级别

优秀的程序设计是构建高性能、可维护程序的基础。程序设计涵盖功能拆分和流程抽象、确定代码组织形式、定义清晰的模块间的接口边界、选择框架和并发处理模型，甚至包括确定开发流程和规范，设计和监控关键指标体系。好的程序设计，能够比较轻松地进行扩展和优化，也能够提升程序的整体性能。

为实现高性能程序，需围绕性能目标选择最佳方案。以充分利用系统 CPU 资源，提高系统的 QPS，减少服务延迟为例，来说明高性能程序设计的几个原则。

第一是流程异步化。为了提升外部开发者的体验，降低延迟，有时我们可以结合业务对流程进行异步化，快速返回结果给外部开发者，从而提升开发者体验、服务的 QPS 与吞吐量。例如，任务执行完毕后需要将数据存入缓存。这时可以先返回结果，再异步地写入数据库。又如，调用一个执行周期很长的函数，可以先直接返回，执行完毕后再请求开发者提供的回调地址。不过要注意的是，无论怎样异步化，最终仍需执行任务。

第二是在执行的关键阶段并行化，尽可能把串行改为并行。你可能听说过华罗庚烧水泡茶的故事，这个故事的重点就是将整个大任务分割为若干小任务，让关键任务并行处理，这个方案可以大大减少整个任务的处理时间。例如，三个任务分别耗时 T_1、T_2、T_3，如果串行调用，那么总耗时为 $T = T_1 + T_2 + T_3$。但是如果三个任务并行执行，总耗时就是 $MAX(T_1, T_2, T_3)$。在程序设计中也遵循类似的思路，只有做到真正的并行，利用 Go 语言运行时对协程的自动调度，才能充分发挥多核 CPU 的性能。

第三是要合理选择与实际系统匹配的并发模型，根据自身服务的不同，需要了解 Go 语言在网络 I/O、磁盘 I/O、CPU 密集型系统的程序处理过程中使用的不同处理模型。并根据不同的场景选择不同的高并发模型。

第四是要考虑无锁化与缓存化，保证并发的威力。极端不合理的锁设计可能导致并行执行退化为串行执行。无锁化并不是完全不加锁，而是要合理设计并发控制，例如在多读少写场景用读锁替代写锁，用局部缓存减少对于全局结构进行访问[①]。

4.3　代码实施级别

代码实施即实际编写代码的过程。为了满足特定的目标，我们要在代码设计、开发以及最终阶段对性能进行合理甚至是极致的优化。**编写代码时的性能优化有三层境界：合理的代码、刻意的优化、冒险的尝试。**

4.3.1　合理的代码

合理的代码看起来非常自然，就像是从优秀开发者的指尖自然流淌出来的，但这要求开发者具备较高的个人素质。由于不同开发者在语言理解和程序设计上的差异，他们开发出来的代码常常风格迥异。这就需要一些制度和规范来帮助我们写出更优雅、高效、易懂的代码。

这些规范涉及程序开发的方方面面，包括目录结构规范、代码评审规范、开发规范，等等。本书第 8 章将会给出更详细的 Go 语言开发规范。有时只需要遵守一些简单的规则，就能够大幅度减少未来在性能方面的困扰。除了遵守常见的规范，要写出合理的代码，还需要对算法和数据结构进行设计改造。有人说"程序=算法+数据结构"，可见它们的重要性。

关键算法的调整常常能够给性能带来数倍的提升。例如，将冒泡排序（$o(n^2)$）替换为快速排序（$o(n\log n)$），将线性查找（$o(n)$）替换为二分查找（$o(\log n)$），甚至哈希表的方式（$o(1)$），都是常见的算法升级。**对数据结构的优化指添加或更改处理数据的表示。**数据结构在很大程度上决定了数据的处理方式，进而决定时间复杂度与空间复杂度。例如，如果在链表的头部节点添加一个表明链表长度的字段，就可以避免遍历链表获取总长度。**我们有时需要以空间换时间。**缓存就是一种提高性能、减少数据库访问和防止全局结构锁的机制，这种以空间换时间的策略在高并发程序中的应用非常广泛。不管是 CPU 多级缓存、Go 运行时调度器、Go 内存分配管理，还是标准库中 sync.Pool 的设计，都包含了利用局部缓存提高整体并发速度的设计。**在设计算法与数据结构时需要考虑实现复杂度。**例如，在 Go 1.13 版本之前，内存分配使用了 Treap，Treap 是一种引入了随机数的二叉搜索树，它的实现简单，并且引入的随机数和必要的旋转保证了比较好的平衡特性。又如，Redis 中选择跳表的数据结构是考虑红黑树等结构在实现上的复杂性。

4.3.2　刻意的优化

编写合理的代码是构建优秀系统的第一步，但为了实现性能目标，有时候需要对代码进行刻意的优化。这

---

① 关于如何设计无锁化结构，可以参考 sync.pool 库、go 内存分配、go 调度器等模块在并行处理中的极致优化，我在《Go 底层原理剖析》里也有详细的解读。

里指的是优化当前系统面临的最核心、最急需解决的问题。

优化的前提是定位瓶颈问题。能够发现程序问题并解决，对开发者来说比写出合理的程序更难。因为排查问题时的不确定因素更多，需要掌握的知识更多。本书第 29 章会通过具体的案例演示如何通过 pprof、trace、dlv、dgb 等工具定位瓶颈问题。

瓶颈问题需要对症下药，工具暴露出来的瓶颈通常就是优化目标。有时这种瓶颈是不明显的，需要开发者做一些假设并验证自己的猜想。有时数据结构和算法原本合理，但是随着并发程度越来越高，就变得不合理了。例如，程序中常用 JSON 进行结构体的序列化，但是由于标准 JSON 库使用了大量反射，当并发量大幅度增加时，JSON 库的耗时就可能变为瓶颈，这时需要考虑将标准库替换为更快的第三方库，甚至需要使用 protobuf 等更快的序列化方式。还有一些优化涉及 Go 语言的编译时和运行时。例如，之前介绍过的将环境变量 GOMAXPROC 调整为更合适的大小，本质上就是在修改运行时可并行的线程数量。

此外，当并发量增加之后，垃圾回收（GC）也可能成为系统的瓶颈。GC 有一段 STW 的时长完全不能执行开发者协程，并且在并行标记期间会占用 25%的 CPU 时间。如果 STW 时间过长，或者并发标记阶段由于频繁的内存分配触发了辅助标记，那么都会导致程序无法有效处理开发者协程，产生严重的响应超时问题。

还有一些刻意的优化与 Go 的版本有关，需要具体分析。例如，在 Go 1.14 之前的版本中，死循环没有办法被抢占，因此经常出现程序被卡死的现象。在使用这些版本时，不得不做一些特殊的判断和处理。

4.3.3　冒险的尝试

最后，在代码实施阶段，由于迫不得已的原因，可能还需要进行一些特别的冒险的尝试。例如，由于很多机器学习库是用 C 或者 C++完成的，因此需要使用 CGO 的技术。使用 CGO 开发会面临各种问题：没有编辑器的提示、语法烦琐、难以调试、内存不受 Go 运行时的管理。所以说不到万不得已，不要使用CGO。

另外，Go 语言语法本身屏蔽了指针的操作，但在有些场景下，为了提高性能，或为了使用某些高级功能，会用到 unsafe 库操作指针。然而，想要正确地使用 unsafe 是很难的。Go 语言中的 unsafe 库本身不是向后兼容的，这意味着在当前版本中有效的代码在之后的版本中的行为是未知的。[1]。

有些底层操作为了获得更高的性能或者使用语言级别未暴露的功能（例如特殊的 CPU 指令），甚至需要编写汇编代码。举一个例子，TiDB 数据库为了提高浮点数计算性能就使用了汇编代码。

4.4　操作系统级别

程序运行在操作系统这个基座之上，程序所处的环境和操作系统特性会深刻影响程序性能。Linux 操作系统位于硬件与开发者应用程序之间，它一方面托管了与硬件的交互，另一方面提供了与应用程序交互的API。具体而言，Linux 操作系统提供以下关键功能：进程管理、内存管理、网络管理、文件管理和设备管理。

---

① unsafe 包的具体用法参见 https://go101.org/article/unsafe.html。

程序通常会用到操作系统提供的多种服务，**在操作系统层面解决瓶颈问题，我们要做的第一步就是明确优化的方向**。例如，如果排查系统 CPU 利用率高的问题，则主要关注操作系统对进程的管理与调度；如果排查内存问题，则主要关注内存分配与缓存等问题；如果网络耗时过长，则主要关注操作系统的网络协议栈。当然，有一些问题可能是交叉的，例如，频繁的内存与磁盘的交换（swap）也会导致 CPU 利用率飙升。

第二步是熟悉操作系统的核心功能流程与架构，从而有针对性地使用相关工具进行验证。例如，排查 CPU 利用率过低的问题，需要明确操作系统如何将程序调度到 CPU 中执行、哪些问题可能导致 CPU 陷入等待或者发生切换、中断。

要解决这些问题，我们需要掌握相应的概念和知识，其中就包括了操作系统调度的原理。操作系统将程序分为了多个线程，并将线程调度到 CPU 上运行。为了公平地调度每个线程，Linux 2.6 之后引入了 CFS 调度器，线程按照运行的优先级存储在红黑树结构中，红黑树中最左侧的线程会优先被调度执行。

下面几种情况都可能导致应用程序的 CPU 利用率低。

- 从线程可以运行到线程实际运行仍然有一定延时，当运行的程序越来越多时，这种延迟会更加明显。
- 线程在执行过程中，可能等待磁盘 I/O 的数据返回，I/O 等待时间越长，程序运行越慢。
- 在线程执行过程中，调度器会定时检查当前线程是否需要被抢占、执行线程的上下文，上下文切换越频繁，实际执行有效代码的时间就越短。
- 除此之外，影响 CPU 运行的原因可能来自硬/软中断信号，这时 CPU 会暂停当前的任务并执行中断处理程序。

第三步是使用对应的工具验证和排查瓶颈问题。例如，在排查系统 CPU 利用率异常时，需查看 CPU 在一段时间内执行哪部分的工作。我们期望 CPU 能够更多地执行应用程序任务，而不是陷入执行内核线程或将大量时间阻塞在与硬件设备的 I/O 交互中。有多种工具可以观察当前操作系统的资源利用情况。以 CPU 利用率为例，最常见的 TOP 命令可以查看开发者 CPU 使用率、系统 CPU 使用率、io wait 率，mpstat 命令可以查看 CPU 软中断和硬中断使用率，不同指标的使用率上升对应的常见原因如表 4-1 所示。通过这些方法，我们可以进一步明确 CPU 利用率异常的原因。

表 4-1

现象	原因
用户 CPU 使用率高	应用程序比较繁忙
系统 CPU 使用率高	内核比较繁忙
io wait 率高	系统与硬件设备的 I/O 交互时间比较长
软中断和硬中断的 CPU 使用率高	设备驱动异常等因素导致大量中断，进而导致频繁的上下文切换

如果你想深入了解在操作系统级别分析 CPU、内存、文件、网络、磁盘等资源的方法和工具，那么可以参考 *Systems Performance: Enterprise and the Cloud*（*Second Edition*）这本书。像 perf 这类工具甚至可以查看到操作系统的线程堆栈信息，输出 CPU 火焰图，快速寻找最可能的代码瓶颈。在某一个程序卡死导致无法响应时，或者在排查程序调用耗时过长问题时尤其有用。

容器化时代为性能问题分析和排查提出了新挑战。例如，Linux 通过 Cgroup 和 Namespace 技术构建轻量级的虚拟容器以实现资源隔离，这样容器只能够使用限制好的资源，而非宿主机的全部资源。

由于操作系统的很多观测手段还不成熟，初学者很容易误解。例如，容器中的 top 命令获得的 cpu idle 和 load average 信息实际上是宿主机的信息，而进程的利用率等信息仅为容器内部的信息。如果不清楚信息实际的含义，将导致我们得出错误的结论。此时，可使用 cadvisor 等第三方库获取容器的相应指标。操作系统为我们屏蔽了不同硬件处理的细节，但操作系统也是一个特殊的软件，仍然是运行在硬件之上的，硬件的性能决定了处理速度的上限，硬件的设计值得我们在设计软件时参考，有效利用硬件的特性也能加速软件的运行，下面让我们看看性能优化的硬件级别。

4.5　硬件级别

虽然操作系统已经为我们屏蔽了硬件细节，但了解现代处理器架构仍对理解程序运行、编写高质量代码和解决棘手问题具有重要意义。与操作系统优化类似，硬件级别优化需明确优化方向并熟悉内部架构。CPU、内存、磁盘的架构各具特色，以 CPU 为例，了解其包含的 L1、L2 和 L3 三级缓存特性有助于提高程序速度。

CPU 高速缓存的特性使访问先前获取过的数据及其相邻数据的速度会更快。CPU 高速缓存的特性影响了程序数据结构的设计。例如，Go 语言哈希表在解决哈希冲突时就考虑了 CPU 高速缓存的特性，使用了优化后的拉链法，每个桶中都存储 8 个元素，加快了哈希表的访问速度。

CPU 缓存的特性还涉及伪共享（False Sharing）。当多线程修改看似互相独立的变量时，如果这些变量共享同一个缓存行，就会在无意中影响彼此的性能，在 Go 源码中就常常看到这样的设计。

除此之外，现代 CPU 还有一个特性——分支预测。CPU 应用了各种算法和启发式方法来预测程序未来的分支，以便预取指令到 CPU 的缓存中，加快执行速度。因此，如果我们能让程序的逻辑更直接，降低分支错误的可能性，就能够减少 CPU 的处理时间。硬件级别的优化的最后一步，涉及用工具检测相关的指标并验证相关的结论，这些工具包括了 mpstat、vmstat、perf、turboboost 等，具体内容你仍然可以参考 *Systems Performance: Enterprise and the Cloud（Second Edition）*。

4.6　总结

性能优化重要且非常复杂，它考验的是开发者的内功。对于刚刚入门的开发者来说，性能优化是个知识大杂烩，摸不着头脑。然而，**通过对知识的分层抽象与梳理，可以有的放矢，将问题聚焦于特定的层面**。

程序面临的任何性能优化问题都可以对应到本章的五层抽象模型中。对于性能优化，我们需要聚焦于核心的瓶颈问题，自上而下逐个击破，找到对应的设计思路、观察指标、排查手段和解决方法。这将帮助你更早地规避、更快地定位、更有效地解决性能问题。

参考文献

[1] PŁOTKA B. Efficient Go[M]. Farnham: O'Reilly Media, 2022.

[2] LUKSA M. Kubernetes in Action[M]. Greenwich：Manning Publications, 2017.

微服务探索：
深度解析架构演进与治理实践

好的架构让你能够推迟决策，直到你拥有足够的信息来做出正确的选择。

——Robert C. Martin

本章介绍一个重要的系统架构：微服务。**微服务（Microservices）是一种软件架构风格，它以职责单一、细粒度的小型功能模块为基础，并将这些小型功能模块组合成一个复杂的大型系统。**

软件开发在短短十余年发生了深刻的变革，以 Docker 为代表的容器技术比传统的虚拟机更轻量，消耗的系统资源更少。借助 Dockerfile 等配置文件，我们不仅可以定义服务构建规则、启动参数等，还能够定义服务所需的环境依赖。这确保了容器重建前后有相同的环境和行为，大大降低了开发、部署和运维成本，让部署更多的原子服务成为可能。

如今，大型互联网公司的业务规模和流量日渐增长，服务集群的规模也越来越大，服务却被拆分得越来越细。本章就来拆解一下在构建微服务架构过程中面临的挑战以及需要掌握的技术，帮助你对微服务架构有更深入的理解。

5.1　微服务架构演进

5.1.1　单体服务与微服务

企业的系统架构通常是由业务驱动的，小企业或新的产品线在业务起步阶段代码少，功能也简单，这时我们一般会把所有功能打包到同一个服务中，使用单体服务具有较高的开发效率。

但是，系统的架构也需要与时俱进。随着访问量逐渐变大、业务模式越来越复杂，相似的功能开始组建起一个模块，模块与模块之间需要相互调用，如图 5-1 所示，一个简单的单体商城服务可以分为支付模块、订单模块与开发者管理模块，各模块之间可以相互调用。

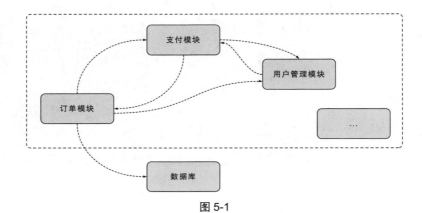

图 5-1

除了按照功能划分模块，我们也可以按照逻辑对模块进行划分。例如，比较经典的分层设计模式是在桌面程序和 Web 服务中使用广泛的 MVC 架构。MVC 经过了较长时间的演进[1]，有不少变体。典型的 MVC 架构包括视图（View）层、控制（Controller）层和模型（Model）层，如图 5-2 所示。

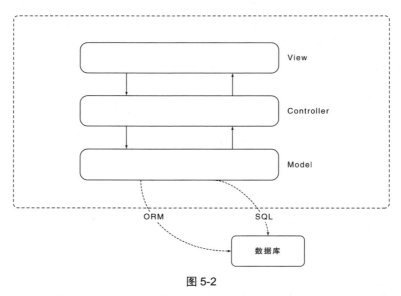

图 5-2

分层架构提供了统一的开发模式，便于开发者理解。同时，模块间的解耦导致了关注点分离，避免了因为业务和开发人员越来越多导致的混乱。此外，上层和业务功能相关的代码一般更容易发生变动，而偏技术的底层代码（如操作数据库）改动较小，这使得底层代码更容易复用。

随着业务复杂性的增加，分层架构的模式也逐渐显现出问题：**使用分层架构意味着添加或更改业务功能几乎涉及所有层级，这样一来，要修改单个功能就变得非常麻烦**，如图 5-3 所示，分的层级越多，这个问题就越严重。

---

① MVC 架构的演进：https://en.wikipedia.org/wiki/Model%E2%80%93view%E2%80%93controller。

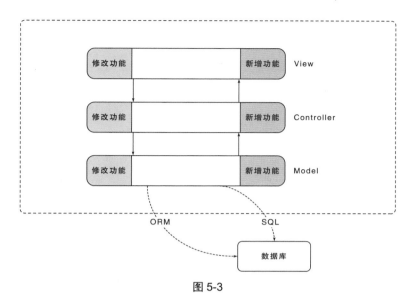

图 5-3

为了解决分层架构的问题，我们会选择在分层的基础上，按照业务功能做拆分，将各分层贯穿起来，这被称为垂直切片（Vertical slice），如图 5-4 所示。分离模块还有一个好处，那就是模块可以简单复用到其他的单体服务中。

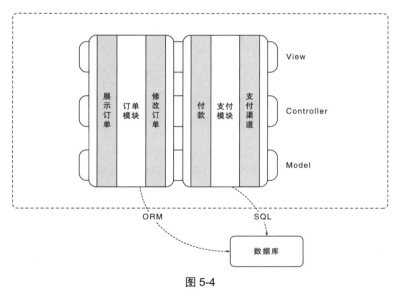

图 5-4

如图 5-5 所示，模块与模块之间为了实现低耦合，需要定义明确的接口进行通信。接口应该具有稳定性，职责清晰，并且能够隐藏模块内部的实现细节。接口可以采取多种不同的实现形式，可能通过同步的方式，例如调用另一个组件库中的公共函数（在 Go 语言中为首字母大写的方法或函数）；也可能通过异步的方式，例如通过中间件发布与订阅，或者通过共享文件、数据库的方式进行通信。

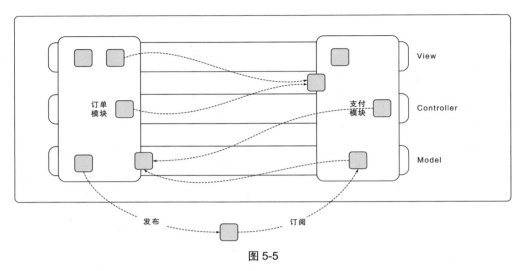

图 5-5

图 5-5 所示的单体服务在项目初期能够提供比较高的开发效率。但随着业务复杂度进一步上升，系统的复杂度通常会呈指数型上升，主要原因如下。

- 与最初设计偏离

由于每位开发者都有自己的开发风格，例如，有人喜欢在 View 层随意加入更多的逻辑，有人为了赶项目加入了临时解决方案，久而久之，随着系统越来越大，参与人员越来越多，代码的逻辑分支会变得越来越多，学习维护成本大幅上升。

- 模块耦合

低耦合的模块化设计开始失效，不仅模块内代码耦合，模块与模块之间的依赖关系也错综复杂。通常一处修改会有牵一发而动全身的效果，开发越来越容易犯错。如果你负责的是团队的核心业务，例如订单与收银，那么维护屎山代码常常会背负比较大的精神压力。

- 团队管理、开发效率变低

经典项目管理图书《人月神话》指出，简单地增加开发人员并不会缩短项目的开发周期，甚至可能起到负面作用。现在推崇的小团队开发模式一般由 6~8 个人组成开发团队，以保证团队之间高效协作。

与此同时，随着业务日益复杂，如果众多团队挤在同一个单体服务中，则可能出现排队上线的情况，不利于敏捷开发。因此，当服务进一步膨胀时，我们通常需要将服务拆分为图 5-6 所示的职责单一、功能细粒度的微服务。微服务是方法而不是目标，只有当前架构无法实现我们的最终目标时，才有必要考虑迁移到微服务架构。

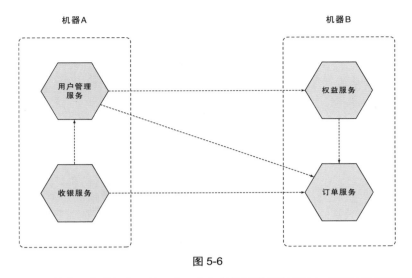

图 5-6

在此之前，我们讨论了单体服务的问题。接下来，我们将探讨微服务架构如何解决这些问题，以及使用微服务所需承担的代价。

5.1.2 微服务的优点

微服务主要有下面几个方面的优点。

1. 技术多样性

在单体应用程序中，如果我们想尝试一种新的编程语言、数据库或框架，或者是对技术进行升级，那么需要考虑任何更改都可能影响整个系统，风险巨大。而使用了微服务架构之后，就可以在风险最低的微服务中使用这些技术，让团队更快地接纳和吸收新技术。同时，不同团队也可以根据问题的特点使用相对应的技术。例如，前端服务使用 React、后端 Web 服务使用 Go，模型训练服务使用 C++。

2. 稳健性

在采用微服务架构时，若系统的某个组件发生故障，那么只要故障未产生级联效应，便可隔离问题，确保系统的其余部分继续工作。但是在单体服务中，如果服务崩溃，那么一切工作都会停止。

3. 更易扩容、更灵活

当系统由于请求量上涨等因素而承载能力不足时，我们还需要对服务进行扩容。由于单体服务的各模块都是聚合在一起的，所以各模块必须同时进行扩容，然而每个模块的需求和承载能力未必相同，例如订单服务会被系统中更多的服务调用，需要承担更多的流量，同时，扩容容易造成资源的浪费。而微服务架构可以如图 5-7 一样，**根据服务的承载能力对不同服务进行不同程度的扩容。**

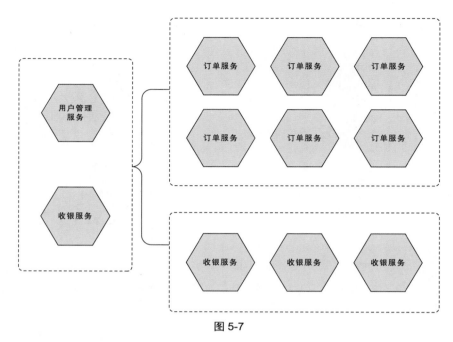

图 5-7

4. 团队效率更高

微服务架构能够更好地与组织结构保持一致，从而提高小团队的工作效率。

5. 可组合性

单一功能的服务之间通过简单的排列组合很容易灵活地构建出另一个系统。这对于代码复用、系统重构，以及快速构建新的系统都有很大帮助。

然而，微服务并不是银弹，在享受微服务好处的同时，我们也面临新的挑战。

5.1.3　微服务的缺点

微服务主要面临以下问题。

1. 众多服务导致开发和调试困难

当我们开发服务 A 的一个功能时，如果服务 A 调用了服务 B，服务 B 调用了服务 C，而我们的操作依赖于服务 C 返回的数据，就需要在本地将服务 A、服务 B、服务 C 都启动，还要想办法配置正确，让服务 A 能够正确调用本地的服务 B，这个过程是非常烦琐的。另外，由于线上的服务调用链太长，快速定位问题服务变得困难，服务的测试和调试难度也相应增加。

2. 延迟增加

以前，我们只需要处理单个进程中共享的信息，现在则需要对信息进行序列化、传输和反序列化，这增加了处理时间。另外，如果服务器不能正确地处理大量的网络连接，那么也可能导致系统延迟恶化。

3. 日志聚合与监控

系统的日志分散在各处，检索和调试都将变得非常困难，因此，需要有新的手段将分布式的日志聚合起来。同时，我们对系统的监控也变得困难，亟须单独的工具和手段对分布式系统进行统一管理，帮助我们记录并识别当前系统面临的问题。

除了上面介绍的问题，微服务还面临着分布式系统具有的固有挑战：数据一致性、可用性、安全等问题。

在设计或者将业务迁移到微服务的过程中，还面临一个重要的问题——微服务的边界在哪里？

5.1.4　微服务的边界

一般来说，设计微服务架构的目的是更高效地修改业务功能。在设计业务架构时，优先考虑的是业务功能的高内聚性，我们希望将相似的业务功能聚合在同一个微服务中，并由一个小团队开发维护。

与此同时，微服务的边界并不能用服务的代码量来衡量，因为不同语言的代码量不同。微服务应该是一个足够独立的模块，这样才能更容易对大量的微服务进行组合，构建起更大规模的系统。因此，**设计微服务边界时重要的原则就是高内聚、低耦合。**

1. 高内聚

高内聚的一个直观描述是：一起改变的代码，放置在一起。将功能相关的代码聚合到一起，能够帮助我们在尽可能少的地方做修改。例如，把和开发者权益相关的功能整合在一起，当我们需要频繁变更部署开发者权益系统时，就不用改动也不用重新部署其他服务了。

2. 低耦合

高内聚关注微服务内部的关系，而低耦合关注服务与服务之间的关系。在微服务架构中，服务与服务之间的关系应该是松散、低耦合的。在什么情况下可能出现服务紧密耦合呢？举个例子，如果我们要对权益系统进行修改，就必须同时修改上游和下游服务。

高内聚与低耦合是一体两面的，更好地实现内聚也将降低服务间的耦合度，而低耦合则依赖于服务与服务之间的沟通模式。对外提供的 API 应尽量简化，隐藏内部的实现细节，同时由 API 提供向后兼容的能力。其他服务不需要知道当前服务内部实现的细节，将当前服务当作一个黑盒。这种服务关注点的分离，能够让我们驾驭更大规模的程序。在本书第 42 章，我们将看到如何用领域驱动设计来划分业务领域，并指导我们完成项目的微服务拆分。

5.1.5　微服务的通信

当我们定义了服务的边界、完成了服务的拆分后，一个重要的问题就是如何将服务组合起来，实现更大的系统，这涉及服务之间的通信。**微服务之间的通信大致可分为同步通信和异步通信。**图 5-8 列出了不同的通信方式的示意图。

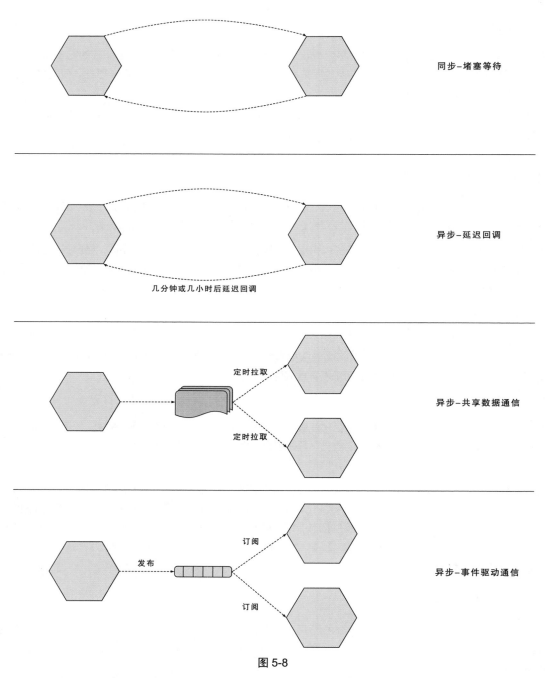

图 5-8

（1）同步通信：阻塞等待服务器的返回。例如，在数据库上运行 SQL 查询，或者向下游 API 发出 HTTP 请求是最简单直接的方式。在这种情况下，如果下游响应缓慢，或者高峰期处理不过来，就会反过来影响上游服务的耗时。

（2）回调：**异步通信可以通过回调、事件驱动和数据共享的方式实现。**例如，一些数据分析操作需要执行非常长的时间才会有结果，这时我们可以让下游服务简单地返回，等结果出来之后再以回调的方式通知上游。

（3）**事件驱动：**相较于上游服务主动通知下游服务，事件驱动的通信将处理数据的任务交给了下游服务。举一个例子，服务 A 检测到开发者异常登陆之后，可以向消息中间件中发送消息，但是上游服务不需要知道下游哪一个服务需要这条消息。这条消息可能被服务 B 消费，用于给开发者发送邮件和短信提示；也可能被风控部门获取，用于分析异常开发者的行为。这样，服务间的关系就变得更加松散解耦了。

（4）**数据共享：**借助共享的数据库或者文件进行通信。例如，数据推送服务 A 将页面修改后的数据推送到各台机器的指定位置，而服务 B 会定时检查当前配置文件是否发生了变更，如果发生了变更就将新的配置加载到内存中。数据库也可用于通信甚至分布式协调，不过，由于下游一般采取轮询的方式检查变更，这种方式很难在对延迟要求比较低的场景使用。还有一点需要注意，那就是公共数据可能让服务耦合，如果公共数据结构发生变化，那么通常下游服务也需要进行相应的调整。

另外，微服务通信还涉及通信协议和消息中间件的选型，例如同步协议应该使用 HTTP、GRPC 还是 Thrift 协议，消息中间件应该选择 Kafka、RabbitMQ 还是 Pulsar，甚至包括了序列化数据的方式应该选择 JSON 还是 Protobuf。

5.1.6　服务发现与负载均衡

传统应用程序依赖的下游服务的网络位置通常是固定的，网络地址可以直接配置在服务的配置文件中。但是在微服务架构中，服务众多，服务可以动态地进行扩容与销毁，服务的地址也是动态分配的。因此，我们需要有更灵活的服务发现机制，以便知道当前环境中运行着哪些服务。

服务发现通常包含两部分，第一部分涉及服务的注册，即在服务启动时告诉服务注册中心"我在这里！"，并通过定时的心跳连接保持服务的存活状态。第二部分为服务的发现，调用者通过服务注册中心获取服务的可用节点列表。

在实践中，有多种**服务发现的形式，最基本的两种形式为服务端发现模式与客户端发现模式。**

服务端发现模式在调用方与被调用方之间额外增加了代理网关层，代理网关接到请求后，从服务注册中心获取指定服务可用的节点列表，并且根据相应的负载均衡策略选择一个最终的节点进行访问。开源的 HAproxy、Nginx 等负载均衡器产品都可以作为代理模式的网关服务。

服务端发现模式的优点是服务调用方不用关注发现的细节，服务和监控等策略可以统一在代理网关进行。服务端发现模式的缺点是网络中多了一层，部署相对复杂，并且本身容易变成新的单点故障和性能瓶颈。

K8s 的 Service 资源本质上是一种服务端的服务发现模式，但是它实现的方式有很大不同。Service 会生成一个虚拟的 IP，通过修改 iptables 规则等方式，将虚拟的 IP 转发到指定 Pod 的地址中，实现服务发现与负载均衡的功能。本书第 40 章还会详细介绍 K8s 相关的知识。

另一种服务发现模式为客户端发现模式。和服务端发现模式不同的是，客户端发现模式能够直接从服务注册中心获取可用的节点列表，并可以监听服务节点注册的变化。调用方集成的 SDK 能够根据一定的负载均衡策略选定一个最终的服务节点，如图 5-9 所示。

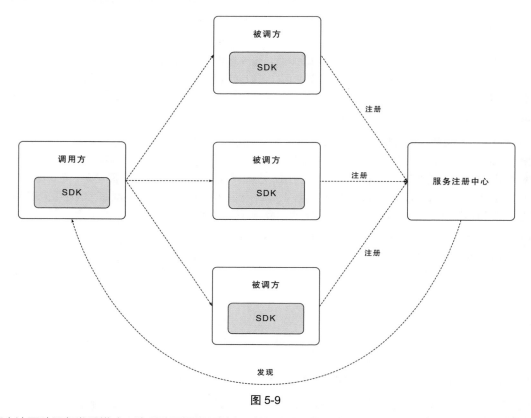

图 5-9

那么这两种服务发现模式，选哪种更好呢？其实，根据实际场景，我们可以选择不同的服务发现模式和对应的负载均衡策略。有些大型互联网公司可能同时使用两种模式，并把它们混合起来。例如，服务调用方利用 SDK 从服务注册中心获得的是虚拟 IP 地址（Virtual IP Address，VIP），然后借助 LVS、Nginx 等技术完成负载均衡。本书第 25 章也会介绍典型的服务注册中心，例如 etcd、ZooKeeper、Consul。

5.2　微服务治理体系与实践

在构建微服务的过程中，不可避免地会遇到一些新的挑战。例如，分散服务的指标如何变得可观测？如何保证数据一致性？系统出现问题如何降级止损？新的问题需要新的思维、新的手段来解决，这就要提到微服务治理了。这节课，我们就来分析一下微服务遇到的挑战，一起来看看应对这些挑战的最佳实践，了解复杂微服务架构的运作模式。

5.2.1 分布式日志与监控

在微服务架构中，我们面临的第一个挑战是集中收集分散在各处的服务日志，这些日志通常是监控和分析的基础。目前业内通用的做法是借助一个 agent 服务（典型的工具有 Flume、Filebeat、Logstash、Scribe），监听并增量将日志数据采集到消息中间件，下游计算引擎会实时处理数据，并把数据存储到对应的数据库做进一步处理。典型的日志采集与监控链路如图 5-10 所示。

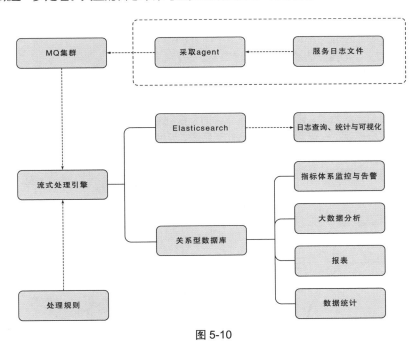

图 5-10

日志数据写入 MQ 之后，下游流式处理引擎会按照预定的处理规则对数据进行清洗、统计，还可以对错误日志进行告警。经过最终处理的数据会存储到相应的数据库中。

一般业内比较常见的做法是将清洗后的日志数据存储到 Elasticsearch 中，Elasticsearch 的优势是开源、可扩展、支持倒排索引、全文本搜索、检索效率高，结合 Kibana 还可以对数据进行可视化处理。但是由于线上日志通常是海量的，数据在 Elasticsearch 中通常无法保存太久，所以我们也会有一些低成本、更持久的日志落盘方案，例如使用 Hbase、ClickHouse 等数据库。

而对于一些分析汇总类的数据，如果结构良好并且总量比较确定，那么可以选择关系型数据库 MySQL、PostgreSQL 来存储。

针对这些数据，我们能够更进一步地进行离线的数据分析和统计，也可以基于它监控业务指标体系。指标体系如果利用得好，就可以有效识别系统异常，例如上线导致的系统 Bug 就能够很快在指标体系中反映出来。再配合异常事件的告警，可以将大事故降为小事故，甚至把小事故扼杀在摇篮中。

5.2.2 分布式 Metric 与监控

除了分布式的日志，我们还需要聚合服务的各种信息，包括：

- 容器与宿主机系统资源利用率。包括 CPU 利用率、CPU 开发者态使用率、CPU 内核态使用率、内存利用率、内存占用量、磁盘利用率、磁盘读写吞吐、磁盘读写次数、线程数量、进程数量、网卡出入带宽等 。
- 服务自身错误率。包括自身核心接口错误率、下游接口错误率、基础服务错误率。
- 服务延迟。例如，接口平均与 P99 延迟、下游平均与 P99 耗时。
- 服务请求量。例如，当前接口请求量、下游接口请求量。
- 服务运行时指标。例如对于 Go 语言，可以上报服务的协程数量、线程数量、垃圾回收时间等重要指标。
- 业务指标。例如配置参数异常、天价账单、乘客支付总费用等。

采集到的信息会通过恰当的频率，或在遇到特定事件时上报到监控服务。这些数据最终会存储到时序数据库中，并通过监控平台提供可视化能力。如图 5-11 所示，好的可视化会提供按照不同维度查看数据的功能，例如不同的机器，使用求和、均值、最大值、最小值等聚合方式。可以选择不同的时间维度给出环比、同比，例如分钟级别、小时级别、天级别、月级别。指标数据还可以通过标识不同的 tag 快速筛选不同种类的数据。

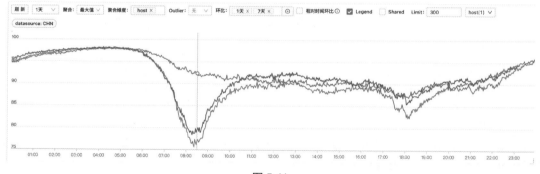

图 5-11

有一些指标的出现说明存在异常事件，例如，当程序 panic 时我们会收到相关信息。对于其他一些信息，例如接口调用量、CPU 利用率等，我们不仅希望能够监控当前时刻的指标，还希望能够查看这些指标的变化趋势。这些监控信息不仅能够反映当前系统和服务的运行状态，及时判断是否需要进行扩容等操作，还能有效地检测出系统运行的变化和错误，快速发现线上问题、保障业务稳定运行。

例如，当我们发现调用下游核心系统的错误率大于 5% 时，就应该立即启动一级报警策略，通过群报警、短信和电话的方式通知责任人。一些做得好的告警信息还会推荐止损办法，例如服务降级的手段，或者下游负责人的联系方式等。

5.2.3 分布式追踪

前面两部分解决的是信息聚合问题，而微服务架构面临的另一个挑战是需要及时感知服务与服务的调用关系，进行调用链的跟踪。

在复杂的微服务架构中，一个开发团队通常只需要维护自己的服务，对整体系统了解有限。但开发者的一个请求常常会跨越多个服务。当面对请求问题时，如何快速定位到相关的服务？如何快速了解当前环境下接口调用链路是否正常运行？如何定位当前的调用链路中耗时最多的位置，从而找到性能瓶颈？这些问题正是分布式追踪所要解决的。

相对于只提供一个特殊的用于标识指定请求的 traceID，分布式追踪的方案提供了更多的链路信息、更直观的调用关系，甚至的可视化。

分布式跟踪有一个重要的概念——span。span 表示调用链路中的单个操作，单个服务中可能有多个 span，追踪重要函数的调用时就是这样。span 中可以存储多个信息，在 OpenTracing API 中，每个 span 除了存储开始时间、结束时间，还可以存储额外的信息，例如客户 ID、订单 ID、主机名等。

每 span 中都保存了当前调用链唯一的 TraceID、当前 span 的 ID，以及父 span 的 ID。当**函数调用或跨服务传递时，服务会传递 span 的上下文信息，以便跟踪 span 之间的调用链关系**。图 5-12 左侧是服务调用链构成的一个有向无环图，有些分布式追踪组件可以通过瀑布图的形式显示调用链中每个 span 的耗时。图 5-12 右侧的可视化手段能直观地反应调用链的耗时情况。当前一些优秀的分布式追踪组件以开源的 Jaeger 为代表。

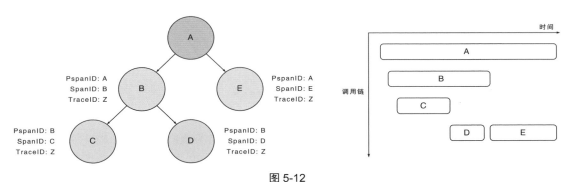

图 5-12

5.2.4 微服务测试

上面介绍的分布式日志收集、分布式 Metric 以及分布式追踪都是为了实现运行中的微服务集群的可观测性。但由于微服务非常依赖下游服务返回的结果，所以在开发和测试阶段，我们也会面临诸多挑战。

我们可以将微服务测试分为单元测试、服务测试和端到端测试三种。

如图 5-13 所示，单元测试是在内部对于单一功能模块的测试，其测试速度快、测试范围小。对于单元测试中依赖外部组件的模块，例如数据库和外部服务，我们需要使用 Mock 等手段完成依赖注入。在 Go 语言中，我们常常利用接口的特性来实现依赖的注入。这要求在进行代码设计时就实现核心功能的接口抽象，否则对于所有的依赖和功能混杂在一起的函数，是非常难进行单元测试的，我相信每位开发人员都深有体会。

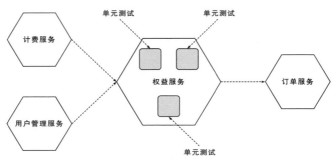

图 5-13

服务级别的测试指将单个微服务作为一个黑盒，测试服务的功能。服务级别测试覆盖的代码与功能范围比单元测试更大，如果我们测试的场景足够充分，就能保证大多数场景是符合预期的。但是由于服务级别的测试调用的链路更复杂，所以出现问题时也更难定位，如图 5-14 所示。如果我们模拟线上环境，真实调用数据库和下游服务，就会导致该阶段测试的耗时更长。

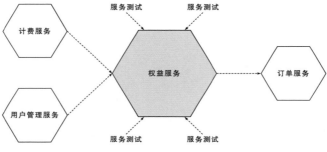

图 5-14

端到端测试要求对整个服务进行测试。例如对于一个打车服务，通常要模拟乘客与司机的行为，完整经历乘客预估、司机接单、开始计费、行程中、结束计费等环节，并验证每个环节中的交互和数据准确性。端到端测试会覆盖更多的服务和代码，并让我们对发布的产品更有信心。但是可以想象，端到端测试比服务级别的测试耗时更久，测试出问题后，也更难定位，如图 5-15 所示。

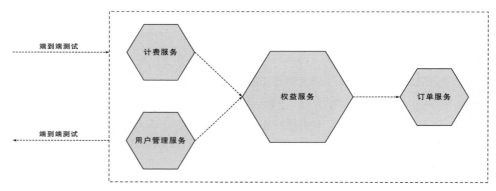

图 5-15

以上三种测试方法各有利弊，在真正测试服务时，绝不是范围越大越好。如果我们都使用更上层的用例来保证服务的质量，那么随着时间的推移，开发效率将变得越来越低。要始终记住，我们的目标是用更小的测试来覆盖更多的功能，一般单元测试的用例最多，服务级别的测试用例次之，端到端测试的用例最少。

5.2.5　微服务降级

我们已经探讨了微服务的可观测性和测试，它们有助于了解系统运行状态、快速发现和定位问题，然后通过数据指标体系和分析做出科学决策。但仅发现问题还不够，通常，一个服务出现故障会影响上游服务。为确保服务正常运行并将损失降至最低，我们需要采取如下措施。

（1）**降级**：降级是服务的一种自我保护机制，它指对一些服务和页面有策略地不处理，或者简化处理，以此释放服务器资源，保证核心业务正常高效运行。例如，在电商的秒杀场景中，为了应对海量请求，我们可以暂时禁用开发者显示页面上一些不关键的模块，例如广告，或者用预置的内容代替它，减轻服务器的压力。对于核心服务，我们需要梳理服务的核心依赖，知道哪些是必不可少的，哪些是可以降级但不影响主流程的。除了手动开关降级，我们还可以系统地实现自动降级。例如，如果核心服务比较依赖 Redis，我们就可以借助一些第三方库自动检测一段时间内 Redis 的错误率与超时率，一旦超过一定的阈值，就不再访问原来的 Redis，而是将数据降级到内存、文件或者或临时的缓存组件中。等服务恢复后，再自动切换回正常的模式。

（2）**限流**：限流能够在保证自身服务正常运行的前提下最大限度地对外提供服务。在保护自身的同时，也能保护下游。此外，在服务出现异常故障时，限流也能屏蔽大量的上游流量，让服务尽快恢复。

（3）**熔断**：熔断类似于断路器，当熔断组件发现依赖服务异常时，会禁止访问依赖服务，防止依赖服务拖垮自身。熔断可以内置在 RPC 框架中，可以实现自动和手动熔断。可以使用一些开源组件来实现服务的熔断，例如，Sentinel 是阿里开源的一套微服务降级的 SDK，目前支持 Java、Go 语言。

（4）**切流**：切流是保证服务高可用、异地多活的一种方式。例如，当某个集群出现故障时，将流量切换到正常的集群上，以保证服务正常运行。

5.2.6　微服务总体架构

我们已经了解了微服务的能力以及相关服务治理的工具，这些能力与工具聚合在一起，形成了一个大型的生态系统。图 5-16 所示是典型的大型微服务架构，可以完整地看到复杂的微服务架构是如何工作的。

- 服务管理平台负责接受开发者的请求。开发者可以在这里发布上线单，单击集群的部署，还可以实现服务的漂移、扩容、权限管理等操作。
- 开发者发布一个服务部署请求后，需要有专门的控制中心来完成开发者服务的监控和调度。例如，我们所熟悉的 K8s 编排工具就能够维护服务的状态，保持服务状态与开发者声明的配置一致。
- 在集群中，多个微服务之间通过注册中心实现服务发现和相互之间的通信。还会有负载均衡工具（例如 LVS 与 Nginx）与策略将流量均衡打到下游机器中。

- 针对服务与系统中各种重要维度的数据，以及业务的各项指标的变化，监控平台能够进行监控、分析，并将问题告警出来。
- 当服务出现异常时，能够通过各项监控大盘和服务链路定位到问题的根因，并采取相应的预案快速回滚、降级、止损。

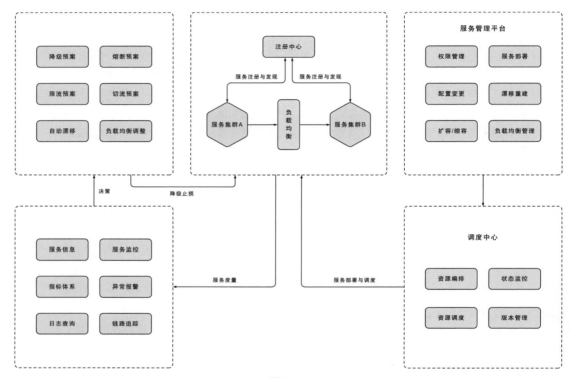

图 5-16

5.3　总结

微服务是一种软件架构风格，它将相同功能的代码聚合起来形成一个服务，而不同功能的服务之间有同步和异步两种通信方式。由于服务通常可以动态地扩容、收缩和销毁，因此需要动态地获取服务的 IP，我们一般是通过服务注册中心来完成 IP 地址的注册与发现的。

随着业务规模日益上涨、业务模式日益复杂，微服务架构开始成为解决系统复杂度问题、保持系统扩展性、稳健性的选择。当我们在享受微服务架构好处的同时，也不可避免地需要面临一些新的挑战，这些挑战包括延迟增加、难以调试和分布式日志的聚合。

微服务架构不是银弹，新的选择带来了新的挑战，例如服务可观测性的挑战、微服务开发与测试的挑战、服务数据一致性的挑战，服务故障导致的故障传导等挑战。解决这些问题需要新的方法论与工具，所以有了分布式的日志收集、分布式 Metric，以及分布式的调用链追踪。在测试中，我们要尽量在单元测试阶段保证服务的质量，在发现问题时有降级的预案，通过降级、限流、熔断、切流等机制保证服务的隔离性和最小的故障损失，努力构建起一整套微服务架构生态。

虽然在现实中，我们关注的问题都只是这个复杂生态中的很少一部分，但了解整个体系架构有助于我们更好地服务业务、维护服务的稳定性，而稳定性是大型互联网公司的命脉。如果你正在搭建微服务架构，或想更深入地了解微服务架构的细节，也可以阅读《微服务治理：体系、架构及实践》这本书。

6

协调之谜：
深入剖析分布式一致性与共识算法

宁愿错而活，还是对而亡？

—— Jay Kreps

微服务可以分散到多个机器中，它本身是分布式架构的一种特例，所以自然也面临着和分布式架构同样的问题。除了我们之前介绍的可观测性等问题，微服务架构还面临着分布式架构所面临的核心难题：数据一致性和可用性问题。

6.1 数据一致性

6.1.1 诞生背景

在微服务架构中，服务一般被细粒度地拆分为无状态服务。无状态服务（Stateless Service）指在当前请求不依赖其他请求，服务本身不存储任何信息，处理一次请求所需的全部信息要么都包含在这个请求里，要么可以从外部（例如缓存、数据库）获取。这样，每个服务看起来都是完全相同的。这种设计能够在业务量上涨时快速实现服务水平的扩容，并且非常容易排查问题。然而我们也需要看到，这种无状态的设计其实依托了第三方服务，比较典型的就是数据库。

以关系型数据库 MySQL 为例，在实践中，随着业务量的上涨，一般会经历下面几个阶段。

（1）硬件的提升：选择更强的 CPU、更大的内存、更快的存储设备。

（2）设计优化：通过增加缓存层减轻数据库的压力、利用合适的索引设计快速查找数据、使用监控慢查询日志优化不合理的业务 SQL 语句。

（3）服务拆分：拆分后，子系统配置单独的数据库服务器。

（4）分库分表：通过 ID 取余或者一致性哈希策略将请求分摊到不同的数据库和表中。

（5）数据迁移：将数据库的部分信息转移到另一个位置保存起来。例如，将存储 1 年以上的数据转存到其他数据库中。

（6）主从复制与读写分离：将 Leader 节点数据同步到 Follower 节点中，一般只有一个 Leader 节点可以处理写请求，其余 Follower 节点处理读请求，这样可以提高数据库的并发访问能力。

从上面的优化中我们可以看到，拆分是解决大规模数据问题的利器。但是，当数据分散到更多的机器，或者我们希望通过主从复制实现可用性和读写分离时，我们也面临着新的问题——数据一致性。

这里举一个 MySQL 常见的主从复制导致数据不一致的例子。假设 Alice 与 Bob 都在查看一场中国队对战泰国队的足球赛，中国队在结束时点球成功，裁判员（Referee）将最新的数据比分更新到数据库中。但是 MySQL 数据库采用了主从复制的架构，而且是一个 Leader 节点处理写操作，所以当 Leader 把数据异步给其余 Follower 的时候，Follower 收到数据的时间差可能导致如下几种情况。

- 第一种情况：当 Alice 与 Bob 访问数据时，数据还未同步到 Follower 1 和 Follower 2，因此 Alice 与 Bob 得到的是过时的比分数据。
- 第二种情况：当 Alice 与 Bob 访问数据时，数据已经同步到 Follower 1 和 Follower 2，因此 Alice 和 Bob 可以同时看到最新的比分数据。
- 第三种情况：如图 6-1 所示，当 Alice 访问 Follower 1 时，数据已经同步到 Follower 1，因此 Alice 看到的是最新的比分数据。但是当 Bob 访问 Follower 2 时，数据还未同步到 Follower 2，所以 Bob 看到的是过时的比分数据。更糟糕的是，由于网络中断等原因，数据同步的时间是不可控的，也就是说，Bob 什么时候能看到数据是不确定的。此外，如果 Alice 再次访问，那么也可能访问到 Follower 2，得到过时的数据。

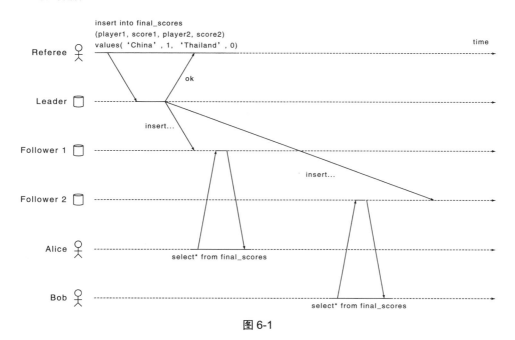

图 6-1

上面第三种情况就是数据不一致的具体体现，而且在实际生产环境中经常发生。这种情况在有些场景下让人难以接受，想想在银行转账和查看银行余额时遇到这类问题，你会有什么反应？

分布式架构相比单个程序有较大的不确定性，导致数据一致性问题。**在分布式系统中，需要应对网络延迟（消息到达时间不确定）、网络分区（导致互不连通的区域）、系统故障（由硬件、断电、内核崩溃等原因导致的部分机器故障）以及不可靠的时钟（无法依靠绝对时钟确定操作顺序）等挑战。**

前面例子中的问题本质上是网络延迟导致的，当网络恢复时，数据是能够完整同步到 Follower 2 的，因此我们把这样的一致性称为最终一致性。**最终一致性指从长远来看，数据最终能够到达一致的状态，但在过程中可能读到过时的数据。**

也就是说，数据的一致性可以从多种维度去衡量，当我们在设计分布式架构时，我们的场景能够容忍哪一种类型的数据不一致，通常是决定架构设计和技术选型的重要因素。

比最终一致性更严格的一致性保证被称为线性一致性。这里无意陷入讨论学术概念的旋涡，因为系统论述线性一致性是一个比较复杂的话题。我想说的是，线性一致性能够推导出更加常见的概念：**强一致性。即在更新完成之后，任何后续的访问都会返回更新的值。**如果前面案例的数据库遵循了线性一致性，就不会出现读出过时数据的情况。那么问题来了，我们要怎么设计架构，才能让系统有更强的数据一致性保证呢？

在上面的主从复制架构中，我们可以强制让读写都通过 Leader 节点实现，或者强制要求 Leader 节点复制到 Follower 节点之后，才能完成后续操作。但我们很快又会发现新的难题——可用性问题。

例如，如果有一个 Follower 节点崩溃，那么系统是不是需要一直陷入等待，变得不可用了呢？很显然，分布式数据一致性其实是一种权衡。当我们希望保证更强一致性的时候，必须牺牲一些东西，这就是有名的 CAP 定理告诉我们的内容。

6.1.2　CAP 定理

CAP 定理的三个属性包括线性一致性（Consistency，C）、可用性（Availability，A，即使有失败节点，其他节点仍能正常工作并响应接收到的请求）以及分区容忍度（Partition Tolerance，P，能够容忍任意数量的消息丢失）。CAP 理论证明，在异步网络中，这三个属性不能同时获得。这三种属性排列组合，可以得到 CP、AP、CA 三种类型的系统。但由于分布式系统无法保证网络的可靠性，因此我们实际面临的是 CP 系统或者 AP 系统的选择，即在线性一致性与可用性之间进行权衡。不过其实在引入 CAP 定理时，我们就凭直觉发现了这一点。CAP 理论论证过程中的条件是非常严格的：必须保证一致性是线性一致性；可用性指所有的请求都需要有回应；分区容忍只考虑了网络分区，没有考虑其他故障。另外需要强调的是，一个系统不可能同时拥有 CAP 三种属性，但这并不意味着放弃了其中一种属性，就一定有另外两种属性。也难怪在 *Designing Data-Intensive Applications: The Big Ideas Behind Reliable, Scalable, and Maintainable Systems*[1]一书中也提到，尽管 CAP 在历史上具有影响力，但它对于设计系统的实用价值不大。

在分布式系统设计中，线性一致性与可用性之间需要进行一些妥协。在实践中，很少有系统实现了真正的线性一致性，这是因为在可信的网络中，异常和网络延迟等情况其实是可控的。而要保证线性一致性，系统在正常情况下也要付出许多性能上的代价。

而对于可用性来讲，我们还需要考虑系统在异常情况下的故障容错性，保证服务正确且可用。虽然 CAP 理论中的 P 只考虑了网络分区的容错，但其实正如我们之前提到的，系统还可能遇到网络延迟、系统故障等问题。仍然以图 6-1 的案例为例，这个场景在正常情况下工作良好，也能够实现最终的数据一致性，但是如果 Leader 节点"挂"了怎么办？如果"挂掉"的节点没来得及将数据同步到 Follower 节点，当其中一个 Follower 节点提升为 Leader 节点时，这些没来得及同步的数据就会丢失。要解决这些问题，就需要依靠共识算法了。

6.1.3 共识算法

共识算法保证系统中的大部分节点能够就同一个意见达成一致，只有这样才能在小部分节点"失联"时保证大部分节点可用，同时保证数据的正确性。要考虑到各种可能的异常情况，还要兼顾并发的读写，达成共识并不是一件容易的事情。比较有名的共识算法有 Paxos、Raft、Zab。

6.2 分布式协调服务

分布式容错和数据的一致性实现起来很困难，在实践中，我们也很少自己去实现分布式算法，因为即便是最简单的 Raft 算法，要保证其正确性，或者要排查问题都异常艰辛。

通常，我们会借助那些设计优秀、经过了检验的系统，帮助我们更容易地实现分布式服务之间的协调。这种系统被称作分布式协调服务，其中比较熟知的开源项目有 ZooKeeper、etcd。

这些服务通常具有友好的 API 设计，这里以 ZooKeeper 为例说明分布式协调服务的使用场景。ZooKeeper 的数据模型类似于 UNIX 文件系统，其中，Znode 是客户端通过 ZooKeeper API 处理的数据对象，Znode 以路径命名，通过分层的名称空间进行组织。

Znode 包含应用程序的元数据（配置信息、时间戳、版本号），它有两种类型。

- 常规（Regular），客户端通过显式创建和删除来操作常规 Znode。
- 临时（Ephemeral），此类 Znode 要么被显式删除，要么在系统检测到会话中止时被自动删除。

为了引用给定的 Znode，我们使用标准的 UNIX 符号表示文件系统路径。例如，我们使用/A/B/C 表示 Znode C 的路径，其中 C 的父节点为 B，B 的父节点为 A，除 Ephemeral 节点外，所有节点都可以有子节点。Znode 的命名规则为"name + 序列号"，一个新 Znode 的序列号永远不会小于其父 Znode 之下的其他 Znode 的序列号。

ZooKeeper 提供了对开发者友好的 API 用于操作 Znode，这些 API 如下。

```
create(path, data, flags)
delete(path, version)
exists(path, watch)
getData(path, watch)
setData(path, data, version)
getChildren(path, watch)
sync()
```

ZooKeeper 对数据的一致性有一些重要的保证。

- ZooKeeper 进行的所有写操作都是线性一致的，可以保证优先顺序。

- 每个客户端的操作都是按照 FIFO 顺序执行的。

对 ZooKeeper 进行读操作时，因为可以直接在 Follower 中执行，所以可能读到过时的数据。针对这个问题，ZooKeeper 提供了 sync()方法来实现读的线性一致性。此外，通过允许读取操作返回过时数据，ZooKeeper 可以实现每秒数十万次操作，适用于读多写少的场景。

基于分布式协调服务的特性，我们可以在应用服务中构建分布式锁进行配置管理，并完成服务发现的工作。

6.2.1　分布式锁

基于 ZooKeeper 可以实现分布式锁，这是基于写操作的线性一致性保证。它的基本思想是每个客户端都创建一个 Znode，所有的 Znode 形成一个单调有序的队列，排在队列前面的客户端能够优先获得锁，其余客户端陷入等待。

当锁释放时，下一个序号最低的 Znode 能够获得锁，这种机制还能避免惊群效应，其伪代码如下。

```
acquire lock:
    n = create("app/lock/request-", "", empheral|sequential)
  retry:
    requests = getChildren(l, false)
    if n is lowest znode in requests:
      return
    p = "request-%d" % n - 1
    if exists(p, watch = True)
      goto retry

    watch_event:
      goto retry
```

6.2.2　配置管理

分布式协调服务也可以实现分布式系统中的动态配置。当服务启动时，连接 ZooKeeper 获取配置信息，让 ZooKeeper 与服务保持连接。当配置发生变更时，通知所有连接的进程，获取最新的配置信息。

6.2.3　服务发现

在分布式系统中，服务可能随时扩容、重建或者销毁。因此，当服务启动时，需要自动注册自己的 IP 地址等信息到注册中心。这样客户端可以获取最新的服务信息，并采取负载均衡策略将请求均匀打到下游服务。

服务发现可以监听服务的变化。例如调度器为了实现合理的调度，会监控 Worker 服务数量的变化，并及时调整任务的分配。这样，当一个 Worker 崩溃时，就能够及时将 Worker 上的任务转移到其他 Worker 中。

6.3　无信网络中的共识问题

借助共识算法，我们可以实现服务的一致性以及出现故障时的容错性。不过这里有一个大的前提，那就是，我们假设系统中的节点都是可信任的。然而，在一些网络中，节点并不一定是互信的，这就导致我们可能遇到拜占庭将军问题。它的意思是，在分布式系统中，当系统中的节点发送错误或欺骗性的信息时，节点之间无法达成一致。

莱斯利·兰波特在他的论文中描述了这个问题，这里我引述一下维基百科中的描述。

> 一组拜占庭将军各率领一支军队共同围困一座城市。为了简化问题，将各支军队的行动策略限定为进攻或撤离两种。因为部分军队进攻部分军队撤离可能造成灾难性后果，因此各位将军必须通过投票来达成一致策略，即所有军队一起进攻或所有军队一起撤离。因为各位将军分处城市不同方向，他们只能通过信使互相联系。在投票过程中，每位将军都将自己投票给进攻还是撤退的信息通过信使分别通知其他所有将军，这样一来每位将军根据自己的投票和其他所有将军送来的信息就可以知道共同的投票结果而决定行动策略。

系统的问题在于，如果将军中出现叛徒，那么他们不仅可能向较为糟糕的策略投票，还可能发送错误的投票信息。假设有 9 位将军投票，其中有 1 名叛徒，8 名忠诚的将军中 4 人投进攻，4 人投撤离，而叛徒故意给 4 名投进攻的将军送信表示投进攻，而给 4 名投撤离的将军送信表示投撤离。这样一来，在投进攻的将军们看来，投票结果是 5 人投进攻，因此会发起进攻；而投撤离的将军们则会发起撤离。这样各支军队的一致性就遭到了破坏。

加拿大密码学家 James A. Donald 在给中本聪的电子邮件中[①]，曾对拜占庭将军问题有更精彩的描述：

> 每个人都知道 X 是不够的，还需要每个人都知道每个人知道 X，但这还是不够的，还需要每个人都知道每个人都知道每个人都知道 X。

拜占庭问题是分布式系统中最难解决的问题之一。目前已经有不少理论用于解决拜占庭将军问题，而这其中让人最震撼、最跨时代的解决方案无疑是比特币带来的。

2008 年，正当金融危机席卷世界之际，人们开始反思当前经济社会、金融秩序所面临的问题。2008 年 11 月，一位化名"中本聪"的研究者在密码学邮件组中发表了比特币的奠基性白皮书《比特币：一种点对点式的电子现金系统》（Bitcoin: A Peer-to-Peer Electronic Cash System）。

在比特币白皮书中，中本聪阐述了一种他称之为"比特币"的系统及其实现方式。比特币把交易集结成群，每个群称为一个区块。区块串联在一起，成为数据记录的链条，这样一个链条就被叫作区块链。比特币被设计为分布式的网络，每个节点都有一份完全相同的区块链，任何人都可以直接验证区块链中的交易信息，不依靠任何第三方组织就能完成交易并保证交易的安全性。

比特币结合了现代密码学、应用数学和计算机科学的最新成果，解决了在陌生人社会（即便存在恶意的欺骗者）达成共识的难题。信任问题的解决极大地降低了社会的交易成本，会带来一场深刻的社会变革。

---

① 在密码学邮件组中，中本聪提出了用 PoW 算法解决拜占庭问题，详见 https://www.metzdowd.com/pipermail/cryptography/2008-November/014849.html。

比特币中使用了工作量证明（Proof of Work，PoW）来保证比特币网络分布式记账的一致性，巧妙地解决了共识难题。

6.4 共识算法

可用性衡量了系统面对网络延迟、网络分区、系统故障时的容错能力。显然，在遇到极端事件时，例如地球毁灭了，我们是无法保证系统可用的。因此，大多数容错共识算法会有一个前提，也就是至少需要大部分节点是正常的，这样系统才可以正常运行。此外，大多数容错共识算法还有第二个前提，即不考虑节点中可能混入了攻击者，这样才能保证系统不会出现拜占庭将军问题。

当前比较有名的保证数据一致性的算法有 Paxos、Raft 和 Zab，我将其称为分布式容错共识算法：容错代表了在异常情况下仍然具有可用性和正确性；共识代表的是数据的一致性，它意味着即便在并发、异常等情况下也能达成共识。

6.4.1 Paxos 算法

我们先从与 Raft 密切相关的 Paxos 算法讲起，Paxos 算法是历史比较悠久的容错共识算法，由 Lamport 在 20 世纪 80 年代末提出。

Paxos 算法中的节点包括三个角色：提议者（Proposer，负责提出值）、接收者（Acceptor，负责选择值）和学习者（Learner，负责学习被选中的值）。简单来说，Paxos 算法如下步骤。

（1）提议者选择一个提议编号 n，并把 prepare 请求发送给大多数接收者。

（2）接收者回复一个大于或等于 n 的提议编号。

（3）提议者收到回复，并记录这些回复中最大的提议编号，然后将被选中的值和这个最大的提议编号作为一个 accept 请求，发送给对应的接收者。

（4）如果一个接收者收到一个编号为 n 的 accept 请求，那么除非它已经回复了一个编号比 n 大的 prepare 请求，否则它会接受这个提议。

（5）当接收者接受一个提议后，它会通知所有的 Learner 这个提议，最终所有的节点都会就一个节点的提议达成一致。

Paxos 算法的核心思想是，通过让 Proposer 与大多数 Acceptor 提前进行一次交流，让 Proposer 感知到当前提出的值是否可能被大多数 Acceptor 接收。如果不能被接收，则 Proposer 可以在改变策略后（例如增加提议编号，或接收某一个 Proposer 已经提出的值）继续进行协调，最终让大多数接收者就某一个值达成共识。Paxos 通过一个提议编号保证了后面被接收的值一定是编号更大的值，从而实现了写操作的线性一致性。

Paxos 算法虽然描述起来非常简单，要完全理解它的原理却比较困难。并且，Paxos 算法的官方描述中缺少对实现细节的诸多定义，导致实践中可以有多种灵活的实现方式。如果你对这个复杂的算法感兴趣，那么可以看看《分布式系统与一致性》的第 10 章。

6.4.2 Raft 算法

总的来说，Paxos 理解起来还是比较困难，在工程上也比较难以实现，所以不太常用，Raft 算法[①]在这一背景下诞生了。**Raft 算法简单、容易理解、容易实现，已经成为现代多数分布式系统（例如 etcd、TiDB）采用的算法。**

Raft 算法采用了复制状态机的方法。每个节点都存储了一份包含命令序列的日志文件，这些文件通过复制的形式传播到其他节点中。每个日志都包含相同的命令，并且顺序也相同。状态机会按顺序执行这些命令并产生相同的状态，最终所有的状态机都将达到一个确定的最终状态，如图 6-2 所示。

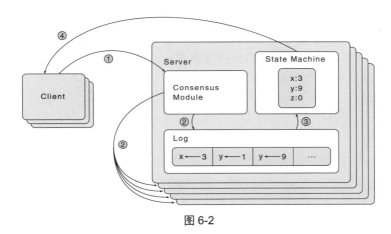

图 6-2

在 Raft 算法中，每个节点都会维护一份复制日志（Replicated Log），复制日志中存储了按顺序排列的条目（Entry），开发者执行的每个操作都会生成日志中的一个条目，稍后这个条目会通过节点之间的交流复制到所有节点上。

如果一个条目是被大多数节点认可的，那么这种条目被称为 Committed Entry，这也是节点唯一会执行的条目类型。各个节点只要按顺序执行复制日志中的 Committed Entry，最终就会到达相同的状态。这样，即便节点崩溃后苏醒，也可以快速恢复到和其他节点相同的状态。总结一下 **Raft 算法的核心思想：保证每个节点都具有相同的复制日志，进而保证所有节点的最终状态是一致的。**

Raft 中的节点有 3 种状态：领导者（Leader）、候选人（Candidate）和跟随者（Follower）。

其中，Leader 是大多数节点选举产生的，节点的状态可以随时间发生变化。某个 Leader 节点在领导的这段时期被称为任期（Term）。新的 Term 是从选举 Leader 时开始的，每次 Candidate 节点开始新的选举，Term 都会加 1。

如果 Candidate 被选举成为 Leader，就意味着它成为这个 Term 后续时间的 Leader。每个节点都会存储当前的 Term，如果某一个节点当前的 Term 小于其他节点，那么节点会更新自己的 Term 为已知的最大 Term。如果一个 Candidate 发现自己当前的 Term 过时了，那么它会立即变为 Follower。

---

① 相关论文参见 https://raft.github.io/raft.pdf。

在一般情况下（网络分区除外），一个时刻只会存在一个 Leader，其余的节点都是 Follower。Leader 会处理所有的客户端写请求（如果客户端写请求到 Follower，那么也会被转发到 Leader 处理），将操作作为一个 Entry 追加到复制日志中，并把日志复制到所有节点上。而 Candidate 是节点选举时的过渡状态，用于自身拉票选举 Leader。

Raft 节点之间通过远程过程调用（Remote Prcedure Call，RPC）进行通信。Raft 指定了两种方法用于节点的通信，其中，RequestVote 方法由 Candidate 在选举时使用，AppendEntries 则在 Leader 复制 log 到其他节点时使用，同时也可以用于心跳检测。RPC 方法可以是并发的，且支持失败重试。

Raft 算法可以分为三个阶段：选举与任期、日志复制（Log Replication）和异常处理。

1. 选举与任期

在 Raft 中有一套心跳检测机制，只要 Follower 收到来自 Leader 或者 Candidate 的信息，就会保持 Follower 的状态。但是如果 Follower 一段时间内没有收到 RPC 请求，那么新一轮选举的机会就来了。这时 Follower 会将当前 Term 加 1 并过渡到 Candidate 状态，它会给自己投票，并发送 RequestVote RPC 请求给其他的节点进行拉票。

Candidate 的状态会持续，直到下面三种情况中的一种发生。

* 这个 Candidate 节点获得了大部分节点的支持，赢得选举变为了 Leader。一旦它变为 Leader，就会向其他节点发送 AppendEntries RPC，确认自己 Leader 的地位，终止选举。
* 其他节点成为 Leader，那么当前 Candidate 节点会收到其他节点的 AppendEntries RPC。如果其他节点的当前 Term 比自己的大，则变为 Follower 状态。
* 如果有许多节点同时变为了 Candidate，则可能出现一段时间内没有节点能够选举成功的情况，这会导致选举超时。

为了快速解决并修复第三种情况中的选举超时问题，Raft 规定了每个 Candidate 在选举前都会重置一个随机的选举超时（Election Timeout）时间，并将这个随机时间限定在一个区间内（例如 150~300ms）。

随机时间保证了在大部分情况下，有唯一的节点首先选举超时，它会在大部分节点选举超时前发送心跳检测，赢得选举。如果一个 Leader 在心跳检测中发现另一个节点有更高的 Term，那么它会转变为 Follower，否则将一直保持 Leader 状态。

2. 日志复制

一个节点成为 Leader 后会接受来自客户端的请求，每个客户端请求都包含一个节点的状态机将要执行的操作（Command）。Leader 会将这个操作包装为一个 Entry 放入 log 中，并通过 AppendEntries RPC 发送给其他节点，要求其他节点把这个 Entry 添加到 log 中。

当 Entry 被复制到大多数节点后，也就是被大多数节点认可后，这个 Entry 的状态就变为 Committed。Raft 算法会保证 Committed Entry 一定能够被所有节点的状态机执行。

一旦 Follower 通过 RPC 协议知道某个 Entry 被提交（Commit）了，Follower 就可以按顺序执行 log 中的 Committed Entry 了。

如图 6-3 所示，我们可以把 log 理解为 Entry 的集合。Entry 中包含了 Command 命令（例如 x←3）、Entry 所在的 Term（方框里面的数字），以及每个 Entry 的顺序编号（顶部标明的 log index，顺序递增）。

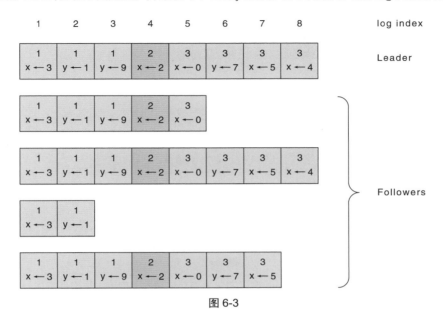

图 6-3

3. 异常处理

这里还有一个重要的问题，就是 Raft 节点在日志复制的过程中需要保证日志数据的一致性。要实现这一点，需要确认下面几个关键的属性。

- 如果不同节点的 log 中的 Entry 有相同的 index 和 Term，那么它们存储的一定是相同的 Command。
- 如果不同节点的 log 中的 Entry 有相同的 index 和 Term，那么这些 Entry 都是相同的。

接下来我们就来看看，Raft 算法是如何在不可靠的分布式环境中保证数据一致性的。在实际生产过程中，Raft 算法可能因为分布式系统中遇到的难题（例如节点崩溃）出现多种数据不一致的情况。如图 6-4 所示，a → f 分别代表 Follower 的复制日志中可能遇到的情况，方框中的方格表示当前节点复制日志中每个 Entry 对应的 Term 序号。

可以思考一下，在何种情况下会发生 a → e 的过程。这里重点解释一下 f 的情况，因为它看起来是最奇怪的。

可能的情况是：f 是 Term 2 的 Leader，在它添加 Entry 到 log 中后，Entry 还没有复制到其他节点，也就是说，还没等到 Commit 就崩溃了。但是它快速恢复后又变为了 Term 3 的 Leader，再次添加 Entry 到 log 后，没有 Commit 又崩溃了。当 f 再次苏醒时，已然发生了巨变。

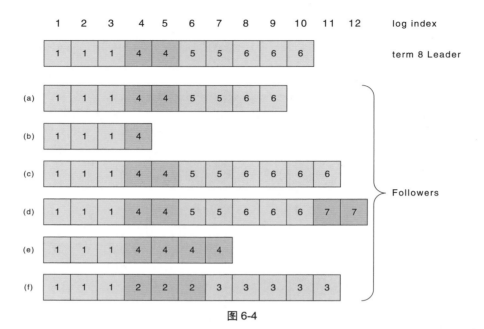

图 6-4

因此，我们可以看到，在正常情况下，Raft 可以满足上面两个属性，但是在异常情况下，这种局面可能被打破，出现数据不一致的情况。为了让数据最终一致，Raft 算法会强制要求 Follower 的复制日志和 Leader 的复制日志一致，这样一来，Leader 必须维护一个 Entry index。在这个 Entry index 之后的都是和 Follower 不一致的 Entry，在这个 Entry 之前的都是和 Follower 一致的 Entry。

Leader 会为每个 Follower 都维护一份 next index 数组，里面标记了将要发送给 Follower 的下一个 Entry 的序号。最后，Follower 会删除掉所有不同的 Entry，并保留和 Leader 一致的复制日志，这一过程会通过 AppendEntries RPC 执行。

不过，仅仅通过上面的措施还不足以保证数据的一致性。再看一下图 6-5 的例子，一个已经被 Committed 的 Entry 是有可能被覆盖的。例如在(a)阶段，节点 S1 成为 Leader，Entry 2 还没有成为 Committed。在(b)阶段，S1 崩溃，S5 成为 Leader，添加 Entry 到自己的 log 中，但是仍然没有 commit。在(c)阶段，S5 崩溃，S1 成为 Leader，而且在这个过程中，Entry 2 成为 Committed Entry。接着在(d)阶段 S1 崩溃，S5 成为 Leader，它会覆盖本已 Commit 的 Entry 2。但我们真正想期望的是(e)这种情况。

怎么解决这个问题呢？Raft 使用了一种简单的方法。Raft 为 Leader 添加了下面几个限制：（1）要成为 Leader 必须包含过去所有的 Committed Entry。（2）Candidate 要成为 Leader 必须经过大部分 Follower 节点的同意。而当 Entry 成为 Committed Entry 时，表明该 Entry 其实已经存在于大部分节点中了，所以这个 Committed Entry 会出现在至少一个 Follower 节点中。因此我们可以证明，在当前 Follower 节点中，至少有一个节点包含了上一个 Leader 节点的所有 Committed Entry。Raft 算法规定，只有当一个 Follower 节点的复制日志是最新的（如果复制日志的 Term 最大，则其日志最新，如果 Term 相同，那么越长的复制日志越新）时，它才可能成为 Leader。

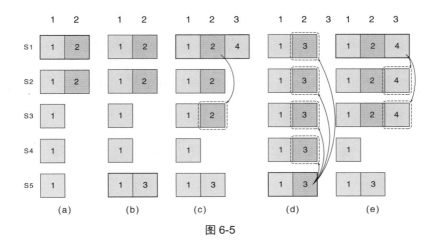

图 6-5

6.5 总结

微服务架构作为分布式架构的特例，面临着数据的一致性和可用性问题。随着业务量和数据量的增加，传统的关系型数据库的主从复制架构显现出解决这些问题的劣势，面临网络分区、网络延迟、服务崩溃导致的数据丢失、数据过时等问题。一些新型分布式系统（例如 NoSQL 数据库 MongoDB）通常利用共识算法解决了以上问题，具有更好的扩展能力和可用性。但 CAP 理论告诉我们，分布式系统通常需要在数据一致性与可用性之间做权衡。数据一致性有多种级别，最常见的为最终一致性、线性一致性、强一致性，其中线性一致性能够推导出强一致性，而强一致性能够保证不会读取到过时的数据。

有多种算法可以解决分布式系统可用性与数据一致性问题，其中比较有名的是 Paxos、Raft、Zab 算法。本章我们介绍了 raft 算法实现数据一致性的原理，如果你想把枯燥的论文变为现实，那么推荐你学习两份资料，一份是 MIT 的经典分布式课程 6.824[①]，他以实验的形式用 Go 语言实现了 Raft 算法，另外你还可以参考一下 etcd 对 Raft 的实现。

参考文献

[1] KLEPPMANN M. Designing Data-Intensive Applications: The Big Ideas Behind Reliable, Scalable, and Maintainable Systems[M]. Farnham: O'Reilly Media, 2017.

---

① MIT 分布式课程：http://nil.csail.mit.edu/6.824/2020/schedule.html。

谋定而动：爬虫项目分析与设计

> 所有事物都是被设计出来的，但只有极少数的事物被设计得很好。

—— Brian Reed

网络爬虫（Web Crawler）又被称为网络蜘蛛（Web Spider），是一种自动获取互联网信息的网络机器人（Web Robot）。互联网是一个充满了免费数据的地方，数据本身并没有价值，产生价值的是从数据中提炼出来的知识与智慧。零散的数据通过被收集、过滤、组合和提炼，可以生产出极具价值的产品。

凭借正确的知识、技能和一点点创造力，你可以构建一个以爬虫引擎为核心的价值数百亿的商业公司，这是多么让人兴奋的事情呀。但是网络爬虫合法吗？这一领域需要掌握哪些知识？基于爬虫可以构建哪些有用的产品？本章就来深入讨论网络爬虫这个问题。

7.1 网络爬虫概述

7.1.1 网络爬虫合法吗

近年来，不断出现与爬虫相关的犯罪案件，所以很多人对爬虫敬而远之，甚至将它戏称为"面向监狱编程"。

从各种有关爬虫犯罪的案例中，我们可以分析出触犯法律的主要原因。

- 用爬虫程序抓取未公开、未授权的个人敏感信息，甚至违规留存、使用、买卖这些信息，严重扰乱市场经济秩序。
- 破解开发者密码或利用系统安全漏洞访问非公开的系统。
- 恶意对网站进行 DDoS 攻击，超出了服务的承载能力导致服务崩溃。

但是，正如持有刀不犯法，使用刀去伤人才犯法一样，爬虫这门技术本身是不违法的，只有用爬虫进行非法窃取开发者数据、攻击网站、恶意参与商业竞争等这些非法行为才会有法律风险。**要降低使用爬虫的法律风险，我们需要提前确认爬取数据的访问权限，主要包括下面几类：（1）数据发布者已决定将数据公开，例如暴露了 API。（2）开发者无须创建帐户或登录即可访问的数据。（3）该网站的 robots.txt 文件允许访问的数据。**其实，在合法限度内，爬虫是一门非常必要的技术。例如，搜索引擎本身就是网络爬虫，通过爬取并分类整理网络中海量的信息，开发者能够轻松地基于关键词和时间等因素搜索出需要的信息和网站。搜索引擎蕴含着非凡的商业价值，也支撑起了像百度、谷歌、雅虎这样的互联网巨头。字节跳动的产品今日头条，在初期也是通过爬取各种信息、聚合资讯、智能推荐内容的方式快速占领了市场。这些例子让人惊叹于网络爬虫的商业潜力。与此同时，市场上能够看到很多与爬虫相关的书籍，可以看出这是一个非常热门的技术领域。

简而言之，网络抓取行为并不违法，但是需要遵守一些规则，如果利用网络爬虫提取非公开数据，就成了违法行为。下面就让我们来看一看基于爬虫可以做出哪些有商业价值的产品。

7.1.2　网络爬虫的商业价值

1. 信息聚合

网络爬虫可以将某一个领域中有价值的信息整合起来。

- 如果你是房地产经纪商，那么可以通过爬虫来补充自己待售或出租的资源。
- 如果你是新闻聚合商或证券经纪商，那么可以通过爬虫快速获取各大网站的热点新闻，再通过个性化推荐系统将它们分发给感兴趣的开发者。
- 如果你是一家提供出行服务的聚合商，那么可以爬取各大酒店、打车服务、机票的定价，并为开发者提供某一条件下最低的价格。
- 如果你在做政策风向研究，那么可以利用爬虫第一时间收集各地区各部门的政务公告。

即便是上述最基础的信息整合，也有巨大的商业潜力。一条爆炸性的消息会在资本市场中掀起巨大的波澜，这时，谁能够找到准确的渠道、更快地获取准确有用的信息，谁就能够快人一步，得到丰厚的回报。

2. 行业见解

如果我们将整合的信息稍微分析一下，提炼出有价值的观点，就能进一步增加爬虫的商业价值。

许多公司使用网络爬虫将特定行业的海量信息存储到数据库中，并通过 Excel、Tableau 这样的数据分析软件分析判断，从中获得特定行业的见解。例如，一家公司可能抓取和分析大量有关石油价格、出口和进口的数据，经过分析后将他们的见解出售给世界各地的石油公司。一些公司通过网络爬虫获取数据，分析企业的实际经营情况，来判断是否要进行投资或者做空。

3. 预测

爬虫技术本质上获取的是信息，但是要放大信息的价值，更多时候需要对信息进行预测。例如，知道俄乌开战的信息，能够预测出未来石油、黄金价格暴涨。又例如，政府进行舆情监测，需要采集与特定事件相关的全部新闻资讯，以监控并预测事件发展态势，及时进行疏导并评估疏导效果。

4. 机器学习

在人工智能时代，大公司需要海量的数据来完成机器学习，但是公司自身的数据常常是不够的。举一个例子，要识别一个视频中是否有人摔倒，需要大量真实的视频进行训练，这时候大公司通常会选择在互联网中爬取对应的数据并存储下来，完成后续模型的训练。

总之，你可以用网络爬虫做各种各样的事情，这完全取决于你想用收集到的数据做什么，并决定你能够创造多大的价值。

7.1.3　网络爬虫的流程与技术栈

好了，畅想了这么久网络爬虫的价值，我们也来看看实现爬虫需要用到什么技术。一个典型网络爬虫程序的流程如图 7-1 所示，我们结合这个流程来看一下爬虫程序涉及的技术栈。

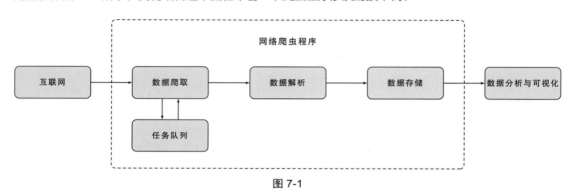

图 7-1

1. 数据爬取协议

网络爬虫程序的第一步是爬取数据，根据一个初始化的任务队列，收集对应网站上的数据。过去的客户端一般通过 HTTP 访问网站，但是现在的网站越来越多地使用 HTTPS 对数据进行加密和鉴权，这也是未来的趋势。HTTP 和 HTTPS 本身是基于 TCP 实现的，在网站请求的过程中还涉及网站域名的 DNS 解析。如果继续深入挖掘，你会发现网络爬虫涵盖了主流网络协议的各个方面，由于 HTTP、TCP 具有的缺陷，你甚至可以进一步探索 HTTP/2、HTTP/3。

除此之外，网络爬虫有时还是一门"斗智斗勇"的学科，初学者可能很难理解其中的一些现象。例如为什么用浏览器能够访问网站，但是用脚本和程序就无法获取数据？又或者为什么获取到的数据和真实浏览器中看到的数据不一致，是获取的时间太短了吗？这其中涉及一些服务器端的反爬机制以及浏览器的工作机制。不仅如此，随着移动互联网的兴起，有些程序只能在手机上访问，在浏览器中我们能够方便地看到访问的地址，那么在手机程序中又怎么确定访问的是哪一个网站呢？这中间就涉及网络的抓包。而这些问题都是进一步理解计算机科学、浏览器工作原理、网络协议处理流程的良好契机。

2. 数据爬取策略

通过初始网站列表爬取到的网页中可能包含了可以进一步爬取的网站列表，这样我们爬取的网站列表就可以像一棵树一样展开，这中间涉及设计合适的算法与数据结构来满足特定爬取需求。另外过程也不是一帆风顺的，期间需要使用合适的超时控制、限流与重试机制保证服务的健壮性，还要使用代理等机制突破服务端的封锁。最后，在爬取过程中使用高并发模型来保证海量任务的并发执行，涉及对服务进行合适的架构设计甚至是分布式的架构设计，这可能牵涉如何解决分布式系统的一致性与故障容错问题。除此之外，我们还要考虑对任务进行合理的分配，采用合理的负载均衡策略。

3. 数据解析

一般我们从网页上收集的数据是 HMTL 格式的（当然，有时候我们也希望搜集 CSS 文件、JavaScript 文件，以及图片、音频、视频等各种形式的文件），所以，我们必须了解前端的知识，例如 HTML 的组成、HTML 常见的标签及其作用、文档对象模型、JavaScript 语法以及 CSS 的渲染规则等。

浏览器会根据 CSS 文件中的规则对 HTML 元素进行渲染，有时服务器会借助 CSS 的这一特性将一些数据伪装成另一种形式，阻止他人直接获取像机票价格这类敏感数据，这时就需要了解 CSS 是如何修饰数据的，然后反推出真实的价格。在对获取的本文数据进行解析时，可能涉及标准库、正则表达式、XPath、CSS 选择器、自然语言处理等文本处理技术。最终，我们需要定义一个结构，将解析的数据整合为结构化的数据。例如，我们希望在豆瓣网站中获取图书的信息，但是图书的信息散落在各处，我们需要将这些信息收集起来，并存储到对应的结构体中。

4. 数据存储

下一步，我们要将爬取的数据存储到文件或者数据库中。根据存储数据的规模、性质和后续处理方式不同，选择的存储类型不同。

- 如果存储的数据总量比较小，那么可以考虑将其存储到 CSV 文件或者 Excel 文件中。
- 如果存储的数据结构比较确定，关系比较简单，那么可以使用传统的 MySQL、PostgreSQL 等**关系型数据库**。
- 如果存储的数据结构需要比较强的扩展性，需要以类似 JSON 对象的方式进行存储和查询，那么可以考虑使用 MongoDB 这类**面向文档的数据库**。
- 如果存储的某一部分只包含键-值对，那么可以考虑使用 DynanoDB 这样的**键-值数据库**。
- 如果存储的数据关系复杂，例如在社交网络场景下，那么使用 Neo4j 和 JanusGraph 这样的**图形数据库**是比较好的选择。
- 如果存储的数据主要用于决策，不需要太强的实时性，数据会涉及大批量的读取与写入，那么可以考虑使用像 ClickHouse 这样的适合 **OLAP 场景**[①]**的数据库**。

总之，数据存储也是计算机科学的基石之一，借助爬虫项目可以深入挖掘不同类型数据库适用的场景、探索数据库内部的存储结构（B-Trees、LSM-Trees）、了解分布式数据库的一致性保证与实现方案。

5. 数据分析与可视化

当然，爬取数据最终目的是分析数据中蕴含的价值。常见的数据分析工具包括以下几种。

- Excel：Excel 是微软提供的办公软件。对于少量的数据（一般不超过 100 万行），使用 Excel 的筛选、排序、函数就可以对数据进行多维度的计算和统计。另外，Excel 还提供了数据透视表，方便我们可视化和启发式地发现数据中蕴含的规律。对于更加复杂的逻辑，还可以使用专门为 Excel 设计的 VBA 语言。
- Tableau、Microsoft Power BI 等商业软件，这些软件能够处理更大规模的数据，具有更加强悍的可视化能力。

---

① 了解更多 OLAP 知识，请参考 ClickHouse 官方文档 https://clickhouse.com/docs/en/faq/general/olap/。

- R 语言：R 语言内置了丰富的函数，可以对海量数据进行专业的分析，主要用于统计分析、绘图及数据挖掘。
- Python 语言：Python 拥有众多应用广泛的库，例如 spaCy、TensorFlow、Matplotlib，这些都可以满足自然语言处理、机器学习、专业可视化等需求。

从前端到后端、从网络到存储、从数据结构算法到可视化数据分析，爬虫涉及了丰富的技术栈，通过爬虫项目将众多的技术串联在一起是一种极佳的选择。本书实战部分的爬虫项目也会涉及包括分布式系统设计、高并发模式的选择、文本的解析与存储、HTTP 网络协议、代理在内的核心技术栈。

7.1.4　常见的反爬虫措施

与此同时，我们必须知道，服务器为了保证服务的质量、防止数据被恶意获取，常常会采用一系列方式阻止爬虫。**常见的反爬虫措施包括 IP 地址校验、HTTP Header 校验、验证码、登陆限制、CSS 数据伪装、sign 参数签名等。**

1. IP 地址校验

对于不需要登录就能够访问的网站来说，信息具有公开性，服务器无法识别到访问者的具体身份，但是这并不等于没有办法追踪来访者：服务器可以通过间接的方式识别开发者，例如识别并监控客户端的 IP 地址等。当特定 IP 地址在一段时间内的访问频率、次数达到限定阈值后，服务器可以采取返回错误码或者拒绝服务的方式起到反爬虫的目的。

当下，由于 IPV4 地址不足，出现了 NAT 等技术，局域网内的开发者进行外部访问时会共享公网 IP 地址，如果服务器对这种 IP 地址进行阻断，就会导致大量正常开发者被拦截在网站之外。客户端解决 IP 地址校验问题比较有效的方式是使用大量网络代理隐藏源 IP 地址，让服务器认为是在不同的 IP 地址访问。

2. HTTP Header 校验

还有一些服务器会校验客户端传递的 HTTP Header，例如，User-Agent 字段用于表明当前正在使用的应用程序、设备类型、操作系统及版本、CPU 类型、浏览器及版本、浏览器渲染引擎等。浏览器会在该字段自动填充数据，如果服务器识别出 User-Agent 字段不是开发者通过浏览器发出的，那么可能拒绝服务。解决这类 HTTP Header 校验问题的方式是在请求头中添加浏览器的标识，让你的请求看起来像是通过浏览器发出的。

3. 验证码

顾名思义，验证码是一种区分开发者是机器还是人类的自动程序，又被称为全自动区分计算机和人类的公开图灵测试（CAPTCHA）。验证码包括简单的数字验证码、字母数字验证码、字符图形验证码、极验验证码等，能够输入正确验证码的访问者被服务器认为是人类，否则被认为是爬虫。

一些简单的验证码测试可以借由打码平台辅助完成，这些平台通过脚本上传验证的图片，再由打码公司雇佣人工进行识别。对于一些更加复杂的验证码，破解的难度和成本还会更高。考虑到验证码一般在同一 IP 地址访问过于频繁时才会出现，一个解决思路就是当页面弹出验证码时，通过切换 IP 地址的方式避免输入验证码。

4. 登录限制

此外，登录限制也是一种有效保护数据的方式，如果开发者需要访问重要数据或大量数据就需要登录。这种策略也是一把双刃剑，因为需要登录的页面是不能被搜索引擎检索的，这就降低了网站的曝光度。

解决登录限制问题的方法是提前登录，然后借助 cookie 在已经登录的情况下访问数据。如果单个开发者的访问频率受到了限制，那么还可以准备大量的账号来操作，但这样做的成本太高了。

5. CSS 数据伪装

一些网站借助 CSS 对 HTML 元素的渲染功能来实现反爬虫机制，也就是说，不在 HTML 元素中放入真实的值。例如，一个产品的实际价格为 888 元，服务器会将特定 HTML 标签的数字修改为 999 元，并利用 CSS 的规则巧妙地将 999 渲染为 888。如果我们单纯地获取 HTML 文本的数据，就可能出错。

要解决这一问题，我们需要先手动识别出这种数据伪装的规则。由于网站每次更新后这种数据伪装规则都可能发生变化，所以还需要识别当前网站的版本。更复杂的解决方案则是使用 OCR，对区域内的图像进行文字识别。

6. 参数签名

一些 API 会对参数进行签名（sign），以此拒绝非法请求，这种机制常见于手机 App 中。签名通常包含了时间戳、请求的参数体等信息。这样即便请求被非法抓包或捕获，也无法修改请求的内容或者进行重新访问，因为服务器会对时间戳和参数进行验证，只有在一定时间范围内这个请求才是有效的。

在下面这个例子的 HTTP GET 方法中，在 url 中加入的 time 参数为当前的时间戳，sign 为生成的参数签名（如果是 POST 方法，那么这些参数会放入 content 中）。

```
http://cosapi.myqcloud.com/api/cos_create_bucket?accessId=9999&bucketId=abc&acl=0&time=136143
1471&sign=XNibuRA%2FLx3vjq1FFiv4AqzygOA%3D
```

破解 sign 参数签名的规则一般比较困难，除了试错法，还有一种可能的机制是使用反编译技术获得加密算法。此外我们还可以模拟开发者操作，并通过抓包的方式截获流量中的信息，但这种方式效率较低。

为了更好地完成爬虫项目，我们需要进入真实的场景中，了解项目的价值、开发者的需求，这样我们才能明白项目应该具备哪些功能，明白为了支撑这些开发者需求，我们需要设计出怎样的系统架构。

7.2 爬虫项目需求分析与架构设计

7.2.1 需求调研与分析

假设我们通过调研发现了一个商业机会：通过爬虫聚合各个主流媒体的头条新闻，快速获取开发者关心的爆炸性新闻，借助机器学习等手段感知某一类词条和事件传播的速度，精准把握它们可能掀动舆论的时间节点，帮助开发者快人一步在资本市场上做出反应。

以此为基础，我们可以将需求分为三个维度，即业务需求、开发者需求和功能需求。

- 业务需求的关注点应该在业务方希望做什么。我们希望构建一个以爬虫引擎为基础的推送系统，为资本市场上的开发者快速提供热点事件和事件预警。

- 开发者需求要关注开发者对系统的期待。开发者希望能够快速了解自己感兴趣的新闻，并有准确的事件预警机制，帮助自己快速决策。

进一步分析业务需求和开发者需求，就可以梳理出系统需要具备的流程和关键环节。

- 开发者填写或选择自己感兴趣的话题、感兴趣的网站还有消息接受频率。
- 开发者接收最新热点事件的推送。
- 开发者通过单击获取与该事件关联的事件，并得到相关的事件预测、预警，甚至在网站中进行快速的交易。
- 开发者可以查看历史记录，可视化呈现某一个事件的来龙去脉，并进行复盘。

要实现整个产品，需要为给每个关键的流程与环节提供详细的功能和交互，完成功能需求，形成产品需求文档。产品需求决定了系统的具体设计，包括前端的页面设计、开发者交互设计，后端的爬虫引擎设计、数据分析设计、数据推送设计等。那么产品的需求如何指导我们设计爬虫引擎呢？我们可以将爬虫引擎的设计分为两部分：一部分是引擎需要具备的功能性模块，它是从产品需求拆解而来的；另一部分是非功能性模块（例如对产品可用性、可扩展性的要求），非功能性模块通常是隐含在需求中的。

7.2.2　功能性模块的设计

功能性模块设计要考虑数据的输入。爬虫引擎的任务可以指定为两种来源，一种是提前规划好的新闻网站与论坛，被称为种子网站；另一种是开发者通过界面和 API 接口动态增加或修改的任务。因此，我们需要一个功能模块负责任务的配置与管理，这个模块可以读取配置文件中预先指定的任务列表，并能够存储开发者动态增加的任务，同时还需要有接口可以灵活地对任务进行增删查改，了解任务当前的状态。

每个任务中除了包含要爬取的 URL，还包含对任务相关规则的描述。例如需要抓取页面中的哪些信息、需要爬取哪些网址、页面爬取的深度，以及请求超时时间等。任务相关的规则可能比较复杂并且有关联，例如 A 网站爬取到 B 网站、B 网站爬取到 C 网站，每个网站都需要有对应的处理规则，可以**使用规则引擎模块处理规则**。有了任务之后，还需要合理地进行安排，我将这个负责安排的模块称为**调度引擎**，调度引擎会将任务均衡地分发到对应的采集模块中，分别进行处理。同时调度引擎还需要接收新的任务并存储到队列中。

采集引擎获取任务与规则后会执行相应的采集工作，解析出相关的页面信息。不同的页面可能需要不同的访问方式，例如有些页面可以直接访问、有些页面需要模拟浏览器访问、有些页面需要提前登录才能访问，这都是通过选择不同的采集引擎完成的。此外，采集引擎还会按照深度优先搜索或者广度优先搜索等算法循环爬取页面，并将任务回流给调度引擎处理。

在采集引擎的基础上，还会有一些**辅助的任务管理模块**。这些模块包括限制器、代理器、去重器、随机 UA、任务优先级队列、失败处理器。其中，限制器负责控制任务的采集频率；代理器用于隐藏源 IP 地址，突破服务器的反爬机制；去重器用于避免任务重复；随机 UA 用于生成随机的 User-Agent；任务优先级队列用于为任务分级，高优先级的任务先执行；失败处理器可以处理采集失败后的重试问题。

采集好数据就要进入数据的清洗和存储阶段了。收集到的数据类型各异，也可能有无效或不符合规范的数据，这就需要我们统一进行数据清洗并完成数据的存储工作。同时，为了提高程序的性能，我们还需要一个缓存队列，以便在收集到数据后批量写入数据库中。在数据存储方面，我们需要一个叫作**存储引擎**的功能模块，帮助我们将数据存储到不同类型的数据库或文件中。Worker 处理的流程图如图 7-2 所示。

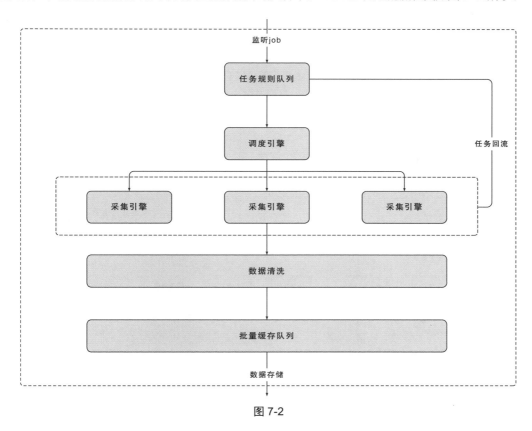

图 7-2

7.2.3 非功能性模块的设计

非功能性的设计首先要考虑可扩展性。我们希望服务能够随着任务数量的增加而扩展，希望能够快速增加 Worker 程序的数量，帮助我们应对更多的爬虫任务。这要求 Worker 服务是无状态的，任务可以在任何 Worker 中运行，并且具有相同的行为。还需要注意的是，爬虫任务和其他快速返回的 HTTP 请求有很大不同，爬虫任务将在 Worker 中长时间存在，因此会遇到许多新的问题。

- 当我们增加一个新的 Worker 时，应该如何保证任务可以重新分配，或者确保新的任务一定能分配到新的 Worker 呢？
- 每个任务的负载是不同的，一些任务会比另一些任务消耗更多的 CPU 与内存，我们要如何合理分配任务，才能让每个 Worker 负载均衡呢？

显然，单独的 Worker 无法实现这样的功能，我们需要另外的 Master 服务作为任务的调度器。这就构成了 Master-Worker 架构模式。除了扩展性，还要考虑服务的可用性。假设产品对于服务的可用性有比较高的要求，少数服务崩溃不应该影响到服务的运行，这时我们就需要考虑分布式系统的容错问题。由于现在我们有了两种类型的服务——Master 和 Worker，因此需要单独考虑它们的容错性。

- 当 Worker 崩溃后，运行在其中的任务将无法运行。因此，我们希望 Master 能够监控到 Worker 的数据变化，并且通过重新分配将崩溃节点的任务分散到其他 Worker 中。在 Worker 重新恢复后也有类似的过程，不过由于 Worker 无状态，不用考虑 Worker 崩溃之后数据的不一致问题。
- Master 节点的主要任务是完成调度工作，本身不需要实现很高的并发量，任务的调度和分配可以在一个程序中。但是为了解决故障容错问题，我们需要有多个 Master 随时待命，这需要对多个 Master 进行选主，客户端只能与 Master 的 Leader 节点进行交互，并且只有 Master 的 Leader 节点能够调度任务到 Worker。

好在我们在实践中并不需要自己实现分布式算法。细数一下，**我们需要监听 Worker 节点，完成服务发现、任务的动态分配、Master 节点选主的工作**，这些都是分布式协调服务可以完成的。因此，我们可以引入一个新的组件 etcd，帮助我们完成分布式系统的协调工作。

基于上面对功能性需求与非功能性需求的分析，我们可以列出系统需要具备的核心功能，如图 7-3 所示。

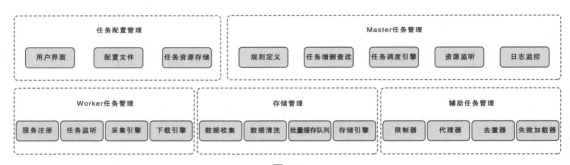

图 7-3

7.2.4 架构设计

爬虫完整的系统架构如图 7-4 所示。其中：

Master 总览全局，为开发者操作提供接口，并作为任务的调度器完成如下工作：（1）提供任务增删查改的 API；（2）实现任务的调度；（3）动态获取和监听 Worker 节点的变化，实现任务动态的负载均衡；（4）借助 etcd 实现选主，保证可用性；（5）Master 集群中只会有一个 Leader，其他 Master 接收到的请求会转发到 Leader 中处理。

etcd 集群负责实现 Master 与 Worker 的分布式协调工作，包括：（1）实现注册中心的功能；（2）实现事件的监听和通知机制；（3）存储每个 Worker 需要执行的任务；（4）提供 Master 选主能力。

Worker 负责监听任务的变化，完成具体任务的采集工作：（1）动态监听 Master 为其分配的任务；（2）注册服务到 etcd 中；（3）完成海量并发任务的爬取、解析、清洗、存储工作。

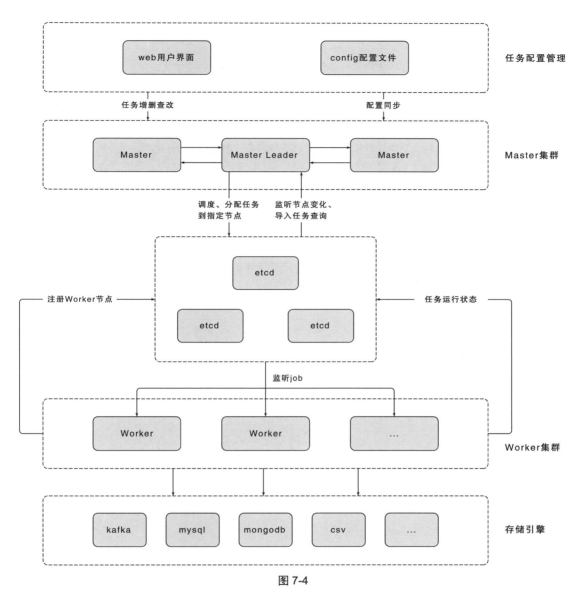

图 7-4

到这里，一个爬虫项目的核心功能与分布式架构就介绍完毕了。这个架构从大的方向上划分了模块和功能，保证了分布式系统的容错性与扩展性。如果以问题为导向，我们会发现这些流程、组件都是为了应对具体问题而出现的。不过，还有一些比较细节的设计本章没有提到，例如使用何种框架与协议、使用哪一种高并发模型、程序的扩展性设计，这些问题将在后面一一解答。

7.3   总结

互联网就像一个免费的宝库，你只需要有一些创造力，就可以应用爬虫技术实现信息聚合，获取有洞察力的行业见解，预测未来的走势，从而创造非凡的商业价值。就像刀可以伤人但刀本身并不违法一样，爬虫技术本身并不违法，但我们需要遵守一些正确的规则，提前确认好爬取的数据有权访问，不侵犯个人和企业的权益。

爬虫技术非常有趣而且有料。典型的爬虫流程涉及数据的爬取、数据的解析、数据的存储，以及数据的分析。这中间又涉及众多的技术栈，涵盖了前端、网络、存储、算法与数据结构、代理、分布式系统设计，自然语言处理等，这也使得爬虫成为我们进一步学习这些技术的契机。

本章通过对一个真实需求的一步步剖析，梳理出了爬虫系统需要具备的核心功能，这些功能覆盖了功能性的需求与非功能性的需求，也决定了我们如何设计系统架构。总的来说，我们实现了 Master-Worker 架构，并借助分布式协调服务 etcd 完成了选主、服务注册、节点监听、任务存储等功能。Master-Worker 内部的架构其实仍然有很多值得思考和设计的地方，在接下来的开发篇我们还会进一步讨论。

8 众人拾柴：高效团队的 Go 编码规范

> 一个从不犯错误的人，一定没有尝试过任何新鲜事物。
>
> ——爱因斯坦

写出好代码的前提是规范代码，这就需要定义好团队需要遵守的编码规范。

8.1　编码规范的重要性

编程规范又叫代码规范，是团队在开发程序时需要遵守的约定。俗话说，无规矩不成方圆，一个开发团队应该就一种编程规范达成一致。编程规范的好处如下。

- 促进团队合作：现代项目大多是由团队完成的，如果每个人编写出的代码风格迥异，那么集成后的代码容易杂乱无章，可读性极差。相反，风格统一的代码的可读性将大大提高，易于理解、利于团队协作。
- 规避错误：每种语言都有容易犯的错误，Go 语言也不例外。编码规范可以规避 Map 并发读写等问题，同时，规范的日志处理、错误处理还能加快查找问题的速度。
- 提升性能：优秀的开发者能够在头脑中想象出不同程序运行的过程和结果，写出高性能的程序非常考验开发者的内功。但每个人的水平有差异，这一点并不可控。如果将高性能编程的常见手段归纳整理出来，那么开发者只需要遵守这些简单的规则，就能规避性能问题、极大提升程序性能。
- 便于维护：我们习惯于关注编写代码的成本，但实际上维护代码的成本更高。大部分项目是在前人的开发基础上完成的，我们在开发代码时也会花大量时间阅读之前的代码，符合规范的代码更容易上手维护、更少出现牵一发而动全身的情况，也更容易看出业务的逻辑。

8.2　Go 语言编码规范

我认为，好的代码应该是整洁一致、高效、健壮和可扩展的。接下来，我们就从这几个维度聊聊制定 Go 语言编码规范的原则和最佳实践，其中有一些规范可以通过工具和代码 review 强制要求开发者遵守，还有一些规范更具有灵活性、很难被约束，因此是建议执行的。后文[强制 xxx]中的"xxx"代表可强制执行的代码静态分析的规则标识。

8.2.1 整洁一致

好代码的第一个要求是整洁一致。俗话说，任何傻瓜都可以编写计算机可以理解的代码，而优秀的程序员编写的是人类可以理解的代码。然而，明白什么是整洁的代码并不意味着能写出整洁的代码，就好像我们知道如何欣赏一幅画不意味着我们能成为画家。整洁的代码除了密切关注格式化、命名、函数等细节，更需要在项目中具体实践。接下来我们就来看看整洁代码关注的这些细节和最佳的实践。

1. 格式化

代码长度

代码应该有足够的垂直密度，能够一眼看到更多的信息。同时，对单个函数、单行、单文件也需要限制长度，以保证可阅读性和可维护性。

[强制 lll] 一行内不超过 120 个字符，同时避免刻意断行。当某一行代码过长时，往往可以通过改名或调整语义解决问题。

[强制 funlen] 单个函数的行数不超过 40 ，过长则表示函数功能不专一、定义不明确、程序结构不合理，也不易于理解。当函数过长时，可以提取函数以保持正文小且易读。

[强制] 单个文件不超过 2000 行，过长则说明定义不明确、程序结构划分不合理，不利于维护。

代码布局

[建议] 推荐按以下顺序对 Go 文件进行布局。首先是包注释（对整个模块和功能的完整描述，写在文件头部），接着是包名称（Package）、引入的包（Imports）、常量定义（Constants）、类型定义（Typedefs）、全局变量定义（Globals）以及函数实现（Functions）。每个部分之间用一个空行分割。当每个部分有多个类型定义或者有多个函数时，也用一个空行分割。

[强制 goimports] 当 import 多个包时，应该对包进行分组，同一组的包之间不需要有空行，不同组之间的包需要一个空行。标准库的包应该放在第一组。

空格与缩进

为了让阅读代码时的视线畅通，思路不被打断，我们需要使用一些空格和缩进。空格是为了分离关注点，将不同的组件分开。缩进是为了处理错误和边缘情况，与正常的代码分隔开。

较常用的有以下规范。

[强制 gofmt] 注释和声明应该对齐，示例如下。

```
type T struct {
    name    string // name of the object
    value   int    // its value
}
```

[强制 gofmt] 小括号()、中括号[]、大括号{} 内侧都不加空格。

[强制 gofmt] 逗号、冒号（slice 中冒号除外）前都不加空格，后面加 1 个空格。

[强制 gofmt] 所有二元运算符前后各加一个空格，作为函数参数时除外。例如 b := 1 + 2。

[强制 gofmt] 使用 Tab 而不是空格进行缩进。

[强制 nlreturn] return 前方需要加一个空行，让代码逻辑更清晰。

[强制 gofmt] 判断语句、for 语句需要缩进 1 个 Tab，并且右大括号（}）与对应的 if 关键字垂直对齐，示例如下。

```go
if xxx {

} else {

}
```

[强制 goimports] 当 import 多个包时，应该对包进行分组。同一组的包之间不需要有空行，不同组之间的包需要一个空行。标准库的包应该放在第一组。这同样适用于常量、变量和类型声明。

```go
import (
    "fmt"
    "os"

    "appengine/foo"
    "github.com/foo/bar"
)
```

[推荐] 避免 else 语句中处理错误返回，避免正常的逻辑位于缩进中。如下代码实例在 else 中进行错误处理，代码逻辑阅读起来比较费劲。

```go
if something.OK() {
    something.Lock()
    defer something.Unlock()
    err := something.Do()
    if err == nil {
        stop := StartTimer()
        defer stop()
        log.Println("working...")
        doWork(something)
        <-something.Done() // wait for it
        log.Println("finished")
        return nil
    } else {
        return err
    }
} else {
    return errors.New("something not ok")
}
```

如果把上面的代码修改成下面这样会更加清晰。

```go
if !something.OK() {
    return errors.New("something not ok")
```

```
}
something.Lock()
defer something.Unlock()
err := something.Do()
if err != nil {
    return err
}
stop := StartTimer()
defer stop()
log.Println("working...")
doWork(something)
<-something.Done() // wait for it
log.Println("finished")
return nil
```

[推荐] 函数内不同的业务逻辑处理建议用单个空行加以分割。

[推荐] 注释之前的空行通常有助于提高可读性——新注释的引入表明新思想的开始。

2. 命名

优秀的命名应简短易拼、具有一致性，以及具有准确且易懂的含义，避免出现误导和无意义的信息。例如，下面这样的命名就是让人迷惑的。

```
int d; // elapsed time in days
```

[强制 revive] Go 语言中的命名统一使用驼峰式，不要加下画线。

[强制 revive] 缩写的专有名词应该大写，例如： ServeHTTP、IDProcessor。

[强制] 区分变量名应该用有意义的名字，而不是使用阿拉伯数字 a1, a2,...,aN。

[强制] 不要在变量名称中包含类型名称。

[建议] 变量的作用域越大，名字应该越长。

现代 IDE 让更改名称变得更容易，巧妙地使用 IDE 的功能能够级联地同时修改多处命名。

包名

包名应该简短而清晰。

[强制] 使用简短的小写字母，不需要下画线或混合大写字母。

[建议] 合理使用缩写，例如：strconv（字符串转换）、syscall（系统调用）和 fmt（格式化的 I/O）。

[强制] 避免无意义的包名，例如 util、common、base 等。

接口命名

[建议]单方法接口由方法名称加上 -er 后缀或类似修饰来命名。例如 Reader、Writer、Formatter、CloseNotifier ，当一个接口包含多个方法时，请选择一个能够准确描述其用途的名称，例如 net.Conn、http.ResponseWriter、io.ReadWriter。

本地变量命名

[建议]尽可能短。例如，i 指代 index、r 指代 reader、b 指代 buffer。因此，下面这段代码可以进行简化。

```
for index := 0; index < len(s); index++ {
    //
}
```

可以简化为

```
for i := 0; i < len(s); i++ {
    //
}
```

函数参数命名

[建议]如果通过函数参数的类型能够看出参数的含义，那么函数参数的命名应该尽量简短。

```
func AfterFunc(d Duration, f func()) *Timer
func Escape(w io.Writer, s []byte)
```

[建议]如果函数参数的类型不能表达参数的含义，那么函数参数的命名应该尽量准确。

```
func Unix(sec, nsec int64) Time
func HasPrefix(s, prefix []byte) bool
```

函数返回值命名

[建议] 对于公开的函数，返回值具有文档意义，应该准确表达含义，如下所示。

```
func Copy(dst Writer, src Reader) (written int64, err error)
func ScanBytes(data []byte, atEOF bool) (advance int, token []byte, err error)
```

可导出的变量名

[建议] 由于使用可导出的变量时会带上它所在的包名，因此不需要对变量重复命名。例如将 bytes 包中的 ByteBuffer 修改为 Buffer，这样在使用时就是 bytes.Buffer，显得更简洁。类似的还有把 strings.StringReader 修改为 strings.Reader，把 errors.NewError 修改为 errors.New。

Error 值命名

[建议] 错误类型应该以 Error 结尾。

[建议] Error 变量名应该以 Err 开头。

```
type ExitError struct {
    ...
}
var ErrFormat = errors.New("image: unknown format")
```

3. 函数

[强制 cyclop] 圈复杂度（Cyclomatic complexity）<10。

[强制 gochecknoinits] 避免使用 init 函数。

[强制 revive] Context 应该作为函数的第一个参数。

[强制] 在正常情况下禁用 unsafe。

[强制] 禁止 return 裸返回，如下例中第一个 return。

```go
func (f *Filter) Open(name string) (file File, err error) {
    for _, c := range f.chain {
        file, err = c.Open(name)
        if err != nil {
            return
        }
    }
    return f.source.Open(name)
}
```

[强制] 不要在循环里面使用 defer，除非你真的确定 defer 的工作流程。

[强制] 对于通过:=进行变量赋值的场景，禁止出现仅部分变量初始化的情况。例如在下面这个例子中，f 函数返回的 res 是初始化的变量，但是函数返回的 err 其实复用了之前的 err。

```go
var err error
res,err := f()
```

[建议] 当函数返回值大于 3 个时，建议通过 struct 进行包装。

[建议] 函数参数不建议超过 3 个，当函数参数大于 3 个时建议通过 struct 进行包装。

4. 控制结构

[强制] 禁止使用 goto。

[强制 gosimple] 当一个表达式为 bool 类型时，应该使用 expr 或 !expr 判断，禁止使用 == 或 != 与 true / false 比较。

[强制 nestif] if 嵌套深度不大于 5。

5. 方法

[强制 revive] receiver 的命名要保持一致，如果在一个方法中将接收器命名为 "c"，那么在其他方法中不要把它命名为 "cl"。

[强制] receiver 的名字要尽量简短并有意义，禁止使用 this、self 等。

```go
func (c Client) done() error {
 // ...
}
func (cl Client) call() error {
 // ...
}
```

6. 注释

Go 提供 C 风格的注释。有/**/ 的块注释和 // 的单行注释两种注释风格，注释主要有以下几个用处。

- 提供具体的逻辑细节和代码背后的意图、决策。
- 帮助澄清一些晦涩的参数或返回值的含义。
- 强调某一个重要的功能。例如，提醒开发者修改了这一处代码必须连带修改另一处代码。

总之，好的注释给我们讲解了 what、how、why，方便后续的代码维护。

[强制] 无用注释直接删除。即使日后需要，我们也可以通过 Git 快速找到。

[强制] 紧跟在代码之后的注释使用 //。

[强制] 统一使用中文注释，中英文字符之间严格使用空格分隔。

[强制] 注释不需要额外的格式，例如星号横幅。

[强制] 包、函数、方法和类型的注释说明都是一个完整的句子，以被描述的对象为主语，示例如下。

```
// queueForIdleConn queues w to receive the next idle connection for w.cm.
// As an optimization hint to the caller, queueForIdleConn reports whether
// it successfully delivered an already-idle connection.
func (t *Transport) queueForIdleConn(w *wantConn) (delivered bool)
```

[强制]文档注释工具 go doc①可以生成注释和导出函数的文档。

[强制 godot] 注释应该以句号结尾。

[建议] 当某个部分等待完成时，可用 TODO: 开头的注释来提醒维护人员。

[建议] 在大部分情况下使用行注释。块注释主要用在包注释上，在表达式中或禁用大量代码时也很有用。

[建议] 当某个部分存在已知问题需要修复或改进时，可用以 FIXME: 开头的注释来提醒维护人员。

[建议] 需要特别说明某个问题时，可用以 NOTE: 开头的注释。

7. 结构体

[强制] 不要将 Context 成员添加到 Struct 类型中。

8.2.2 高效

[强制] Map 在初始化时需要指定长度 make(map[T1]T2, hint)。

[强制] Slice 在初始化时需要指定长度和容量 make([]T, length, capacity)。

[强制] time.After()在某些情况下会发生内存泄漏，替换为使用 Timer。

[强制] 数字与字符串转换时，使用 strconv，而不是 fmt。

[强制] 读写磁盘时，使用读写 buffer。

---

① Go 文档注释使用说明参见 https://tip.golang.org/doc/comment。

[建议] 谨慎使用 Slice 的截断操作和 append 操作。

[建议] 在编写任何协程时，都需要明确协程什么时候退出。

[建议] 在热点代码中，内存分配复用内存可以使用 sync.Pool 提速[1]。

[建议] 将频繁的字符串拼接操作（+=）替换为 StringBuffer 或 StringBuilder。

[建议] 在使用正则表达式重复匹配时，利用 Compile 提前编译提速[2]。

[建议] 当程序严重依赖 Map 时，Map 的 Key 使用 int 而不是 string 提速[3]。

[建议] 在多读少写的场景下，使用读写锁而不是写锁提速。

8.2.3 健壮性

[强制] 除非出现不可恢复的程序错误，否则不要使用 panic 来处理常规错误，使用 error 和多返回值。

[强制 revive[4]]错误信息不应该将首字母大写（除专有名词和缩写词外），也不应该以标点符号结束，因为错误信息通常在其他上下文中被输出。

[强制 errcheck[5]]不要使用 _ 变量来丢弃 error。当函数返回 error 时，应该强制检查。

[建议] 在处理错误时，如果逐层返回相同的错误，那么在最后输出日志时，我们并不知道代码中间的执行路径，例如找不到文件时输出的 No such file or directory，这会减慢我们排查问题的速度。因此，在中间处理 err 时，需要使用 fmt.Errorf 或第三方包[6]为错误添加额外的上下文信息。像下面这个例子，在 fmt.Errorf 中，除了实际报错的信息，还加上了授权错误信息"authenticate failed："。

```go
func AuthenticateRequest(r *Request) error {
    err := authenticate(r.User)
    if err != nil {
        return fmt.Errorf("authenticate failed: %v", err)
    }
    return nil
}
```

当有多个错误需要处理时，可以考虑将 fmt.Errorf 放入 defer 中。

```go
func DoSomeThings(val1 int, val2 string) (_ string, err error) {
    defer func() {
        if err != nil {
            err = fmt.Errorf("in DoSomeThings: %w", err)
        }
    }()
```

---

① sync.Pool 性能对比详见 https://www.instana.com/blog/practical-golang-benchmarks。
② 正则表达式性能对比详见 https://www.instana.com/blog/practical-golang-benchmarks。
③ Map 性能对比详见 https://www.instana.com/blog/practical-golang-benchmarks。
④ revive 错误检查详见 https://revive.run/r#error-strings。
⑤ errcheck 错误检查详见 https://golangci-lint.run/usage/linters/#errcheck。
⑥ 包裹错误信息的第三方包详见 https://pkg.go.dev/github.com/pkg/errors。

```
    val3, err := doThing1(val1)
    if err != nil {
      return "", err
    }
    val4, err := doThing2(val2)
    if err != nil {
      return "", err
    }
    return doThing3(val3, val4)
}
```

[强制] 在利用 recover 捕获 panic 时，需要由 defer 函数直接调用。下面例子中的 panic 不能被捕获。

```
func printRecover() {
    r := recover()
    fmt.Println("Recovered:", r)
}

func main() {
    defer func() {
        printRecover()
    }()

    panic("OMG!")
}
```

[强制] 不用重复使用 recover，只需要在每个协程的最上层函数拦截即可。recover 只能捕获当前协程的 panic，不能跨协程捕获 panic，下例中的 panic 就是无法被捕获的。

```
func printRecover() {
    r := recover()
    fmt.Println("Recovered:", r)
}

func main() {
    defer printRecover()
    go func() {
        panic("OMG!")
    }()
    // ...
}
```

[强制] 有些特殊的错误是 recover 不住的，例如 Map 的并发读写冲突，可以使用 race 工具检查。

8.2.4　扩展性

[建议] 利用接口实现扩展性。接口特别适用于访问外部组件的情况，例如访问数据库、访问下游服务。另外，接口可以方便我们进行功能测试。关于接口的最佳实践需要单独论述。

[建议] 使用功能选项模式对一些公共 API 的构造函数进行扩展，大量第三方库例如 gomicro、zap 等都

使用了这种策略。

```
db.Open(addr, db.DefaultCache, zap.NewNop())
可以替换为=>
db.Open(
addr,
db.WithCache(false),
db.WithLogger(log),
)
```

8.2.5　工具

要人工来保证团队成员遵守了上述编程规范并不是一件容易的事情，有许多静态的和动态的代码分析工具可以帮助团队识别代码规范的错误，甚至可以发现一些代码的 Bug。

1. golangci-lint

golangci-lint 是当前大多数公司采用的静态代码分析工具。词语 Linter 指一种分析源代码并以此标记编程错误、代码缺陷、风格错误的工具，而 golangci-lint 是集合多种 Linter 的工具，并且有灵活的配置能力。

2. pre-commit

在代码通过 Git Commit 提交到代码仓库之前，git 提供了一种 pre-commit 的 hook，用于执行一些前置脚本。在脚本中加入检查的代码，就可以在本地拦截一些不符合规范的代码，避免频繁触发 CI 或者浪费时间。pre-commit 的配置和使用方法可以参考 TiDB 项目中的配置[1]。

3. 并发检测 race

Go 1.1 提供了强大的检查工具 race 来排查数据争用问题。race 可以用在多个指令中，检测器一旦在程序中找到数据争用，就会输出报告。这份报告包含发生 race 冲突的协程栈，以及此时正在运行的协程栈。

4. 覆盖率

代码覆盖率用来判断代码编写的质量，识别无效代码。go tool cover 是 go 语言提供的识别代码覆盖率的工具，本书后面的内容还会详细介绍。

8.3　总结

代码规范可以助力团队协作，帮助我们写出简洁、高效、健壮和可扩展的代码。本章给出了一套 Go 语言编码规范的最佳实践，并通过 golangci-lint 等工具对不规范甚至错误的代码进行了强制检查，保证了代码质量。本书后面的内容将严格按照这个规范编写代码。考虑到这个规范的通用性，我将这个规范进行了开源[2]，你可以直接将其作为团队的规范，如果你有更好的建议，也可以提交 PR。

---

① TIDB 中的 pre-commit 配置详见 https://github.com/pingcap/tidb/blob/master/hooks/pre-commit
② 详见 https://github.com/dreamerjackson/crawler

第 3 篇

Worker 开发

从正则表达式到 CSS 选择器：
4 种网页文本处理手段

> 如果有一个问题，你想到可以用正则来解决，那么你就有两个问题了。
>
> —— Jamie Zawinski

在之前我们已经学习了爬虫项目的需求分析与架构设计。接下来，我们将正式开始编写爬虫项目代码。

爬虫的核心是获取网页中的数据，通过 Go 语言的标准库可以轻松地用一行代码实现网络调用，然而单单获取服务器返回的文本数据是远远不够的，信息和知识就隐藏在这些杂乱的数据之中。因此，我们需要有比较强的文本解析能力，将有用的信息提取出来。本章就来看看如何通过 Go 语言标准库、正则表达式、XPath 以及 CSS 选择器对复杂文本进行解析。

9.1 项目启动

现在，让我们在任意位置新建一个 crawler 文件夹，在其中新建入口文件 main.go。

9.1.1 初始化 Git 仓库

首先在 GitHub 上创建一个 Git 仓库，叫作 crawler，然后在本地新建一个 README 文件，并建立本地仓库和远程仓库之间的关联（需要将下面的仓库地址替换为自己的）。

```
echo "# crawler" >> README.md
git init
git add README.md
git commit -m "first commit"
git branch -M 'main'
git remote add origin git@github.com:dreamerjackson/crawler.git
git push -u origin 'main'
```

接下来，初始化项目的 go.mod 文件，module 名一般为远程 Git 仓库的名字。

```
go mod init  github.com/dreamerjackson/crawler
```

后续我会将项目的源码放置到 GitHub 中，欢迎你积极提交 PR，大家一起进步。

下一步，我们创建一个.gitignore 文件，.gitignore 文件的内容不会被 Git 追踪，当有一些编辑器的配置文件或其他文件不想提交到 Git 仓库时，可以将文件路径放入.gitignore 文件。

```
echo .idea >> .gitignore
```

9.1.2　抓取一个简单的网页

若要获取最新新闻资讯，而不用时刻刷新网页，我们可以利用爬虫。以某新闻网站为例，其首页无须登录且无严格反爬策略，便于初学者学习爬虫。以下是获取新闻首页 HTML 文本的代码示例。

```go
func main() {
    url := "https://www.XXX.cn/"
    resp, err := http.Get(url)
    if err != nil {
        fmt.Println("fetch url error:%v", err)
        return
    }
    defer resp.Body.Close()
    if resp.StatusCode != http.StatusOK {
        fmt.Printf("Error status code:%v", resp.StatusCode)
        return
    }
    body, err := ioutil.ReadAll(resp.Body)
    if err != nil {
        fmt.Println("read content failed:%v", err)
        return
    }
    fmt.Println("body:", string(body))
}
```

这段代码做了比较完备的错误检查。不管是 http.Get 访问网站报错、服务器返回的状态码不是 200，还是读取返回的数据有误，都会打印错误到控制台并立即返回。ioutil.ReadAll 会读取返回数据的字节数组，然后将字节数组强转为字符串类型，最后输出结果。

在这个案例中，输出的文本是 HTML 格式的，HTML 又被称为超文本标记语言。其中，超文本指包含具有指向其他文本链接的文本，通过链接，单个网站内或网站之间就连接了起来。

标记指通过通常是成对出现的标签来标识文本的属性和结构。例如，<h1>xxx</h1>标识元素的样式是一级标题，<h2>xxx</h2>标识元素的样式是二级标题，而<img>标识当前元素是一张图片。其他的标签还有<title><body><header><footer><article><p><div><span>等。

HTML 定义了元素的含义和结构，不过随着 CSS 文件的出现，HTML 在文本样式上的功能逐渐削弱。标签和标签里的属性（例如<div class="news_li" id="cont19144401" > ）一般作为 CSS 选择器的钩子出现。

我们在浏览器上看到的网页其实是将 HTML 文件、CSS 样式文件进行了渲染，同时，JavaScript 文件还可以让网站完成一些动态的效果，例如实时更新的内容，交互式的内容等。

我们先通过 Linux 管道的方式将输出的文本保存到 new.html 文件中。

```
go run main.go > new.html
```

用浏览器打开这个 HTTML 页面，会发现和真实的页面相比，还原度是比较高的。当然我们无法用这种方式 100%还原网页，因为缺失了必要文件，而且有一些数据是通过 JavaScript 动态获取的。

不过，就我们当下的目标而言，获取到的信息已经足够了。在项目开发过程中，我会用 Git 在关键的地方打上 tag，方便日后查找。**上述代码位于 v0.0.1 标签下。**

```
git commit -am "print resp"
git tag -a v0.0.1 -m "print resp"
git push origin v0.0.1
```

接下来让我们看看如何处理服务器返回的 HTML 文本。

9.2　标准库

Go 语言提供了 strings 标准库用于字符处理函数。如下所示，在标准库 strings 包中，包含字符查找、分割、大小写转换、修剪（trim）、计算字符出现次数等数十个函数。

```
// 判断字符串 s 是否包含 substr 字符串
func Contains(s, substr string) bool
// 判断字符串 s 是否包含 chars 字符串中的任一字符
func ContainsAny(s, chars string) bool
// 判断字符串 s 是否包含符文数 r
func ContainsRune(s string, r rune) bool
// 将字符串 s 以空白字符分割，返回一个切片
func Fields(s string) []string
```

在标准库 strconv 包中，还包含很多字符串与其他类型进行转换的函数。

```
// 字符串转换为十进制整数
func Atoi(s string) (int, error)
// 字符串转换为某一进制的整数，例如八进制、十六进制
func ParseInt(s string, base int, bitSize int) (i int64, err error)
// 整数转换为字符串
func Itoa(i int) string
// 某一进制的整数转换为字符串，例如八进制整数转换为字符串
func FormatInt(i int64, base int) string
```

让我们用 strings 包实战一下，下面的代码省略了对于错误的处理。在 HTML 文本中，超链接一般放置在<a>标签中，因此，统计<a>标签的数量就能大致了解当前页面中链接的总数。

```
// tag v0.0.3
func main() {
  url := "https://www.XXX.cn/"
  resp, err := http.Get(url)
  body, err := ioutil.ReadAll(resp.Body)
  numLinks := strings.Count(string(body), "<a")
  fmt.Printf("homepage has %d links!\n", numLinks)
```

```
}
```

运行上面这段代码，输出的结果显示有 300 余个链接。

```
homepage has 303 links!
```

strings 包中还有一个有用的函数是 Contains。如果你想了解当前首页是否存在与黄金相关的新闻，那么可以使用下面这段代码。

```
exist := strings.Contains(string(body), "黄金")
fmt.Printf("是否存在黄金:%v\n", exist)
```

我们知道，字符串的本质是字节数组，bytes 标准库提供的 API 具有和 strings 库类似的功能，你可以直接查看标准库的文档[①]。

```
func Compare(a, b []byte) int
func Contains(b, subslice []byte) bool
func Count(s, sep []byte) int
func Index(s, sep []byte) int
```

下面这段使用 bytes 标准库的代码和上面使用 strings 库的代码在功能上是等价的。

```
numLinks := bytes.Count(body, []byte("<a"))
fmt.Printf("homepage has %d links!\n", numLinks)
exist := bytes.Contains(body, []byte("黄金"))
fmt.Printf("是否存在黄金:%v\n", exist)
```

字符编码

服务器在网络中将 HTML 文本以二进制的形式传输到客户端。在之前的例子中，ioutil.ReadAll 函数得到的结果是字节数组，我们将它强制转换为了人类可读的字符串。在 Go 语言中，字符串默认通过 UTF-8 的形式编码。

虽然目前大多数网站都使用 UTF-8 编码，但是实际上服务器发送过来的 HTML 文本可能拥有很多编码形式，例如 ASCII、GB2312、UTF-8、UTF-16。国内的一些网站会采用 GB2312 的编码方式，如果编码的形式与解码的形式不同，那么可能出现乱码，如图 9-1 所示。

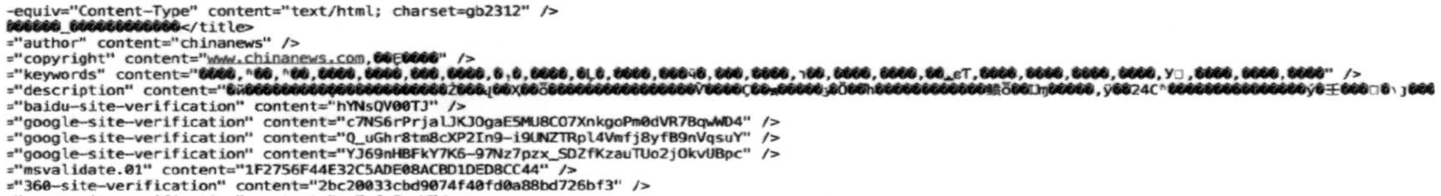

图 9-1

为了让请求网页的功能具备通用性，我们需要考虑编码问题。在这之前，要先将请求网页的功能用 Fetch 函数封装起来，用函数给一连串的复合操作定义一个名字，将其作为一个操作单元，实现代码的复用和功能抽象。我们使用官方处理字符集的库实现编码的通用性。

---

① bytes 标准库文档详见 https://pkg.go.dev/bytes。

```
go get golang.org/x/net/html/charset
go get golang.org/x/text/encoding
```

Fetch 函数的代码如下所示，它可以获取网页的内容、检测网页的字符编码，并将文本统一转换为 UTF-8 格式。代码位于 v0.0.4 标签下。

```
func (b *BrowserFetch) Get(url string) ([]byte, error) {
    resp, err := http.Get(url)
    ...
    bodyReader := bufio.NewReader(resp.Body)
    e := DeterminEncoding(bodyReader)
    utf8Reader := transform.NewReader(bodyReader, e.NewDecoder())
    return ioutil.ReadAll(utf8Reader)
}

func DeterminEncoding(r *bufio.Reader) encoding.Encoding {
    bytes, err := r.Peek(1024)
    if err != nil {
        return unicode.UTF8
    }
    e, _, _ := charset.DetermineEncoding(bytes, "")
    return e
}
```

这里单独封装了 DeterminEncoding 函数来检测并返回当前 HTML 文本的编码格式。如果返回的 HTML 文本小于 1024 字节，则认为当前 HTML 文本有问题，可以直接返回默认的 UTF-8 编码。DeterminEncoding 中核心的 charset.DetermineEncoding 函数用于检测并返回对应 HTML 文本的编码。关于 charset.DetermineEncoding 函数检测字符编码的算法，感兴趣的同学可以查看 HTML 的相关标准[①]。

最后，transform.NewReader 用于将 HTML 文本从特定编码转换为 UTF-8 编码，从而方便后续的处理。

strings、bytes 标准库对字符串的处理都是比较常规的，有时候我们需要对文本进行更复杂的处理。例如，爬取一个图书网站不同图书对应的作者、出版社、页数、定价等信息，这些信息都包含在 HTML 特殊的标签结构中，并且不图同书对应的信息不太一样。要实现这种灵活的功能，利用 strings、bytes 标准库都是很难做到的，这就要用到一个更强大的文本处理方法——正则表达式。

9.3　正则表达式

正则表达式是一种**表示文本内容组成规律的方式**，它可以描述或者匹配符合相应规则的字符串。在文本编辑器、命令行工具、高级程序语言中，正则表达式被广泛地用来校验数据的有效性、搜索或替换特定模式的字符串。

由于历史原因，正则表达式分为了两个流派，分别是 POSIX 流派和 PCRE 流派。其中，POSIX 流派

---

① 参见 https://html.spec.whatwg.org/multipage/parsing.html#determining-the-character-encoding。

有两个标准，分别是 BRE 标准和 ERE 标准。不同的流派和标准对应了不同的特性与工具，一些工具可能对标准做了相应的扩展，这会让一些没有系统学习过正则表达式的同学，对一些正则的使用和现象感到困惑。

目前，Linux 和 macOS 在原生集成 GUN 套件（例如 grep 命令）时，遵循了 POSIX 标准，并弱化了 GNU BRE 和 GNU ERE 之间的区别。

GNU BRE 和 GNU ERE 的差别主要体现在一些语法字符是否需要转义上。如下所示，grep 属于 GNU BRE 标准，对于字符串"addf"，要想匹配字母 d 重复 1~3 次的情形，需要对"{"进行转义。

```
> echo "addf" | grep 'd\{1,3\}'
```

GNU ERE 标准不需要对"{"进行转义，要使用 GNU ERE 标准，需要在 Linux 的 grep 中添加 -E 运行参数。

```
> echo "addf" | grep -E 'd{1,3}'
```

当前更加流行的流派或标准是 PCRE，PCRE 标准由 perl 语言衍生而来，现阶段的大部分高级编程语言都使用了 PCRE 标准。Go 语言的正则表达式标准库也默认使用了 PCRE 标准，同时，Go 语言支持 POSIX 标准。要使用 PCRE 标准，可以在 grep 中添加-P 运行参数。如下所示。ERE 标准不支持用\d 表示数字，但是 PCRE 标准是支持的。

```
# 使用 ERE 标准
> echo "11d23a" | grep -E '[[:digit:]]+'

# 使用 PCRE 标准
> echo "11d23a" | grep -P '\d+'
```

除此之外，PCRE 标准还有一些强大的功能，你可以搜索"Perl regular expressions"或查看相关资料[1]中的内容。我们用正则表达式实战获取某新闻首页卡片中的新闻，如图 9-2 所示。

图 9-2

---

① https://perldoc.perl.org/perlretut.

我们之前已经通过 v0.0.1 标签中的代码获取了首页内容，现在让我们来看一看 HTML 中这些卡片在结构上的共性。下面是我列出的两个卡片的内容，省去了一些不必要的内容。

```
<div class="news_li" id="cont19144401" contType="0">
    ...
    <h2>
        <a href="newsDetail_forward_19144401" id="clk19144401" target="_blank">在养老院停止
探视的日子里，父亲不认识我了</a>
    </h2>
    ...
</div>

<div class="news_li" id="cont19145751" contType="0">
    ...
    <h2>
        <a href="newsDetail_forward_19145751" id="clk19145751" target="_blank">美国考虑向乌
克兰提供战斗机，美参与俄乌冲突程度或将扩大</a>
    </h2>
    ...
</div>
```

可以看到，文章的标题位于<a>标签中，可以跳转。外部包裹了<h2>标签以及属性 class 为 news_li 的<div>标签。知道这些信息后，我们就可以用正则表达式来获取卡片新闻中的标题了。

```
// tag v0.0.5
var headerRe = regexp.MustCompile(`<div
class="news_li"[\s\S]*?<h2>[\s\S]*?<a.*?target="_blank">([\s\S]*?)</a>`)

func main() {
  url := "https://www.XXX.cn/"
  body, err := Fetch(url)
  matches := headerRe.FindAllSubmatch(body, -1)
  for _, m := range matches {
    fmt.Println("fetch card news:", string(m[1]))
  }
}
```

通过使用 regexp 标准库，regexp.MustCompile 函数会在编译时提前解析好 PCRE 标准的正则表达式内容，这可以在一定程度上加速程序的运行。headerRe.FindAllSubmatch 则可以查找满足正则表达式条件的所有字符串。接下来让我们分析一下这串正则表达式。

`<div class="news_li"[\s\S]*?<h2>[\s\S]*?<a.*?target="_blank">([\s\S]*?)</a>`

定位以字符串<div class="news_li" 开头，且内部包含<h2> 和 <a.*?target="_blank">的字符串。其中，[\s\S]*? 是这段表达式的精髓，[\s\S] 指代任意字符串。

有些同学可能好奇，为什么不使用.通配符呢？原因是.通配符无法匹配换行符，而 HTML 文本中经常出现换行符。* 代表将前面任意字符匹配 0 次或者无数次。? 代表非贪婪匹配，这意味着我们的正则表达式引擎只要找到第一次出现<h2>标签的地方，就认定匹配成功。如果不指定? ，贪婪匹配就会一路查找，直到找到最后一个<h2>标签，这当然不是我们想要的结果。

<a>标签中加了一个括号()，这是用来分组的，因为我们希望在用正则完整匹配到这一串字符串后，将括号中对应的字符串提取出来。

headerRe.FindAllSubmatch 是一个三维字节数组[][][]byte。它的第一层包含的是所有满足正则条件的字符串，第二层对每个满足条件的字符串做了分组。其中，数组的第 0 号元素是满足当前正则表达式的这一串完整的字符串 1 号元素代表括号中特定的字符串，在这个例子中对应的是<a>标签括号中的文字，即新闻标题。第三层是字符串实际对应的字节数组。

运行代码，会打印出首页卡片中所有的新闻（注意，新闻内容在随时变化）。

```
fetch card news: C919 六架试飞飞机完成全部试飞任务，取证工作正式进入收官阶段
fetch card news: 上海高考本科各批次录取控制分数线公布，本科控分线 400 分
...
```

正则表达式虽然灵活强大，但是也不是没有成本的。 为了解决一个复杂的问题，我们引入了正则表达式这个同样复杂的工具。另外，由于回溯的原因，复杂的正则表达式可能比较消耗 CPU 资源，幸运的是，由于 HTML 是结构化的数据，我们有了更好的解决办法。让我们更进一步，来看看更加高效地查找 HTML 中数据的方式——XPath（XML Path Language）。

9.4　XPath

XPath 定义了一种遍历 XML 文档中节点层次结构，并返回匹配元素的灵活方法。XML 是一种可扩展标记语言，是表示结构化信息的一种规范。例如，微软办公软件 Words 在 2007 之后的版本的底层数据就是通过 XML 文档描述的。HTML 虽然不是严格意义的 XML，但是它的结构和 XML 类似。

Go 语言标准库没有提供对 XPath 的支持，但是第三方库 github.com/antchfx/htmlquery 提供了在 HTML 中通过 XPath 匹配 XML 节点的引擎。我们之前获取卡片新闻的代码可以用 htmlquery 改写成下面的样子。

```
// tag v0.0.6
func main() {
  url := "https://www.XXX.cn/"
  body, err := Fetch(url)
  doc, err := htmlquery.Parse(bytes.NewReader(body))
  nodes := htmlquery.Find(doc, `//div[@class="news_li"]/h2/a[@target="_blank"]`)
  for _, node := range nodes {
    fmt.Println("fetch card ", node.FirstChild.Data)
  }
}
```

其中，htmlquery.Parse 用于解析 HTML 文本，htmlquery.Find 则会通过 XPath 语法查找符合条件的节点。在这个例子中，XPath 规则为

//div[@class="news_li"]/h2/a[@target="_blank"]

这串规则代表查找 target 属性为_blank 的 a 标签，并且 a 节点的父节点为 h2 标签，h2 标签的父节点为 class 属性为 news_li 的 div 标签。

和正则表达式相比，结构化查询语言 XPath 的语法更加简捷明了，检索字符串变得更容易了。但是 XPath 并不是专门为 HTML 设计的，接下来我们再介绍一下专门为 HTML 设计，使用更广泛、更简单的 CSS 选择器。

9.5　CSS 选择器

CSS（层叠式样式表）是一种定义 HTML 文档中元素样式的语言。在 CSS 文件中，我们可以定义一个或多个 HTML 中的标签的路径，并指定这些标签的样式，定义标签路径的方法被称为 CSS 选择器。

CSS 选择器考虑到了我们在搜索 HTML 文档时常用的属性。XPath 例子中使用的 div[@class="news_li"]在 CSS 选择器中可以简单地表示为 div.news_li，这是一种更加简单的表示方法，关于 CSS 选择器的语法可以查看相关资料[①]。官方标准库中并不支持 CSS 选择器，在这里使用社区中知名的第三方库 github.com/PuerkitoBio/goquery ，获取卡片新闻的代码如下。

```
// tag v0.0.9
func main() {
  url := "https://www.XXX.cn/"
  body, err := Fetch(url)
  // 加载 HTML 文档
  doc, err := goquery.NewDocumentFromReader(bytes.NewReader(body))
  if err != nil {
    fmt.Println("read content failed:%v", err)
  }
  doc.Find("div.news_li h2 a[target=_blank]").Each(func(i int, s *goquery.Selection) {
    // 获取匹配元素的文本
    title := s.Text()
    fmt.Printf("Review %d: %s\n", i, title)
  })
}
```

其中，goquery.NewDocumentFromReader 用于加载 HTML 文本，doc.Find 可以根据 CSS 标签选择器的语法查找匹配的标签，并遍历输出 a 标签中的文本。

9.6　总结

本章借助一个简单的新闻网站讲解了如何应对网页的不同编码问题，同时，讲解了 HTML 文本的多种处理方式。HTML 文本可以借助标准库的 strings、strconv、bytes 等库进行处理，也可以借助更通用更强大的正则表达式进行处理。

不过，由于正则表达式通常比较复杂而且性能低下，在实际运用过程中，我们一般采用 XPath 与 CSS 选择器进行结构化查询。比较这两种查询方法，会发现 XPath 是为 XML 文档设计的，而 CSS 选择器是为 HTML 文本专门设计的，更加简单、也更主流。我们在后面的章节中还将灵活使用各种技术来查找指定的字符串。

---

① https://developer.mozilla.org/zh-CN/docs/Web/CSS/CSS_Selectors。

10 网络爬虫：HTTP 请求的魔幻旅途

学校教给我们很多寻找答案的方法。在我所研究的每个有趣的问题中，挑战都是寻找正确的问题。当 Mike Karels 和我开始研究 TCP 拥堵时，我们花了几个月的时间盯着协议和数据包的痕迹，寻找失败的原因。有一天，在迈克的办公室里，我们中的一个人说："我之所以搞不清楚它为什么会失败，是因为我不明白它一开始是怎么工作的。"这被证明是一个正确的问题，它迫使我们弄清楚使 TCP 工作的 "ack clocking"。在那之后，剩下的事情就很容易了。

—— *Networking: A Top-Down Approach (7th Edition)*

在上一章中，我们使用了 Go HTTP 标准库与目标网站通信，然后发送请求并获取目标网站的对应资源。

这一章让我们更进一步，从一个最简单的 HTTP 请求入手，一步步理解请求背后发生的故事。为了更好地理解爬虫项目可能遇到的难题，并且在解决网络问题时有方法论的支撑，我们需要掌握网络分层协议与层层封装的流转过程、网络数据包的路由过程、操作系统收发包的处理过程。另外，我们还需要熟悉 HTTP 以及 Go 语言标准库对 HTTP 的巧妙封装。

10.1 最简单的 HTTP 服务器与请求

为了方便开发者使用，Go 语言对网络库和 HTTP 库的封装可以说是费尽心力。表面上，三行核心代码就能够写出一个 HTTP 的服务器或是 HTTP 请求，但其实 Go 语言标准库内部进行了大量处理。

下面这个例子是借助 Go HTTP 标准库编写的一个最简单的 HTTP 服务器。

```
package main

import (
    "fmt"
    "net/http"
)

func hello(w http.ResponseWriter, _ *http.Request) {
    fmt.Fprintf(w, "Hello")
```

```
}

func main() {
    // 访问路由到 hello 函数
    http.HandleFunc("/", hello)
    // 监听本地 8080 端口
    http.ListenAndServe("0.0.0.0:8080", nil)
}
```

下面则是一个最简单的 HTTP 请求服务，它会访问某搜索网站并输出内容。

```
package main

import (
    "fmt"
    "io/ioutil"
    "net/http"
)

func main() {
    // http 请求
    resp, err := http.Get("http://www.XXX.com")
    if err != nil {
        fmt.Println(err)
        return
    }
    // 获取返回的数据
    content, err := ioutil.ReadAll(resp.Body)
    if err != nil {
        fmt.Println(err)
        return
    }
    // 输出返回的数据
    fmt.Println(string(content))
}
```

10.2　分层网络模型

在上面这个例子中，http.Get 函数想使用 HTTP 的 GET 方法获取目标网站的数据，这背后的原理是什么呢？让我们从经典的分层网络模型说起。

经典的网络模型有两种：OSI 7 层网络模型和 TCP/IP 4 层网络模型，如图 10-1 所示，它们都是分层结构，每层具有不同的功能。数据包会从上到下逐层传递，最终从一个系统被传输到另一个系统。

图 10-1

OSI 7 层网络模型是描述两个系统进行网络通信的概念框架，它分为应用层（Application）、表示层（Presentation）、会话层（Session）、传输层（Transport）、网络层（Network）、数据链路层（Data Link）和物理层（Physical）7 个层次。但是因为 OSI 7 层模型分层太多，而且大多数人认为它复杂、低效、在某种程度上无法实现，所以 OSI 7 层模型只能作为理论模型存在。不过，它对于新手理解网络原理仍然非常有用。

而 TCP/IP 4 层网络模型是当前的国际标准，包括应用层（Application）、传输层（Transport）、网络层（Network）、网络接入层(Network Access)。有时我们还会听到 5 层网络模型这种说法，其实只是把 TCP/IP 4 层网络模型底层的网络接入层拆分为了链路层与物理层而已。另外我们还将 TLS 协议（代表性的是 HTTPS）认为是特殊的位于传输层和应用层之间的层。下面我分别介绍一下这几个层次。

10.2.1　应用层

在 TCP/IP 模型中，应用层依赖传输层协议来建立和管理主机到主机的数据传输服务，应用层也是与开发者交互的地方，它不是真正的应用程序，但是提供了交互的接口。

例如，我们每天都会使用浏览器查看网页上的信息，但是浏览器对服务器发过来的 HTML 和 Javascript 等文件进行了渲染展示，浏览器内部使用的与服务器交互的 HTTP 接口就处于应用层，其他上层协议如 DNS、SSH、SMTP 也位于该层。再例如，我们前面发送的 HTTP 请求访问的是域名 www.XXX.com，但是我们最终需要将当前的域名转换为服务器的 IP 地址，这个过程就是 DNS 协议在发挥作用。

10.2.2　传输层

传输层为应用程序提供主机到主机的可靠的数据传输服务，TCP 和 UDP 是传输层的主要协议。 传输层提供了多路复用、流量控制等功能，例如，端口的概念就是传输层引入的，当数据包到达机器后，端口可以标识该数据包属于哪一个应用程序。

HTTP 底层是基于 TCP 实现的。TCP 是面向连接的协议，包括连接时的三次握手（如图 10-2 所示）、断开时的四次挥手、传输数据时与对端进行确认接受状态的 ACK、拥塞控制、失败重传等功能。

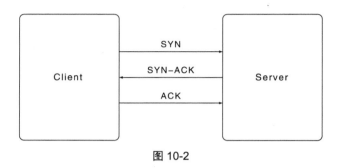

图 10-2

10.2.3　TLS 协议

随着互联网的发展，传统 HTTP 面临很多挑战，其中一个挑战就是安全问题。当我们身处不信任的网络中时，我们不知道数据包会经历什么样的中间节点，中间人也可能对我们的数据做一些干扰。

窃听（Eavesdropping）、篡改（Tampering）和重放（Replay）是 HTTP 面临的三类主要攻击。 为了应对这样的挑战，TLS（HTTPS）协议诞生了，它的存在主要是为了**解决身份验证与加密的问题。严格来说，TLS 是处于应用层与传输层之间的第 3.5 层协议。**

我们以 TLS1.0 版本为例，解释一下 TLS 协议的连接过程，如图 10-3 所示。

整个过程可以分为 4 个阶段。**第 1 个阶段是 TCP 的 3 次握手（TCP Handshake）；第 2 个阶段是鉴权（Certificate Check）**，服务器发送数字签名证书给客户端验证；**第 3 个阶段是密钥交换（Key Exchange）**，客户端验证了服务器的数字签名证书后，双方会协商对称加密的协议；**第 4 个阶段是数据传输（Data Transmission）**，客户端与服务器都会对传输的数据进行加密。

不过，TLS 1.0 协议的问题之一在于，它在最初握手时有太多次的消息往返（Roundtrip），这会导致耗时增加。好在后续升级的协议在很大程度上解决了这个问题，目前最新的版本为 TLS 1.3。

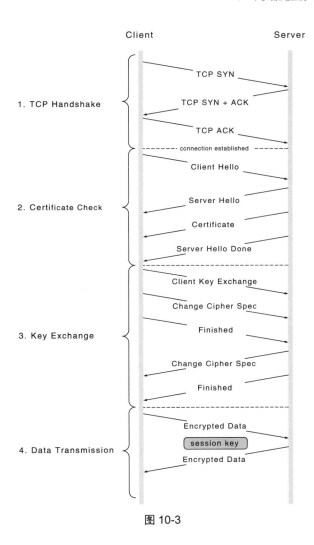

图 10-3

10.2.4　网络层

网络层是 OSI 模型的第 3 层，主要负责数据包的传输、路由和转发，我们熟悉的 IP 就位于该层。当数据需要通过网络传输时，网络层基于最大传输单元（MTU）将数据分段，并添加 IP 头部信息，其中包含源地址、目的地址等，用于指导数据包在网络中的传输。如图 10-4 所示。在互联网中，路由器（Router）是网络层的核心节点，它们通过将数据包转发到最佳路径来实现网络互连。路由器通过学习其他路由器发送的路由信息，建立路由表，其中存储着网络拓扑结构、主机地址和网络地址之间的映射关系。路由器会根据路由表中的信息，选择最佳路径并进行转发。当数据包到达目的地后，网络层将数据包交给适当的传输层协议，例如 TCP 或 UDP，以便进行进一步处理。

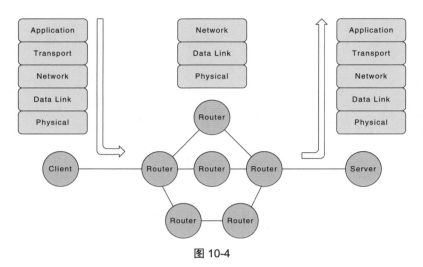

图 10-4

数据包在传输过程中本质上是不可靠的，IP 无法保证数据包能够正确到达目的地（提供服务可靠性的功能是在传输层和应用层完成的）。

如图 10-5 描述了 IP 数据包的结构。IP 数据包由 IP 首部和负载数据组成，其中 IP 首部包括版本号（Version）、首部长度（IHL）、区分服务（DS）、总长度（Total Length）、标识（Identification）、标记（Flags）、片偏移（Fragment Offset）、存活时间（Time to Live）、协议（Protocol）、首部校验和（Header Checksum）、源地址（Source Address）和目的地址（Destination Address）等字段。

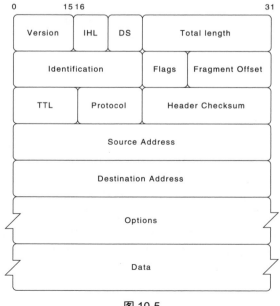

图 10-5

IPv4 中的 Checksum 只是校验数据包中 Header 信息的准确性，只能确保数据包的准确性和验证负载数据的完整性，不能对传输过程中的任何错误进行纠正。而在 IPv6 中，Checksum 字段已经被取消，这意味着 IP 层不再对数据包进行校验和处理，而是由传输层或应用层来处理。

10.2.5　网络接入层

TCP/IP 模型中的网络接入层涵盖了 OSI 模型中的链路层功能，也包括了主机在局域网（LAN）中的通信协议。网络接入层目前使用最广泛的是 Ethenet 协议，又称以太网协议。

我们知道 IP 能够解决路由的问题，但是一台机器的 IP 地址是动态变化的，不能将 IP 地址一直映射到同一台机器上。IPv4 解决这个问题的方法就是利用地址解析协议（Address Resolution Protocol，ARP）获取 IP 地址对应的 MAC 地址。每台机器的 MAC 地址都是全球唯一的，这样，遵循 Ethernet 协议的不同厂商的设备就可以很容易在局域网中实现互联。

有了 MAC 地址后，以太网协议会采用广播形式将数据帧发给本地网络内的所有主机，主机网卡在接收到数据包后会进行解析，将数据包链路层中的目标主机 MAC 地址与自身网卡的 MAC 地址进行对比，若地址相同则接收数据包并进行下一步处理，若地址不同则丢弃。

TCP/IP 模型的物理层详细说明了通信介质的物理特性和硬件标准，例如，IEEE 802.3 规定了 Ethernet 网络介质的规范。网络的分层模型按照功能进行拆分，有效地将关注点分离。一个 HTTP 数据包逐层传递，在每次向下传递时都要进行一次封装，把上一层传递的数据包加上下一层的 Header 信息，如图 10-6 所示，像洋葱一样层层包裹。

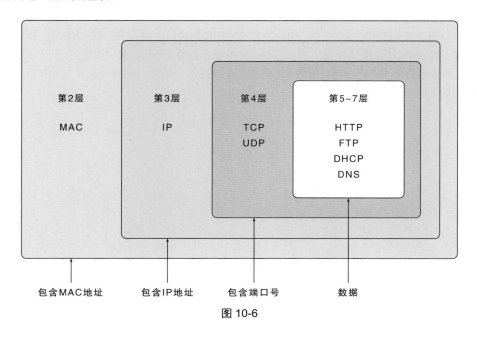

图 10-6

10.3 数据传输与路由协议

在传输过程中，如果数据包过大则可能分段（Fragmentation），分段的目的是让数据包不超过链路层的最大传输单元（MTU）。数据包会被放入对应传出设备的缓冲区队列中，最终被设备传输，离开当前主机。在数据包从当前设备传输到对端设备的过程中，可能经历众多的交换机和路由器，交换机一般只处理第二层数据链路层的协议，而路由器可以处理网络层的协议，也就是说，路由器会在路由表中查找到下一个跳节点的 IP 地址。

外部的网络环境十分复杂且一直在变化，在这个庞大的拓扑结构中，任何节点都可能突然下线或者加入，或者 IP 地址发生变更。因此要想动态获得到达目标节点的最短路径，同时保证在传输过程中不会出现环，需要有协议协调各个路由器。

多个路由器组成了一个叫作自治系统（Autonomous System，AS）的实体，自治系统内部使用的协议主要包括 RIP、OSPF 和 IGRP，这类协议又被称为内部路由协议。而自治系统之间的协议主要是 BGP，这一类协议又被称为外部路由协议。

自治系统可以作为网络服务提供商（Internet service provider，ISP）提供商业服务。它可以控制流量和数据包的路由路线，并决定为开发者提供的服务质量、服务成本，甚至关乎政治、安全或经济的路由策略。例如，如果一个 AS 不愿意将流量传送到另一个 AS，那么它可以强行禁止该路由的策略。

想了解更多关于路由协议的内容，可以参考 *Introduction to Computer Networks and Cybersecurity* 的第 12~13 章。想仔细了解路由器内部的处理方式，可以参考 *Networking: A Top-Down Approach (7th Edition)*。

数据包通过物理介质传递给对端主机后，会触发和传输相反的解包过程。如图 10-7 所示，解包会将当前数据包层层剥离出来进行校验和处理，并将剥离后的数据传递给上一层。最终负载的 HTTP 数据到达应用程序后，开发者需要根据特定的业务需求对数据包进行处理，例如，爬虫项目会对 HTML 数据进行解析，获取结构化信息。

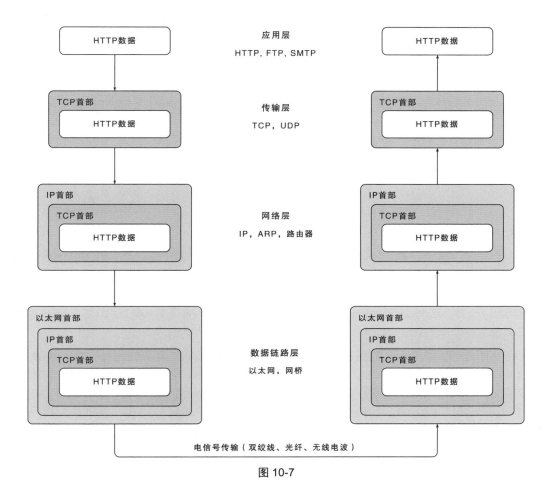

图 10-7

10.4　操作系统处理数据包流程

当数据包到达目的设备后，还需要经过复杂的逻辑处理才能最终被应用程序处理。数据包的处理过程大致可以分为五个步骤，我们可以根据图 10-8 来一层一层理解。

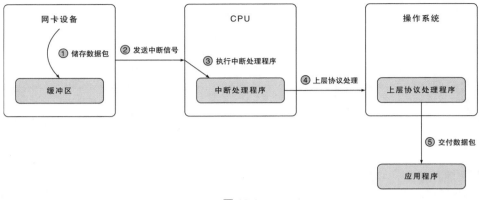

图 10-8

（1）储存数据包：网卡设备将接收到的数据包储存在缓冲区中，缓冲区可能位于设备的内存中，也可能位于主机的内存中。

（2）发送中断信号：网卡设备接收到新的数据包后，会生成一个硬件中断信号，通知操作系统内核对已接收的数据进行处理。这个信号通常由设备发送给中断控制器，再由中断控制器转发给 CPU。CPU 接到信号后，当前执行的任务被打断，转而执行由设备驱动注册的中断处理程序，

（3）执行中断处理程序：Linux 将中断处理程序分为上半部和下半部，这是深思熟虑的结果。中断处理程序的上半部接收到中断信号时立即执行，但是它只做比较紧急的工作，这些工作都是在所有中断被禁止的情况下完成的。所以上半部的处理要快，否则其他中断得不到及时处理会导致硬件数据丢失，而耗时不紧急的工作被推迟到下半部去做。上半部处理程序会将数据帧加入内核的输入队列中，通知内核做进一步处理，并快速返回。硬中断完成后，可能直接执行下半部处理程序，也可能有更重要的任务要执行。当出现第二种情况时，会由每个 CPU 中都维护的 ksoftirqd 内核线程完成下半部处理程序。在下半部处理程序中，操作系统会检查并剥离数据包 Header，判断当前数据包应该被哪一个上层协议接收，并依次传递到上层进行处理，整个过程中还穿插了 hook 函数，可以提供防火墙和拦截的功能（这是 iptables 等工具的工作原理）。

（4）上层协议处理：操作系统会根据数据包的协议类型（如 TCP、UDP 等）将数据包传递给相应的上层协议进行处理，并最终将数据交付给目标应用程序。

（5）交付数据包：当应用程序需要处理该数据包时，操作系统会唤醒相应的开发者进程来处理数据包，这样开发者才能看到正确的数据结果。

要深入了解 Linux 操作系统在这一过程中涉及的细节，可以参考 *Understanding Linux Network Internals* 和《深入理解 Linux 网络》。

还记得之前提到的分层网络模型吗，**现代操作系统在处理网络协议栈时，链路层 Ethernet 协议、网络层 IP 和传输层 TCP 都是在操作系统内核实现的，而应用层是在开发者态由应用程序实现的。**应用程序与操作系统之间的接口是通过操作系统提供的 Socket 系统调用 API 实现的。

图 10-9 列出了硬件、操作系统内核、开发者空间中分别对应的组件和交互。操作系统与硬件之间通过设

备驱动进行通信，而应用程序与操作系统之间通过 Socket 系统调用 API 进行通信。

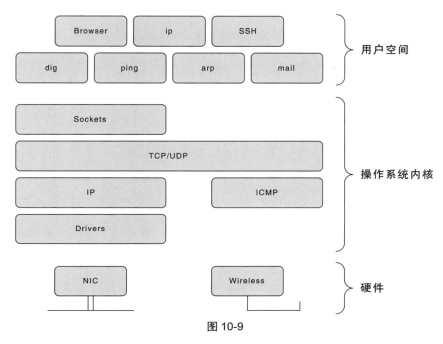

图 10-9

与 Socket 相关的网络编程 API 用于实现连接、断开、监听、I/O 多路复用等功能。如果你想进一步了解 Socket 网络编程的细节，那么可以参考 *UNIX Network Programming, Volume 1: The Sockets Networking API*。

另外，有许多工具可以方便查看、调试与网络相关的状态，例如 netstat 工具可以查看网络连接状态，ss 工具可以查看与 Socket 相关的信息。更多的网络工具还可以查看 *Systems Performance: Enterprise and the Cloud（2nd Edition）*。

10.5　HTTP 协议详解

之前我们提到，TCP 是在操作系统内核中进行处理的，操作系统最终会剥离 TCP Header，识别具体的端口号，并通过 Socket 接口将数据传递到指定的应用程序，例如浏览器。当今使用最广泛的网络协议 HTTP 就位于应用层，对 HTTP 的处理也是在应用程序中完成的。Go 语言提供的 HTTP 库对 HTTP 进行了深度封装，这样开发者就不用自己实现协议中各种复杂和特殊的情况了，这是对生产力的释放。

不过，就像武侠小说中学会了武功招式还需要深厚的内功才能发挥出招式的威力一样，开发的便利并不意味着我们不用了解 HTTP。例如，服务器返回了一个 499 状态码是什么意思？如何让程序模拟浏览器访问服务器？如果使用 HTTP 代理访问外部网络，那么 HTTP 会出现什么问题？为什么需要 HTTPS、HTTP/2？要回答这些问题，都需要我们对 HTTP 有深入的了解。

下面我用 curl 命令访问外部网站，帮助你在这个过程中更好地理解 HTTP。

```
1  » curl www.XXX.com -vvv
2  *   Trying 110.242.68.3...
3  * TCP_NODELAY set
4  * Connected to www.XXX.com (110.242.68.3) port 80 (#0)
5  > GET / HTTP/1.1
6  > Host: www.XXX.com
7  > User-Agent: curl/7.64.1
8  > Accept: */*
9  >
10 < HTTP/1.1 200 OK
11 < Accept-Ranges: bytes
12 < Content-Length: 2381
13 < Content-Type: text/html
14 < Date: Mon, 27 Jun 2022 16:04:17 GMT
15 < Set-Cookie: BDORZ=27315; max-age=86400; domain=.XXX.com; path=/
16 <
17 <!DOCTYPE html>
18 ...
19 * Closing connection 0
```

使用 curl 命令的 -vvv 标识可以输出详细的协议日志，下面逐行解读。

- 第 1 行：curl 命令是执行 HTTP 请求的常见工具。其中，www.XXX.com 是要访问的域名。

- 第 2 行：通过 DNS 解析出对应的 IP 地址为 110.242.68.3。

- 第 3 行：TCP_NODELAY set 表明 TCP 正在无延迟地直接发送数据，TCP_NODELAY 是 TCP 众多选项中的一个。

- 第 4 行：port 80 代表连接到服务的 80 端口，80 端口其实是 HTTP 的默认端口。

- 有> 标识的第 5—8 行数据才是真正发送到服务器的 HTTP 请求。数据 GET / HTTP/1.1 表明当前使用的是 HTTP 的 GET 方法，协议版本是 HTTP1.1。

- HTTP 可以在请求头中加入多个 Key-Value 信息。第 6 行的 Host: www.XXX.com 表示当前请求的主机，这里是百度的域名。第 7 行的 User-Agent 表示最终开发者发出 HTTP 请求的计算机程序，这里是 curl 工具。另外，第 8 行的 Accept 标头告诉我们 Web 服务器客户端可以理解的内容类型。这里*/*表示类型不限，可能是图片、视频、文字等。

- 第 10—17 行表示服务端返回的信息，它们的规则与前面类似。HTTP/1.1 200 OK 是服务器的响应。服务器使用 HTTP 版本和响应状态码进行响应。状态码 1XX 表示信息，2XX 表示成功，3XX 表示重定向，4XX 表示请求有问题，5XX 表示服务器异常，这里的状态码为 200，说明响应成功。

- 第 12 行：Content-Length: 2381 表明服务器返回消息的大小为 2381 字节。下一行的 Content-Type: text/html 表明当前返回的是 HTML 文本。

- 第 14 行：Date: Mon, 27 Jun 2022 16:04:17 GMT 是当前 Web 服务器生成消息时的格林威治时间。

- 第 15 行：Set-Cookie 表示服务器让客户端设置 Cookie 信息，当客户端再次请求该网站时，HTTP 请求头中将带上 Cookie 信息，这样可以减少服务器的鉴权操作，从而加快消息处理和返回的速度。

- 一连串响应头的后面是百度返回的 HTML 文本，这就是我们在浏览器上访问页面的源代码，并最终被浏览器渲染。

- 最后一行的* Closing connection 0 表明连接最终被关闭。

如果你想更深入地学习 HTTP，那么推荐你阅读 *HTTP: The Definitive Guide* 和 *High Performance Browser Networking: What every web developer should know about networking and web performance*。

10.6 HTTP 的困境

HTTP 1.0 诞生于 1995 年，在 20 余年的时间里，HTTP 已经成为使用最广泛的网络协议。但是随着互联网的快速发展，网络环境发生了不少变化：（1）更多的资源分布在不同的主机中；（2）资源占用的空间越来越大；（3）相对于网络带宽，网络往返延迟变成最大的瓶颈。

在这个背景下，HTTP 开始面临一系列性能问题，例如头阻塞问题（Head of Line）等，这导致了后续一系列优化，并产生了 HTTP/2 和 QUIC 协议。如果你想更深入地学习 HTTP/2，那么推荐你阅读 *HTTP/2 in Action*。如果你想深入了解 QUIC 协议，那么推荐你阅读 QUIC 的协议文档[1]及解释 HTTP/3 的文章[2]。

10.7 HTTP 标准库底层原理

借助 epoll 多路复用的机制和 Go 语言的调度器，可以在同步编程的语义下实现异步 I/O 的网络编程。在这个认知的基础上，我们来看看 HTTP 标准库如何高效实现 HTTP 的请求与处理。

我们还是继续使用发送请求这个简单的例子。当 http.Get 函数完成基本的请求封装后，会进入核心的主入口函数 Transport.roundTrip，参数中会传递 request 请求数据。

Transport.roundTrip 函数会选择一个合适的连接来发送这个 request 请求，并返回 response。整个流程主要分为两步：（1）使用 getConn 函数获得底层 TCP 连接；（2）调用 roundTrip 函数发送 request 并返回 response，此外还需要处理特殊协议，例如重定向、keep-alive 等。要注意的是，getConn 函数并不是每次都需要经过 TCP 的 3 次握手才能建立新的连接，具体的 getConn 函数如下。

```
// 获取链接
func (t *Transport) getConn(treq *transportRequest, cm connectMethod) (…) {
    // 第一步，查看 idle conn 连接池中是否有空闲链接，如果有，则直接获取到并返回。如果没有，则当前 w 会
放入 idleConnWait 等待队列中。
    if delivered := t.queueForIdleConn(w); delivered {
        pc := w.pc
        return pc, nil
    }
    // 如果没有闲置的连接，则尝试与对端进行 tcp 连接。
    // 注意这里的连接是异步的，这意味着当前请求有可能提前从另一个刚闲置的连接中拿到请求，这取决于哪一个
更快。
    t.queueForDial(w)
    // Wait for completion or cancellation.
```

[1] https://datatracker.ietf.org/doc/html/rfc9000。

[2] https://www.smashingmagazine.com/2021/08/http3-core-concepts-part1/。

```
   // 拿到 conn 后会 close(w.ready)
   select {
   case <-w.ready:
       return w.pc, w.err
   // 处理请求的取消情况
 case <-req.Cancel:
       return nil, errRequestCanceledConn
   ...
       }
       return nil, err
   }
}
```

可以看到，Go 语言标准库在这里使用了连接池来优化获取连接的过程。之前已经与服务器完成请求的连接一般不会立即被销毁（HTTP/1.1 默认使用了 keep-alive:true，可以复用连接），而是会调用 tryPutIdleConn 函数放入连接池。通过图 10-10 左侧的部分可以看到请求结束后连接的归宿。当然，连接也可能直接被销毁，例如当请求头中指定了 keep-alive 属性为 false 或者连接超时时。

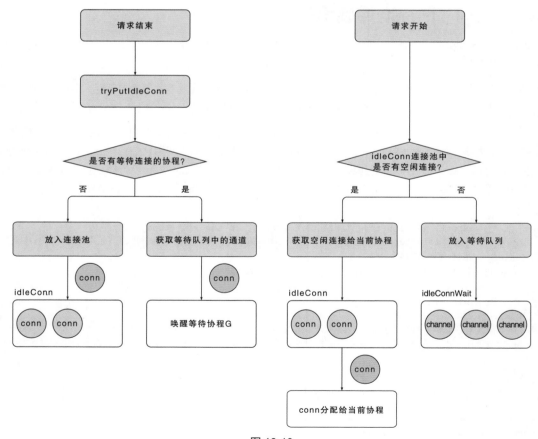

图 10-10

使用连接池的收益是非常明显的，因为复用连接之后就不用再进行 TCP 三次握手了，这大大减少了请求的时间。举个特别的例子，在使用 HTTPS 时，在三次握手的基础上还增加了额外的鉴权协调，初始化的建连过程甚至需要花费几十到上百毫秒。

另外连接池的设计也很有讲究，例如，连接池中的连接到了一定的时间需要强制关闭。获取连接时的逻辑如下。

- 当连接池中有对应的空闲连接时，直接使用该连接。
- 当连接池中没有对应的空闲连接时，在正常情况下会通过异步与服务端建连的方式获取连接，并将当前协程放入等待队列。

连接的第一步是通过 Resolver.resolveAddrList 方法访问 DNS 服务器，获取 www.XXX.com 网站对应的 IP 地址。图 10-11 展示了借助 DNS 协议查找域名对应的 IP 地址的过程。

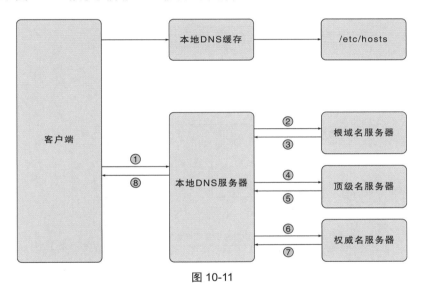

图 10-11

客户端首先查看是否有本地缓存，如果没有，则以递归的方式从权威域名服务器中获取 DNS 信息并缓存下来。如果你想深入了解 DNS 协议，那么可以参考 *Introduction to Computer Networks and Cybersecurity* 的第 2 章。

在与远程服务器建连的过程中，当前的协程会进入阻塞等待的状态。在正常情况下，当前请求的协程会等待连接完毕，因为建立连接的过程比较耗时，所以如果在这个过程中正好有其他连接使用完毕，协程就会优先使用该连接。

这种巧妙的设计依托了轻量级协程的优势，获取连接的具体流程如图 10-10 右侧所示。

为了利用并发协程的优势，在 Transport.roundTrip 协程获取连接后，会调用 Transport.dialConn 创建读写 buffer 以及读数据与写数据的两个协程，分别负责处理发送请求和服务器返回的消息。

```
func (t *Transport) dialConn(ctx context.Context, cm connectMethod) (pconn *persistConn, err error)
{
    ...
  // buffer
    pconn.br = bufio.NewReaderSize(pconn, t.readBufferSize())
    pconn.bw = bufio.NewWriterSize(persistConnWriter{pconn}, t.writeBufferSize())

    // 创建读写通道，writeLoop 用于发送 request，readLoop 用于接收响应。roundTrip 函数会通过 chan 发送
给 writeLoop
    // pconn.br 给 readLoop 使用，pconn.bw 给 writeLoop 使用
    go pconn.readLoop()
    go pconn.writeLoop()
}
```

整个处理流程和协程间的协调如图 10-12 所示。

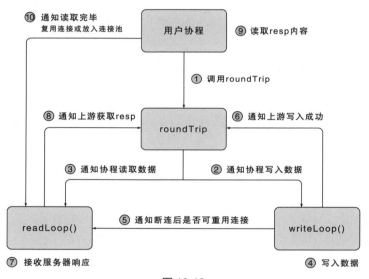

图 10-12

HTTP 请求调用的核心函数是 roundTrip，它会首先传递请求给 writeLoop 协程，让 writeLoop 协程写入数据；接着，通知 readLoop 协程准备读取数据；当 writeLoop 协程成功写入数据后，writeLoop 协程会通知 readLoop 协程断开后是否可以重用连接；然后 writeLoop 协程通知上游写入是否成功，如果写入失败，那么上游会直接关闭连接。

当 readLoop 协程接收到服务器发送的响应数据后，会通知上游并将 response 数据返回上游，应用层会获取返回的 response 数据，并进行相应的业务处理。当应用层读取完 response 数据后，HTTP 标准库会自动调用 close 函数，该函数会通知 readLoop 协程"数据读取完毕"，这样 readLoop 协程就可以进一步决策了。readLoop 协程需要判断是继续循环等待服务器消息，还是将当前连接放入连接池，或者是直接销毁。

Go HTTP 标准库使用了连接池等技术帮助我们更好地管理连接、高效读写消息，并托管了与操作系统之间的交互。值得一提的是，在 Go 语言的 HTTP 标准库中，无论是客户端还是服务器，都可以设置不同阶段的超时时间[①]，例如可以通过设置 http.Server.ReadTimeout 和 http.Client.Timeout 等来控制 HTTP 的行为。

10.8   总结

互联网是一个纷繁复杂的世界，网络知识又极具深度和广度。现实中的很多开发者对于网络知识一知半解，解决网络问题更是只能凭借经验，没有理论依据。

本章借助一个最简单的 HTTP 请求，讲解了一个数据包经过的多个网络协议层，同时介绍了外部网络复杂的路由过程。你可以在这个过程中一窥网络的复杂和精妙。

适合开发网络服务是 Go 语言的巨大优势之一。Go 语言对网络库的封装帮助我们屏蔽了复杂的协议处理问题，开发者可以用简单的代码实现复杂的功能。Go 语言对协程的设计和对于 I/O 多路复用巧妙的封装实现了同步编程的语义，但背后是异步 I/O 的处理模式，在减轻开发者心理负担的同时，提升了网络 I/O 的处理效率。

数据包到达操作系统之后，借助硬件、驱动、CPU 与操作系统之间的紧密配合，可以被快速处理。操作系统对网络协议做了大量的托管处理，依靠内核对数据链路层、网络层、传输层进行了处理，应用层则需要依靠具体的应用程序进行处理。

在内核与应用程序之间，内核暴露了 Socket 编程的 API 和很多 I/O 多路复用的机制，它们被 Go 语言标准库封装起来，而 HTTP 标准库又在此基础上封装了 HTTP。HTTP 标准库处理复杂多样的协议语言（HTTP、HTTPS、HTTP/2），通过连接池对连接进行复用管理，并将读写分离为两个协程，高效处理数据并形成清晰的语义。

参考文献

[1]James F, Keith W. Computer Networking: A Top-Down Approach (7th Edition)[M]. Hoboken, New Jersey: Pearson Education, Inc., 2017.

---

① HTTP 标准库不同超时时间的解释参见 https://blog.cloudflare.com/the-complete-guide-to-golang-net-http-timeouts/。

11

采集引擎：
接口抽象与模拟浏览器访问实战

> 在计算机科学中，任何问题都可以通过增加一个中间层来解决。

> ——David Wheeler

在第 9 章，我们已经将爬取网站信息的代码封装为了 fetch 函数，完成了第一轮的功能抽象。但是随着爬取的网站越来越复杂，加上服务器本身的反爬机制等原因，我们需要用到不同的爬取技术。例如模拟浏览器访问、代理访问等。

为了能够比较容易地切换不同的爬取方法，以便对功能进行组合、测试，我们需要利用 Go 语言中重要的 inteface 特性对采集功能进行接口抽象。接口是实现功能模块化、构建复杂程序强有力的手段，这一节课，让我们在爬虫程序中实战接口。

11.1 接口实战

首先创建一个文件夹，将 package 命名为 collect，把它作为我们的采集引擎。之后所有与爬取相关的代码都会放在这个目录下。

```
mkdir collect
touch collect/collect.go
```

接着定义一个 Fetcher 接口，内部有一个方法签名 Get，参数为网站的 URL。后面我们还将对函数的方法签名进行改进，也会添加其他方法签名，例如用于控制超时的 Context 参数等。Go 语言中对接口的变更是非常轻量的，不需要提前设计。

```
type Fetcher interface {
    Get(url string) ([]byte, error)
}
```

接下来，定义一个结构体 BaseFetch，用最基本的爬取逻辑实现 Fetcher 接口。

```
func (BaseFetch) Get(url string) ([]byte, error) {
    resp, err := http.Get(url)
```

```
    if err != nil {
        fmt.Println(err)
        return nil, err
    }

    defer resp.Body.Close()

    if resp.StatusCode != http.StatusOK {
        fmt.Printf("Error status code:%d\n", resp.StatusCode)
        return nil, err
    }
    bodyReader := bufio.NewReader(resp.Body)
    e := DeterminEncoding(bodyReader)
    utf8Reader := transform.NewReader(bodyReader, e.NewDecoder())
    return ioutil.ReadAll(utf8Reader)
}
```

在 main.go 中定义一个类型为 BaseFetch 的结构体，用接口 Fetcher 接收并调用 Get 方法，这样就通过接口实现了爬取的基本逻辑。

```
var f collect.Fetcher = collect.BaseFetch{}
body, err := f.Get(url)
```

11.2   模拟浏览器访问

BaseFetch 的 Get 函数比较简单，但有时我们需要对爬取进行更复杂的处理。例如，如果我们用上面的代码爬取某读书网站的页面，则会失败。

```
url := "https://book.XXX.com/subject/1007305/"
var f collect.Fetcher= collect.BaseFetch{}
body, err := f.Get(url)
```

报错为 Error status code:418，服务器会返回一个不正常的状态码，并且没有正常的 HTML 内容。

为什么这个网站通过浏览器可以正常访问，通过程序却不行呢？这二者的区别在哪里？

显然，该网站有一些反爬机制阻止了我们对服务器的访问。如果我们使用浏览器的开发者工具（Windows 操作系统下的快捷键一般为 F12），或者通过 wireshark 等抓包工具查看数据包，会看到浏览器自动在 HTTP Header 中设置了很多内容，其中比较重要的一个是 User-Agent 字段，其用于向 Web 服务器报告浏览器或客户端软件的类型、版本、操作系统等信息。如图 11-1 所示。

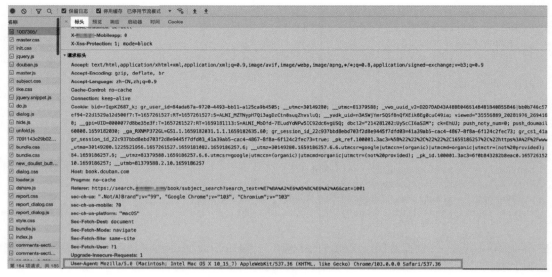

图 11-1

大多数浏览器使用以下格式[①]发送 User-Agent。

Mozilla/5.0 (操作系统信息) 运行平台(运行平台细节) <扩展信息>

当前的谷歌浏览器(Chrome）发送的信息如下。

```
Mozilla/5.0 (Macintosh; Intel Mac OS X 10_15_7) AppleWebKit/537.36 (KHTML, like Gecko)
Chrome/103.0.0.0 Safari/537.36
```

由于历史原因，现在的主流浏览器 User-Agent 字符串的开头都是 Mozilla/5.0。

Macintosh; Intel Mac OS X 10_15_7 代表当前操作系统的版本号。它表示该设备是一台 Macintosh（苹果 Mac）计算机，操作系统是 Mac OS X，版本为 10.15.7。

AppleWebKit/537.36(KHTML, like Gecko) 描述了浏览器引擎信息，它表示当前浏览器使用的是 Apple WebKit 引擎，版本为 537.36。很多浏览器，如 Safari、Google Chrome 和 Opera 等，都使用了 WebKit 引擎。

Chrome/103.0.0.0 Safari/537.36 表示该浏览器使用的是 Google Chrome 浏览器，版本号为 103.0.0.0，同时还使用了 AppleWebKit/537.36 引擎。

使用不同的浏览器、应用程序，User-Agent 会略有不同。不同应用程序的 User-Agent 参考如下。

```
Lynx: Lynx/2.8.8pre.4 libwww-FM/2.14 SSL-MM/1.4.1 GNUTLS/2.12.23
Wget: Wget/1.15 (linux-gnu)
Curl: curl/7.35.0
Samsung Galaxy Note 4: Mozilla/5.0 (Linux; Android 6.0.1; SAMSUNG SM-N910F Build/MMB29M)
AppleWebKit/537.36 (KHTML, like Gecko) SamsungBrowser/4.0 Chrome/44.0.2403.133 Mobile
```

---

① User-Agent 格式参见 https://developer.mozilla.org/en-US/docs/Web/HTTP/Headers/User-Agent。

```
Safari/537.36
Apple iPhone: Mozilla/5.0 (iPhone; CPU iPhone OS 10_3_1 like Mac OS X) AppleWebKit/603.1.30 (KHTML,
like Gecko) Version/10.0 Mobile/14E304 Safari/602.1
Apple iPad: Mozilla/5.0 (iPad; CPU OS 8_4_1 like Mac OS X) AppleWebKit/600.1.4 (KHTML, like Gecko)
Version/8.0 Mobile/12H321 Safari/600.1.4
Microsoft Internet Explorer 11 / IE 11: Mozilla/5.0 (compatible, MSIE 11, Windows NT 6.3; Trident/7.0;
rv:11.0) like Gecko
```

有时候，爬虫服务需要动态生成 User-Agent 列表，以便在测试或使用代理大量请求单一网站时动态设置不同的 User-Agent。有些服务器会检测 User-Agent，以此识别请求是否是特定的应用程序发出的，从而阻止爬虫机器人访问服务器。使用正确的 User-Agent 会让我们的请求看起来更有"人性"，让我们能够更自由地从目标网站收集数据。

接下来我们就来实验一下。如下所示，创建一个新的结构体 BrowserFetch 并让其实现 Fetcher 接口。为了设置 HTTP 请求头，我们不能再使用简单的 http.Get 方法。首先创建一个 HTTP 客户端 http.Client，然后通过 http.NewRequest 创建一个请求，在请求中调用 req.Header.Set 设置 User-Agent 请求头，最后调用 client.Do 完成 HTTP 请求。

```
//模拟浏览器访问
func (b BrowserFetch) Get(url string) ([]byte, error) {
    client := &http.Client{
        Timeout: b.Timeout,
    }

    req, err := http.NewRequest("GET", url, nil)
    if err != nil {
        return nil, fmt.Errorf("get url failed:%v", err)
    }

    req.Header.Set("User-Agent", "Mozilla/5.0 (Macintosh; Intel Mac OS X 10_15_4)
AppleWebKit/537.36 (KHTML, like Gecko) Chrome/80.0.3987.149 Safari/537.36")

    resp, err := client.Do(req)
    if err != nil {
        return nil, err
    }

    bodyReader := bufio.NewReader(resp.Body)
    e := DeterminEncoding(bodyReader)
    utf8Reader := transform.NewReader(bodyReader, e.NewDecoder())
    return ioutil.ReadAll(utf8Reader)
}
```

Http.Get 方法之所以简单，是因为对上述步骤完成了封装。如下所示，Http.Get 会默认生成内置的 http.Client，创建请求 NewRequest 并调用 client.Do 函数，client.Do 函数最终会调用 Transport.roundTrip 函数发送请求。

```
var DefaultClient = &Client{}
func Get(url string) (resp *Response, err error) {
```

```go
    return DefaultClient.Get(url)
}

func (c *Client) Get(url string) (resp *Response, err error) {
    req, err := NewRequest("GET", url, nil)
    if err != nil {
        return nil, err
    }
    return c.Do(req)
}
```

现在我们只要在 main 函数中将采集引擎替换为 collect.BrowserFetch，就可以轻松获取读书网站中的内容，完整的代码位于 v0.0.9 标签下。

```go
func main() {
    url := "https://book.XXX.com/subject/1007305/"
    var f collect.Fetcher = collect.BrowserFetch{}
    body, err := f.Get(url)
    if err != nil {
        fmt.Println("read content failed:%v", err)
        return
    }
    fmt.Println(string(body))
}
```

11.3　远程访问浏览器

仅仅在请求头中传递 User-Agent 是不够的，浏览器引擎会对 HTML 与 CSS 文件进行渲染，并且执行 JavaScript 脚本，还可能完成一些实时推送、异步调用工作，这导致内容会被延迟展示，无法直接通过简单的 http.Get 方法获取数据。

更进一步，有些数据需要与开发者交互，例如，需要单击某些按钮才能获得相关信息。这就迫切地需要我们具有模拟浏览器的能力，或者更简单一点：直接操作浏览器，让浏览器帮助我们爬取数据。

要借助浏览器的能力实现自动化爬取，目前依靠的技术有以下三种。

- 借助浏览器驱动协议（WebDriver Protocol）远程与浏览器交互。
- 借助谷歌开发者工具协议（Chrome DevTools Protocol，CDP）远程与浏览器交互。
- 在浏览器应用程序中注入要执行的 JavaScript，典型的工具有 Cypress、TestCafe。

由于第三种技术通常只用于测试，所以下面重点介绍前两种技术。

11.3.1　浏览器驱动协议

浏览器驱动协议是操作浏览器的一种远程控制协议，借助浏览器驱动协议完成爬虫的框架或库有 Selenium、WebdriverIO 和 Nightwatch，其中最知名的是 Selenium。Selenium[1]为每种语言都准备了

---

① Selenium 官方文档详见 https://www.selenium.dev/documentation/。

一个对应的 clinet 库，它整合了由浏览器厂商提供的不同浏览器的驱动。

Selenium 通过 W3C 约定的浏览器驱动协议[1]与指定的浏览器驱动进行通信，之后浏览器驱动操作特定浏览器，从而实现开发者操作浏览器的目的。由于 Selenium 整合了不同的浏览器驱动，因此它对于不同的浏览器都具有良好的兼容性。

11.3.2　谷歌开发者工具协议

顾名思义，谷歌开发者工具协议最初是由谷歌开发者工具团队维护的，目前大多数浏览器都支持谷歌开发者工具协议。我们经常用到的谷歌浏览器的开发者工具（快捷键<CTRL + SHIFT + I>或者 F12）就是使用这个协议来操作浏览器的。

查看谷歌开发者工具与浏览器交互的协议的方式是，打开谷歌浏览器，在开发者工具 →设置→ 实验中勾选 Protocol Monitor（协议监视器），如图 11-2 所示。

图 11-2

接下来要重启开发者工具，在右侧单击更多工具，这样就可以看到协议监视器面板了。面板中有开发者工具通过协议与浏览器交互的细节，如图 11-3 所示。

与 Selenium 需要与浏览器驱动进行交互不同的是，谷歌开发者工具协议直接通过 Web Socket 协议与浏览器暴露的 API 进行通信，这使得谷歌开发者工具协议可以更快地操作浏览器。所以，相比 Selenium，我更推荐使用谷歌开发者工具协议来访问浏览器。Selenium 4 虽然已经提供了对于谷歌开发者工具协议的支持，但是它目前还没有支持 Go 语言的官方 Client 库。

Go 语言实现了谷歌开发者工具协议的知名第三方库是 chromedp[2]，它的操作简单，也不需要额外的依赖。借助 chromedp 提供的能力与浏览器交互，可以实现许多灵活的功能，例如截屏、模拟鼠标单击、提交表单、下载/上传文件等。关于 chromedp 的一些操作样例可以参考 example 代码库[3]。

---

① W3C 浏览器驱动协议详见 https://www.w3.org/TR/webdriver1/。

② chromedp 代码库详见 https://github.com/chromedp/chromedp。

③ chromedp 代码样例详见 https://github.com/chromedp/examples。

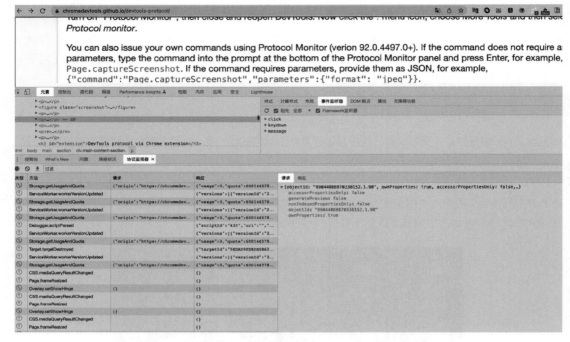

图 11-3

这里我模拟鼠标单击事件进行演示。假设我们访问 Go time 包中的函数说明文档，例如 After 函数，会发现参考代码是折叠的。通过鼠标单击，可以展开折叠的代码。

我们经常遇到这种需要一些交互才能获取到数据的操作，模拟上面完整操作的代码如下所示。

```go
package main

import (
    "context"
    "github.com/chromedp/chromedp"
    "log"
    "time"
)

func main() {
    // 1、创建谷歌浏览器实例
    ctx, cancel := chromedp.NewContext(
        context.Background(),
    )
    defer cancel()

    // 2、设置 context 超时时间
    ctx, cancel = context.WithTimeout(ctx, 15*time.Second)
    defer cancel()
```

```
// 3、爬取页面，等待某一个元素出现，接着模拟鼠标单击，最后获取数据
var example string
err := chromedp.Run(ctx,
    chromedp.Navigate(`https://pkg.go.dev/time`),
    chromedp.WaitVisible(`body > footer`),
    chromedp.Click(`#example-After`, chromedp.NodeVisible),
    chromedp.Value(`#example-After textarea`, &example),
)

    log.Printf("Go's time.After example:\n%s", example)
}
```

第一步，导入 chromedp 库，并调用 chromedp.NewContext 创建一个浏览器的实例。它的实现原理非常简单，即查找当前系统在指定路径下的指定谷歌应用程序，并默认用无头（Headless）模式启动谷歌浏览器实例。通过无头模式，我们不会看到谷歌浏览器窗口的打开过程，但它确实已经在后台运行了。

所以，当前程序能够运行的重要前提是在指定路径中存在谷歌浏览器程序。在一般情况下，系统中可浏览的谷歌浏览器都比较大，所以 chromedp 还好心地为我们提供了一个包含了无头谷歌浏览器的应用程序的镜像：headless-shell[①]。

第二步，用 context.WithTimeout 设置当前爬取数据的超时时间，这里我们设置成了 15s。

第三步，chromedp.Run 执行多个 action，chromedp 中抽象了 action 和 task 两种行为。其中，action 指爬取、等待、单击、获取数据等行为，而 task 指一个任务，是多个 action 的集合。因此，chromedp.Run 会将多个 action 封装为一个任务，并依次执行。

```
func Run(ctx context.Context, actions ...Action) error {
    ...
    return Tasks(actions).Do(cdp.WithExecutor(ctx, c.Target))
}
```

- chromedp.Navigate 指爬取指定的网址（https://pkg.go.dev/time）。
- chromedp.WaitVisible 指等待当前标签可见，其参数使用的是 CSS 选择器的形式。在这个例子中，body > footer 标签可见，代表正文已经加载完毕。
- chromedp.Click 指模拟对某一个标签的单击事件。
- chromedp.Value 用于获取指定标签的数据。

最终代码执行结果如下，这样就成功获取了 time.After 的代码示例。

```
2022/10/24 17:26:46 Go's time.After example:
package main

import (
        "fmt"
        "time"
)
```

① 无头谷歌浏览器镜像详见 https://hub.docker.com/r/chromedp/headless-shell/。

```go
var c chan int

func handle(int) {}

func main() {
    select {
    case m := <-c:
            handle(m)
    case <-time.After(10 * time.Second):
            fmt.Println("timed out")
    }
}
```

本书第 11 章还会对 chromedp 进行封装，实现我们定义的采集引擎的接口。你也可以先试着使用 chromedp 来构建一下自己的采集引擎。

可以看到，接口在这里起到了关键作用。只要合理地组合设计，程序就可以很方便地切换至任何采集引擎，不管是使用原生还是模拟浏览器方式，是使用 Selenium 还是 chromedp，亦或是未来可能出现的新的采集方式，都无须改变其他模块的代码，这样的设计使程序具备了强大的扩展性。

11.4　总结

本章通过一个模拟浏览器访问的案例采集引擎的抽象。由于 User-Agent 标识了应用程序的类型和版本，所以我们将 User-Agent 设置成了真实浏览器的值，绕过了这个例子中服务器的反爬机制。不过这只是众多反爬机制中最简单的一种，通过对采集引擎接口的抽象，我们能够比较轻松地实现采集引擎的切换，并进行模块化的测试。

带方法的接口帮助我们完成了功能的模块化，而不带方法的空接口则增加了 API 的扩展性。同时，空接口是反射实现的基础，有了它才能有"获取字段名""通过函数名动态调用方法"这些复杂灵活的功能，因此空接口在一些基础库、RPC 框架中的应用也非常广泛。

面向组合：
接口的使用场景与底层原理

成熟的软件工程师可以提前预料到系统的行为，他们知道如何设计程序，即使出现意想不到的问题也不会导致灾难性的后果，当出现问题时，他们可以轻松地调试程序。良好的计算系统，例如汽车或核反应堆，是以模块化的方式进行设计的，因此可以独立地开发、更换和调试部件。

——《计算机程序的结构和解释》

在上一章，我们对采集函数进行了接口的抽象，但你现在可能还没有感受到接口抽象的好处。接口是实现代码抽象、依赖解耦，构建大规模程序的利器，本章，让我们再深入地看一看接口的优势、最佳实践和底层原理。

12.1 Go 接口及其优势

在面向对象的编程语言中，接口指相互独立的两个对象之间的交流方式，接口有以下几个好处。

- 隐藏细节。接口提供抽象，只需满足特定标准（如 USB 协议），设备就可对接。应用程序遵循操作系统规定的调用方式，无须关注实现细节。
- 解耦。接口帮助模块化构建复杂系统，提高开发效率和设计视野，便于排查、定位和解决问题。
- 权限控制。接口是系统与外界交流的途径，可控制接入方式和行为，降低安全风险。如 Go 语言仅暴露 GOGC 环境变量和 Runtime.GC API 用于垃圾回收。

12.2 Go 接口的设计理念

Java、C++这些面向对象的语言曾经为软件工程带来了一场深刻的革命。它们通过将事物抽象为对象和对象的行为，以及继承等方式实现了对象之间的联系。相对于面向过程的编程，面向对象的编程进一步增强了对现实的解释力，也在构建大规模程序中大获成功。

Go 语言采用了一种不寻常的方法实现面向对象编程，这是因为 Go 语言的设计者[1]认为，Java 的继承使

---

① Go at Google: Language Design in the Service of Software Engineering，https://go.dev/talks/2012/splash.article。

类型的层次结构太深，这导致在程序设计后期难以变动代码，并进一步导致了代码的脆弱性，因此，Java 开发者容易在前期过度设计。**在 Go 语言设计中没有基于类型的继承，取而代之的是用接口实现的扁平化、面向组合的设计模式**。在 Go 语言中，我们可以为任何自定义的类型添加方法，而不仅仅是对象（例如 Java、C++中的 class）。Go 语言的接口是一种特殊的类型，是其他类型可以实现的方法签名的集合。只要类型实现了接口中的方法签名，就隐式地实现了该接口，这种隐式实现接口的方式又被叫作 duck typing。

这是一种非常有表现力的设计。我们接下来就一起看看如何在程序中正确使用接口，接口又是如何帮助我们构建灵活、清晰、可维护的大规模程序的。

12.3 接口的最佳实践

下面从模块解耦和依赖注入两方面说明在 Go 语言中使用接口的好处。

12.3.1 模块解耦

我们经常会使用一些在 GitHub 上开源的数据库来完成开发工作。同一个功能可能有多个第三方包，例如，MongoDB 数据库驱动存在官方维护的版本[①]和多个社区版本；又例如，比较有名的通过 ORM 方式操作数据库的 xorm 和 gorm。开发者可能因为不同的原因需要对第三方包和版本进行切换，例如，使用的第三方包已经不再被维护，或者功能设计上存在缺陷等。不同的第三方包可能有不同的 API、功能和特性。

例如，在 xorm 中添加一行数据的语法是调用 Insert 方法。

```
user := User{Name: "jonson", Age: 18, Birthday: time.Now()}
db.Insert(&User)
```

而在 gorm 中，添加一行数据的语法是调用 Create 方法。

```
user := User{Name: "jonson", Age: 18, Birthday: time.Now()}
db.Create(&User)
```

如果程序设计有缺陷，在替换时就会出现很多问题。

初学者一般会创建一个操作数据库的实例 XormDB，并把它嵌入实际业务的结构体中。

```
type XormDB struct{
    db *xorm.Session
    ...
}
type Trade struct {
    *XormDB
    ...
}
func (t*Trade) InsertTrade(){
    t.db.Insert(t)
```

---

① MongoDB 官方 Go 驱动库详见 https://github.com/mongodb/mongo-go-driver

```
    ...
}
```

假设现在需要将 xorm 更换到 gorm，那么首先要重新创建一个操作数据库的实例 GormDB，然后把项目中所有使用了 XormDB 的结构体替换为 GormDB，最后检查项目中所有 DB 的操作，把不兼容的 API 全部替换，或者使用一些新的特性。

```
type GormDB struct{
    db *Gorm.Session
    ...
}
type Trade struct {
    *GormDB
    ...
}
func (t*Trade) handleTrade() error{
    t.db.Create(t)
    ...
}
```

这样的替换流程在大型项目中不仅改动非常大、耗时耗力，更重要的是，我们很难对模块进行真正的拆分。对数据库的修改可能破坏或影响项目中一些核心流程的代码（例如插入订单、修改金额等），难以保证结果的正确性。同时，我们不希望随意操作数据库 DB 对象，例如，我们不想暴露删除表的操作，而只希望暴露有限的方法，这些问题可以通过接口的抽象很好地解决。现在我们把上面的例子改造成接口的样子：先创建一个接口实例 DBer，该接口包含一个自定义的插入方法 Insert，再创建一个数据库实例 XormDB，实现 Insert 方法。

```
type DBer interface{
    Insert(ctx context.Context,instance interface{})
    ...
}
type XormDB struct{
    db *xorm.Session
}
func (xorm *XormDB) Insert(ctx context.Context,instance ...interface{}){
    xorm.db.Context(ctx).Insert(instance)
}
```

在实际业务的结构体 Trade 中，包含的不再是数据库实例，而是接口。InsertTrade 是将订单插入数据库中的一段业务函数，在程序初始化期间，通过 AddDB 方法将数据库实例注入接口，同时，任何业务都通过接口调用的方式操作数据库，代码如下所示。

```
type Trade struct {
    db DBer
}
func (t *Trade) AddDB(db DBer) {
    t.db = db
}
func (t*Trade) InsertTrade() error{
```

```
    ...
    t.db.Create(ctx,t)
}
```

现在要实现从 xorm 到 gorm 的切换将变得非常简单，只需要新增一个实现了 DBer 的 GormDB 实例，同时在初始化时调用 AddDB 设置新的数据库实例就可以了，其他代码完全不用变动。

```
type GormDB struct{
    db *xorm.Session
}
func (gorm *GormDB) Insert(ctx context.Context,instance ...interface{}){
    gorm.db.Context(ctx).Create(instance)
}
```

有了接口，代码变得更具通用性和可扩展性了，也不用修改 InsertTrade 等核心业务的方法了，这就减少了出错的可能性。更重要的是，我们实现了模块间的解耦，修改 DB 模块不会影响其他模块，每个模块都可以被独立地开发、更换和调试。

12.3.2　依赖注入

模块的解耦带来了另一个好处，那就是我们可以通过灵活的依赖注入进行充分的单元测试。这是什么意思呢？程序中的模块通常会依赖其他模块返回的结果，但是在测试中，我们会面临如下困难。

- 第三方模块的环境不太容易与线上完全一致，依赖的模块可能又依赖了其他模块。
- 除依赖服务太多这个问题外，依赖配置也很烦琐。例如，要测试一个场景，需要向数据库中插入、删除数据，增加了复杂性。
- 场景很难被完全覆盖。例如，当前服务在进行逻辑处理时非常依赖外部服务返回的数据，如果我们想测试外部服务返回特定数据时当前服务的行为就非常困难。
- 一些第三方模块涉及复杂逻辑，或者会 sleep 很长时间，这时进行完整测试需要花费很长时间。

但是，通过接口实现的依赖注入，能够完美解决这些问题。以下面的 InsertTrade 函数为例，它的内部有一个插入订单的操作，测试时不必真的启动一个数据库，也不必真的将订单插入数据库中。在下面这段代码中，EmptyDB 实现了 DBer 接口，但是实际函数中并不执行任何操作。

```
type Trade struct {
    db DBer
}
func (t *Trade) AddDB(db DBer) {
    t.db = db
}
func (t*Trade) InsertTrade() error{
    ...
    t.db.Create(t)
}
// 测试代码
type EmptyDB struct {}
func (e *EmptyDB) Insert(ctx context.Context, instance ...interface{}) {
    return
```

```
}
func TestHandleTrade(t *testing.T) {
    t := Trade{}
    t.add(EmptyDB{})
    err := t.handleTrade()
    assert.NotNil(t,err)
}
```

12.4　接口原理

看过了接口的最佳实践之后，我们来试着理解一下接口的本质，了解接口的本质有助于我们更好地使用接口。接口的底层结构如下，它分为 itab 和 data 两个字段。

```
type iface struct {
    tab *itab
    data unsafe.Pointer
}
```

其中，data 字段存储了接口中动态类型的数据指针。tab 字段存储了接口的类型、接口中的动态数据类型、动态数据类型的函数指针等。在这里我不会详细介绍每个字段的含义，如果你感兴趣那么可以查阅《Go 语言底层原理剖析》这本书。接口的底层结构如图 12-1 所示。

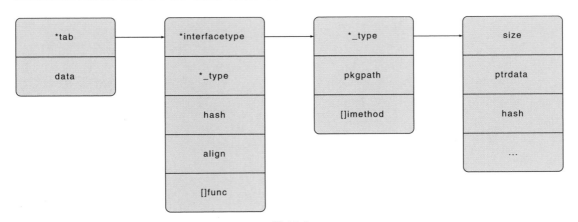

图 12-1

接口能够容纳不同的类型的秘诀在于，接口中不仅存储了当前接口的类型，而且存储了动态数据类型、动态数据类型对应的数据、动态数据类型实现接口方法的指针。这种为不同数据类型的实体提供统一接口的能力被称为多态。实际上，接口只是一个容器，当我们调用接口时，最终会找到接口中容纳的动态数据类型和它所对应方法的指针，并完成调用。

12.5　总结

Go 语言采用了一种不同寻常的方法实现面向对象编程。它通过接口的组合而不是继承的方式来组装代码，让代码变得更加灵活、稳健。接口有利于我们完成模块化的设计，通过让模块暴露最小的接口，模块之间实现了解耦、减少了依赖，使每个模块都可以独立地开发、更换和调试。

接口本质上存储了接口的类型、动态数据的类型，以及动态数据指针。在使用接口时，建议方法接收者尽量使用指针的形式，这能够提升速度。同时，作为 Go 语言官方鼓励并推荐的用法，在 Go 源代码中也经常看到接口的身影，这一事实已经足够让我们相信，动态调用接口的效率损失是很小的，在开发过程中完全不必担心接口会影响效率。

13

依赖管理：Go Modules 用法与原理

今天的大多数软件就像一座埃及金字塔，上面堆砌着数百万个砖块，没有结构完整性，只是通过蛮力和数千名奴隶完成的。

—— Alan Kay

一个大型程序往往会依赖大量的第三方库，这就形成了复杂的依赖关系网络。这种复杂性可能引发一系列问题，例如**依赖过多、多重依赖、依赖冲突、循环依赖等**。为了有效管理程序的依赖关系，需要使用专门的工具。依赖管理工具能够自动管理和解决依赖关系，使得程序依赖的第三方库能够准确、高效地被获取和安装。

在 Go 语言中，依赖管理经历了漫长的演进。在 Go1.5 之前，Go 官方采用 GOPATH 对依赖进行管理，但是由于 GOPATH 存在诸多问题，社区和官方尝试了多种新的依赖管理工具，如 Godep、Glide、Vendor 等，但效果并不尽如人意。最终，Go 1.11 引入的 Go Modules 逐渐成为 Go 依赖管理的主流工具。

13.1 GOPATH

13.1.1 什么是 GOPATH

在 Go 1.8 及以上版本中，如果开发者未指定 GOPATH，则 GOPATH 的路径默认为特定的值。我们可以通过输入 go env 或者 go env gopath 命令查看 GOPATH 的具体配置。

```
C:\Windows\system32> go env
set GOPATH=C:\Users\jackson\go
...
```

在 macOS 和 Linux 操作系统下，GOPATH 的路径为$HOME/go，而在 Windows 操作系统下为%USERPROFILE%\go。我们可以把 GOPATH 理解为 Go 语言的工作空间，它内部存储了 bin、pkg、src 三个文件夹：

```
go/
├── bin
```

```
├── pkg
└── src
```

$GOPATH/bin 目录下存储了通过 go install 安装的二进制文件。操作系统使用$PATH 环境变量查找不需要完整路径即可执行二进制应用程序，建议将$GOPATH/bin 目录添加到全局$PATH 变量中。

$GOPATH/pkg 目录下存储预编译的 obj 文件，以加快程序的后续编译。该目录的名称因操作系统而异，例如在 mac OS 操作系统下为"darwin_amd64"。大多数开发人员不需要访问此目录。

$GOPATH/src 目录下存储项目的 Go 代码。通常包含多个由 Git 管理的存储库，每个存储库中都包含一个或多个 package，每个 package 都有多个目录，每个目录下都包含一个或多个 Go 源文件。整个路径看起来是下面的样子。

```
go/
├── bin
│   └── main.exe
├── pkg
│   ├── darwin_amd64
│   └── mod
└── src
    ├── github.com
    │   ├── tylfin
    │   │   ├── dynatomic
    │   │   └── geospy
    │   └── uudashr
    │       └── gopkgs
    └── golang.org
        └── x
            └── tools
```

在 Go 语言的早期版本中，可以使用 go get 指令从 GitHub 或其他地方获取 Go 项目代码。此时，该项目的代码会默认被存储到 $GOPATH/src 目录下。例如，当我们运行 go get github.com/dreamerjackson/theWayToGolang 时，目录结构如下所示。

```
go/
├── bin
├── pkg
└── src
    └── github.com
        └── dreamerjackson
            └── theWayToGolang
```

当我们使用 go get -u xxx 时，该项目及其所依赖的项目会被一并下载到$GOPATH/src 目录下。

在 GOPATH 模式下，如果在项目中导入了一个第三方包，例如

```
import "github.com/gobuffalo/buffalo"
```

那么，实际引用的是$GOPATH/src/github.com/gobuffalo/buffalo 目录中的代码。

13.1.2 GOPATH 的落幕与依赖管理的历史

在 Go 语言的早期版本中，开发者使用 go get 命令从 GitHub 或其他地方获取 Go 项目代码，并将代码存储到 GOPATH 下的 src 目录中。这种简单的版本管理方式借鉴了谷歌内部使用的 Blaze 系统，使得配置简单易懂，不容易出现问题。

然而，在开源领域中，"一个 GOPATH 走天下"就行不通了。由于依赖的第三方包总是在变，而且没有严格的约束，在直接拉取外部包的最新版本时甚至可能出现更新依赖的代码都编译不过的情况，所以我们迫切需要新的依赖管理工具。依赖管理重要的时间节点如下。

- 2015 年，Go 1.5 首次实验性地引入了 Vendor 机制。项目的所有第三方依赖都可以存放在当前项目的 Vendor 目录下，这种机制使得我们不再需要通过修改 GOPATH 环境变量来应对应用不同版本的依赖，Go 编译器会优先使用 Vendor 目录下缓存的第三方包。这种依赖管理方式不仅更加方便，而且解决了依赖问题。尽管有了 Vendor 的支持，但 Vendor 内第三方依赖包代码的管理依旧不规范，需要手动处理或使用第三方包管理工具，如 Godep。在这个过程中，社区也出现了大量的依赖管理工具，有点"乱花渐欲迷人眼"的态势，Go Modules 的出现为这个问题提供了统一的解决方案。
- 2018 年年初，Go team 的技术负责人 Russ Cox 在博客上连续发表 7 篇文章[1]，系统阐述了新的包依赖管理工具 vgo。vgo 包括了语义版本控制、最小版本选择和 Go Modules 等功能。
- 2018 年 5 月，Russ Cox 的提案被接收，此后 vgo 代码被并入了 Go 语言主干，并被正式命名为 Modules。
- 2018 年 8 月，Go 1.11 发布，Go Modules 作为官方试验的依赖管理工具一同发布。
- 2019 年 9 月，Go 1.13 发布，只要目录下有 go.mod 文件，Go 编译器就会默认使用 Go Modules 来管理依赖。同时，新版本添加了 GOPROXY、GOSUMDB、GOPRIVATE 等多个与依赖管理有关的环境变量。

13.2 Go Modules

13.2.1 Go Modules 概述

Go Modules 是一种依赖管理工具，在 Go Modules 出现之前，有一些问题长期困扰着 Go 语言开发人员。

- 能不能让 Go 工程代码脱离 GOPATH？
- 能否自动处理依赖版本？
- 能否自定义依赖项？

Go Modules 巧妙解决了上面这些问题。

---

[1] https://research.swtch.com/vgo。

1. 让 Go 工程代码脱离 GOPATH

在 GOPATH 中，"导入路径"与"项目在文件系统中的目录结构和名称"必须是匹配的。如果我们希望项目的实际路径和导入路径不同，那么怎么实现呢？

Go Modules 可以通过在 go.mod 文件中指定模块名来解决这一问题，go.mod 文件如下所示。

```
## go.mod
01 module github.com/dreamerjackson/crawler
02
...
06
```

go.mod 文件的第一行指定了模块名，这使得开发人员可以用模块名引用当前项目中任何 package 的路径名。这样，无论当前项目路径在何处，都可以使用模块名来解析代码内部的 import。

2. 自动处理依赖版本

在使用第三方包时，有时我们不希望使用项目的最新代码，而是需要使用某个特定版本并与当前项目兼容的代码。同时，特定第三方库的维护者可能并没有意识到有人在使用他们的代码，或者因为某些原因代码库进行了巨大的不兼容更新。因此，我们需要明确使用的第三方包的版本，以便进行可重复的构建，并且希望能够自动下载和管理依赖项。这通常可以使用版本控制系统（Version Control System，VCS）来实现。

任何版本控制系统工具都可以在提交的代码处标记版本号。开发人员可以使用 VCS 工具将软件包的任何指定版本复制到本地。但是很快我们会遇到新的困难：如果同时引用了同一个包的不同版本怎么办呢？

因此，仅通过 GOPATH 维护单一的 Master 包是远远不够的，依赖管理工具需要解决如下问题：查找和下载依赖包的方法、依赖包下载失败时的处理、选择兼容性最佳的包、解决包冲突，以及在项目中引用两个不同版本的第三方包。

Go Modules 解决了以上问题，可以自动下载、管理依赖关系，并使用最小版本选择原理解决版本冲突等问题。

Go Modules 在 go.mod 文件中维护了直接和间接依赖项。一个特定版本的依赖项也被叫作一个模块（Module），一个模块是一系列指定版本 package 的集合。为了加快构建程序的速度，快速切换和获取项目中的依赖项，Go 语言维护了下载到本地计算机上的所有模块的缓存，默认缓存目录为 $GOPATH/pkg。

```
go/
├── bin
├── pkg
│   ├── darwin_amd64
│   └── mod
└── src
```

在 mod 目录下，我们能够看到模块名路径中的第一部分即为顶级文件夹，如下所示。

```
~/go/pkg/mod » ls -l
drwxr-xr-x    3 jackson  staff      96  2 18 12:03 git.apache.org
drwxr-xr-x  327 jackson  staff   10464  2 28 00:02 github.com
...
```

当我们打开一个实际的模块时（例如 github.com/nats-io），会看到许多与 NATS 库有关的模块及其版本。

```
~/go/pkg/mod » ls -l github.com/nats-io
total 0
dr-x------  24 jackson  staff   768  1 17 10:27 gnatsd@v1.4.1
dr-x------  15 jackson  staff   480  2 17 22:22 go-nats-streaming@v0.4.0
dr-x------  26 jackson  staff   832  2 19 22:05 go-nats@v1.7.0
dr-x------  26 jackson  staff   832  1 17 10:27 go-nats@v1.7.2
...
```

为了拥有一个干净的工作环境，我们可以用下面的指令清空缓存区。但是要注意，在正常的工作流程中，是不需要执行这段代码的。

```
$ go clean -modcache
```

在 13.2.2 和 13.2.3 节中我们还将看到 Go Modules 的使用方法和其解决依赖冲突的原理。

3. 自定义依赖项

Go Modules 通过 go.mod 文件维护了直接和间接依赖项，我们可以通过修改 go.mod 文件中依赖项的版本，灵活地更换需要的依赖版本。在 Go Modules 中，我们还可以使用 replace 指令将某个依赖包替换为本地开发版本。这个功能对于我们在本地修改某个依赖包并且测试这些修改是否生效非常有用。例如，我们可以在 go.mod 文件中添加如下 replace 指令。

```
replace github.com/gin-gonic/gin => ../gin
```

这个指令将我们所依赖的 gin 框架替换为本地路径../gin 中的代码，从而可以在本地测试我们所做的修改。

13.2.2 Go Modules 实践

下面我们用一个例子来讲解 Go Modules 的使用方法和原理。首先在 GOPATH 目录外新建一个文件夹和一个 main.go 文件。

```
$ cd $HOME
$ mkdir mathlib
$ cd mathlib
$ touch main.go
```

接着在当前目录下执行下面这段指令，初始化 module。

```
~/mathlib » go mod init github.com/dreamerjackson/mathlib
```

go mod init 指令的功能很简单，即自动生成一个 go.mod 文件，后面紧跟的路径就是自定义的模块名，我们习惯以托管代码仓库的 URL 为模块名。go.mod 文件位于项目的根目录中，内容如下所示，其中第

1 行就是模块名①。

```
module github.com/dreamerjackson/mathlib
```

```
go 1.13
```

go.mod 文件的第 2 行指定了当前模块中使用的 Go 语言的版本，不同的版本可能对应不同的依赖管理行为。例如，Go1.17 之后才会有通过 Go Modules 分支修剪来加速依赖拉取和编译的特性。不同的 Go 语言版本在依赖管理上的差异可以查阅相关资料②。

1. 引入第三方模块

接下来编写初始化的代码片段。

```
package main

import "github.com/dreamerjackson/mydiv"

func main(){

}
```

我在代码片段中导入了为了讲解 Go Modules 而特地引入的 github.com/dreamerjackson/mydiv，它的作用是进行简单的除法运算，同时我还引入了另一个包 github.com/pkg/errors 用于包装错误，代码如下。

```
package mydiv

import "github.com/pkg/errors"

func Div(a int,b int) (int,error){
    if b==0{
        return 0,errors.Errorf("new error b can't = 0")
    }
    return a/b,nil
}
```

如图 13-1 所示，在 GoLand 中，我们可以看到导入的 package 是红色的，这是因为此时在 Go Modules 的缓存中找不到这个 package。

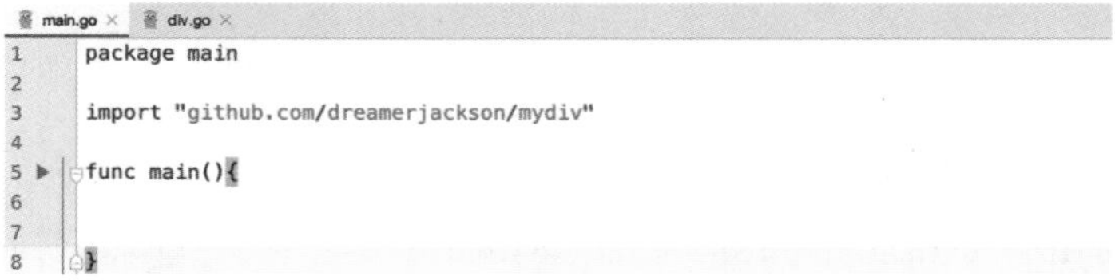

图 13-1

---

① mathlib 示例代码详见 https://github.com/dreamerjackson/mathlib。

② https://go.dev/ref/mod。

2. 下载第三方模块

为了将项目依赖的 package 下载到本地，我们可以使用 go mod tidy 指令。

```
$ go mod tidy
go: finding github.com/dreamerjackson/mydiv latest
go: downloading github.com/dreamerjackson/mydiv v0.0.0-20200305082807-fdd187670161
go: extracting github.com/dreamerjackson/mydiv v0.0.0-20200305082807-fdd187670161
```

执行完毕后，在 go.mod 文件中增加了一行，指定了引用的依赖库和版本。

```
module github.com/dreamerjackson/mathlib

go 1.13

require github.com/dreamerjackson/mydiv v0.0.0-20200305082807-fdd187670161
```

注意，此处间接的依赖（github.com/dreamerjackson/mydiv 依赖 github.com/pkg/errors）没有在 go.mod 文件中展示出来，而是在一个自动生成的新文件 go.sum 中进行了指定。

3. 使用第三方模块

一切就绪之后就可以愉快地调用第三方模块了。

```
package main

import (
    "fmt"
    "github.com/dreamerjackson/mydiv"
)

func main(){
    res,_ :=mydiv.Div(4,2)
    fmt.Println(res)
}
```

运行 go run 命令后，我们可以得到除法运算的结果。

4. 手动更新第三方模块

假设我们依赖的第三方包出现了更新怎么办？如何将依赖代码更新到最新的版本呢？

有多种方式可以实现依赖模块的更新，我们需要在 go.mod 文件中将版本号修改为

```
require github.com/dreamerjackson/mydiv latest
```

或者将指定 commit Id 复制到末尾：

```
require github.com/dreamerjackson/mydiv c9a7ffa8112626ba6c85619d7fd98122dd49f850
```

还有一种办法是在终端的当前项目中，运行

```
go get github.com/dreamerjackson/mydiv
```

使用上面任一方式保存文件后再次运行 go mod tidy，依赖代码的版本就会更新。这时如果再次打开 go.sum 文件会发现，go.sum 中不仅存储了直接和间接的依赖，还存储了过去的版本信息。

5. replace 指令

除了 require，Go Modules 中还提供了其他的功能，包括 replace、exclude、retract 等指令。replace 指令可以将依赖的模块替换为另一个模块，例如由公共库替换为内部私有仓库，如下所示。replace 指令还可以用于本地调试场景，此时可以将依赖的第三方库替换为本地代码，便于进行本地调试。

```
replace golang.org/x/net v1.2.3 => example.com/fork/net v1.4.5

replace (
    golang.org/x/net v1.2.3 => example.com/fork/net v1.4.5
    golang.org/x/net => example.com/fork/net v1.4.5
    golang.org/x/net v1.2.3 => ./fork/net
    golang.org/x/net => ./fork/net
)
```

6. exclude 指令

有时我们希望排除某一模块特定的版本，这时就需要用到 exclude 指令了。如果当前项目中，exclude 指令与 require 指令对应的版本相同，那么 go get 或 go mod tidy 指令将查找高一级的版本。例如，要排除"golang.org/x/net"模块的"v1.2.3"版本，我们可以编写如下代码。

```
exclude golang.org/x/net v1.2.3
```

如果要排除多个模块的特定版本，我们可以将它们放在同一对括号中，如下所示。

```
exclude (
    golang.org/x/crypto v1.4.5
    golang.org/x/text v1.6.7
)
```

7. retract 指令

retract 是撤回指令，表示不依赖指定模块的版本或版本范围。当版本发布得太早，或者版本发布之后发现严重问题时，撤回指令就很有用了。例如，对于模块 example.com/m，我们错误地发布了 v1.0.0 版本后想要撤回，这时就需要发布一个新的版本，tag 为 v1.0.1 。

```
retract (
    v1.0.0
)
```

然后执行

```
go get example.com/m@latest
```

这样，依赖管理工具就会选择当前最新的版本 v1.0.1。除此之外，包含 retract 的版本还可以实现自行撤回。例如当 v1.0.0 出现问题时，在 v1.0.1 版本中加上自身的版本，这意味着 v1.0.0 与 v1.0.1 版本都不能使用。因此，Go Modules 会回退寻找 v1.0.0 的前一个版本，例如 v0.9.5。

```
retract (
    v1.0.0
    v1.0.1
)
```

除此之外，retract 指令还可以指定范围，更灵活地撤回指定的版本。

```
retract v1.0.0
retract [v1.0.0, v1.9.9]
retract (
    v1.0.0
    [v1.0.0, v1.9.9]
)
```

8. 依赖移除

当我们不想使用某个第三方包时，可以直接删除无用的代码，接着执行

```
go mod tidy
```

会发现 go.mod 和 go.sum 又空空如也了。

13.2.3　Go Modules 最小版本选择原理

明白了 Go Modules 的使用方法，接下来我们来看一看 Go Modules 在复杂情况下的版本选择原理。

每个依赖管理解决方案都必须解决选择哪个依赖版本的问题。当前许多版本选择算法都倾向于选择依赖的最新版本，如果人们能够正确应用语义版本控制并且遵守约定，那么这是有道理的。在这些情况下，依赖项的最新版本应该是最稳定和最安全的，同时应该与较早版本有很好的兼容性。

但是，Go 语言采用了其他方法，Go 团队技术负责人 Russ Cox 花费了大量时间和精力撰写和谈论 Go 语言的版本选择算法，即最小版本选择（Minimal Version Selection，MVS）。Go 团队相信 MVS 可以更好地为 Go 语言程序提供兼容性和可重复性。

最小版本选择指在选择依赖的版本时优先选择项目中最合适的最低版本，这并不表示 MVS 不能选择最新的版本，但如果项目中任何依赖都用不到最新的版本，那么说明我们并不需要它。

举个例子，项目 Main 依赖 A 1.2 版本以及 B 1.2 版本，而 A 1.2 版本依赖 C 1.3 版本，B 1.2 版本依赖 C 1.4 版本，C 1.3 与 C 1.4 版本共同依赖 D 1.2 版本。如图 13-2 所示。

最终，我们选择的版本是项目导入的可以使用的最小版本，即 A 1.2、B 1.2、C 1.4、D 1.2 。在这个例子中，虽然 C 1.3、C 1.4 分别被 A、B 两个包导入了，但是 Go Modules 认为最好的版本是这两个版本中最大的版本 C 1.4，因为 C 1.4 相对于 C 1.3 增加了接口等操作，如果选择 C 1.3，那么可能出现编译都不通过的情况，而语义版本控制默认 C1.4 版本是向后兼容的。

1. replace 指令与最小版本选择

如果项目中使用了 replace 指令，B 1.2 依赖的 C 1.4 替换为了 R，且 R 依赖 D 1.3，那么此时最小版本算法选择的版本为 R 和 D 1.3，如图 13-3 所示。

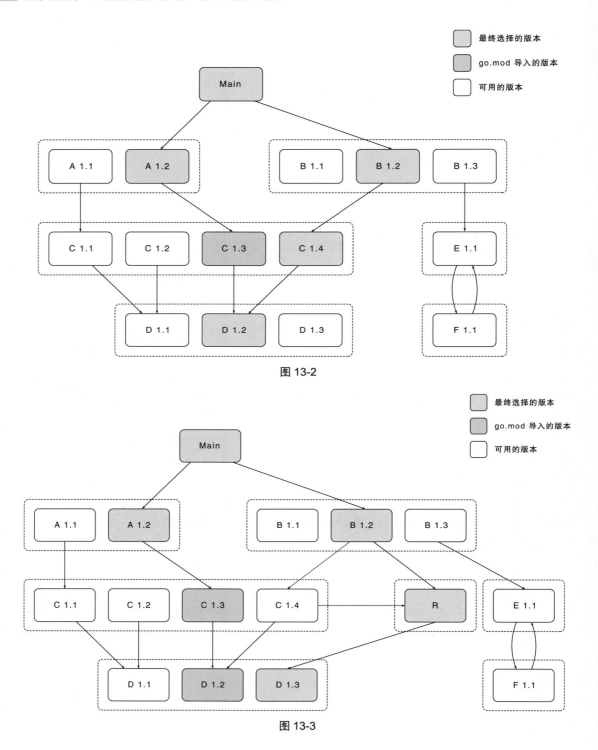

图 13-2

图 13-3

2. Exclusion 指令与最小版本选择

当项目使用 Exclusion 指令排除 C 1.3 时，A 1.2 将表现为直接依赖更高版本的 C 1.4。

13.2.4　验证最小版本选择原理

下面举一个简单的例子来验证最小版本选择原理。

假设项目 D，即 github.com/dreamerjackson/mydiv 的最新版本为 v1.0.3，要查看模块可用的版本号，可以使用下面的指令。

```
> go list -m -versions github.com/dreamerjackson/mydiv
github.com/dreamerjackson/mydiv v1.0.0 v1.0.1 v1.0.2 v1.0.3
```

现在有模块 A 和 B，它们都依赖模块 D，其中模块 A 引用了 D v1.0.1 版本，模块 B 引用了 D v1.0.2 版本。如果当前的项目只依赖模块 A，那么 Go Modules 会如何选择版本呢？

像 dep 这样的依赖工具将选择 v1.0.3，即最新的语义版本。但是

Go Modules 根据最小版本选择原理，将选择 A 模块声明的版本，即 v1.0.1。这就引出了下面两个问题。

- 如果当前项目又引入了模块 B 的新代码，那么会发生什么？答案是，将模块 B 导入项目后，项目中模块 D 的版本会从 v1.0.1 升级到 v1.0.2，这符合最小版本选择原理。
- 如果删除刚刚为模块 B 添加的代码，那么又会发生什么呢？项目会锁定模块 D 的版本 v1.0.2，这是因为降级到 v1.0.1 将是一个更大的更改，而 v1.0.2 可以正常并且稳定运行，因此 v1.0.2 仍然是"最新版本"。

为了验证我们预测的不同情况下最小版本选择的结果是否正确，我们以 github.com/dreamerjackson/mydiv 为例，比较了其 v1.0.1 与 v1.0.2 的代码。

```
// v1.0.1
package mydiv
import "github.com/pkg/errors"
func Div(a int,b int) (int,error){
    if b==0{
        return 0,errors.Errorf("new error b can't = 0")
    }
    return a/b,nil
}

// v1.0.2
package mydiv
import "github.com/pkg/errors"
func Div(a int,b int) (int,error){
    if b==0{
        return 0,errors.Errorf("v1.0.2 b can't = 0")
    }
    return a/b,nil
}
```

接着，我们看到模块 B（github.com/dreamerjackson/minidiv）引用了模块 D（github.com/dreamerjackson/mydiv）的 v1.0.1 版本。

```go
// 模块 B
package div

import (
"github.com/dreamerjackson/mydiv"
)

func Div(a int,b int) (int,error){
    return mydiv.Div(a,b)
}
```

最后，我们创建一个新的模块。假设当前模块直接依赖模块 D 的 v1.0.2 版本，并且间接依赖了模块 B，进而间接依赖了 D 的 v1.0.1 版本。代码如下所示。

```go
package main

import (
"fmt"
div "github.com/dreamerjackson/minidiv"
"github.com/dreamerjackson/mydiv"
)

func main(){
    _,err1:= mydiv.Div(4,0)
    _,err2 := div.Div(4,0)
    fmt.Println(err1,err2)
}
```

关键时刻到了，我们需要验证当前项目是否选择了模块 D v1.0.2。验证方式有三种。首先，可以直接运行程序并查看输出结果，判断所采用的代码版本。

通过上面的代码可以看出，输出结果全部来自模块 D v1.0.2 中定义的代码。

```
$ go run main.go
v1.0.2 b can't = 0 v1.0.2 b can't = 0
```

其次，可以使用 go list 指令来查看当前项目使用的模块版本，结果应该与直接运行程序得到的结果相同。

```
$ go list -m all | grep mydiv
github.com/dreamerjackson/mydiv v1.0.2
```

第三种方式是使用"go list -m -u all"指令查看直接和间接模块的当前和最新版本。

```
$ go list -m -u all | column -t
go: finding github.com/dreamerjackson/minidiv latest
github.com/dreamerjackson/mathlib
github.com/dreamerjackson/minidiv  v0.0.0-20200305104752-fcd15cf402bb
github.com/dreamerjackson/mydiv    v1.0.2                               [v1.0.3]
github.com/pkg/errors              v0.9.1
```

1. 更新模块

更新模块可以使用 go get 指令，该指令中有不少可以选择的参数，使用下面的命令可以将项目中所有的依赖模块更新为最新版本（注意，除非你了解项目的所有细节，否则不要直接将所有模块更新到最新版本）。

```
~/mathlib » go get -u -t -v ./...
go: finding github.com/dreamerjackson/minidiv latest
go: downloading github.com/dreamerjackson/mydiv v1.0.3
go: extracting github.com/dreamerjackson/mydiv v1.0.3
```

解释一下，这里的-u 表示将指定模块更新到最新版本，-t 表示会连带下载指定模块中的测试包，-v 表示提供详细输出，./... 表示在整个源代码树中执行这些操作。

我们再次查看当前引用的版本，会发现模块 github.com/dreamerjackson/mydiv 已经被强制更新到了最新的版本 v1.0.3。

```
~/mathlib » go list -m all | grep mydiv
github.com/dreamerjackson/mydiv v1.0.3
```

2. 重置依赖关系

如果不满意所选的模块和版本，那么可以通过删除 go.mod、go.sum 中的依赖关系并再次运行 go mod tidy 来重置版本。当项目还不太成熟时，这是一种选择。

```
$ rm go.*
$ go mod init <module name>
$ go mod tidy
```

13.3　语义版本

为了标识一个模块的快照，Go Modules 使用了语义版本（Semantic Versioning）来管理模块。每个语义版本都采用 vMAJOR.MINOR.PATCH 的形式，其中，MAJOR 表示主版本号，意味着有重大的版本更新，一般会导致 API 和之前的版本不兼容；MINOR 表示次版本号，表示添加了新的特性，但是向后兼容；PATCH 表示修订版本号，用于修复向后兼容的 Bug。

如果两个版本具有相同的主版本号，那么预期较高版本可以向后兼容较低版本。但是，如果两个版本的主版本号不同，它们之间就没有预期的兼容关系。因此，我们在上面的示例中可以看到，Go Modules 判断 v 1.0.3 与 v 1.0.1 是兼容的，是因为它们有相同的主版本号 1。如果我们将版本升级到 v 2.0.0，则会被看作出现了重大更新，兼容关系不再成立。

13.3.1　v2 版本

假设模块 A 引入了模块 B 和模块 C，模块 B 引入了模块 D v1.0.0，模块 C 引入了模块 D v2.0.0，在这种情况下，由于 v1 和 v2 模块的路径不相同，它们是互不干扰的两个模块，可以共存。

下面我用一个实例来验证一下。首先给 github.com/dreamerjackson/mydiv 打一个 v2.0.0 的 tag，其代码如下，其中 v2.0.0 中简单修改了返回的错误文字。

```
package mydiv
import "github.com/pkg/errors"

func Div(a int,b int) (int,error){
   if b==0{
      return 0,errors.Errorf("v2.0.0 b can't = 0")
   }
   return a/b,nil
}
```

同时，我们需要在 go.mod 文件中将 mydiv 库修改为 v2 版本的路径名。

module github.com/dreamerjackson/mydiv/v2

接着在 mathlib 模块中编写以下代码。

```
package main

import (
"fmt"
div "github.com/dreamerjackson/minidiv"
mydiv "github.com/dreamerjackson/mydiv/v2"
)

func main(){
   _,err1:= mydiv.Div(4,0)
   _,err2 := div.Div(4,0)
   fmt.Println(err1,err2)
}
```

现在 mathlib 直接依赖了 mydiv v2 版本，同时由于依赖 minidiv，间接依赖了 mydiv v1 版本。

运行代码，可以看到两段代码是共存的。

v2.0.0 b can't = 0 : : v1.0.1 b can't = 0

最后执行 go list，进一步确认模块 v1 与 v2 是否共存，结果显示共存。

```
~/mathlib(master*) » go list -m all | grep mydiv
github.com/dreamerjackson/mydiv v1.0.1
github.com/dreamerjackson/mydiv/v2 v2.0.1
```

13.3.2　伪版本

当我们引入了一个没有使用语义版本管理的模块，或者希望用某一个特殊的 commit 快照进行测试时，导入的模块版本会成为伪版本，例如 v0.0.0-20191109021931-daa7c04131f5。伪版本由三部分组成。

- 基本版本前缀：通常为 vX.0.0 或 vX.Y.Z-0。vX.0.0 表明该 commit 快照找不到派生的语义版本，vX.Y.Z-0 表明该 commit 快照派生自某一个语义版本。
- 时间戳：格式为"yyyymmddhhmmss"，是创建 commit 的 UTC 时间。
- commit 号：长度为 12 个字符。

在设计 Go 代码库时，应该严格遵守语义版本的规范，尽可能保证代码具有向后兼容性。我在实践中看到过很多由于依赖库的代码不兼容导致的问题，另外，同时存在 v1 与 v2 版本也会增加理解的成本，这些都是我们要尽量避免的。

13.4　总结

本章简单梳理了 Go 语言的依赖管理进程。GOPATH 是 Go 1.5 之前的主要依赖管理工具，由于其自身存在很多问题，在后续的版本中逐渐式微。在 Go 1.13 之后，Go Modules 成为 Go 项目依赖管理的主流方式。Go Modules 提供了脱离 GOPATH 管理 Go 代码的方式，同时提供了代码捆绑、版本控制、依赖管理的功能，供全球开发人员使用、构建、下载、授权、验证、获取、缓存和重用模块。Go Modules 让世界各地的开发者能够始终得到完全相同的代码，而不管这些代码被构建了多少次、从何处获取及由谁获取。

14 优雅离场：Context 超时控制与原理

如果你不知道协程如何退出，就不要使用它。

——计算机行业谚语

如果想正确并优雅地退出协程，那么必须首先正确理解和使用 Context 标准库。Context 是使用非常频繁的库，在实际的项目开发中，有大量库的 API（例如 Redis Client、MongoDB Client、标准库中涉及网络调用的 API）的第一个参数都是 Context。

```
// net/http
func (r *Request) WithContext(ctx context.Context) *Request
// sql
func (db *DB) BeginTx(ctx context.Context, opts *TxOptions) (*Tx, error)
// net
func (d *Dialer) DialContext(ctx context.Context, network, address string) (Conn, error)
```

那么 Context 的作用是什么？Context 的最佳实践如何？让我们带着这些疑问开始本章的学习。

14.1 为什么需要 Context

协程在 Go 语言中是非常轻量级的资源，可以被动态地创建和销毁。例如，在典型的 HTTP 服务器中，每个新建立的连接都会新建一个协程。如果使用了 Go 语言标准库，那么一个请求甚至可以创建多个协程，当请求完成后，协程也随之被销毁。但是，请求连接可能临时终止，请求处理也可能超时。这个时候，我们希望安全并及时地停止协程和与协程关联的子协程，避免白白消耗资源。

在 Context 诞生之前，我们需要借助通道的 close 机制完成上面的操作，这个机制会唤醒所有监听该通道的协程，并触发相应的退出逻辑，代码大致如下。

```
select {
    case <-c:
        // 业务逻辑
    case <-done:
        fmt.Println("退出协程")
    }
```

随着 Go 语言的发展，越来越多的程序需要进行这样的处理，然而不同的程序，甚至同一程序的不同代码片段的退出逻辑的命名和处理方式会有所不同。例如，有的将退出通道命名为 done，有的命名为 closed，有的采取函数包裹的形式←g.done()。如果有一套统一的规范，那么代码的语义将会更加清晰明了。例如，在引入了 Context 后，退出协程的规范写法是"<-ctx.Done()"。

```go
func Stream(ctx context.Context, out chan<- Value) error {
  for {
    v, err := DoSomething(ctx)
    select {
    case <-ctx.Done():
      return ctx.Err()
    case out <- v:
    }
  }
}
```

为了对超时进行规范处理，在 Go 1.7 之后，Go 官方引入了 Context 来实现协程的退出。不仅如此，Context 还提供了跨协程，甚至跨服务的退出管理。**Context 本身的含义是上下文，我们可以将它理解为内部携带了超时信息、退出信号，以及其他一些与上下文相关的值**（例如，携带本次请求中上下游的唯一标识 trace_id）。由于 Context 携带了上下文信息，所以父子协程可以"联动"。

我们举个例子来看看 Context 是怎么处理协程级联退出的。如图 14-1 所示，服务器在处理 HTTP 请求时一般会单独创建一个协程，假设该协程调用了函数 A，函数 A 中也可能创建一个协程。假设新创建的协程调用了函数 G，函数 G 又可能通过 RPC 远程调用了其他服务的 API，并最终调用了函数 F。

假设这时上游连接断开，或者服务处理超时，我们希望立即退出函数 A、函数 G 和函数 F 所在的协程。

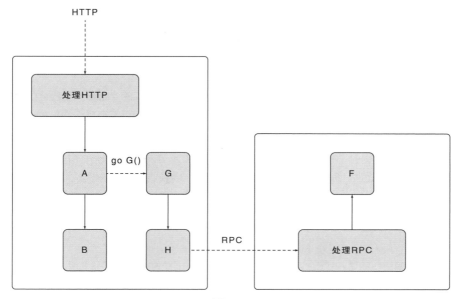

图 14-1

在实际场景中可能是这样的，上游给服务的处理时间是 500ms，如果超过这一时间，则请求无效。A 服务当前已经花费了 200ms 的时间，G 又用了 100ms 调用 RPC，那么留给 F 的处理时间就只有 200ms了。如果远程服务 F 在 200ms 后没有返回，那么所有协程都需要感知到并快速关闭。使用 Context 标准库是当前处理这种协程级联退出的标准做法，Context 标准库中的重要结构 context.Context 其实是一个接口，它提供了 Deadline、Done、Err、Value 这 4 种方法。

```go
type Context interface {
    Deadline() (deadline time.Time, ok bool)
    Done() <-chan struct{}
    Err() error
    Value(key interface{}) interface{}
}
```

这 4 种方法的功能如下。

- Deadline 方法用于返回 Context 的过期时间。Deadline 的第一个返回值表示 Context 的过期时间，第二个返回值表示是否设置了过期时间，如果多次调用 Deadline 方法，那么会返回相同的值。
- Done 是使用最频繁的方法，它会返回一个通道。一般的做法是调用者在 select 中监听该通道的信号，该通道关闭表示服务超时或异常，需要执行后续退出逻辑。多次调用 Done 方法会返回相同的通道。
- Err 方法用于在通道关闭后返回退出的原因。
- Value 方法用于返回指定 Key 对应的 Value，这是 Context 携带的值。Key 必须是可比较的，在一般的用法中，Key 是一个全局变量，通过 context.WithValue 将 Key 存储到 Context 中，并通过 Context.Value 方法取出。

Context 接口中的这 4 种方法可以被多次调用，返回的结果相同。同时，Context 的接口是并发安全的，可以被多个协程同时使用。

14.2 context.Value

在实践中，Context 携带值的情况并不常见，这里单独讲一讲 context.Value 的适用场景。

context.Value 一般在远程过程调用中使用，例如存储分布式链路跟踪的 traceId 或者鉴权相关的信息，该值的作用域在请求结束时终结。同时 Key 必须是访问安全的，因为可能有多个协程同时访问它。

如下所示，withAuth 函数是一个中间件，它可以让我们在完成实际的 HTTP 请求处理前进行 hook。在这个例子中，我们获取了 HTTP 请求 Header 中的鉴权字段 Authorization，并将其存入了请求的上下文 Context 中。而实际的处理函数 Handle 会从 Context 中获取并验证开发者的授权信息，以此判断开发者是否已经登录。

```go
const TokenContextKey = "MyAppToken" .
// 中间件
func WithAuth(a Authorizer, next http.Handler) http.Handler {
    return http.HandleFunc(func(w http.ResponseWriter, r *http.Request) {
        auth := r.Header.Get("Authorization")
        if auth == "" {
            next.ServeHTTP(w, r) // 没有授权
```

```
            return
        }
        token, err := a.Authorize(auth)
        if err != nil {
            http.Error(w, err.Error(), http.StatusUnauthorized)
            return
        }
        ctx := context.WithValue(r.Context(), TokenContextKey, token)
        next.ServeHTTP(w, r.WithContext(ctx))
    })
}

// HTTP 请求实际处理函数
func Handle(w http.ResponseWriter, r *http.Request) {
    // 获取授权
    if token := r.Context().Value(TokenContextKey); token != nil {
        // 开发者登录
    } else {
        // 开发者未登录
    }
}
```

Context 是一个接口，这意味着需要有对应的具体实现。开发者可以自己实现 Context，并严格遵守 Context 规定的语义。当然，我们使用得最多的还是 Go 语言标准库中的实现。

当我们调用 context.Background 函数或 context.TODO 函数时，会返回最简单的 Context 实现。context.Background 返回的 Context 一般作为根对象存在，不具有任何功能，不可以退出，也不能携带值。

```
func (*emptyCtx) Deadline() (deadline time.Time, ok bool) {
    return
}
func (*emptyCtx) Done() <-chan struct{} {
    return nil
}
func (*emptyCtx) Err() error {
    return nil
}
func (*emptyCtx) Value(key interface{}) interface{} {
    return nil
}
```

因此，要使用 Context 的具体功能，需要派生新的 Context。配套的函数如下，其中，前三个函数都用于派生有退出功能的 Context。

```
func WithCancel(parent Context) (ctx Context, cancel CancelFunc)
func WithTimeout(parent Context, timeout time.Duration) (Context, CancelFunc)
func WithDeadline(parent Context, d time.Time) (Context, CancelFunc)
func WithValue(parent Context, key, val interface{}) Context
```

- WithCancel 函数会返回一个子 Context 和 cancel 方法。子 Context 会在两种情况下触发退出：一种情况是调用者主动调用了返回的 cancel 方法；另一种情况是当参数中的父 Context 退出时，子 Context 将级联退出。
- WithTimeout 函数指定超时时间。当超时发生后，子 Context 将退出，因此，子 Context 的退出有三种时机：一种是父 Context 退出；一种是超时退出；最后一种是主动调用 cancel 函数退出。
- WithDeadline 和 WithTimeout 函数的处理方法相似，不过它的参数指定的是最后到期的时间。
- WithValue 函数会返回带 Key-Value 的子 Context。

举一个例子来说明一下 Context 中的级联退出。在下面的代码中，childCtx 是 preCtx 的子 Context，其设置的超时时间为 300ms。但是 preCtx 的超时时间为 100 ms，因此父 Context 退出后，子 Context 会立即退出，实际的等待时间只有 100ms。

```go
func main() {
    ctx := context.Background()
    before := time.Now()
    preCtx, _ := context.WithTimeout(ctx, 100*time.Millisecond)
    go func() {
        childCtx, _ := context.WithTimeout(preCtx, 300*time.Millisecond)
        select {
        case <-childCtx.Done():
            after := time.Now()
            fmt.Println("child during:", after.Sub(before).Milliseconds())
        }
    }()
    select {
    case <-preCtx.Done():
        after := time.Now()
        fmt.Println("pre during:", after.Sub(before).Milliseconds())
    }
}
```

这时的输出如下，父 Context 与子 Context 退出的时间都接近 100ms。

```
pre during: 104
child during: 104
```

当我们把 preCtx 的超时时间修改为 500ms 时，

```
preCtx ,_:= context.WithTimeout(ctx,500*time.Millisecond)
```

从新的输出中可以看出，子协程的退出不会影响父协程的退出。

```
child during: 304
pre during: 500
```

从上面这个例子可以看出，父 Context 的退出会导致所有子 Context 退出，而子 Context 的退出不会影响父 Context。

14.3　Context 实践

了解了 Context 的基本用法，**接下来让我们看看在 Go 语言标准库中是如何使用 Context 的**。

对 HTTP 服务器和客户端来说，超时处理是最容易出现问题的，因为在网络连接到请求处理的多个阶段，都可能有对应的超时时间。以 HTTP 请求为例，http.Client 的 Timeout 参数用于指定当前请求的总超时时间，它包括从连接、发送请求到处理服务器响应的时间的总和。

```
c := &http.Client{
    Timeout: 15 * time.Second,
}
resp, err := c.Get("https://XXX.com/")
```

标准库 client.Do 方法内部会将超时时间换算为截止时间并传递到下一层。setRequestCancel 函数内部则会调用 context.WithDeadline ，派生一个子 Context 并赋值给 req 中的 Context。

```
func (c *Client) do(req *Request) (retres *Response, reterr error) {
  ...
  deadline    = c.deadline()
  c.send(req, deadline);
}
func setRequestCancel(req *Request, rt RoundTripper, deadline time.Time) {
      req.ctx, cancelCtx = context.WithDeadline(oldCtx, deadline)
      ...
}
```

在获取连接时，如果在闲置连接中找不到连接，则需要陷入阻塞。如果连接时间超时，那么 req.Context().Done()通道会收到信号立即退出。在实际发送数据的 transport.roundTrip 函数中，也有很多类似的例子，它们都是通过在 select 语句中监听 Context 退出信号来实现超时控制的，这里不再赘述。

```
func (t *Transport) getConn(treq *transportRequest, cm connectMethod) (pc *persistConn, err error){
...
select {
    case <-w.ready:
        return w.pc, w.err
    case <-req.Cancel:
        return nil, errRequestCanceledConn
    case <-req.Context().Done():
        return nil, req.Context().Err()
        return nil, err
    }
}
```

获取 TCP 连接需要调用 sysDialer.dialSerial 方法，dialSerial 的功能是从 addrList 地址列表中取出一个地址进行连接，如果与任一地址连接成功，则立即返回，代码如下所示。不出所料，该方法的第一个参数为上游传递的 Context。

```go
// net/dial.go
func (sd *sysDialer) dialSerial(ctx context.Context, ras addrList) (Conn, error) {
  for i, ra := range ras {
    // 协程是否需要退出
    select {
    case <-ctx.Done():
      return nil, &OpError{…}
    default:
    }
    dialCtx := ctx
    // 是否设置了超时时间
    if deadline, hasDeadline := ctx.Deadline(); hasDeadline {
      // 计算连接的超时时间
      partialDeadline, err := partialDeadline(time.Now(), deadline, len(ras)-i)
      if err != nil {
        // 已经超时了
        if firstErr == nil {
          firstErr = &OpError{…}
        }
        break
      }
      // 派生新的 Context，传递给下游
      if partialDeadline.Before(deadline) {
        var cancel context.CancelFunc
        dialCtx, cancel = context.WithDeadline(ctx, partialDeadline)
        defer cancel()
      }
    }
    c, err := sd.dialSingle(dialCtx, ra)
    ...
  }
}
```

我们来看看 dialSerial 函数中几个比较有代表性的 Context 用法。

- 首先，第 3 行代码在遍历地址列表时判断 Context 通道是否已经退出，如果没有退出，则进入 select 的 default 分支；如果已经退出，则直接返回，因为已经没有必要继续执行了。

- 接下来，第 12 行代码通过 ctx.Deadline 函数判断传递进来的 Context 是否有超时时间。如果有，则需要协调好后面每个连接的超时时间。例如，总的超时时间是 600ms，一共有 3 个连接，那么每个连接分到的超时时间就是 200ms，这是为了防止前面的连接过度占用时间。partialDeadline 会帮助我们计算每个连接的新的到期时间，如果该到期时间小于总到期时间，就会派生一个子 Context 传递给 dialSingle 函数，用于控制该连接的超时时间。

- dialSingle 函数中调用了 ctx.Value，用来获取一个特殊的接口 nettrace.Trace，用于对网络包中一些特殊的地方进行 hook。dialSingle 函数是网络连接的起点，如果上下文中注入了 trace.ConnectStart 函数，则会在执行 dialSingle 函数之前调用 trace.ConnectStart 函数；如果上下文中注入了 trace.ConnectDone 函数，则会在执行 dialSingle 函数之后调用 trace.ConnectDone 函数。

```go
func (sd *sysDialer) dialSingle(ctx context.Context, ra Addr) (c Conn, err error) {
    trace, _ := ctx.Value(nettrace.TraceKey{}).(*nettrace.Trace)
    if trace != nil {
        raStr := ra.String()
        if trace.ConnectStart != nil {
            trace.ConnectStart(sd.network, raStr)
        }
        if trace.ConnectDone != nil {
            defer func() { trace.ConnectDone(sd.network, raStr, err) }()
        }
    }
    la := sd.LocalAddr
    switch ra := ra.(type) {
    case *TCPAddr:
        la, _ := la.(*TCPAddr)
        c, err = sd.dialTCP(ctx, la, ra)
        ...
    }
}
```

到这里，我们就将 Go 语言标准库中 Context 的使用场景和最佳实践方式梳理了一遍。

HTTP 标准库还为我们提供了 Timeout 参数，这会让项目实践中的超时控制容易很多：只要在 BrowserFetch 结构体中增加 Timeout 超时参数，然后将超时参数设置到 http.Client 中就大功告成了。

```go
type BrowserFetch struct {
    Timeout time.Duration
}

//模拟浏览器访问
func (b BrowserFetch) Get(url string) ([]byte, error) {
    client := &http.Client{
        Timeout: b.Timeout,
    }
    ...
}

func main() {
    url := "https://book.XXX.com/subject/1007305/"
    var f collect.Fetcher = collect.BrowserFetch{
        Timeout: 300 * time.Millisecond,
    }
    body, err := f.Get(url)
    ...
}
```

注意，如果我们设置的超时时间太短，就会出现“Context 超时”的错误提示，如下所示。

```
read content failed:Get "https://book.XXX.com/subject/1007305/": context deadline exceeded
(Client.Timeout exceeded while awaiting headers)
```

14.4　Context 底层原理

Context 在很大程度上利用了通道的一个特性：在 close 时通知所有监听它的协程。每个派生的子 Context 都会创建一个新的退出通道，因此只要组织好 Context 之间的关系，就可以实现在整个继承链上的退出信号传递。使用 Context 的退出功能需要调用 WithCancel 或 WithTimeout 派生一个子 Context，WithCancel 派生的结构为 cancelCtx，WithTimeout 派生的结构为 timerCtx，timerCtx 包装了 cancelCtx，并存储了超时时间，代码如下所示。

```
type cancelCtx struct {
  Context
  mu       sync.Mutex
  done     atomic.Value
  children map[canceler]struct{}
  err      error
}

type timerCtx struct {
  cancelCtx
  timer    *time.Timer
  deadline time.Time
}
```

cancelCtx 第一个字段保留了父 Context 的信息，children 字段保存了子 Context 的信息，每个 Context 都有一个单独的 done 通道。WithDeadline 函数会先判断父 Context 设置的超时时间是否比当前 Context 的超时时间短。如果是，那么子协程会随着父 Context 的退出而退出，没有必要再设置定时器。

当我们使用了标准库中默认的 Context 实现时，propagateCancel 函数会将子 Context 加入父协程的 children 哈希表中，并开启一个定时器。当定时器到期时，会调用 cancel 方法关闭通道，级联关闭当前 Context 派生的子 Context，并取消当前 Context 与父 Context 的绑定关系，这种特性就产生了调用链上连锁的退出反应。

```
func (c *cancelCtx) cancel(removeFromParent bool, err error) {
  ...
  // 关闭当前通道
  close(d)
  // 级联关闭当前 Context 派生的子 Context
  for child := range c.children {
    child.cancel(false, err)
  }
  c.children = nil
  c.mu.Unlock()
  // 并取消当前 Context 与父 Context 的绑定关系
  if removeFromParent {
    removeChild(c.Context, c)
  }
}
```

14.5　总结

本章介绍了如何用 Context 安全而优雅地退出协程。Context 是使用频率非常高的库，它不仅为我们规范了协程退出的方式，还有一些比较好用的特性，例如并发安全、级联退出、携带上下文信息等。Context 出现之后，很多包相继完成了改造：在 API 的第一个参数中传递 Context，特别是在涉及跨服务调用的场景时。在 Go 网络处理中，我们可以设置很多超时时间来控制请求退出，这背后离不开标准库对 Context 的巧妙使用。

15

移花接木：为爬虫安上代理的翅膀

解决"没有资格解决的问题"，是每位伟大开发者通往成功的必经之路。

——Patrick McKenzie

代理指在客户端和服务器之间路由流量的服务，用于实现系统安全、负载均衡等功能。在爬虫项目中，代理服务器常常扮演着重要的角色，它能帮助我们突破服务器带来的限制和封锁，从而正常抓取数据。

代理是客户端和服务器的中间层，按照不同的维度可以分为不同的类型。**一种常见的划分方式是将代理分为正向代理（Forward Proxy）与反向代理（Reverse Proxy）**。根据实现代理的方式可以分为 HTTP 隧道代理、MITM 代理和透明代理。而根据代理协议的类型，又可以分为 HTTP 代理、HTTPS 代理、SOCKS 代理，以及 TCP 代理等。

15.1 代理的分类和实现机制

15.1.1 正向代理

当我们谈论代理服务器时，通常指正向代理。正向代理会向一个客户端或一组客户端提供代理服务，这些客户端通常属于同一个内部网络。当客户端尝试访问外部服务器时，请求必须首先通过正向代理。

可是我们为什么需要这多余的中间层呢？因为**正向代理能够监控每个请求与回复，鉴权、控制访问权限并隐藏客户端实际地址**。在隐藏了客户端的真实地址后，正向代理可以绕过一些防火墙（Firewall）的网络限制，这样一些互联网开发者就实现了匿名性，如图 15-1 所示。

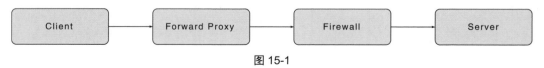

图 15-1

一个简单的 HTTP 正向代理服务如下所示。在这个例子中，代理服务器接受来自客户端的 HTTP 请求，并通过 handleHTTP 函数对请求进行处理。处理的方式比较简单：当前代理服务器获取客户端的请求，并用自己的身份发送请求到服务器，代理服务器获取服务器的回复后利用 io.Copy 将回复发送至客户端。

```go
func main() {
    server := &http.Server{
        Addr: ":8888",
        Handler: http.HandlerFunc(func(w http.ResponseWriter, r *http.Request) {
            handleHTTP(w, r)
        }),
    }
    log.Fatal(server.ListenAndServe())
}

func handleHTTP(w http.ResponseWriter, req *http.Request) {
    resp, err := http.DefaultTransport.RoundTrip(req)
    defer resp.Body.Close()
    copyHeader(w.Header(), resp.Header)
    w.WriteHeader(resp.StatusCode)
    io.Copy(w, resp.Body)
}
func copyHeader(dst, src http.Header) {
    for k, vv := range src {
        for _, v := range vv {
            dst.Add(k, v)
        }
    }
}
```

代理服务器除了要在客户端与服务器之间搭建一个管道，有时还需要处理一些特殊的 HTTP 请求头——hop-by-hop 请求头。顾名思义，hop-by-hop 请求头不是给目标服务器使用的，它是专门给中间的代理服务器使用的。例如在 Go httputil 标准库中，就包含了如下 hop-by-hop 请求头。

```go
var hopHeaders = []string{
    "Connection",
    "Proxy-Connection",
    "Keep-Alive",
    "Proxy-Authenticate",
    "Proxy-Authorization",
    "Te",
    "Trailer",
    "Transfer-Encoding",
    "Upgrade",
}
```

代理服务器需要根据情况对 hop-by-hop 请求头做一些特殊处理，并在发送给目标服务器之前删除 hop-by-hop 请求头。

15.1.2 HTTP 隧道代理

在上面的例子中，代理服务器是直接与目标服务器进行 HTTP 通信的。但是在一些更复杂的情况下，客户端还希望与服务器进行 HTTPS 和 HTTP 隧道（HTTP Tunnel）形式的通信，以防止中间人攻击并隐藏 HTTP 的特征。

在 HTTP 隧道技术中，客户端会在第一次连接代理服务器时向代理服务器发送一个指令，通常是一个 HTTP 请求，这里可以将 HTTP 请求头中的 method 设置为 CONNECT。

```
CONNECT example.com:443 HTTP/1.1
```

代理服务器收到该指令后，将与目标服务器建立 TCP 连接。连接建立后，代理服务器会将之后收到的请求通过 TCP 连接转发给目标服务器。因此，只有初始连接请求是 HTTP 请求，此后代理服务器将不再嗅探到任何数据，只是完成一个转发的动作。现在如果我们去查看其他开源的代理库，就会明白为什么要对 CONNECT 方法进行单独处理了，这是业内通用的一种标准。

下面在前一个例子的基础上实现 HTTP 隧道。

```go
func main() {
    server := &http.Server{
        Addr: ":9981",
        Handler: http.HandlerFunc(func(w http.ResponseWriter, r *http.Request) {
            if r.Method == http.MethodConnect {
                handleTunneling(w, r)
            } else {
                handleHTTP(w, r)
            }
        }),
    }
    log.Fatal(server.ListenAndServe())
}

func handleTunneling(w http.ResponseWriter, r *http.Request) {
    dest_conn, err := net.DialTimeout("tcp", r.Host, 10*time.Second)
    w.WriteHeader(http.StatusOK)
    hijacker, ok := w.(http.Hijacker)
    client_conn, _, err := hijacker.Hijack()
    if err != nil {
        http.Error(w, err.Error(), http.StatusServiceUnavailable)
    }
    go transfer(dest_conn, client_conn)
    go transfer(client_conn, dest_conn)
}

func transfer(destination io.WriteCloser, source io.ReadCloser) {
    defer destination.Close()
    defer source.Close()
    io.Copy(destination, source)
}
```

在探测到 HTTP 请求是 CONNECT 方法后，handleTunneling 函数会进行特殊处理，建立与服务器的 TCP 连接，此后代理服务器会将数据包从服务器转发到客户端。

上面的代码有两处巧妙的地方。一是通过 hijacker.Hijack 函数获取了客户端与代理服务器之间的底层 TCP 连接。Go 语言对 HTTP 进行了深度的封装，但有时我们希望单独对连接进行处理，Go HTTP 标准库为我们提供了这种可能。当调用 hijacker.Hijack() 获取底层连接后，hijackLocked 函数会将变量 hijackedv 赋值为 true。

```
func (c *conn) hijackLocked() (rwc net.Conn, buf *bufio.ReadWriter, err error) {
    ...
    c.hijackedv = true
}
```

Go HTTP 标准库会在不同阶段检测该变量是否为 true，如果为 true，则放弃后续标准库的托管处理。

```
func (c *conn) hijacked() bool {
    c.mu.Lock()
    defer c.mu.Unlock()
    return c.hijackedv
}
```

另一个巧妙的地方是通过 io.Copy 简单地串联起了一个管道，实现了数据包在服务器与客户端之间的相互转发。当然，在工业级代码中，我们不会用这么粗暴的方式实现这一功能，因为传输的数据量可能很大。在工业级代码中，我们一般会写一个 for 循环，控制每次转发的数据包大小。例如，在 Go 语言标准库 httputil 中，ReverseProxy.copyBuffer 方法实现了将 src 数据复制到 dst 中的操作，如下所示。

15.1.3　MITM 代理

除了上面提到的 HTTP 隧道技术，代理服务器还可以使用 HTTPS 来处理数据，即让代理服务器直接与目标服务器建立 HTTPS 连接，同时在客户端与服务器之间建立另一个 HTTPS 连接。

但是 HTTPS 天然阻止了这种中间人攻击，而要突破这种封锁，就需要让客户端完全信任代理服务器颁发的证书，因此这种代理服务器也被称为 MITM（Man-In-The-Middle）。MITM 就像一个中间人，能够看到所有经过它的 HTTP 和 HTTPS 流量，这也是一些代理软件（例如 Charles）能够嗅探到 HTTPS 数据的原因。

15.1.4　透明代理

在上面的代理中，客户端需要感知到代理服务器的存在。还有一类代理，客户端不用感知到代理服务器，只需要直接向目标服务器中发送消息，通过操作系统或路由器的路由设置强制将请求发送到代理服务器中。举一个例子，在 macOS 操作系统上（Windows 操作系统类似）就可以设置系统代理，这样，在浏览器上发送的所有 HTTP/HTTPS 请求都会被转发到代理服务器的地址 127.0.0.1:8888 中，如图 15-2 所示。而在 Linux 服务器中，我们可以使用 iptables、ipvs 等技术强制将请求转发到代理服务器上。

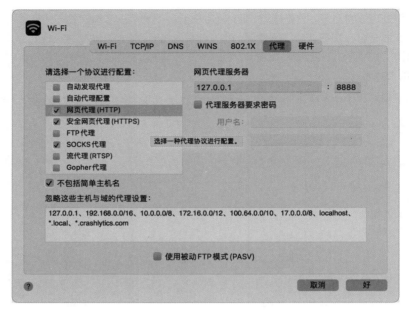

图 15-2

15.1.5 反向代理

反向代理和正向代理的区别在于，反向代理位于服务器和防火墙（Firewall）之间，客户端不能直接与服务器通信，需要通过反向代理进行通信，如图 15-3 所示。我们比较熟悉的 Nginx 一般就是用于实现反向代理的。

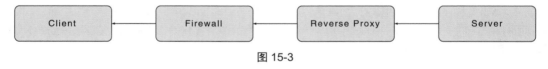

图 15-3

反向代理有以下好处。

- **负载均衡**。对于大型分布式系统来说，反向代理可以提供一种负载均衡方案，在不同服务器之间平均分配传入流量，防止单个服务器过载。如果某台服务器完全无法运转，那么可以将流量转发给其他服务器。
- **防范攻击**。配备反向代理后，服务器无须暴露真实的 IP 地址，这就让攻击者难以进行针对性攻击（例如 DDoS 攻击），同时，反向代理通常拥有更高的安全性和更多抵御网络攻击的资源。
- **缓存数据**。代理服务器可以缓存（或临时保存）服务器的响应数据（即使服务器在千里之外），大大提升请求的速度。
- **SSL 加密解密**。反向代理可以对客户端发出的 HTTPS 请求进行解密，对服务器发出的 HTTP 请求进行加密，从而节约目标服务器资源。

在 Go 语言中，实现反向代理非常简单，Go 语言标准库 httputil 提供了封装好的反向代理实现方式。下面是一个最简单的实现反向代理的例子。

```
func main() {
    // 初始化反向代理服务
    proxy, err := NewProxy()
    // 所有请求都由 ProxyRequestHandler 函数处理
    http.HandleFunc("/", ProxyRequestHandler(proxy))
    log.Fatal(http.ListenAndServe(":8080", nil))
}

func NewProxy() (*httputil.ReverseProxy, error) {
    targetHost := "http://my-api-server.com"
    url, err := url.Parse(targetHost)
    proxy := httputil.NewSingleHostReverseProxy(url)
    return proxy, nil
}

// ProxyRequestHandler 使用代理处理 HTTP 请求
func ProxyRequestHandler(proxy *httputil.ReverseProxy) func(http.ResponseWriter, *http.Request)
{
    return func(w http.ResponseWriter, r *http.Request) {
        proxy.ServeHTTP(w, r)
    }
}
```

在这个例子中，NewProxy 函数借助 httputil.NewSingleHostReverseProxy 函数生成了一个反向代理服务器。NewSingleHostReverseProxy 函数的参数是实际的后端服务器地址，如果后端有多个服务器，那么我们可以用一些策略来选择某一个合适的后端服务地址，从而实现负载均衡。我们可以看到，最核心的代码其实只有一行：

```
    proxy := httputil.NewSingleHostReverseProxy(url)
```

httputil.NewSingleHostReverseProxy 内部封装了数据转发等操作，当客户端访问代理服务器时，请求会被转发到对应的目标服务器中。httputil 对于反向代理的实现其实并不复杂，和我们之前介绍的正向代理的逻辑类似，主要包含了修改客户端的请求、处理特殊请求头、将请求转发到目标服务器，以及将目标服务器的数据转发回客户端等操作。感兴趣的同学可以查阅 httputil 源码中的核心方法 ReverseProxy.ServeHTTP。

```
// net/http/httputil/reverseproxy.go
func (p *ReverseProxy) ServeHTTP(rw http.ResponseWriter, req *http.Request)
```

15.2　如何在实际项目中实现代理

在爬虫项目中使用代理时，我们可能使用自己搭建的代理服务器，也可能使用外部付费或免费的代理池。假设我们已经拥有了众多代理服务器地址，客户端应该如何实现对代理的访问呢？这里涉及两个问题，一是如何访问代理服务器，二是在众多代理服务器中，怎样选择一个最合适的代理地址。

15.2.1 如何访问代理服务器

Go HTTP 标准库封装了代理访问的机制。在 Transport 结构体中，有一个 Proxy 函数用于返回当前应该使用的代理地址。

```go
type Transport struct {
    Proxy func(*Request) (*url.URL, error)
}
```

当客户端准备与服务器建立连接时，会调用 Proxy 函数获取 proxyURL，并通过 proxyURL 得到代理服务器的 IP 地址与端口，这就确保了客户端首先与代理服务器而不是与目标服务器建立连接。

```go
func (t *Transport) connectMethodForRequest(treq *transportRequest) (cm connectMethod, err error)
{
    cm.targetScheme = treq.URL.Scheme
    cm.targetAddr = canonicalAddr(treq.URL)
    // 获取代理地址
    if t.Proxy != nil {
        cm.proxyURL, err = t.Proxy(treq.Request)
    }
    cm.onlyH1 = treq.requiresHTTP1()
    return cm, err
}

func (t *Transport) dialConn(ctx context.Context, cm connectMethod) (pconn *persistConn, err error)
{
    ...
    conn, err := t.dial(ctx, "tcp", cm.addr())
}

func (cm *connectMethod) addr() string {
    // 如果代理地址不为空，则访问代理地址
    if cm.proxyURL != nil {
        return canonicalAddr(cm.proxyURL)
    }
    return cm.targetAddr
}
```

15.2.2 如何选择代理地址

代理地址的策略类似于调度策略，调度策略有很多，包括轮询调度、加权轮询调度、一致性哈希算法等，我们可以根据实际情况进行选择。

轮询调度（Round-Robin，RR）指让每个代理服务器都能按顺序获得相同的负载，是最简单的调度策略。下面让我们在项目中用轮询调度来实现对代理服务器的访问。

首先新建一个文件夹 proxy，专门负责处理与代理相关的操作。然后新建一个函数 RoundRobinProxySwitcher 用于返回代理函数，稍后将代理函数注入 http.Transport，代码如下。

```go
type ProxyFunc func(*http.Request) (*url.URL, error)
func RoundRobinProxySwitcher(ProxyURLs ...string) (ProxyFunc, error) {
    if len(ProxyURLs) < 1 {
        return nil, errors.New("Proxy URL list is empty")
    }
    urls := make([]*url.URL, len(ProxyURLs))
    for i, u := range ProxyURLs {
        parsedU, err := url.Parse(u)
        if err != nil {
            return nil, err
        }
        urls[i] = parsedU
    }
    return (&roundRobinSwitcher{urls, 0}).GetProxy, nil
}
type roundRobinSwitcher struct {
    proxyURLs []*url.URL
    index     uint32
}
// 取余算法实现轮询调度
func (r *roundRobinSwitcher) GetProxy(pr *http.Request) (*url.URL, error) {
    index := atomic.AddUint32(&r.index, 1) - 1
    u := r.proxyURLs[index%uint32(len(r.proxyURLs))]
    return u, nil
}
```

RoundRobinProxySwitcher 函数会接收代理服务器地址列表，将其字符串地址解析为 url.URL，并放入 roundRobinSwitcher 结构中，该结构中还包含了一个自增的序号 index。

RoundRobinProxySwitcher 函数实际返回的代理函数是 GetProxy，这里使用了 Go 语言中闭包的技巧：每次调用 GetProxy 函数，atomic.AddUint32 都会将 index 加 1，并通过取余操作实现对代理地址的轮询。

接下来让我们使用这一策略在模拟浏览器访问的结构体 BrowserFetch 中添加代理函数。

```go
type BrowserFetch struct {
    Timeout time.Duration
    Proxy   proxy.ProxyFunc
}
```

更新 http.Client 变量中 Transport 的 Proxy 函数，将其替换为我们自定义的代理函数。

```go
func (b BrowserFetch) Get(url string) ([]byte, error) {
    client := &http.Client{
        Timeout: b.Timeout,
    }
    if b.Proxy != nil {
        transport := http.DefaultTransport.(*http.Transport)
        transport.Proxy = b.Proxy
        client.Transport = transport
    }
```

```
    ...
}
```

在 Go http 标准库中，默认 Transport 为 http.DefaultTransport ，它定义了包括超时时间在内的诸多默认参数，并且实现了一个默认的 Proxy 函数 ProxyFromEnvironment。

```
var DefaultTransport RoundTripper = &Transport{
    Proxy: ProxyFromEnvironment,
    IdleConnTimeout:       90 * time.Second,
    TLSHandshakeTimeout:   10 * time.Second,
    ExpectContinueTimeout: 1 * time.Second,
}
```

ProxyFromEnvironment 函数会从系统环境变量中获取 HTTP_PROXY、HTTPS_PROXY 等参数，从而根据不同的协议使用对应的代理地址。很多代理有从环境变量中读取这些代理地址的机制，这也是有时通过修改环境能够改变代理行为的原因。

最后，在 main 函数中手动加入 HTTP 代理的地址，这样就可以正常地进行访问了。我的计算机中开启了 127.0.0.1:8888 和 127.0.0.1:8889 两个代理地址，它们可以帮助我顺利地访问谷歌网站。通过这种方式，我们隐藏了客户端的 IP 地址，突破了服务器设置的一些反爬机制。**完整的代码位于 v0.1.0 标签下。**

```
func main() {
    proxyURLs := []string{"http://127.0.0.1:8888", "http://127.0.0.1:8889"}
    p, err := proxy.RoundRobinProxySwitcher(proxyURLs...)
    url := "https://google.com"
    var f collect.Fetcher = collect.BrowserFetch{
        Timeout: 3000 * time.Millisecond,
        Proxy:   p,
    }
    body, err := f.Get(url)
    if err != nil {
        fmt.Printf("read content failed:%v\\n", err)
        return
    }
    fmt.Println(string(body))
}
```

15.3   总结

代理在爬虫系统中扮演着重要的角色，它能够帮助我们突破服务器带来的限制和封锁，从而正常抓取数据。在其他领域，代理也是非常常见的。本章介绍了代理的多种类型，包括正向代理、反向代理、MITM 代理、透明代理等，并阐述了代理在 Go 语言中的实现方式及工作原理。

16 日志处理：日志规范与最佳实践

> 调试代码的难度是编写代码的两倍，如果编写的代码足够巧妙，你就不必太费心调试它。
>
> —— Brian W. Kernighan

本章需要构建项目的日志组件，以便我们收集日志信息。运行中的程序就像一个黑盒，好在日志为我们记录了系统在不同时刻的运行状态。日志的用途主要有以下 4 点。

- **打印调试**：日志可以记录变量或者某一段逻辑，以及程序运行的流程。虽然用日志来调试经常被认为技术手段落后，但它确实能够解决某些难题。例如，对于一个在线下无法复现的场景，我们不希望其对线上系统产生破坏性的影响，这时打印调试就派上用场了。
- **问题定位**：日志可以在系统或者业务出现问题时帮我们快速排查原因。例如，Go 语言程序突然出现异常（panic），被 recover 捕获之后需要打印当前的详细堆栈信息，这种情况需要通过日志来定位。
- **开发者行为分析**：日志的大量数据可以作为大数据分析的基础，例如分析开发者的行为偏好等。
- **监控**：日志数据通过流处理生成的连续指标数据可以被存储起来，并对接监控告警平台，这有助于我们快速发现系统的异常。

16.1 标准库的 log 包

Go 语言标准库的 log 包提供了 3 个主要的日志打印接口，包括 log.Println、log.Fatalln 和 log.Panicln，同时允许通过 log.SetPrefix 方法设置日志前缀，以及通过 log.SetFlags 方法设置时间和文件格式。

举一个简单的例子，下面这段代码使用了 Go 语言标准库。log.SetFlags 中的参数 log.Ldate 表示日志会输出日期，log.Lmicroseconds 表示日志会输出微秒，log.Llongfile 表示日志会输出长文件名的形式。

```go
func init() {
  log.SetPrefix("TRACE: ")
  log.SetFlags(log.Ldate | log.Lmicroseconds | log.Llongfile)
}

func main() {
  log.Println("message")
```

```
    log.Fatalln("fatal message")
    log.Panicln("panic message")
}
```

输出如下所示。

```
TRACE: 2022/10/12 22:22:36.540776 a/b/main.go:19: message
TRACE: 2022/10/12 22:22:36.541046 a/b/main.go:20: fatal message
```

要注意的是，log.Fatalln 会调用 os.Exit(1)强制退出程序，所以没有输出第三条日志。另外，log.Panicln 会使程序 panic 而退出，但是我们可以通过 recover 完成捕获。

标准库的 log 包的局限性在于它无法对日志进行分级，例如在生产环境中可能需要 DEBUG、INFO 等级别的日志。同时，我们可能不希望在输出日志时触发 panic 或使程序直接退出。

尽管如此，标准库的 log 包仍然提供了一定程度的扩展能力，例如使用 log.New 可以指定新 log 的输出位置、前缀和格式，从而实现日志分级功能。在以下示例中，Error.Println 会将数据输出到相应的文件中。

```
var (
    Error   *log.Logger
    Warning *log.Logger
)

func init() {
    file, err := os.OpenFile("errors.txt",
        os.O_CREATE|os.O_WRONLY|os.O_APPEND, 0666)
    if err != nil {
        log.Fatalln("Failed to open error log file:", err)
    }

    Warning = log.New(os.Stdout,
        "WARNING: ",
        log.Ldate|log.Ltime|log.Lshortfile)

    Error = log.New(file,
        "ERROR: ",
        log.Ldate|log.Ltime|log.Lshortfile)
}

func main() {
    Warning.Println("There is something you need to know about")
    Error.Println("Something has failed")
}
```

虽然提供了有限的扩展能力，但是标准库的 log 包仍然存在一些不足之处。例如，它对参数的处理借助了 fmt.Sprintxxx 函数，中间包含了大量反射，性能比较低下；log 不会输出类似 JSON 的结构化数据，要想实现文件切割也比较困难。所以我们一般只在本地开发环境中使用标准库的 log 包。

那么一个工业级的日志组件应该具备什么特性呢？以下是一些需要考虑的点。

- 根据不同环境采用不同的输出行为。例如，在测试和开发环境中，将日志输出到控制台；在生产环境中，将日志输出到文件。

- 支持日志分级。例如，DEBUG、INFO、WARNING、ERROR 等级别的日志。
- 提供类似 JSON 的结构化输出。这将使日志更易阅读，同时有助于后续查找和存储日志。
- 支持日志文件切割。例如，根据日期、时间间隔或文件大小进行日志切割。
- 可自定义输出格式。例如，可配置打印日志的函数、文件名、行号和记录时间等信息。
- 良好的性能。避免使用过多反射和其他低效操作，确保在高并发环境下日志系统不成为性能瓶颈。

16.2 Zap

在 Go 语言中，知名的日志库包括 Zap、Logrus 和 Zerolog，它们都满足了我们对日志组件的要求。Zap 是 Uber 开源的日志库，在社区非常受欢迎。除了提供基本的日志功能，Zap 在内存分配和速度方面相较其他日志库具有明显优势。因此，在后续项目中，我们将通过封装 Zap 来实现输出日志的功能。

Zap 提供了两种类型的日志，分别是 Logger 与 SugaredLogger。其中，Logger 是默认的，每个要写入的字段都需要指定对应类型的方法，由于可以不使用反射，所以效率更高。**为了避免在异常情况下丢失日志（尤其是在 panic 时），logger.Sync()会在进程退出之前落盘所有位于缓冲区中的日志条目。**

```
package main
import (
    "go.uber.org/zap"
    "time"
)
func main() {
    logger, _ := zap.NewProduction()
    defer logger.Sync()
    url := "www.google.com"
    logger.Info("failed to fetch URL",
        zap.String("url", url),
        zap.Int("attempt", 3),
        zap.Duration("backoff", time.Second))
}
```

SugaredLogger 的性能稍微低于 Logger，但是它提供了一种更灵活的输出方式。

```
func main() {
    logger, _ := zap.NewProduction()
    defer logger.Sync()
    sugar := logger.Sugar()
    url := "www.google.com"
    sugar.Infow("failed to fetch URL",
        "url", url,
        "attempt", 3,
        "backoff", time.Second,
    )
}
```

Zap 在默认情况下会输出 JSON 格式的日志，上面这个例子中的输出为

```
{"level":"info","ts":1665669124.251897,"caller":"a/b.go:20","msg":"failed to fetch
URL","url":"www.google.com","attempt":3,"backoff":1}
```

Zap 提供了三种预设的 Logger：zap.NewExample、zap.NewDevelopment 和 zap.NewProduction。
这些函数可以接收若干 zap.Option 类型的选项，以扩展 Logger 行为。例如，zap.WithCaller 可打印文
件和行号，zap.AddStacktrace 可打印堆栈信息。除此之外，我们还可以定制自己的 Logger，提供比预
置的 Logger 更灵活的能力。举一个例子，zap.NewProduction 函数实际调用了方法链
NewProductionConfig().Build()，而 NewProductionConfig 函数生成的 zap.Config 可以被定制化。

```go
func NewProduction(options ...Option) (*Logger, error) {
    return NewProductionConfig().Build(options...)
}
```

在下面这个例子中，我修改了 Zap 中输出时间的格式。

```go
func main() {
  loggerConfig := zap.NewProductionConfig()
  loggerConfig.EncoderConfig.TimeKey = "timestamp"
  loggerConfig.EncoderConfig.EncodeTime = zapcore.TimeEncoderOfLayout(time.RFC3339)

  logger, err := loggerConfig.Build()
  if err != nil {
    logger.Fatal(err.Error())
  }

  sugar := logger.Sugar()
  sugar.Info("Hello from zap logger")
}
```

执行上述代码后，输出如下。通过合理灵活地配置日志格式，可以满足项目的不同需求。

```
{"level":"info","timestamp":"2022-10-13T23:12:17+08:00","caller":"a/main.go:169","msg":"Hello
from zap logger"}
```

16.3　日志切割

在 Zap 中，我们也可以通过底层的 Zap.New 函数的扩展能力完成定制化的操作。例如，指定日志输出
的 Writer 行为。不同的 Writer 可能有不同的写入行为，例如，输出到文件还是控制台；是否需要根据时
间和文件的大小对日志进行切割等。**Zap 将日志切割的能力开放了出来，只要日志切割组件实现了
zapcore.WriteSyncer 接口，就可以集成到 Zap 中**。比较常用的日志切割组件为 lumberjack.v2。下
面这个例子将 lumberjack.v2 组件集成到了 Zap 中。

```go
w := &lumberjack.Logger{
  Filename:   "/var/log/myapp/foo.log",
  MaxSize:    500, // 日志的最大大小，以 MB 为单位
  MaxBackups: 3,  // 保留的旧日志文件的最大数量
  MaxAge:     28, // 保留旧日志文件的最大天数
}
core := zapcore.NewCore(
```

```
    zapcore.NewJSONEncoder(zap.NewProductionEncoderConfig()),
    w,
    zap.InfoLevel,
)
logger := zap.New(core)
```

16.4　日志分级

设置好日志组件的基本属性之后就可以输出日志了。在输出日志时，我们需要根据日志的用途进行分级。目前的最佳实践将日志分为 5 个级别。

- **DEBUG 级别**的日志主要是用来调试的。通过输出当前程序的调用链，我们可以知道程序运行的逻辑，了解关键分支中详细的变量信息、上下游请求参数和耗时等，帮助开发者调试错误、判断逻辑是否符合预期。DEBUG 日志一般用在开发和测试初期。不过，由于太多的 DEBUG 日志会降低线上程序的性能、导致成本上升，因此在生产环境中一般不会输出 DEBUG 日志。
- **INFO 级别**的日志记录了系统的核心指标。例如，初始化时配置文件的路径、程序所处集群的环境和版本号、核心指标和状态的变化；再例如，外部节点数量的变化，或者外部数据库地址的变化。INFO 信息有助于我们了解程序的整体运行情况，快速排查问题。
- **WARNING 级别**的日志用于输出程序中预知的、程序目前仍然能够处理的问题。例如，打车服务的行程信息会存储在缓存中以便我们快速查找，当在缓存中查不到开发者的行程信息时，可以用一些"兜底"的策略重建行程，继续完成后续的流程。这种不影响正常流程，但又不太符合预期的情况就适合使用 WARNING。WARNING 还可以帮助我们在事后分析异常情况出现的原因。
- **ERROR 级别**的日志主要针对一些不可预知的问题，例如网络通信或者数据库连接的异常等。
- **FATAL 级别**的日志主要针对程序遇到的严重问题，意味着需要立即终止程序，例如遇到了不能容忍的并发冲突。
- Zap 日志库在上面 5 个分级的基础上还增加了 Panic 和 DPanic 级别，输出 Panic 级别的日志后会触发 panic；而 DPanic 级别比较特殊，它在 development 模式下会 panic，相当于 Panic 级别，而在其他模式下相当于 Error 级别。

16.5　日志格式规范

我们希望输出的日志格式尽量符合通用规范，以便公共的采集通道进行进一步处理。一个合格的日志至少应该有具体的时间、输出的行号、日志级别等重要信息。同时，在大规模集群中，还可能包含机器的 IP 地址、调用者的 IP 地址和其他业务信息。规范日志示例如下。

```
{"level":"info","timestamp":"2022-10-13T23:29:10+08:00","caller":"a/main.go:168","msg":"data"
,"orderid":1414281843,"traceid":124111424,"appversion":"v1.1","caller_ip":"10.8.0.1","reason_
type":30}
```

下面给出一个真实的日志规范以供参考。（1）每条日志必须至少包含日志 Key、TimeStamp、输出的行号、日志级别字段。（2）单条日志长度在 1MB 以内，单个服务节点每秒的日志量小于 20MB。（3）建议使用 UTF-8 字符集，避免入库时出现乱码。（4）Key 为每个字段的字段名，一行示例中的 Key 是唯一的。（5）Key 的命名只能包含数字、字母、下画线，且必须以字母开头。（6）Key 的长度不可大于 80 个字符。（7）Key 中的字母均为小写。

16.6　构建项目日志组件

接下来，让我们利用 Zap 构建项目的日志组件，将代码放入新的 log 文件夹中。**日志组件的代码位于 v0.1.2 标签下。**

我们把 zapcore.Core 作为一个自定义类型 Plugin，zapcore.Core 定义了日志的编码格式以及输出位置等核心功能。作为一个通用的库，实现了 NewStdoutPlugin、NewStderrPlugin、NewFilePlugin 这三个函数，分别对应输出日志到 stdout、stderr 和文件中。这三个函数最终都调用了 zapcore.NewCore 函数。

```
type Plugin = zapcore.Core
func NewStdoutPlugin(enabler zapcore.LevelEnabler) Plugin {
    return NewPlugin(zapcore.Lock(zapcore.AddSync(os.Stdout)), enabler)
}
func NewStderrPlugin(enabler zapcore.LevelEnabler) Plugin {
    return NewPlugin(zapcore.Lock(zapcore.AddSync(os.Stderr)), enabler)
}
func NewFilePlugin(
    filePath string, enabler zapcore.LevelEnabler) (Plugin, io.Closer) {
    var writer = DefaultLumberjackLogger()
    writer.Filename = filePath
    return NewPlugin(zapcore.AddSync(writer), enabler), writer
}
func NewPlugin(writer zapcore.WriteSyncer, enabler zapcore.LevelEnabler) Plugin {
    return zapcore.NewCore(DefaultEncoder(), writer, enabler)
}
```

NewFilePlugin 中暴露了 filePath 和 enabler 两个参数。其中 filePath 表示输出文件的路径，enabler 表示当前环境中要输出的日志级别。Zap 中的 7 种日志级别是一个整数，按照等级从上到下排列，等级最低的是 Debug，等级最高的为 Fatal。在生产环境中，我们并不希望输出 Debug 日志，因此可以在生产环境中指定 enabler 参数为 Info 级别，这样，就只有大于或等于 enabler 的日志等级才会被输出。

```
const (
    DebugLevel = zapcore.DebugLevel
    InfoLevel = zapcore.InfoLevel
    WarnLevel = zapcore.WarnLevel
    ErrorLevel = zapcore.ErrorLevel
    DPanicLevel = zapcore.DPanicLevel
    PanicLevel = zapcore.PanicLevel
    FatalLevel = zapcore.FatalLevel
)
```

下一步是日志切割，在 NewFilePlugin 中，我们借助 lumberjack.v2 完成日志的切割。

```
// 1.不会自动清理 backup 2.每 200MB 压缩一次，不按时间切割
```

```
func DefaultLumberjackLogger() *lumberjack.Logger {
    return &lumberjack.Logger{
        MaxSize:   200,
        LocalTime: true,
        Compress:  true,
    }
}
```

最后，我们要暴露一个通用的函数 NewLogger 来生成 logger。默认的选项会输出调用时的文件与行号，并且只有当日志等级在 DPanic 以上时，才输出函数的堆栈信息。

```
func NewLogger(plugin zapcore.Core, options ...zap.Option) *zap.Logger {
    return zap.New(plugin, append(DefaultOption(), options...)...)
}

func DefaultOption() []zap.Option {
    var stackTraceLevel zap.LevelEnablerFunc = func(level zapcore.Level) bool {
        return level >= zapcore.DPanicLevel
    }
    return []zap.Option{
        zap.AddCaller(),
        zap.AddStacktrace(stackTraceLevel),
    }
}
```

现在让我们在 main 函数中集成 log 组件，文件名和日志级别现在是固定的，后续我们会将它们统一放入配置文件中。

```
func main() {
    plugin, c := log.NewFilePlugin("./log.txt", zapcore.InfoLevel)
    defer c.Close()
    logger := log.NewLogger(plugin)
    logger.Info("log init end")
}
```

输出如下，这样，我们就可以在项目中愉快地输出日志了。

```
{"level":"INFO","ts":"2022-10-14T23:59:15.701+0800","caller":"crawler/main.go:17","msg":"log
init end"}
```

16.7　总结

日志可以帮助我们了解程序的运行状态，在调试、问题定位、监控等场景下都有诸多的用处。Go 语言标准库虽然提供了简单的日志功能，却不具备日志分级、结构化输出、日志切割、自定义输出格式的功能，性能也相对低下，一般在项目中不能直接使用它。好在满足我们使用需求的日志组件有很多，最常用的有 Zap、Logrus 和 Zerolog。其中，Zap 在速度和内存分配上有明显的优势，通过合理地使用和配置 Zap，可以为项目提供强大且灵活的日志记录功能。

17

运筹帷幄：
协程的运行机制与并发模型

如果一头牛无法胜任某项工作，那么不要试图培育一头更大的牛，而是使用两头牛。当我们需要更大的计算机运算能力时，解决方法不是获取一台更大的计算机，而是建立计算机系统并将它们并行操作。

—— Grace Hopper

Go 语言以编写高并发程序的便捷性而闻名，本书在介绍介绍 Go 语言的网络模型时，也提到了 Go 运行时借助对 I/O 多路复用的封装和协程的灵巧调度，实现了高并发的网络处理。为了更深入地审视协程这一最重要的 Go 语言特性，在搭建高并发的爬虫模型之前，我们先来深入看看协程的运行机制，以及如何用协程搭建起高并发的模型。

17.1 进程与线程

进程与线程都是操作系统用来运行程序的基本单元。其中进程（Process）是正在执行的程序的实例，它包含了程序代码、数据、文件和系统资源等。进程是操作系统资源分配的基本单位，每个进程都有自己独立的地址空间、文件描述符表、网络连接、进程 ID 等系统资源。进程与进程之间有较好的隔离性，但是进程之间的通信困难，创建一个进程耗时且耗资源，因此多进程并不是高并发场景下的最佳选择。

由于多进程在并发条件下的不足，操作系统抽象出了一个轻量级的资源——线程（Thread）。一个进程可以包含多个线程，这些线程共享进程的资源，包括内存、文件和网络描述符等。同时，每个线程都有独立的栈空间、程序计数器和线程本地存储等资源。线程是操作系统资源调度的基本单位，它比进程更轻量，可以被更快地创建和销毁，且线程间的切换开销比进程小，因此在多任务处理中，使用线程可以提高程序的并发性和性能。

17.2 线程与协程

协程一般被认为是轻量级的线程，操作系统感知不到协程的存在，协程的管理依赖 Go 语言运行时自身提供的调度器。因此准确地说，Go 语言中的协程是从属于某一个线程的，只有协程和实际线程绑定，才有执行的机会。

为什么 Go 语言需要在线程的基础上抽象出协程的概念，而不是直接操作线程呢？要回答这个问题，就需要深入理解线程和协程的区别。下面就从调度方式、上下文切换的速度、调度策略、栈的大小这 4 方面分析一下线程和协程的不同之处。

17.2.1 调度方式

Go 语言中的协程是从属于某一个线程的，协程与线程是多对多的对应关系。Go 语言调度器可以将多个协程调度到同一个线程中执行，一个协程也可以在多个线程中切换，如图 17-1 所示。

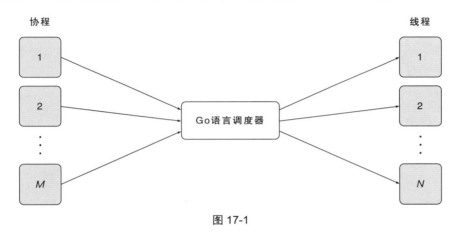

图 17-1

17.2.2 上下文切换速度

协程上下文切换的速度要快于线程，因为切换协程不必同时切换开发者态与操作系统内核态，而且在 Go 语言中，切换协程只需要保留极少的状态和寄存器值（SP/BP/PC），切换线程则会保留额外的寄存器值（例如浮点寄存器）。

在一般情况下，线程切换的速度大约为 1~2 微秒，Go 语言中协程切换的速度比它快数倍，为 0.2 微秒左右。不过上下文切换的速度受到诸多因素的影响，会根据实际情况有所波动。

17.2.3 调度策略

线程的调度在多数时间里是抢占式的，操作系统调度器为了均衡每个线程的执行周期，会定时发出中断信号强制切换线程上下文。而 Go 语言中的协程在一般情况下是协作式调度的，当一个协程处理完自己的任务后，可以主动将执行权限让渡给其他协程。这意味着协程可以更好地在规定时间内完成自己的工作，而不会轻易被抢占。只有当一个协程运行了太长时间时，Go 语言调度器才会强制抢占其任务的执行。

17.2.4　栈的大小

线程的栈的大小一般是在创建时指定的。为了避免出现栈溢出（Stack Overflow）的情况，默认的栈较大（例如 2MB），这意味着每创建 1000 个线程就需要消耗 2GB 的虚拟内存，大大限制了可以创建的线程的数量[①]，而 Go 语言中的协程栈默认为 2KB，所以在实践中，我们经常会看到成千上万的协程存在。

另外，线程的栈在运行时不能更改，但是 Go 语言中的协程栈在 Go 运行时的帮助下会动态检测栈的大小，并动态地进行扩容，因此在实践中，我们可以将协程看作轻量的资源。

17.3　从 GM 到 GMP

协程的调度依赖于线程，下面就让我们看看 Go 运行时是如何将协程与线程绑定在一起的。

在 Go 源码中，结构体 m 代表操作系统线程 M，其中包含特殊的调度协程 g0、绑定的逻辑处理器 P、绑定的开发者协程 G 等重要结构。

```
type m struct {
  g0    *g     // 特殊的调度协程 g0
  p     puintptr // m 当前绑定的逻辑处理器 P
  curg  *g      // 当前 m 绑定的开发者协程 g
  tls   [6]uintptr // 线程局部存储
  ...
}
```

结构体 m 需要与真实的操作系统线程绑定在一起，这就要借助线程本地存储技术了。与普通的全局变量对程序中的所有线程可见不同，线程本地存储中的变量只对当前线程可见，因此，这种类型的变量可以看作是线程“私有”的。在一般情况下，操作系统会使用 FS/GS 段寄存器存储线程本地变量。

在 Go 语言中，并没有直接暴露线程本地存储的编程方式，但是 Go 语言运行时使用线程本地存储将具体操作系统的线程与运行时代表线程的 m 结构体绑定在了一起。线程本地存储的数据实际是结构体 m 中 m.tls 的地址，同时，m.tls[0]会存储当前线程正在运行的协程 g 的地址，因此在任意一个线程内部，通过线程本地存储可以在任意时刻获取绑定在当前线程上的协程 G、结构体 m、逻辑处理器 P、特殊协程 g0 等的信息。

线程局部存储帮助我们实现了结构体 m 与实际线程的绑定，除此之外，我们还需要实现结构体 m 与某个协程的绑定，这就要用到调度器了。Go1.1 之前的调度器是用 C 语言实现的，无论是在线程启动还是协程切换时，都会执行调度函数 schedule，schedule 再从全局队列中获取可运行的协程并予以执行。

这种方式最核心的问题是，调度器每次获取可以运行的协程都需要加锁，随着 CPU 核心数量的增多，扩展性不足的问题会越来越明显。此外，当协程执行系统调用时，线程还会整个被阻塞。为了解决上面的问题，Go 团队对调度器进行了很大的优化，其中最重要的优化就是引入了逻辑处理器 P。逻辑处理器 P 和唯一的线程 M 绑定，可以在本地存储协程 G 的运行队列，同时保留全局的协程运行队列，如图 17-2 所示。

---

① 64 位的虚拟内存地址空间已经让这种限制变得不太严重。

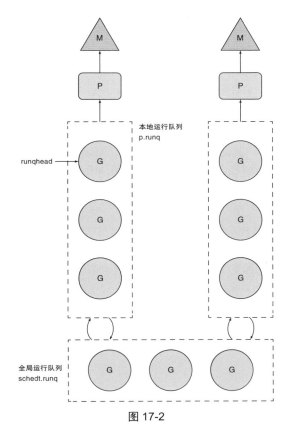

图 17-2

逻辑处理器 P 与 M 绑定的特性决定了当前并行运行的线程数量是与 P 的数量对应的。假设现在有 4 个 P，就有 4 个线程可以并行执行。在默认情况下，Go 运行时会读取 CPU 核心的数量，并让创建的逻辑处理器 P 的数量和机器 CPU 核心的数量相同。当然，我们也可以通过配置环境变量中的 GOMAXPROCS 来指定 P 的数量。

17.4　协程的数据争用

在 Go 语言中，当两个以上协程同时访问相同的内存空间，并且至少有一个写操作时，可能出现并发安全问题，这种现象也叫作数据争用。

数据争用可谓高并发程序中最难排查的问题，因为它的结果是不确定的，而且可能只在特定条件下出错。这就导致很难复现相同的错误，在测试阶段也不一定能测试出问题。而要解决数据争用问题，我们需要一些机制来保证某一时刻只有一个协程执行特定操作，比较传统的方案是锁，包括原子锁、互斥锁与读写锁。

17.4.1　原子锁

即便是像 count++ 这样简单的操作，在底层也经历了读取数据、更新 CPU 缓存、存入内存这一系列操作，这些操作如果并发进行可能出现严重错误，在这种情况下可以使用原子锁来保证并发的安全。

在一些更复杂的场景中，原子锁同样必不可少。为了优化性能，许多编译器可能在编译过程中调整指令的执行顺序，同样，CPU 也可能在运行过程中进行这样的调整，这可能导致指令的执行顺序与代码中的顺序不同。例如，如果已知有两个内存引用将到达同一位置，并且没有中间写入会影响该位置，那么编译器可能只使用最初获取的值。此外，非原子性操作可能在并发情况下遇到问题，如加法结合律下的 a + b + c 可能在编译阶段被拆分为 (b+c)+a。

在 CPU 执行过程中，不仅可能出现编译器执行顺序混乱的问题，也可能出现与程序中执行顺序不同的内存访问问题。例如，许多处理器包含存储缓冲区，这个缓冲区会接收对内存的挂起写操作，写缓冲区基本上是<地址，数据>的队列。通常，这些写操作可以按顺序执行，但是如果随后的写操作地址已经在写缓冲区中了，那么可以将此写操作与先前的挂起写操作组合在一起。

处理器高速缓存未命中也可能导致问题。许多处理器在等待当前指令从主内存中获取数据时，为了最大程度地利用资源，会继续执行后续指令，导致操作乱序。因此需要有一种机制解决并发访问时数据冲突及内存操作乱序的问题，即提供一种原子性的操作。这通常依赖硬件的支持，例如 X86 指令集中的 LOCK 指令，对应到 Go 语言就是 sync/atomic 包。

下面这个例子使用 atomic.AddInt64 函数将变量增加了 1，这种原子操作不会出现并发时的数据争用问题。

```go
var count int64 = 0
func add() {
    atomic.AddInt64(&count,1)
}
func main() {
    go add()
    go add()
}
```

sync/atomic 包中还有一个重要的功能——CompareAndSwap，它能够对比并替换元素值。在下面这个例子中，atomic.CompareAndSwapInt64 会判断 flag 变量的值是否为 0，如果是 0，则将 flag 的值设置为 1。这一系列操作都是原子性的，不会发生数据争用，也不会出现内存操作乱序问题。sync/atomic 包中的原子操作能构建起一种自旋锁，只有获取该锁，才能执行区域中的代码。下面这段代码使用一个 for 循环不断轮询原子操作，直到原子操作成功才获取该锁。

```go
var flag int64 = 0
var count int64 = 0
func add() {
    for {
        if atomic.CompareAndSwapInt64(&flag, 0, 1) {
            count++
            atomic.StoreInt64(&flag, 0)
            return
        }
    }
}
```

```
func main() {
    go add()
    go add()
}
```

这种自旋锁的形式在 Go 源代码中随处可见。其实，原子操作是保证同步的最基本的技术，通过原子操作可以构建起许多同步原语，例如自旋锁、信号量、互斥锁等。

17.4.2　互斥锁

通过原子操作构建起的自旋锁，虽然简单高效却不是万能的。例如，当某一个协程长时间霸占锁时，其他协程仍在继续抢占锁，这会导致 CPU 资源持续无意义地被浪费。同时，当许多协程同时获取锁时，可能有协程始终抢占不到锁。

为了解决这种问题，操作系统的锁接口提供了终止与唤醒的机制（例如 Linux 中的 pthread mutex），这就避免了频繁自旋造成的浪费。不过，调用操作系统级别的锁会锁住整个线程使之无法运行，另外锁的抢占还涉及线程之间的上下文切换。Go 语言借助协程实现了一种比传统操作系统级别的锁更加轻量级的互斥锁，它的使用方式如下。

```
var count int64 = 0
var m sync.Mutex
func add() {
    m.Lock()
    count++
    m.Unlock()
}
func main() {
    go add()
    go add()
}
```

这里，sync.Mutex 构建起了互斥锁，在同一时刻，只会有一个获取了锁的协程会继续执行任务，其他的协程将陷入等待状态。借助协程的休眠与调度器的调度，这种锁会变得非常轻量。

17.4.3　读写锁

由于在同一时间内只能有一个协程获取互斥锁并执行操作，因此在多读少写的情况下，如果长时间没有写操作，读取到的会是完全相同的值，使用互斥锁就显得没有必要了，这时使用读写锁更加恰当。

读写锁通过两种锁来实现，一种为读锁，另一种为写锁。当进行读取操作时，需要加读锁，当进行写入操作时，需要加写锁。多个协程可以同时获得读锁并执行，如果此时有协程申请了写锁，那么该协程需要等待所有的读锁都被释放才能获取写锁并执行。如果当前的协程申请读锁时已经存在写锁，那么需要等待写锁被释放再获取读锁并执行。

总之，读锁必须能观察到上一次写锁写入的值，写锁则要在之前的读锁释放后才能写入。可以有多个协程获得读锁，但只能有一个协程获得写锁。

举一个简单的例子。哈希表并不是并发安全的，它只能并发读取，一旦并发写入就会出现冲突。一种简单的规避方式是在获取 Map 中的数据时加入 RLock 读锁，在写入数据时使用 Lock 写锁。

```go
type Stat struct {
    counters map[string]int64
    mutex sync.RWMutex
}
func (s *Stat) getCounter(name string) int64 {
    s.mutex.RLock()
    defer s.mutex.RUnlock()
    return s.counters[name]
}
func (s *Stat) SetCounter(name string){
    s.mutex.Lock()
    defer s.mutex.Unlock()
    s.counters[name]++
}
```

17.5　Go 并发控制库

借助原始的并发控制手段，Go 提供了一些好用的并发控制工具，除了之前提到的 Context，还包括 sync.WaitGroup、sync.Once、sync.Map、sync.Pool 和 sync.Cond。其中 sync.Pool 用于并发安全地复用内存数据，在第 30 章会详细介绍，我们先来看看另外几种工具。

17.5.1　sync.WaitGroup

sync.WaitGroup 能够协调多个 goroutine 之间的并发执行，它会等待多个协程执行完毕再继续执行后续代码。先来看这样一个场景：在加载配置的过程中，我们希望多个协程可以同时加载不同的配置文件，同时希望这些协程都加载完毕程序才提供服务。这时，使用 sleep 函数进行休眠是一种低效的解决方案，更高效的方案是使用 Go 语言标准库中的 sync.WaitGroup 。

sync.WaitGroup 提供了 3 种方法：Add、Done 和 Wait。其中 Add 方法将等待的数量加 1，Done 方法将等待的数量减 1，Wait 方法则会陷入等待，直到等待的数量为 0。因此，一般在开启协程前调用 Add 方法；然后开启多个工作协程，在每个协程结束时延迟调用 Done 方法，将等待的数量减 1；在末尾调用 Wait 方法，该方法会陷入阻塞，等待所有协程执行完毕再继续执行后续代码。

示例代码如下。

```go
func worker(id int) {
    fmt.Printf("Worker %d starting\n", id)
    time.Sleep(time.Second)
    fmt.Printf("Worker %d done\n", id)
}

func main() {
    var wg sync.WaitGroup
    for i := 1; i <= 5; i++ {
```

```
    wg.Add(1)
    i := i
    go func() {
        defer wg.Done()
        worker(i)
    }()
}
wg.Wait()
}
```

17.5.2　sync.Once

sync.Once 可以保证某一个过程只执行一次，它在实践中被广泛使用，用于防止内存泄漏、资源重复关闭等异常情况。例如，我们希望在程序启动时仅加载一次配置、初始化一次日志组件。又如，在释放资源时，我们希望文件描述符与通道只关闭一次。在下面这个例子中，使用 sync.Once 只允许 MySQL 数据库被初始化一次，避免在程序中重复打开连接。

```
var (
    once  sync.Once
)

func DbOnce() (*sql.DB, error) {
    once.Do(func() {
        fmt.Println("Am called")
        db, dbErr = sql.Open("mysql", "root:test@tcp(127.0.0.1:3306)/test")
        if dbErr != nil {
            return
        }
        dbErr = db.Ping()
    })
    return db, dbErr
}
```

17.5.3　sync.Map

sync.Map 是 Go 语言标准库提供的一种线程安全的 map 类型。与常规的 map 类型不同，sync.Map 是并发安全的，可以在多个 goroutine 之间共享访问。

sync.Map 的使用非常简单，只需要使用 sync.Map 的内置方法进行读写操作即可。例如，我们可以使用 Load 方法读取某个 Key 对应的 Value，使用 Store 方法存储 Key-Value 对，使用 Delete 方法删除指定的 Key，等等。具体来说，sync.Map 支持以下几个方法。

- Load(key interface{}) (interface{}, bool)：加载指定 Key 对应的 Value。
- Store(key, value interface{})：存储 Key-Value 对。
- LoadOrStore(key, value interface{}) (actual interface{}, loaded bool)：加载 Key 对应的 Value，如果 key 不存在，则存储 Key-Value 对，并返回 (value, false)；如果 Key 已经存在，则返回已经存在的 Value，并返回 (value, true)。

- Delete(key interface{})：删除指定的 Key-Value 对。
- Range(f func(key, value interface{}) bool)：遍历 sync.Map 中的所有 Key-Value 对，并对每个 Key-Value 对执行指定的函数 f。如果函数 f 返回 false，则 Range 方法会停止遍历。

sync.Map 的示例代码如下所示。

```go
func main() {
    var m sync.Map

    m.Store("foo", "bar")
    m.Store("hello", "world")

    val, ok := m.Load("foo")
    if ok {
        fmt.Println(val) // bar
    }

    newVal, loaded := m.LoadOrStore("foo", "baz")
    if loaded {
        fmt.Println(newVal) // bar
    } else {
        fmt.Println("Stored value for key 'foo'")
    }

    m.Range(func(key, value interface{}) bool {
        fmt.Printf("key: %v, value: %v\n", key, value)
        return true
    })
}
```

在这个例子中，我们首先存储了一个 key-value 对"foo":"bar"，然后使用 Load 方法检索它并输出结果。接下来，我们使用 LoadOrStore 方法将"foo":"baz"存储到 map 中，但由于键"foo"已经存在，因此该方法返回已经存在的值"bar"。最后，我们使用 Range 方法迭代 map 中的所有 key-value 对，并输出它们的 key 和 value。

需要注意的是，由于 sync.Map 内部实现了一些复杂的算法，因此在性能上可能略逊于普通的 map 类型。另外，由于 sync.Map 中的 key 和 value 都是 interface{} 类型，因此在使用时需要进行类型断言。

17.5.4 sync.Cond

sync.Cond 是 Go 语言提供的一种类似条件变量的同步机制，它能够让协程陷入阻塞，直到某个条件发生再继续执行。

sync.Cond 包含了 3 个重要的 API：Cond.Wait()、Cond.Signal()和 Cond.Broadcast() 。其中，Cond.Wait() 表示等待条件的发生，会释放所持有的锁，并使当前协程陷入等待状态；Cond.Signal()用于唤醒等待队列中的一个协程；而 Cond.Broadcast()会唤醒所有等待的协程。要注意的是，使用

Cond.Wait() 之前必须调用 Cond.L.Lock() 进行加锁，结束后还需要调用 Cond.L.UnLock() 进行解锁。

使用 sync.Cond 的正确方法是：协程 A 会用 for 循环判断是否满足条件，如果不满足则陷入休眠状态。协程 B 会在恰当的时候调用 c.Broadcast() 唤醒等待的协程。当协程被唤醒后，需要再次检查条件是否满足，如果不满足则需要重新陷入等待。

使用 sync.Cond 可以实现某种程度上的解耦：消息的发出者不需要知道具体的判断条件，这样可以增强代码的可维护性和可扩展性。

```
// 协程 A
c.L.Lock()
for !condition() {
    c.Wait()
}
...
c.L.Unlock()
```

```
// 协程 B
...
c.Broadcast()
```

在实践中，并不经常使用 sync.Cond，因为在很多场景下都可以使用更为强大的通道。 不过，为了更透彻地讲解 sync.Cond，我们来看几个可能用到 sync.Cond 的例子。

假设有一个营销策略：当在线开发者达到 100 人后，对前 10 位开发者进行奖励，代码如下所示。判断条件是在线开发者是否达到 100 人，如果没有达到则陷入阻塞，每当有开发者上线都会发送通知信号，唤醒等待的协程。

```
// 协程 A
cond.L.Lock()
for len(users) < 100 {
    cond.Wait()
}
givePrizes(users[:10])
cond.L.Unlock()
```

```
// 协程 B
cond.L.Lock()
users = append(users, newUser)
cond.L.Unlock()
cond.Signal()
```

如果程序收到了终止信号（例如开发者按下了<Ctrl+C>），则通知所有协程关闭资源并退出，因此需要增加判断条件，只有当在线开发者小于 100 人且程序没有收到终止信号时才陷入阻塞。代码修改如下。

```
cond.L.Lock()
for len(users) < 100 && !shutdown {
    cond.Wait()
}
```

```
if shutdown {
    cond.L.Unlock()
    return
}
givePrizes(users[:10])
cond.L.Unlock()
```

sync.Cond 有阻塞与唤醒的语义，并且可以将通知者与等待者解耦，通知者不必知道具体的条件细节，所以程序会更加灵活。如果我们遇到了类似的场景，那么可以在合适的情况下使用 sync.Cond。不过也要小心一旦忘记了释放锁或唤醒协程，sync.Cond 就可能遇到死锁问题。

我们还可以参考 Go 语言源码对 sync.Cond 的使用。例如，Go 语言在构建内存管道时[①]使用了 sync.Cond，其中 pipe.Read 方法会循环读取管道中的数据，如果没有数据则陷入等待。

```
func (p *pipe) Read(d []byte) (n int, err error) {
    p.mu.Lock()
    defer p.mu.Unlock()
    for {
      ...
      if p.b != nil && p.b.Len() > 0 {
          return p.b.Read(d)
      }
      p.c.Wait()
    }
}
```

而 pipe.Write 会在管道另一端写入数据后唤醒第一个等待读取的协程。

```
func (p *pipe) Write(d []byte) (n int, err error) {
    p.mu.Lock()
    defer p.mu.Unlock()
    if p.c.L == nil {
        p.c.L = &p.mu
    }
    defer p.c.Signal()
    if p.err != nil {
        return 0, errClosedPipeWrite
    }
    if p.breakErr != nil {
        p.unread += len(d)
        return len(d), nil // discard when there is no reader
    }
    return p.b.Write(d)
}
```

17.6 Go 并发模式

之前我们讲了很多传统的同步模式，但是在实践中协调协程时，使用得最多的还是通道。就像 Go 语言圈

---

① Go 语言构建内存管道：https://github.com/golang/net/blob/28c70e62bb1d140c3f2579fb7bb 5095134d9cb1e/http2/pipe.go。

子中常说的那样：**不要通过共享内存来通信，通过通信来共享内存。**

通道的厉害之处在于，在通信的过程中完成了数据所有权的转移，数据只可能在某一个协程中执行，这在无形中解决了并发安全的问题。Go 语言为我们屏蔽了底层锁实现的细节，借助通道，我们可以创造出许多有表现力的高并发模型，有兴趣的读者也可以查看相关资料[①]。下面我们来看几个比较经典的高并发模式。

17.6.1　ping-pong 模式

第一个是 ping-pong 模式，即乒乓球模式。它的名字比较形象地呈现了数据传递的过程，如图 17-3 所示。收到数据的协程可以在不加锁的情况下对数据进行处理，而不必担心并发冲突。

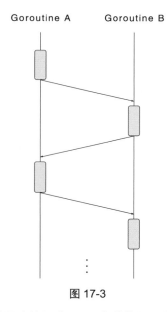

图 17-3

以下是一个简单的示例代码，其中的两个协程（player）就像是两个球员，而通道（table）类似于球桌。

```go
func main(){
    var Ball int
    table:= make(chan int)
    go player(table)
    go player(table)
    table<-Ball
    time.Sleep(1*time.Second)
    <-table

}
func player(table chan int) {
```

---

① https://divan.dev/posts/go_concurrency_visualize/。

```
for{
    ball:=<-table
    ball++
    time.Sleep(100*time.Millisecond)
    table<-ball
}
}
```

如果把两个 player 扩展为多个，是不是像很多人在踢毽子？当我们遇到类似的问题时，可以用这个简单的模式来抽象。

17.6.2 fan-in 模式

fan-in 模式也被称为扇入模式，指多个协程把数据写入通道，但只有一个协程等待读取通道数据，如图 17-4 所示。

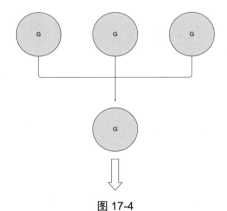

图 17-4

fan-in 模式在实践中有很多应用场景。举个例子，我们想在某个文件夹中查找是否存在特定的关键字，当文件数量很多时，可以采用并发的方式查找，并把结果输出到相同的通道中。

```
func search(ch chan string, msg string) {
    var i int
    for {
        // 模拟找到了关键字
        ch <- fmt.Sprintf("get %s %d", msg, i)
        i++
        time.Sleep(1000 * time.Millisecond)
    }
}

func main() {
    ch := make(chan string)
    go search(ch, "jonson")
    go search(ch, "olaya")
```

```
    for i := range ch {
        fmt.Println(i)
    }
}
```

不过，fan-in 模式在读取数据时并不总是只有一个通道，它也可以同时读取多个通道的内容，以多路复用的形式存在。为了演示这个特性，我们对上述例子进行了改造，现在 search 函数会返回一个新的通道，同时 search 函数内部会开辟一个新的协程，循环将数据写入通道。在 main 函数中，我们可以使用 select 语句来同时监听多个通道，接收到通道数据后进行后续处理。

```
func search(msg string) chan string {
    var ch = make(chan string)
    go func() {
        var i int
        for {
            ch <- fmt.Sprintf("get %s %d", msg, i)
            i++
            time.Sleep(100 * time.Millisecond)
        }
    }()
    return ch
}

func main() {
    ch1 := search("jonson")
    ch2 := search("olaya")

    for {
        select {
        case msg := <-ch1:
            fmt.Println(msg)
        case msg := <-ch2:
            fmt.Println(msg)
        }
    }
}
```

fan-in 模式非常常见，我们会在之后的实际项目中看到很多使用 fan-in 模式的例子，例如整合爬取到的数据并存储起来。

17.6.3 fan-out 模式

fan-out 模式与 fan-in 模式相反，描述了由一个协程完成数据写入，多个协程争夺同一个通道中的数据的情况，如图 17-5 所示。

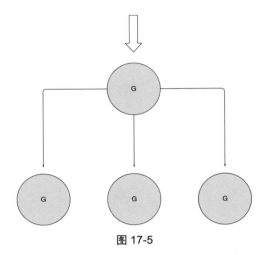

图 17-5

fan-out 模式通常用来分配任务。 例如，程序消费 Kafka、NATS 等中间件的数据，多个协程会监听同一个通道中的数据；并在读取到数据后立即进行后续处理，处理完毕再继续读取，循环往复。

以下面的代码为例，多个 worker 监听同一个协程，tasksCh <- i 会把任务分配到 worker 中。fan-out 模式使 worker 得到了充分利用，任务的分配也实现了负载均衡，闲下来的 worker 会自动领取新的任务。示例代码中的 sync.WaitGroup 只是为了防止 main 函数提前退出。

```go
func worker(tasksCh <-chan int, wg *sync.WaitGroup) {
    defer wg.Done()
    for {
        task, ok := <-tasksCh
        if !ok {
            return
        }
        d := time.Duration(task) * time.Millisecond
        time.Sleep(d)
        fmt.Println("processing task", task)
    }
}

func pool(wg *sync.WaitGroup, workers, tasks int) {
    tasksCh := make(chan int)
    for i := 0; i < workers; i++ {
        go worker(tasksCh, wg)
    }
    for i := 0; i < tasks; i++ {
        tasksCh <- i
    }
    close(tasksCh)
}

func main() {
```

```
    var wg sync.WaitGroup
    wg.Add(36)
    go pool(&wg, 36, 50)
    wg.Wait()
}
```

在生产实践中，还可以在上面这个例子的基础上构建更复杂的模型，例如，每个 worker 中还可以分出多个
subwoker，如图 17-6 所示。

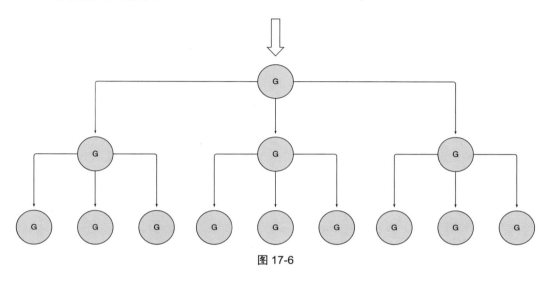

图 17-6

17.6.4　pipeline 模式

pipeline 模式即管道模式，指由通道连接的一系列连续的阶段，以类似流的形式进行计算。每个阶段由一
组执行特定任务的协程组成，通过通道获取上游传递过来的值，经过处理后，再将新的值发送给下游，如
图 17-7 所示。

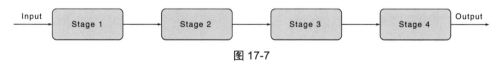

图 17-7

四则运算很像一个管道，举个例子，2×(2×number+1) 的计算过程是，首先将 multiply(v, 2) 计算出来，
然后将结果传递给 add 函数执行加 1 操作，该结果将继续作为 multiply 函数的参数被处理。

```
func main() {
    multiply := func(value, multiplier int) int {
        return value * multiplier
    }

    add := func(value, additive int) int {
        return value + additive
```

```
}

    ints := []int{1, 2, 3, 4}
    for _, v := range ints {
        fmt.Println(multiply(add(multiply(v, 2), 1), 2))
    }
}
```

Concurrency in Go[1] 的这本书中给出了将上例的算术操作转换为 pipeline 模式的例子，代码如下。generator、multiply、add 分别代表管道的不同阶段，每个阶段都返回一个通道供下一个阶段消费。其中，multiply 代表乘法操作；add 代表加法操作 ；generator 是管道的第一个阶段，用于产生数据；最后一个阶段通过 for v := range pipeline 循环遍历最后产生的结果。

```
generator := func(integers ...int) <-chan int {
    intStream := make(chan int)
    go func() {
        defer close(intStream)
        for _, i := range integers {
            select {
            case intStream <- i:
            }
        }
    }()
    return intStream
}
multiply := func(intStream <-chan int, multiplier int) <-chan int {
    multipliedStream := make(chan int)
    go func() {
        defer close(multipliedStream)
        for i := range intStream {
            select {
            case multipliedStream <- i * multiplier:
            }
        }
    }()
    return multipliedStream
}
add := func(intStream <-chan int, additive int) <-chan int {
    addedStream := make(chan int)
    go func() {
        defer close(addedStream)
        for i := range intStream {
            select {
            case addedStream <- i + additive:
            }
        }
    }()
    return addedStream
}
intStream := generator(1, 2, 3, 4)
```

```
pipeline := multiply(add(multiply(intStream, 2), 1), 2)
for v := range pipeline {
   fmt.Println(v)
}
```

在管道中还有一个经典的案例——求素数。对于一个大于 1 的自然数，如果除了 1 和它自身，不能被其他自然数整除，那么这个数就叫作素数。如何利用管道来计算前 1 万个素数呢？

如图 17-8 所示，可以在管道的每个阶段都进行筛选。第一个阶段为数字的生成器，第二个阶段找到第 1 个素数 2，并过滤掉所有能够被 2 整除的数，即过滤偶数。这样也就找到了第一个不能被 2 整除的数 3，可以推断出它一定是素数。因此第三个阶段要过滤掉所有能被 3 整除的数，即排除 9、15 等数。而下一个不能被 3 整除的数是 5，它也一定是素数，因此把它作为第四个阶段过滤的依据，以此类推。

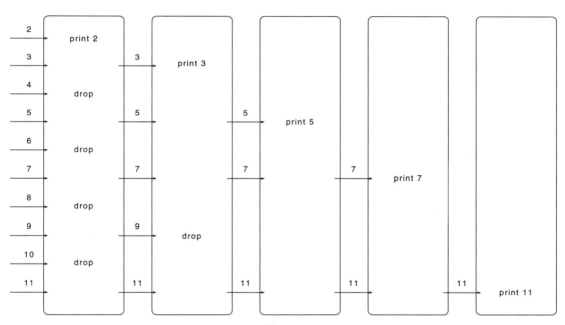

图 17-8

这个过程怎么用代码实现呢？这段代码非常巧妙，我建议你细细品味一下。

```
// 第一个阶段，数字的生成器
func Generate(ch chan<- int) {
   for i := 2; ; i++ {
      ch <- i // Send 'i' to channel 'ch'.
   }
}

// 筛选，过滤掉所有能够被 prime 整除的数
func Filter(in <-chan int, out chan<- int, prime int) {
   for {
      i := <-in // 获取上一个阶段的数
```

```
      if i%prime != 0 {
        out <- i // Send 'i' to 'out'.
      }
    }
}

func main() {
  ch := make(chan int)
  go Generate(ch)
  for i := 0; i < 100000; i++ {
    prime := <-ch  // 获取上一个阶段输出的第一个数，其必然为素数
    fmt.Println(prime)
    ch1 := make(chan int)
    go Filter(ch, ch1, prime)
    ch = ch1 // 将前一个阶段的输出作为后一个阶段的输入
  }
}
```

我们讲解了许多经典的并发模式，实际上，充满创意的并发模式还有很多，例如 or-channel 模式、or-done-channel 模式、tee-channel 模式、bridge-channel 模式等。在实际生产中也可能存在多种模式的组合，这里不再赘述，如果你对这方面有兴趣那么也可以继续深挖，相信一定会有所收获。

17.7 总结

Go 语言的并发编程能力得益于它在线程之上创建了更轻量级的协程 G，协程在时间和空间上都有明显的优势。同时，Go 运行时抽象出了逻辑处理器 P 和代表线程的 M，P 与 M 一一绑定。利用 M 中特殊的协程 g0，Go 运行时能够对协程进行公平并且高效的调度。

协程一般是被动调度的，当它陷入阻塞后，会主动让渡自己的执行权利，这和操作系统通常强制执行线程的上下文有所不同。同时，Go 运行时的系统监控每隔 10ms 强制切换长期运行或者陷入系统调用的协程。Go 语言对系统调用做了一些封装，因此当系统调用的协程被阻塞时，不会真正阻塞某一个 P。相反，P 会与新的 M 绑定，以确保始终有 GOMAXPROCS 数量的协程在执行开发者任务，这大大增加了 CPU 资源的利用率。Go 运行时依靠着这些灵巧的调度实现了对于海量协程的管理。

解决并发安全问题的方式有很多，Go 语言提供了许多传统的同步手段，例如原子锁、互斥锁、读写锁，以及 sync 标准库中的 sync.Once、sync.Cond、sync.WaitGroup 等工具。在 Go 语言中使用最多的是通道，借助通道可以实现不需要加锁的并发模型，例如 fan-in、fan-out、pipeline 等，在实际项目中，可以根据自己的需求进行灵活的组合。

参考文献

[1] COR-BUDAY K. Concurrency in Go[M]. Farnham: O'Reilly Media, 2017.

18

掘地三尺：
实战深度与广度优先搜索算法

在编程的世界里，有两种人：把问题分解为子问题的人和把问题变为两个问题的人。

—— 计算机行业谚语

要想构建高并发模型，首先要将一个大任务拆解为许多可以并行的小任务。例如，在爬取一个网站时，通常会遇到一连串需要继续爬取的 URL，如果我们把所有任务都放入一个协程中处理，效率将非常低下。那么我们应该选择什么方式来拆分出可以并行的任务，又怎么保证不会遗漏任何信息呢？

要解决这些问题，需要将爬虫任务拆分，并设计任务调度的算法。让我们来看两种经典的爬虫算法：深度优先搜索（Depth-First-Search，DFS）算法和广度优先搜索（Breadth-First Search，BFS）算法，它们都是图论中的经典算法。

18.1 深度优先搜索算法与实战

深度优先搜索算法是约翰·霍普克洛夫特和罗伯特·塔扬共同发明的，他们也因此在 1986 年共同获得计算机领域的最高奖——图灵奖。

以图 18-1 中的拓扑结构为例，节点 A 标识的是爬取的初始网站，在网站 A 中，有 B、C 两个链接需要爬取，以此类推。深度优先搜索的查找顺序是 A → B→D→E→C→F→G。可以看出，**深度优先搜索的特点就是"顺藤摸瓜"，一路向下，先找最"深"的节点。**

深度优先搜索在实践中有许多应用，例如查找图的最长路径、解决八皇后之类的迷宫问题等。**深度优先搜索可以采取递归与非递归两种形式实现**，其中，递归是一种非常经典的分层思想，但是如果函数调用时不断压栈，就可能导致栈内存超出限制，这对于 Go 语言来说会有栈扩容的成本，在实践中也不太好调试。深度优先搜索的非递归形式要简单一些，我们可以借助堆栈先入后出的特性来实现它，不过需要开辟额外的空间来模拟堆栈。

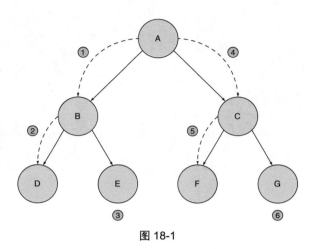

图 18-1

The Go Programming Language[1]这本书里有一个很恰当的案例，我们以它为基础进一步说明一下。

假设我们都是计算机系的大学生，需要选修一些课程，有的选修课程需要先学习前序课程。例如，学习网络之前要学习操作系统的知识，而要学习操作系统的知识必须先学习数据结构的知识。如果我们只知道每门课程的前序课程，不清楚完整的学习路径，那么要怎么设计这一系列课程学习的顺序，以确保我们在学习任意一门课程的时候，都已经学完了它的前序课程呢？

这个案例非常适合使用深度优先搜索算法来处理，下面是这个案例的实现代码。

```go
// 计算机课程和其前序课程的映射关系
var prereqs = map[string][]string{
    "algorithms": {"data structures"},
    "calculus":   {"linear algebra"},
    "compilers": {
        "data structures",
        "formal languages",
        "computer organization",
    },
}

func main() {
    for i, course := range topoSort(prereqs) {
        fmt.Printf("%d:\t%s\n", i+1, course)
    }
}
func topoSort(m map[string][]string) []string {
    var order []string
    seen := make(map[string]bool)
    var visitAll func(items []string)
    visitAll = func(items []string) {
        for _, item := range items {
            if !seen[item] {
                seen[item] = true
```

```
            visitAll(m[item])
            order = append(order, item)
        }
    }
}
var keys []string
for key := range m {
    keys = append(keys, key)
}
sort.Strings(keys)
visitAll(keys)
return order
}
```

这里，prereqs 代表计算机课程和它前序课程的映射关系，核心处理逻辑在 visitAll 这个匿名函数中。visitAll 会使用递归计算最前序的课程，并添加到列表的 order 中，这就保证了课程的先后顺序。

18.2　广度优先搜索算法与实战

广度优先搜索算法从根节点开始逐层遍历树的节点，直到所有节点均被访问。我们还是以之前的拓扑结构为例，广度优先搜索算法的查找顺序是 A→B→C→D→E→F→G。Dijkstra 最短路径算法和 Prim 最小生成树算法都采用了和广度优先搜索算法类似的思想。

实现广度优先搜索最简单的方式是队列，这是因为队列具有先入先出的属性。以上面的拓扑结构为例，我们可以构造一个队列，将节点 A 放入队列中；接着取出 A 来处理，并将与 A 相关联的 B、C 放入队列末尾；接着取出 B，将 D、E 放入队列末尾；接着取出 C，将 F、G 放入队列末尾，以此类推。

广度优先搜索在实践中的应用也很广泛。例如，计算两个节点之间的最短路径、即时策略游戏中的找寻路径问题都可以使用它。Go 语言垃圾回收的并发标记阶段也是用广度优先搜索查找当前存活的内存的。

下面是一个利用广度优先搜索爬取网站的例子。其中，urls 是一串 URL 列表，exactUrl 抓取每个网站中要继续爬取的 URL，并放入队列 urls 的末尾用于后续爬取。

```
func breadthFirst(urls []string) {
    for len(urls) > 0 {
        items := urls
        urls = nil
        for _, item := range items {
            urls = append(urls, exactUrl(item)...)
        }
    }
}
```

根据爬取目标的不同，可以灵活地选择广度优先和深度优先算法，一般广度优先搜索算法会更加简单直观一些。下面的例子用广度优先搜索来实战爬虫，这一次爬取的是某网站中的数据。

在 collect 中新建一个 request.go 文件，对 Request 做一个简单的封装。Request 中包含了一个 URL，表示要访问的网站；ParseFunc 函数会解析从网站获取的信息，并返回 Requesrts 数组用于进一步获取数据；Items 表示获取到的数据。

```go
type Request struct {
    Url      string
    ParseFunc func([]byte) ParseResult
}

type ParseResult struct {
    Requesrts []*Request
    Items     []interface{}
}
```

本次爬取的网站包含一个个兴趣小组，小组内的成员可以发帖和评论。我们以"深圳租房"这个兴趣小组为例，假设我们希望找到带阳台的房屋信息，那么首先要将这个页面中所有帖子所在的网址都爬取出来，如图 18-2 所示。

版田北 地铁口500米 1330	LI		10-15 20:35
南山地铁口H出口次卧出租	Helen	1	10-15 20:34
2300上水径地铁站好房转租	鲍慧东		10-15 20:30
西丽7号线求租	Context_ming	4	10-15 20:29
龙岗坂田1300大单间转租	Logimonster	3	10-15 20:26
南山/福田l求租 离车公庙10km以内 一房一厅单间...	工资还没发呢	1	10-15 20:17
龙华区近深圳北站单间 带阳台洗手间可做饭 910元一...	cab	1	10-15 20:16

<前页 **1** 2 3 4 5 6 7 8 9 ...   后页>

图 18-2

我们无法一次性将所有的帖子都查找出来，因为每页只能展示 25 个帖子，要看后面的内容需要单击下方的页码。不过这难不倒我们，稍做分析就能发现，第 1 页对应的网址是 xxx/group/szsh/discussion?start=0,第2页对应的的网址是xxx/group/szsh/ discussion?start=25,该网站通过HTTP GET 参数中 start 的变化来标识不同的页面，所以我们可以用循环的方式把初始网址添加到队列中。如下所示，我们准备抓取前 100 个帖子。

```go
func main(){
    var worklist []*collect.Request
    for i := 25; i <= 100; i += 25 {
        str := fmt.Sprintf("https://www.XXX.com/group/szsh/discussion?start=%d", i)
        worklist = append(worklist, &collect.Request{
            Url:      str,
            ParseFunc: ParseCityList,
        })
    }
}
```

接下来，解析抓取到的网页文本，新建一个文件夹"parse"专门存储对应网站的规则。这里通过正则表达式来获取所有帖子的 URL，匹配到符合帖子格式的 URL 后，把它组装到一个新的 Request 中，用作下一步的爬取。

```
const cityListRe = `(https://www.XXX.com/group/topic/[0-9a-z]+/)"[^>]*>([^<]+)</a>`
func ParseURL(contents []byte) collect.ParseResult {
  re := regexp.MustCompile(cityListRe)
  matches := re.FindAllSubmatch(contents, -1)
  result := collect.ParseResult{}
  for _, m := range matches {
    u := string(m[1])
    result.Requesrts = append(
      result.Requesrts, &collect.Request{
        Url: u,
        ParseFunc: func(c []byte) collect.ParseResult {
          return GetContent(c, u)
        },
      })
  }
  return result
}
```

新的 Request 需要不同的解析规则，我们想要获取的是正文中带有"阳台"字样的帖子，这里需要注意不要匹配到侧边栏中的文字。查看 HTML 文本的规则会发现，正本包含在 <div class="topic-content">xxxx <div>中，因此，我们可以编写一个正则表达式规则函数来查找文本中是否存在相应的内容。下面的代码表示一旦发现正文中有对应的文字，就将当前帖子的 URL 写入 Items 中。

```
const ContentRe = `<div class="topic-content">[\s\S]*?阳台[\s\S]*?<div`

func GetContent(contents []byte, url string) collect.ParseResult {
  re := regexp.MustCompile(ContentRe)
  ok := re.Match(contents)
  if !ok {
    return collect.ParseResult{
      Items: []interface{}{},
    }
  }
  result := collect.ParseResult{
    Items: []interface{}{url},
  }
  return result
}
```

最后，为了找到所有符合条件的帖子，我们在 main 函数中使用了广度优先搜索算法。循环往复遍历 worklist 列表，完成爬取与解析的动作，找到所有符合条件的帖子。

```
var worklist []*collect.Request
for i := 0; i <= 100; i += 25 {
  str := fmt.Sprintf("https://www.XXX.com/group/szsh/discussion?start=%d", i)
  worklist = append(worklist, &collect.Request{
    Url:       str,
    ParseFunc: XXXgroup.ParseURL,
  })
}
```

```go
var f collect.Fetcher = collect.BrowserFetch{
    Timeout: 3000 * time.Millisecond,
    Proxy:   p,
}

for len(worklist) > 0 {
    items := worklist
    worklist = nil
    for _, item := range items {
        body, err := f.Get(item.Url)
        time.Sleep(1 * time.Second)
        res := item.ParseFunc(body)
        for _, item := range res.Items {
            logger.Info("result",zap.String("get url:", item.(string)))
        }
        worklist = append(worklist, res.Requesrts...)
    }
}
```

18.3　用 Cookie 突破反爬封锁

在爬取网站时，我们会利用 time.Sleep 休眠 1s 以尽量减轻服务器的压力。但是如果爬取速度太快，那么还是可能触发服务器的反爬机制，导致我们的 IP 地址被封。如果出现了这种情况应该怎么办呢？我们完全可以通过代理伪装 IP 地址，从而解决这个问题。除此之外，我还想介绍一种突破反爬封锁的机制：Cookie。在实操时 我们发现：IP 地址被封锁后，系统会提示我们 IP 地址异常，需要重新登录，所以我们可以在浏览器中登录一下，并获得网站的 Cookie。

Cookie 是由服务器建立的文本信息，当开发者浏览网站时，网页浏览器会将 Cookie 存放在开发者的计算机中。Cookie 可以帮助服务器在开发者的浏览器上储存状态信息（如添加到购物车中的商品）或跟踪开发者的浏览活动（如单击特定按钮、登录时间或浏览历史等）。

以谷歌浏览器为例，要获取当前页面的 Cookie，那么可以在当前页面中打开浏览器的开发者工具，依次选择网络→文档，查找到当前页面对应的请求，就会发现一长串的 Cookie，如图 18-3 所示。

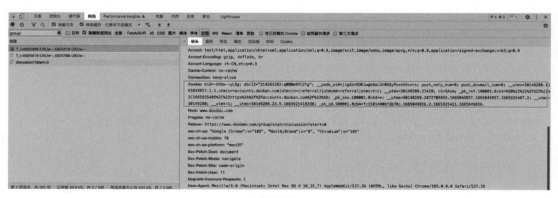

图 18-3

如果我们在 HTTP 请求头中设置了 Cookie，服务器就会认为我们是已经登录过的开发者，解除对我们的封锁。

因为参数 URL 已经无法解决像 Cookie 这样特殊的请求了，所以我们要修改一下之前的 Fetcher 接口。

```go
type Fetcher interface {
    Get(url string) ([]byte, error)
}
```

修改参数为 Request，同时在 Request 中添加 Cookie。

```go
type Fetcher interface {
    Get(url *Request) ([]byte, error)
}

func (b BrowserFetch) Get(request *Request) ([]byte, error) {
    if len(request.Cookie) > 0 {
            req.Header.Set("Cookie", request.Cookie)
    }
}
```

这样我们就能顺利爬取多个网站了。注意，如果我们在学习过程中用相同的 IP 地址大量获取网站数据，最好将休眠时间设置得长一些，避免被目标网站封禁。**完整的代码位于 v0.1.3 标签下。**

18.4　总结

为了保证按照规则爬取完整的网站，我们需要用到一些爬取的策略。其中，深度与广度优先搜索算法就是两种经典的算法策略。深度优先搜索就像"顺藤摸瓜"，先查找"深"的节点。广度优先搜索则逐层遍历树的节点，直到访问完所有节点。深度优先搜索需要采用递归或者模拟堆栈的形式，而广度优先搜索更简单，通过一个队列即可实现。本章利用广度优先搜索爬取了一个网站，由于在爬取数据的过程中容易触发网站的反爬机制，我们还使用了休眠与 Cookie 来突破服务器的封锁。使用算法爬取数据保证了爬取的完整性，同时将一个爬虫任务拆分为了多个可以并发执行的不同的爬取任务。

参考文献

[1] KERNIGHAN B W, DONOVAN A A. The Go Programming Language[M]. Cambridge: Addison-Wesley Professional, 2015.

19

调度引擎：负载均衡与调度器实战

> 迭代允许我们逐步接近某个目标。我们可以放弃那些远离目标的步骤，选择那些靠近目标的步骤，这本质上就是进化的方式。现代机器学习的本质也在于此。
>
> ——Dave Farley

我们对网站的爬取都是在协程中进行的。在真实场景中，常常需要爬取多个初始网站，我们希望能够同时爬取这些网站，这就需要合理地调度和组织爬虫任务。

19.1 调度引擎实战

新建一个文件夹 engine 用于存储调度引擎的代码，核心的调度逻辑位于 ScheduleEngine.Run 中。这部分的**完整代码位于 v0.1.4 标签下**，你可以对照代码进行查看。调度引擎完成以下功能。

- 创建调度程序，接收并存储任务。
- 执行调度任务，通过一定的调度算法将任务调度到合适的 worker 中执行。
- 创建指定数量的 worker，完成实际任务的处理。
- 创建数据处理协程，对爬取到的数据进行进一步处理。

```go
func (s *ScheduleEngine) Run() {
    requestCh := make(chan *collect.Request)
    workerCh := make(chan *collect.Request)
    out := make(chan collect.ParseResult)
    s.requestCh = requestCh
    s.workerCh = workerCh
    s.out = out
    go s.Schedule()
}
```

Run 方法初始化了三个通道。其中，requestCh 负责接收请求，workerCh 负责分配任务给 worker；out 负责处理爬取后的数据，完成下一步的存储操作；schedule 函数会创建调度程序，负责调度的核心逻辑。

我们来看看 schedule 函数如何接收并调度任务。schedule 函数如下所示，其中，requestCh 通道接收来自外界的请求，并将请求存储到 reqQueue 队列中；workerCh 通道负责传送任务，后面的每个 worker 都将获取该通道的内容，并执行对应的操作。这里使用了 for 语句，让调度器循环往复地获取外界的爬虫任务，并将任务分发到 worker 中。如果任务队列 reqQueue 大于 0，则意味着有爬虫任务，这时我们获取队列中的第一个任务，并将其剔除出队列。最后，ch <- req 会将任务发送到 workerCh 通道中，等待 worker 接收。

```go
func (s *ScheduleEngine) Schedule() {
    var reqQueue = s.Seeds
    go func() {
        for {
            var req *collect.Request
            var ch chan *collect.Request

            if len(reqQueue) > 0 {
                req = reqQueue[0]
                reqQueue = reqQueue[1:]
                ch = s.workerCh
            }
            select {
            case r := <-s.requestCh:
                reqQueue = append(reqQueue, r)

            case ch <- req:
            }
        }
    }()
}
```

通道还有一个特性，就是向 nil 通道中写入数据会陷入阻塞状态。因此，如果 reqQueue 为空，req 和 ch 都是 nil，当前协程就会陷入阻塞状态，直到接收到新的请求才会被唤醒。我们可以用一个例子来验证这一特性。

```go
func main() {
    var ch chan *int
    go func() {
        <-ch
    }()
    select {
    case ch <- nil:
        fmt.Println("it's time")
    }
}
```

这个例子运行后会出现死锁，因为当前程序全部陷入了无限阻塞的状态。

`fatal error: all goroutines are asleep - deadlock!`

调度引擎除了启动 schedule 函数，还需要安排多个实际工作的 worker 程序。下一步，让我们创建指定数量的 worker 处理实际任务。其中，WorkCount 为执行任务的数量，可以灵活地进行配置。

```go
func (s *ScheduleEngine) Run() {
    ...
    go s.Schedule()
    for i := 0; i < s.WorkCount; i++ {
        go s.CreateWork()
    }
}
```

这里的 CreateWork 创建出实际处理任务的函数，它又细分为以下几个步骤。

（1）<-s.workerCh 接收到调度器分配的任务。

（2）s.fetcher.Get 访问服务器，r.ParseFunc 解析服务器返回的数据。

（3）s.out<-result 将返回的数据发送到 out 通道中，方便后续处理。

```go
func (s *Schedule) CreateWork() {
    for {
        r := <-s.workerCh
        body, err := s.Fetcher.Get(r)
        if err != nil {
            s.Logger.Error("can't fetch ",
                zap.Error(err),
            )
            continue
        }
        result := r.ParseFunc(body, r)
        s.out <- result
    }
}
```

最后，单独用一个函数来处理爬取并解析后的数据结构，完整的函数如下。

```go
func (s *Schedule) HandleResult() {
    for {
        select {
        case result := <-s.out:
            for _, req := range result.Requesrts {
                s.requestCh <- req
            }
            for _, item := range result.Items {
                // todo: store
                s.Logger.Sugar().Info("get result", item)
            }
        }
    }
}
```

在 HandleResult 函数中，通过<-s.out 接收所有 worker 解析后的数据。其中要进一步爬取的 Requests 列表将全部发送回 s.requestCh 通道，而 result.Items 里包含了我们实际希望得到的结果，我们用日志输出结果。

现在，让我们用之前介绍过的爬取某网站的例子来验证调度器的功能。在 main 函数中，生成初始网址列表作为种子任务。接着，构建 engine.Schedule，设置 worker 的数量，配置采集器 Fetcher 和日志 Logger，并调用 s.Run() 来运行调度器。

```go
func main() {
  var seeds []*collect.Request
  for i := 0; i <= 0; i += 25 {
    str := fmt.Sprintf("https://www.XXX.com/group/szsh/discussion?start=%d", i)
    seeds = append(seeds, &collect.Request{
      Url:      str,
      WaitTime: 1 * time.Second,
      Cookie:   "xxx",
      ParseFunc: XXXgroup.ParseURL,
    })
  }

  var f collect.Fetcher = &collect.BrowserFetch{
    Timeout: 3000 * time.Millisecond,
    Logger:  logger,
    Proxy:   p,
  }

  s := engine.Schedule{
    WorkCount: 5,
    Logger:    logger,
    Fetcher:   f,
    Seeds:     seeds,
  }
  s.Run()
}
```

输出结果为

{"level":"INFO","ts":"2022-10-19T00:55:54.281+0800","caller":"engine/schedule.go:78","msg":"get result: https://www.XXX.com/group/topic/276978032/"}
{"level":"INFO","ts":"2022-10-19T00:55:54.355+0800","caller":"engine/schedule.go:78","msg":"get result: https://www.XXX.com/group/topic/276973871/"}

19.2 函数式选项模式

在上面的例子中，我们在初始化 engine.Schedule 时将一系列参数传递到了结构体中。在实践中可能有几十个参数等着我们赋值，从面向对象的角度来看，不同参数的灵活组合可能带来不同的调度器类型。在实践中为了方便使用，开发者可能创建非常多的 API 来满足不同场景的需要，如下所示。

```go
// 基本调度器
func NewBaseSchedule() *Schedule {
  return &Schedule{
    WorkCount: 1,
    Fetcher: baseFetch,
```

```
    }
}
// 多 worker 调度器
func NewMultiWorkSchedule(workCount int) *Schedule {
    return &Schedule{
        WorkCount: workCount,
        Fetcher: baseFetch,
    }
}

// 代理调度器
func NewProxySchedule(proxy string) *Schedule {
    return &Schedule{
        WorkCount: 1,
        Fetcher: proxyFetch(proxy),
    }
}
```

随着参数的不断增多，这种 API 会变得越来越多，这就增加了开发者的心理负担。

另一种做法是传递一个统一的 Config 配置结构，如下所示。这种方法只需创建一个 API，但在内部需要对所有变量进行判断，这既烦琐又缺乏优雅性。同时，使用者可能难以确定需要使用哪个字段。

```
type Config struct {
    WorkCount int
    Fetcher   collect.Fetcher
    Logger    *zap.Logger
    Seeds     []*collect.Request
}

func NewSchedule(c *Config) *Schedule {
    var s = &Schedule{}
    if c.Seeds != nil {
        s.Seeds = c.Seeds
    }
    if c.Fetcher != nil {
        s.Fetcher = c.Fetcher
    }

    if c.Logger != nil {
        s.Logger = c.Logger
    }
    ...
    return s
}
```

那么有没有方法可以更加优雅地处理这种多参数配置问题呢？Rob Pike 在 2014 年的一篇博客中[1]提到了一种优雅的处理方法叫作**函数式选项(Functional Options)模式**。这种模式展示了闭包函数的有趣用

---

[1] Rob Pike 介绍函数式选项：https://commandcenter.blogspot.com/2014/01/self-referential-functions-and-design.html。

途，目前在很多开源库中都能看到它的身影，我们在项目中使用的日志库 Zap 也使用了这种模式。下面以上面 schedule 的配置为例来说明函数式选项模式。**完整代码位于 v0.1.5 标签下。**

（1）对 schedule 结构进行改造，把可以配置的参数放入 options 结构中。

```go
type Schedule struct {
    requestCh chan *collect.Request
    workerCh  chan *collect.Request
    out       chan collect.ParseResult
    options
}

type options struct {
    WorkCount int
    Fetcher   collect.Fetcher
    Logger    *zap.Logger
    Seeds     []*collect.Request
}
```

（2）编写一系列闭包函数，这些函数的返回值是一个参数为 options 的函数。

```go
type Option func(opts *options)

func WithLogger(logger *zap.Logger) Option {
    return func(opts *options) {
        opts.Logger = logger
    }
}
func WithFetcher(fetcher collect.Fetcher) Option {
    return func(opts *options) {
        opts.Fetcher = fetcher
    }
}

func WithWorkCount(workCount int) Option {
    return func(opts *options) {
        opts.WorkCount = workCount
    }
}

func WithSeeds(seed []*collect.Request) Option {
    return func(opts *options) {
        opts.Seeds = seed
    }
}
```

（3）创建一个生成 schedule 的新函数，函数参数为 Option 的可变参数列表。defaultOptions 为默认的 Option，代表默认的参数列表，然后循环遍历可变函数参数列表并执行。

```go
func NewSchedule(opts ...Option) *Schedule {
    options := defaultOptions
```

```
  for _, opt := range opts {
    opt(&options)
  }
  s := &Schedule{}
  s.options = options
  return s
}
```

（4）在 main 函数中调用 NewSchedule。让我们来看看函数式选项模式的效果。

```
func main(){
  s := engine.NewSchedule(
    engine.WithFetcher(f),
    engine.WithLogger(logger),
    engine.WithWorkCount(5),
    engine.WithSeeds(seeds),
  )
  s.Run()
}
```

从这个例子中，我们可以看到函数式选项模式的优势。

- API 具有可扩展性，高度可配置化，新增参数不会破坏现有代码。
- **参数列表非常简捷，并且可以使用默认的参数。**
- Option 函数使参数的含义非常清晰，易于开发者理解和使用。
- 如果将 options 结构中的参数设置为小写，那么还可以限制这些参数的权限，防止这些参数在 package 外部使用。

19.3　总结

本章用 fan-in、fan-out 并发模式实战了爬虫的任务调度器。在实战中，我们频繁使用了通道与 select 结合的方式。最后我们了解了函数选项模式在构建 API 时的优势，在后面的项目中，我们还会频繁地用到这些特性。

20

细节决定成败：
切片与哈希表的陷阱与原理

优秀的程序员是在穿越单行道之前总会左右看的人。

——计算机行业谚语

本章来看一看切片与哈希表的原理。我想先考你两道面试题，下面的代码中的 foo 与 bar 最后的值是什么？

```
foo := []int{0,0,0,42,100}
bar := foo[1:4]
bar[1] = 99
fmt.Println("foo:", foo)
fmt.Println("bar:", bar)
```

下面的程序又会输出什么呢？

```
x := []int{1, 2, 3, 4}
y := x[:2]
fmt.Println(cap(x), cap(y))
y = append(y, 30)
fmt.Println("x:", x)
fmt.Println("y:", y)
```

其实之前我们在初始化 seeds 切片的时候，也有一些不合理之处。你发现了吗？

```
var seeds []*collect.Request
```

切片和哈希表是 Go 语言内置并且广泛使用的结构，如果你对上面问题的答案都很模糊，那么很可能不太理解切片的底层原理。厘清这些原理可以帮助我们更好地规避常见陷阱，编写出高性能的代码。

20.1　切片的底层原理

我们先来看看切片的底层原理。

和 C 语言中的数组是一个指针不同，Go 语言中的切片是一个复合结构。一个切片在运行时由指针（Data）、长度（Len）和容量（Cap）三部分构成，如图 20-1 所示。

```
type SliceHeader struct {
    Data uintptr
    Len int
    Cap int
}
```

- 指针指向切片元素对应的底层数组元素的地址。
- 长度对应切片中元素的数量，总长度不能超过容量。
- 容量提供了额外的元素空间，可以在之后更快地添加元素。容量的大小一般指从切片的开始位置到底层数据的结尾位置的长度。

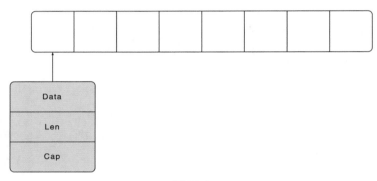

图 20-1

20.1.1 切片的截取

了解了切片的底层结构，我们来看看在截取切片时发生了什么。

切片在被截取时的一个特点是，截取后的切片长度和容量可能发生变化。

和数组一样，切片中的数据仍然占有内存中一片连续的区域。要获取切片某一区域的连续数据，可以通过下标的方式对切片进行截断。被截取后的切片长度和容量都发生了变化，就像下面这个例子，numbers 切片的长度为 8，number1 截取了 numbers 切片中的第 2、3 号元素，number1 切片的长度变为了 2，容量变为了 6（即从第 2 号元素开始到元素数组的末尾）。

```
numbers:= []int{1,2,3,4,5,6,7,8}
// 从下标 2 一直到下标 4，不包括下标 4
numbers1 :=numbers[2:4]
// 从下标 0 一直到下标 3，不包括下标 3
numbers2 :=numbers[:3]
// 从下标 3 一直到结尾
numbers3 :=numbers[3:]
```

切片在被截取时的另一个特点是，被截取后的数组仍然指向原始切片的底层数据。例如之前提到的案例，bar 截取了 foo 切片中间的元素，并修改了 bar 中的第 2 号元素。

```
foo := []int{0,0,0,42,100}
bar := foo[1:4]
```

```
bar[1] = 99
```

切片的底层结构如图 20-2 所示。

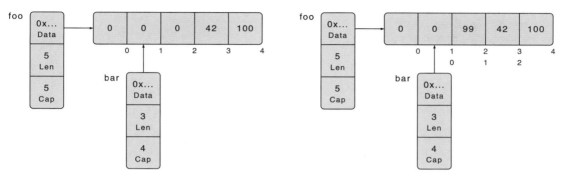

图 20-2

这时，bar 的容量会到原始切片的末尾，所以当前 bar 的长度为 4。

这意味着什么呢？我们看下面的例子，bar 执行了 append 函数之后也修改了 foo 的最后一个元素，这是在实践中非常常见的陷阱。

```
foo := []int{0, 0, 0, 42, 100}
bar := foo[1:4]
bar = append(bar, 99)
fmt.Println("foo:", foo) // foo: [0 0 0 42 99]
fmt.Println("bar:", bar) // bar: [0 0 42 99]
```

其实可以通过在截取时指定容量解决这个问题。

```
foo := []int{0,0,0,42,100}
bar := foo[1:4:4]
bar = append(bar, 99)
fmt.Println("foo:", foo) // foo: [0 0 0 42 100]
fmt.Println("bar:", bar) // bar: [0 0 42 99]
```

foo[1:4:4]这种方式可能很多人没有见到过。这里的第三个参数 4 代表 Cap 的位置一直到下标 4，但是不包括下标 4，所以当前 bar 的 Cap 变为了 3，和它的长度相同。当 bar 进行 append 操作时，将发生扩容，它会指向与 foo 不同的底层数据空间。

20.1.2 切片的扩容

Go 语言内置的 append 函数可以把新的元素添加到切片的末尾，它可以接受可变长度的元素，并且可以自动扩容。如果原有数组的长度和容量已经相同，那么在扩容后，长度和容量都会相应增加。

如下所示，numbers 切片一开始的长度和容量都是 4，在添加一个元素后，它的长度变为了 5，容量变为 8，相当于扩容了一倍。

```
numbers:= []int{1,2,3,4}
numbers = append(numbers,5)
```

不过，Go 语言并不会每增加一个元素就扩容一次，这是因为扩容常涉及内存的分配，频繁扩容会降低 append 函数的速度。append 函数在运行时调用了 runtime/slice.go 文件下的 growslice 函数。

```go
func growslice(et *_type, old slice, cap int) slice {
    newcap := old.cap
    doublecap := newcap + newcap
    if cap > doublecap {
        newcap = cap
    } else {
        if old.len < 1024 {
            newcap = doublecap
        } else {
            for 0 < newcap && newcap < cap {
                newcap += newcap / 4
            }
            if newcap <= 0 {
                newcap = cap
            }
        }
    }
    ...
}
```

上面这段代码显示了扩容的核心逻辑。Go 语言中切片扩容的策略为

• 如果新申请容量（cap）大于旧容量（old.cap）的两倍，则最终容量（newcap）是新申请的容量（cap）。

• 如果旧切片的长度小于 1024，则最终容量是旧容量的 2 倍，即 newcap=doublecap。

• 如果旧切片的长度大于或等于 1024，则最终容量从旧容量开始循环增加原来的 1/4，直到最终容量大于或等于新申请的容量。

• 如果最终容量计算值溢出，即超过了 int 的最大范围，则最终容量就是新申请容量。

切片的这种扩容机制是深思熟虑的结果。一开始切片容量小，容量扩充得更多可以降低扩容频率。容量变大之后，按照比例扩容也会有足够多的元素空间被开辟出来。

切片动态扩容的机制启发我们，在一开始就要分配好切片的容量，否则频繁地扩容会影响程序的性能。所以我们可以将爬虫项目的容量扩展到 1000，注意长度需要为 0。**完整的代码位于 v0.1.6 标签下。**

```go
var seeds = make([]*collect.Request, 0, 1000)
```

20.2 哈希表原理

和切片相似，哈希表也面临相同的性能挑战。哈希表是使用频率极高的一种数据结构，在实践中，我们通常将哈希表看作 $O(1)$ 时间复杂度的操作，可以通过一个键快速寻找其唯一对应的值（Value）。在很多情况下，哈希表的查找速度明显快于一些搜索树形式的数据结构，因此它被广泛用于关联数组、缓存、数据库缓存等场景。

哈希表的原理是将多个键-值对分散存储在桶（Buckets）中。给定一个键（Key），哈希算法会计算出

键–值对存储的桶的位置。找到存储桶的位置通常包括两步，伪代码如下。

```
hash = hashfunc(key)
index = hash % array_size
```

哈希函数在实际运用中最常见的问题是哈希碰撞（Hash Collision），即不同的键使用哈希算法可能产生相同的哈希值。如果将 2450 个键随机分配到一百万个桶中，那么根据概率计算的结果，至少有两个键被分配到同一个桶中的可能性超过 95%。哈希碰撞导致同一个桶中可能存在多个元素，会减慢数据查找的速度。

有多种方式可以避免哈希碰撞，常用的两种策略是：**拉链法和开放寻址法**。

如图 20-3 所示，拉链法将同一个桶中的元素通过链表的形式进行链接，这是一种最简单、最常用的策略。随着桶中元素的增加，我们可以不断链接新的元素，而且不用预先为元素分配内存。拉链法的不足之处在于，需要存储额外的指针来链接元素，这就增加了整个哈希表的大小。同时由于链表存储的地址不连续，所以无法高效利用 CPU 缓存。

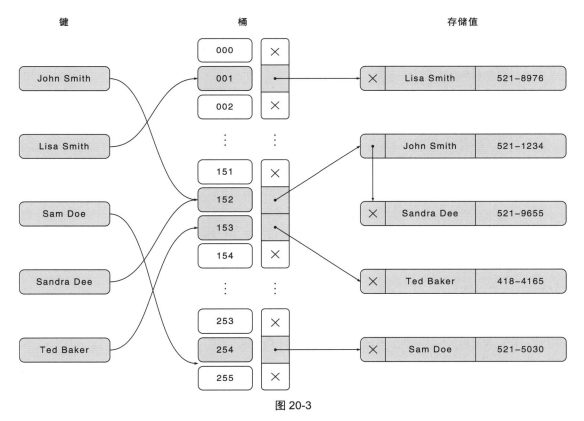

图 20-3

与拉链法对应的另一种解决哈希碰撞的策略为开放寻址（Open Addressing）法。这种方法将所有元素都存储在桶的数组中，当必须插入新条目时，**开放寻址法**将按某种探测策略顺序查找，直到找到未使用的数组插槽。当搜索元素时，开放寻址法将按相同顺序扫描存储桶，直到查找到目标记录或找到未使用的插槽，如图 20-4 所示。

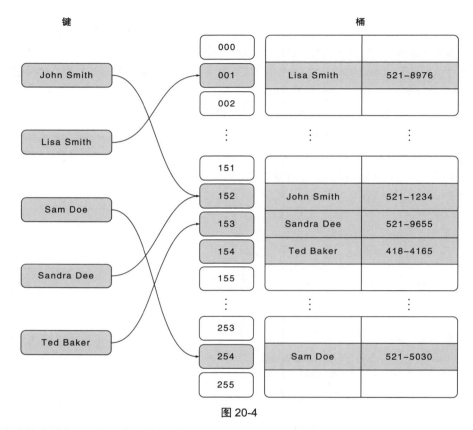

图 20-4

Go 语言中的哈希表采用的是优化的拉链法，它在桶中存储了 8 个元素用于加速访问。关于哈希表读写和删除的更深入的原理可以参考《Go 语言底层原理剖析》。

20.3　总结

切片与哈希表是 Go 语言中使用非常频繁的数据结构。在实践过程中，由于对它们的内部结构和运行机制不了解，我们容易陷入一些陷阱，无意识地写出低性能的代码。

切片和哈希表的扩容机制提醒我们，在实践当中一定要评估容器容纳的数据量大小，并在初始化时指定容量，以提高程序的性能。此外，混合使用切片截取和 append 函数非常容易犯错，我们要尽量避免这种用法。如果必须使用，那么要确认自己真的理解了切片的底层原理，防止误操作。

最后，虽然在实践中哈希表极少成为性能的瓶颈，但是 Map 并发读写冲突依然是开发者的易犯错误，所以在使用哈希表时，需要进行合理的程序设计和必要的 race 检查。

辅助任务管理:
任务优先级、去重与失败处理

在软件开发中没有银弹,只有通过不断的实践和改进来提高代码质量和效率。

——计算机行业谚语

本章,让我们给系统加入一些辅助功能,把爬虫流程变得更完善。这些功能包括:爬虫最大深度、请求不重复、优先队列,以及随机的 User-Agent。

21.1　设置爬虫最大深度

当我们用深度和广度优先搜索爬取一个网站时,为了防止访问陷入死循环,同时控制爬取的有效链接数量,一般会为当前任务设置一个最大爬取深度。最大爬取深度是和任务有关的,因此我们要在 Request 中加上 MaxDepth 这个字段,它可以标识到爬取的最大深度。Depth 表示任务的当前深度,初始深度为 0。

```
type Request struct {
    Url       string
    Cookie    string
    WaitTime  time.Duration
    Depth     int
    MaxDepth  int
    ParseFunc func([]byte, *Request) ParseResult
}
```

那么在异步爬取时如何知道当前网站的深度呢? 最好的时机是在采集引擎采集并解析爬虫数据,并将下一层的请求放到队列中时。以我们之前写好的 ParseURL 函数为例,在添加下一层的 URL 时,我们将 Depth 加 1,这样就标识了下一层的深度。

```
func ParseURL(contents []byte, req *collect.Request) collect.ParseResult {
    re := regexp.MustCompile(urlListRe)
    matches := re.FindAllSubmatch(contents, -1)
    result := collect.ParseResult{}
    for _, m := range matches {
        u := string(m[1])
        result.Requesrts = append(
```

```
        result.Requesrts, &collect.Request{
          Depth:    req.Depth + 1,
          MaxDepth: req.MaxDepth,
          ParseFunc: func(c []byte, request *collect.Request) collect.ParseResult {
            return GetContent(c, u)
          },
        })
      }
    return result
}
```

在爬取新的网页前判断最大深度，如果当前深度超过了最大深度就不再爬取。这部分的**完整代码可以查看**
分支 v0.1.7。

```
func (r *Request) Check() error {
  if r.Depth > r.MaxDepth {
    return errors.New("Max depth limit reached")
  }
  return nil
}
func (s *Schedule) CreateWork() {
  for {
    r := <-s.workerCh
    if err := r.Check(); err != nil {
      continue
    }
    ...
  }
}
```

21.2   避免请求重复

为了避免在爬取时发生死循环，我们常常需要检测请求是否重复，这时需要考虑 3 个问题。

* 用什么数据结构存储数据才能保证快速地查找到请求的记录？
* 如何保证在并发查找与写入时不出现并发冲突？
* 在什么条件下才能确认请求是重复的，从而停止爬取？

要解决第一个问题可以使用一个简单高效的结构——哈希表，哈希表的查找时间复杂度为 $O(1)$。另外，
由于 Go 语言中的哈希表是不支持并发安全的，为了解决第二个问题，我们还需要加一个互斥锁。而第三
个问题我们需要在爬虫开始爬取之前进行检查。

在解决上面的三个问题之前，我们先优化一下代码。之前的结构体 Request 在每次请求时都会发生变化，
我们希望有一个字段能够表示整个网站的爬取任务，因此需要抽离出一个新的结构 Task 作为爬虫任务，
Request 则作为单独的请求存在。有些参数是整个任务共有的，例如 Task 中的 Cookie、MaxDepth
（最大深度）、WaitTime（默认等待时间）和 RootReq（任务中的第一个请求）。

```go
type Task struct {
    Url      string
    Cookie   string
    WaitTime time.Duration
    MaxDepth int
    RootReq  *Request
    Fetcher  Fetcher
}

// 单个请求
type Request struct {
    Task     *Task
    Url      string
    Depth    int
    ParseFunc func([]byte, *Request) ParseResult
}
```

由于抽象出了 Task，代码需要做对应的修改，例如我们需要把初始的 Seed 种子任务替换为 Task 结构。

```go
for i := 0; i <= 0; i += 25 {
    str := fmt.Sprintf("https://www.XXX.com/group/szsh/discussion?start=%d", i)
    seeds = append(seeds, &collect.Task{
        ...
        Url:     str,
        RootReq: &collect.Request{
        ParseFunc: XXXgroup.ParseURL,
        },
    })
}
```

同时，在深度检查时，每个请求的最大深度都需要从 Task 字段中获取，这部分的**完整代码位于 v0.1.8 标签下**。

```go
func (r *Request) Check() error {
    if r.Depth > r.Task.MaxDepth {
        return errors.New("Max depth limit reached")
    }
    return nil
}
```

接下来，我们继续用一个哈希表结构来存储历史请求。由于我们希望随时访问哈希表中的历史请求，所以把它放在 Request、Task 中都不合适。把它放在调度引擎中也不合适，这是因为从功能上讲，调度引擎应该只负责调度。所以，我们还需要完成一轮抽象，将调度引擎抽离出来作为一个接口，让它只做调度的工作，不用负责存储全局变量等任务。

鉴于以上原因，我们构建一个新的结构 Crawler 作为全局的爬取实例，将之前 Schedule 中的 options 迁移到 Crawler 中，Schedule 只处理与调度有关的工作，并抽象为 Scheduler 接口。

```go
type Crawler struct {
    out chan collect.ParseResult
    options
```

```
}

type Scheduler interface {
    Schedule()
    Push(...*collect.Request)
    Pull() *collect.Request
}

type Schedule struct {
    requestCh chan *collect.Request
    workerCh  chan *collect.Request
    reqQueue  []*collect.Request
    Logger    *zap.Logger
}
```

在 Scheduler 中，Schedule 方法负责启动调度器，Push 方法会将请求放入调度器中，Pull 方法则会从调度器中获取请求。我们也需要对代码做相应的调整，这里不再赘述，**具体代码位于 v0.1.9 标签下**。调度器抽象为接口后，如果有其他的调度器算法实现，也能够非常方便地完成替换。

然后，在 Crawler 中加入 Visited 哈希表，用它存储请求访问信息，增加 VisitedLock 来确保并发安全。

```
type Crawler struct {
    out         chan collect.ParseResult
    Visited     map[string]bool
    VisitedLock sync.Mutex
    options
}
```

Visited 中的 Key 是请求的唯一标识，我们先将唯一标识设置为 URL + method 方法，并使用 MD5 生成唯一键，后面还会为唯一标识加上当前请求的规则条件。

```
// 请求的唯一识别码
func (r *Request) Unique() string {
    block := md5.Sum([]byte(r.Url + r.Method))
    return hex.EncodeToString(block[:])
}
```

接着，编写 HasVisited 方法，判断当前请求是否已经被访问过。StoreVisited 方法用于将请求存储到 Visited 哈希表中。

```
func (e *Crawler) HasVisited(r *collect.Request) bool {
    e.VisitedLock.Lock()
    defer e.VisitedLock.Unlock()
    unique := r.Unique()
    return e.Visited[unique]
}

func (e *Crawler) StoreVisited(reqs ...*collect.Request) {
    e.VisitedLock.Lock()
    defer e.VisitedLock.Unlock()
```

```
    for _, r := range reqs {
        unique := r.Unique()
        e.Visited[unique] = true
    }
}
```

最后在 Worker 中，在执行 Request 前，判断当前请求是否已被访问。如果请求没有被访问过，则将 Request 放入 Visited 哈希表中。

```
func (s *Crawler) CreateWork() {
    for {
        r := s.scheduler.Pull()
        if err := r.Check(); err != nil {
            s.Logger.Error("check failed",
                zap.Error(err),
            )
            continue
        }
        // 判断当前请求是否已被访问
        if s.HasVisited(r) {
            s.Logger.Debug("request has visited",
                zap.String("url:", r.Url),
            )
            continue
        }
        // 设置当前请求已被访问
        s.StoreVisited(r)
        ...
    }
}
```

注意，哈希表需要用 make 进行初始化，否则会在运行时访问它时直接报错。**完整的代码位于 v0.2.0 标签下。**

21.3　设置优先队列

我们要给项目增加的第三个功能就是优先队列。爬虫任务的优先级并不是相同的，一些任务有时需要优先处理，接下来我们就设置一个任务的优先队列。优先队列可以分为多个等级，这里简单地分为了两个等级，即优先队列和普通队列，优先级更高的请求会存储到优先队列 priReqQueue 中。

```
type Schedule struct {
    requestCh    chan *collect.Request
    workerCh     chan *collect.Request
    priReqQueue  []*collect.Request
    reqQueue     []*collect.Request
}
```

调度函数 Schedule 会优先从优先队列中获取请求，在放入请求时，也会将优先级更高的请求单独放入优先级队列。最后我们还修复了之前遗留的一个 Bug，将变量 req、ch 放置到 for 循环外部，防止丢失请求。

```
func (s *Schedule) Schedule() {
```

```
var req *collect.Request
var ch chan *collect.Request
for {
    if req == nil && len(s.priReqQueue) > 0 {
        req = s.priReqQueue[0]
        s.priReqQueue = s.priReqQueue[1:]
        ch = s.workerCh
    }
    if req == nil && len(s.reqQueue) > 0 {
        req = s.reqQueue[0]
        s.reqQueue = s.reqQueue[1:]
        ch = s.workerCh
    }
    select {
    case r := <-s.requestCh:
        if r.Priority > 0 {
            s.priReqQueue = append(s.priReqQueue, r)
        } else {
            s.reqQueue = append(s.reqQueue, r)
        }
    case ch <- req:
        req = nil
        ch = nil
    }
}
```

执行后的输出结果如下，**完整的代码位于 v0.2.1 标签下。**

```
{"level":"INFO","ts":"2022-11-05T21:40:18.339+0800","caller":"crawler/main.go:19","msg":"log
init end"}
{"level":"INFO","ts":"2022-11-05T21:40:22.067+0800","caller":"engine/schedule.go:163","msg":"
get result: https://www.XXX.com/group/topic/278041246/"}
{"level":"INFO","ts":"2022-11-05T21:40:22.150+0800","caller":"engine/schedule.go:163","msg":"
get result: https://www.XXX.com/group/topic/278040957/"}
...
```

21.4   设置随机 User-Agent

我们给项目增加的第四个功能是 User-Agent 随机性。为了避免服务器检测到我们使用了同一个 User-Agent，继而判断出是同一个客户端在发出请求，可以为发送的 User-Agent 加入随机性。这个操作的本质是将浏览器的不同型号与不同版本拼接起来，组成一个新的 User-Agent。

随机生成 User-Agent 的逻辑位于 extensions/randomua.go 中，里面枚举了不同型号的浏览器和不同型号的版本，并通过排列组合产生了不同的 User-Agent。然后在采集引擎中调用 GenerateRandomUA 函数，将请求头设置为随机的 User-Agent，如下所示。**完整的代码位于 v0.2.2 标签下。**

```
func (b BrowserFetch) Get(request *spider.Request) ([]byte, error) {
    ...
```

```
    req.Header.Set("User-Agent", extensions.GenerateRandomUA())
    resp, err := client.Do(req)
}
```

21.5　进行失败处理

在课程的最后，我们来看一看失败处理。在爬取网站时，网络超时等诸多潜在风险都可能导致爬取失败，这时可以对失败的任务进行重试。如果多次失败就没有必要反复重试了，可以将这些失败的任务放入单独的队列中。为了防止失败请求日积月累导致的内存泄漏，同时为了在程序崩溃后能够再次加载这些爬取失败的网站，最后还需要将这些网站持久化到数据库或文件中。

在全局 Crawler 中存储 failures 哈希表，将 Key 设置为请求的唯一键，用于快速查找。failureLock 互斥锁用于并发安全。

```
type Crawler struct {
    ...
    failures    map[string]*collect.Request // 失败请求 id -> 失败请求
    failureLock sync.Mutex
}
```

当请求失败后，调用 SetFailure 方法将请求加入 failures 哈希表中，并且把它重新交由调度引擎进行调度。这里为任务 Task 引入了一个新的字段 Reload，标识当前任务的网页是否可以重复爬取。如果不可以重复爬取，那么需要在失败重试前删除 Visited 中的历史记录。

```
func (e *Crawler) SetFailure(req *collect.Request) {
    if !req.Task.Reload {
        e.VisitedLock.Lock()
        unique := req.Unique()
        delete(e.Visited, unique)
        e.VisitedLock.Unlock()
    }
    e.failureLock.Lock()
    defer e.failureLock.Unlock()
    if _, ok := e.failures[req.Unique()]; !ok {
        // 首次失败时，再重新执行一次
        e.failures[req.Unique()] = req
        e.scheduler.Push(req)
    }
    // todo: 失败两次，加载到失败队列中
}
```

如果失败两次，就将请求单独加载到失败队列中，并在后续进行持久化。**完整代码位于 v0.2.3 标签下。**

21.6　总结

本章为爬虫系统增加了丰富的辅助任务，包括设置爬虫的最大深度、避免重复爬取、设置优先队列、设置随机的 User-Agent，并对失败的任务进行了处理。

22 规则引擎：自定义爬虫处理规则

从互联网上获取信息就像从消防栓里喝水一样。

——Mitchell Kapor

随着对爬虫项目的探讨逐渐深入，我们站在了一个重要的交叉点上。本章将讲解如何以更高效、有序的方式来设置爬虫任务规则，以增强程序的灵活性和可扩展性。我们已经编写了具有一定扩展性的程序用于查找租房信息，通过在每个请求中都加入 ParseFunc 函数让请求规则更加灵活。

现在的 Request 结构体如下。

```
type Request struct {
    unique     string
    Task       *Task
    Url        string
    Method     string
    Depth      int
    Priority   int
    ParseFunc func([]byte, *Request) ParseResult
}
```

我们现在仍然面临如下问题。

- 爬虫任务针对不同网站有不同的处理规则，现在的处理方式导致多个规则之间是割裂的，不便于统一管理。
- 在添加初始爬虫网站 URL 时，这些种子任务是在 main 函数中注入的，与任务的规则之间是割裂的，我们需要将初始爬虫 URL 与处理规则进行统一的管理。
- 当前的爬虫任务需要手动初始化才能运行，可配置化程度较低，我们希望这些写好的静态任务在程序初始化时能够自动加载。通过外部接口，或者在配置文件中指定一个任务名就能将任务调度起来。
- 更进一步，当前的任务和规则都是静态的，静态代码需要提前写好、重新编译运行才能被调用。我们能否动态地增加任务和任务的规则，让程序动态地解析我们的规则呢？

为了解决上面这些问题，我们需要专门管理规则的模块，并完成静态规则与动态规则的解析。

22.1 静态规则引擎

静态规则处理的确定性强，适合对性能要求高的爬虫任务，我们可以把一个任务的规则抽象如下。

```go
type RuleTree struct {
    Root  func() []*Request // 根节点(执行入口)
    Trunk map[string]*Rule  // 规则哈希表
}

// 采集规则节点
type Rule struct {
    ParseFunc func(*Context) ParseResult // 内容解析函数
}

type Context struct {
    Body []byte
    Req  *Request
}
```

RuleTree.Root 是一个函数，用于生成爬虫的种子网站；RuleTree.Trunk 是一个规则哈希表，用于存储当前任务所有的规则。哈希表的 Key 为规则名，Value 为具体的规则，每个规则都是一个 ParseFunc 解析函数。Context 是自定义结构体，用于传递上下文信息，也就是当前的请求参数以及要解析的内容字节数组，Context 后续还会添加请求中的临时数据等上下文信息。

下面沿用之前爬取租房信息的例子，将处理规则替换为使用新的静态规则引擎。

第一步，定义任务与规则。 在 Task 中加入 Name 字段，将其作为一个任务唯一的标识。Task 里除了之前具有的最大深度、等待时间等属性，还加入了规则条件，规则条件中的 Root 生成了初始化的爬虫任务，Trunk 为爬虫任务中的所有规则。

```go
type Task struct {
    ...
    Rule        RuleTree
}

var XXXgroupTask = &collect.Task{
    Name:     "find_XXX_sun_room",
    WaitTime: 1 * time.Second,
    MaxDepth: 5,
    Cookie:   "xxx",
    Rule: collect.RuleTree{
        Root: func() []*collect.Request {
            var roots []*collect.Request
            for i := 0; i < 25; i += 25 {
                str := fmt.Sprintf("https://www.XXX.com/group/szsh/discussion?start=%d", i)
                roots = append(roots, &collect.Request{
                    Priority: 1,
                    Url:      str,
                    Method:   "GET",
```

```
                RuleName: "解析网站 URL",
            })
        }
        return roots
    },
    Trunk: map[string]*collect.Rule{
        "解析网站 URL": &collect.Rule{ParseURL},
        "解析阳台房":   &collect.Rule{GetSunRoom},
    },
},
}
```

当前任务包括"解析网站 URL"和"解析阳台房"两个规则，分别对应处理函数 ParseURL 和
GetSunRoom，如下所示。

```
const urlListRe = `(https://www.XXX.com/group/topic/[0-9a-z]+/)"[^>]*>([^<]+)</a>`
const ContentRe = `<div class="topic-content">[\s\S]*?阳台[\s\S]*?<div class="aside">`
func ParseURL(ctx *collect.Context) collect.ParseResult {
  re := regexp.MustCompile(urlListRe)
  matches := re.FindAllSubmatch(ctx.Body, -1)
  result := collect.ParseResult{}

  for _, m := range matches {
    u := string(m[1])
    result.Requesrts = append(
      result.Requesrts, &collect.Request{
        Method:   "GET",
        Task:     ctx.Req.Task,
        Url:      u,
        Depth:    ctx.Req.Depth + 1,
        RuleName: "解析阳台房",
      })
  }
  return result
}

func GetSunRoom(ctx *collect.Context) collect.ParseResult {
  re := regexp.MustCompile(ContentRe)
  ok := re.Match(ctx.Body)
  result := collect.ParseResult{
    Items: []interface{}{ctx.Req.Url},
  }
  return result
}
```

第二步，初始化任务与规则。 在 engine/schedule.go 文件中，init 函数中的 Store.Add 函数将任务加载
到全局的任务队列中。Go 语言中的 init 函数是一个特殊的函数，它会在 main 函数之前自动执行。注意，
当添加的任务越来越多后，代码会变得臃肿，这不是一种优雅的写法，后面我们还会优化它。

```
// engine/schedule.go
func init() {
    Store.Add(XXXgroup.XXXgroupTask)
}

func (c *CrawlerStore) Add(task *collect.Task) {
    c.hash[task.Name] = task
    c.list = append(c.list, task)
}

// 全局爬虫任务实例
var Store = &CrawlerStore{
    list: []*collect.Task{},
    hash: map[string]*collect.Task{},
}

type CrawlerStore struct {
    list []*collect.Task
    hash map[string]*collect.Task
}
```

第三步，启动任务。启动爬虫任务的方式可以分为两种，一种是加载配置文件，另一种是在调用开发者接口时传递任务名称和参数。这里用硬编码的形式实现。

```
func main(){
    ...
    seeds = append(seeds, &collect.Task{
        Name:    "find_XXX_sun_room",
        Fetcher: f,
    })
    s := engine.NewEngine(
        engine.WithFetcher(f),
        engine.WithLogger(logger),
        engine.WithWorkCount(5),
        engine.WithSeeds(seeds),
        engine.WithScheduler(engine.NewSchedule()),
    )
    s.Run()
}
```

第四步，加载任务。在调度器启动时，通过 task.Rule.Root 函数获取初始化任务，并将其加入任务队列。

```
func (e *Crawler) Schedule() {
    var reqs []*collect.Request
    for _, seed := range e.Seeds {
        task := Store.hash[seed.Name]
        // 获取初始化任务
        rootreqs := task.Rule.Root()
        reqs = append(reqs, rootreqs...)
    }
    go e.scheduler.Schedule()
```

```go
      go e.scheduler.Push(reqs...)
}
```

在 Worker 处理请求时，需要从 Rule.Trunk 中获取当前请求的解析规则，并将内容和请求包装到 Context 中，调用 ParseFunc 对内容进行解析。**完整的代码位于 v0.2.4 标签下。**

```go
func (s *Crawler) CreateWork() {
  for {
    ...
    //获取当前任务对应的规则
    rule := req.Task.Rule.Trunk[req.RuleName]
    // 内容解析
    result := rule.ParseFunc(&collect.Context{
      body,
      req,
    })
    // 将新的任务加入队列中
    if len(result.Requesrts) > 0 {
      go s.scheduler.Push(result.Requesrts...)
    }
  }
}
```

22.2　动态规则引擎

对于 Go 语言这样的静态语言，需要在编译前就明确规则，这保证了程序的安全性与高性能，但是也失去了一些灵活性。Python、Lua 等动态语言与 Go 语言显著不同，它们不需要提前进行编译，能够比较灵活地编写并执行动态规则。这一功能依赖于一种语言解释器，这种解释器一般是使用静态语言编写的，例如 C/C++，解释器会解析这些动态语言的语法，然后执行相应规则。

和你分享一个实际企业中的例子。一家人工智能企业的核心产品之一是对视频流进行人脸识别，这涉及视频解码、人脸检测、人脸矫正、特征提取等多个阶段，解析的整个过程称为 pipeline，pipeline 的不同阶段可能是串行的，也可能是并行的。

过去，人脸、人群、物体的识别功能都需要单独开发，开发周期比较长，也缺乏灵活性。未来的检测需求越来越灵活多变（例如监测是否有人摔倒、工人是否佩戴安全帽等），需要用更短的开发周期、更灵活的方式把这些阶段串联起来。因此，这家企业在 Go 语言中使用了 Lua 虚拟机，当开发者遇到一个新的长尾需求时，可以通过编写 Lua 脚本来定义新的规则，然后通过动态加载 Lua 脚本来实现灵活性。

我们现在的爬虫项目也面临一样的问题：**网站和规则多种多样，无法穷尽。** 如果每次遇到新网站都要重新写代码、定义规则、重启程序，就会比较烦琐，所以我们希望能够动态地在程序运行过程中加载规则。

动态规则降低了编写代码和定义规则的门槛，甚至可以让业务人员定义简单的规则。**说到在爬虫项目中实现动态规则的引擎，我们首先想到的就是 JavaScript 虚拟机，这是因为 JavaScript 虚拟机在操作网页上有天然的优势。** 在短时间内实现一个工业级的虚拟机可能比较困难，我们可以使用一些开源的项目，例如 otto。otto 是用 Go 语言编写的 JavaScript 虚拟机，用于在 Go 语言中执行 JavaScript 语法。

下面是用 otto 编写的一个简单的例子。在这个例子中，script 字符串即为要执行的 JavaScript 语法，console.log 是 JavaScript 中的函数，用于输出变量。

```go
func main() {
    vm := otto.New()
    script := `
        var n = 100;
        console.log("hello-" + n);
     n;
     `

    value, _ := vm.Run(script)
    fmt.Println("value:", value.String())
}
```

最终结果为

```
hello-100
value: 100
```

这样就实现了在 Go 语言中执行 JavaScript 脚本的功能。实际上，otto 内部解析了这一串字符串，并按照 JavaScript 语法的规则进行了相应处理，例如脚本中的 console.log 函数最终调用了 Go 中的 fmt 函数，将文本输出到控制台。要注意的是，JavaScript 虚拟机是否支持 JavaScript 中的语法取决于当前虚拟机的实现，例如，当前 otto 支持 JavaScript 5 语法，但是不支持 JavaScript 6 语法。

下面我们仍然以爬取租房信息为例，借助 otto 库实现的 JavaScript 虚拟机来实现动态规则引擎。

第一步，构建动态规则模型 TaskModle。

```go
type (
    TaskModle struct {
        Name     string          `json:"name"` // 任务名称应唯一
        Url      string          `json:"url"`
        Cookie   string          `json:"cookie"`
        WaitTime time.Duration   `json:"wait_time"`
        Reload   bool            `json:"reload"` // 网站是否可以重复爬取
        MaxDepth int64           `json:"max_depth"`
        Root     string          `json:"root_script"`
        Rules []RuleModle        `json:"rule"`
    }
    RuleModle struct {
        Name      string `json:"name"`
        ParseFunc string `json:"parse_script"`
    }
)
```

为什么这里要单独构建一个任务的结构体呢？主要原因在于现在的规则都是字符串，与之前的静态规则引擎有本质的不同。其中，TaskModle.Root 为初始化种子节点的 JavaScript 脚本，TaskModle.Rules 为具体爬虫任务的规则树。

第二步，编写动态爬虫规则。示例代码如下，其中，Root 脚本就是我们要生成的种子网站 URL。这里构建了一个 JavaScript 数组 arr，将生成的请求数组添加到 arr 之后，又调用了 AddJsReq 函数。AddJsReq 函数其实是一个 Go 函数，用于最终生成 Go 中的请求数组。这里可以看到，在 Go 的 JavaScript 虚拟机中，还可以灵活地调用原生的 Go 函数。

```
var XXXgroupJSTask = &collect.TaskModle{
    Property: collect.Property{
        Name:     "js_find_XXX_sun_room",
        WaitTime: 1 * time.Second,
        MaxDepth: 5,
        Cookie:   "xxx",
    },
    Root: `
        var arr = new Array();
        for (var i = 25; i <= 25; i+=25) {
            var obj = {
                Url: "https://www.XXX.com/group/szsh/discussion?start=" + i,
                Priority: 1,
                RuleName: "解析网站 URL",
                Method: "GET",
            };
            arr.push(obj);
        };
        console.log(arr[0].Url);
        AddJsReq(arr);
        `,
    Rules: []collect.RuleModle{
        {
            Name: "解析网站 URL",
            ParseFunc: `
                ctx.ParseJSReg("解析阳台房
","(https://www.XXX.com/group/topic/[0-9a-z]+/)\\"[^>]*>([^<]+)</a>");
                `,
        },
        {
            Name: "解析阳台房",
            ParseFunc: `
                ctx.OutputJS("<div class=\\"topic-content\\">[\\s\\S]*?阳台[\\s\\S]*?<div
class=\"aside\">");
                `,
        },
    },
}
```

在 Rules 脚本中，我们加入了两个爬虫规则，分别是"解析网站 URL"和 "解析阳台房"，它们都可以使用非常简单的规则实现。这里调用了 ctx.ParseJSReg 解析请求，调用了 ctx.OutputJS 解析并输出找到的内容。注意，这里的 ctx.ParseJSReg 与 ctx.OutputJS 也是 Go 原生的函数，下面会看到它们的实现。

第三步，编写动态规则中的 Go 函数。AddJsReqs 函数将在 JavaScript 脚本中的请求数据变为 Go 结构中的数组[]*collect.Request，ctx.ParseJSReg 方法则会动态解析 JavaScript 中传递的正则表达式并
生成新的请求，ctx.OutputJS 负责解析传递过来的正则表达式并输出结果。注意 JavaScript 虚拟机会自
动将 JavaScript 脚本中的参数转换为函数参数中对应的结构。

```go
// 用于动态规则添加请求。
func AddJsReqs(jreqs []map[string]interface{}) []*collect.Request {
    reqs := make([]*collect.Request, 0)
    for _, jreq := range jreqs {
        req := &collect.Request{}
        u, ok := jreq["Url"].(string)
        req.Url = u
        req.RuleName, _ = jreq["RuleName"].(string)
        req.Method, _ = jreq["Method"].(string)
        req.Priority, _ = jreq["Priority"].(int64)
        reqs = append(reqs, req)
    }
    return reqs
}
// 动态解析 JavaScript 中的正则表达式
func (c *Context) ParseJSReg(name string, reg string) ParseResult {
    re := regexp.MustCompile(reg)
    matches := re.FindAllSubmatch(c.Body, -1)
    result := ParseResult{}
    for _, m := range matches {
        u := string(m[1])
        result.Requesrts = append(
            result.Requesrts, &Request{
                Method:   "GET",
                Task:     c.Req.Task,
                Url:      u,
                Depth:    c.Req.Depth + 1,
                RuleName: name,
            })
    }
    return result
}

// 解析内容并输出结果
func (c *Context) OutputJS(reg string) ParseResult {
    re := regexp.MustCompile(reg)
    ok := re.Match(c.Body)
    if !ok {
        return ParseResult{
            Items: []interface{}{},
        }
    }
    result := ParseResult{
        Items: []interface{}{c.Req.Url},
    }
```

```
        return result
}
```

第四步，初始化任务与规则。初始化动态规则这一步更复杂，因为我们需要将 JavaScript 脚本放入 paesrFunc 函数中，供 otto 库解析，代码如下所示。

```
func init() {
    ...
    Store.AddJSTask(XXXgroup.XXXgroupJSTask)
}

func (c *CrawlerStore) AddJSTask(m *collect.TaskModle) {
    task := &collect.Task{
        Property: m.Property,
    }

    task.Rule.Root = func() ([]*collect.Request, error) {
        vm := otto.New()
        vm.Set("AddJsReq", AddJsReqs)
        v, err := vm.Eval(m.Root)
        e, err := v.Export()
        return e.([]*collect.Request), nil
    }

    for _, r := range m.Rules {
        paesrFunc := func(parse string) func(ctx *collect.Context) (collect.ParseResult, error) {
            return func(ctx *collect.Context) (collect.ParseResult, error) {
                vm := otto.New()
                vm.Set("ctx", ctx)
                v, err := vm.Eval(parse)
                e, err := v.Export()
                return e.(collect.ParseResult), err
            }
        }(r.ParseFunc)
        if task.Rule.Trunk == nil {
            task.Rule.Trunk = make(map[string]*collect.Rule, 0)
        }
        task.Rule.Trunk[r.Name] = &collect.Rule{
            paesrFunc,
        }
    }

    c.hash[task.Name] = task
    c.list = append(c.list, task)
}
```

在这里，用于生成种子网站的 Root 函数中的 vm.Eval(m.Root) 执行了配置中的 root 脚本，然后返回了生成的请求数组。vm.Set("AddJsReq", AddJsReqs) 可以将 Go 原生函数注册到 JavaScript 虚拟机中，这样才能在 JavaScript 脚本中调用 Go 函数。paesrFunc 函数也一样，这里使用了闭包，方便后续执行 parse 脚本并最后返回解析后的 collect.ParseResult 结果。

第五步，启动并加载任务。 启动和加载任务的过程与静态规则引擎的代码完全相同，因此可以直接复用。我们只需要指定一个任务名，例如 js_find_XXX_sun_room，即可通过动态规则引擎启动并运行爬虫任务。

```
func main(){
  ...
  seeds = append(seeds, &collect.Task{
    Property: collect.Property{
      Name: "js_find_XXX_sun_room",
    },
    Fetcher: f,
  })

  s := engine.NewEngine(
    engine.WithFetcher(f),
    engine.WithLogger(logger),
    engine.WithWorkCount(5),
    engine.WithSeeds(seeds),
    engine.WithScheduler(engine.NewSchedule()),
  )
  s.Run()
}
```

完整的代码位于 v0.2.5 标签下。

22.3　总结

本章构建了规则引擎模块来管理静态和动态规则，以便更好地对爬虫任务进行管理。

静态规则指在 Go 代码中提前写好的解析规则，这些规则固定、性能更高，但是无法穷尽。如果每次遇到新网站都要重新写代码、定义规则、重启程序，就会比较烦琐。动态的规则构建了 JavaScript 的虚拟机，可以动态解析 JavaScript 的语法规则。

JavaScript 已经具有调用 Go 函数的能力，这让编写 JavaScript 脚本变得更加简单。我们甚至可以想象这样一个场景：开发者只要在页面中选择自己希望爬取的内容，就可以生成满足爬取需求的动态规则。这种商业模式是成立的，用现在的技术完全可以实现。当前，动态规则的性能确实比不上静态规则，因为它内部有大量运算、内存分配及反射，但是在爬虫项目中，很多时候真正的瓶颈来自网络 I/O，因此动态规则带来的灵活性收益通常大于性能损耗。

23

存储引擎：数据清洗与存储

数据是宝贵的东西，它会比系统本身存在更长的时间。

——Tim Berners-Lee

爬虫项目的一个重要的环节就是把最终的数据持久化存储起来，数据可能被存储到数据库、中间件或者是文件中，例如 MySQL、MongoDB、Kafka、Excel 等。

要实现这个目标，我们很容易想到使用接口来进行模块间的解耦，同时要解决数据的缓冲区问题。由于爬虫的数据可能是多种多样的，所以如何对最终数据进行合理的抽象也是我们需要面对的问题。

23.1　爬取结构化数据

爬取租房网站信息的案例比较简单，在实际中，爬虫任务通常需要获取结构化的数据。例如一本书的信息包括书名、价格、出版社、简介、评分等。为了生成结构化的数据，我以某读书评网站为例定义任务规则。

第一步，从首页右侧获取热门标签的信息，如图 23-1 所示。

```
const regexpStr = `<a href="([^"]+)" class="tag">([^<]+)</a>`
func ParseTag(ctx *collect.Context) (collect.ParseResult, error) {
  re := regexp.MustCompile(regexpStr)
  matches := re.FindAllSubmatch(ctx.Body, -1)
  result := collect.ParseResult{}
  for _, m := range matches {
    result.Requesrts = append(
      result.Requesrts, &collect.Request{
        Method:   "GET",
        Task:     ctx.Req.Task,
        Url:      "https://book.XXX.com" + string(m[1]),
        Depth:    ctx.Req.Depth + 1,
        RuleName: "书籍列表",
      })
  }
  return result, nil
}
```

图 23-1

进入标签页面后，可以进一步获取图书的列表，如图 23-2 所示。

图 23-2

解析图片列表的代码如下。

```
const BooklistRe = `<a.*?href="([^"]+)" title="([^"]+)"`

func ParseBookList(ctx *collect.Context) (collect.ParseResult, error) {
    re := regexp.MustCompile(BooklistRe)
    matches := re.FindAllSubmatch(ctx.Body, -1)
    result := collect.ParseResult{}
    for _, m := range matches {
```

```go
    req := &collect.Request{
        Method:   "GET",
        Task:     ctx.Req.Task,
        Url:      string(m[1]),
        Depth:    ctx.Req.Depth + 1,
        RuleName: "书籍简介",
    }
    req.TmpData = &collect.Temp{}
    req.TmpData.Set("book_name", string(m[2]))
    result.Requesrts = append(result.Requesrts, req)
}

return result, nil
}
```

注意，这里在获取到书名之后，将书名缓存到了临时的 tmp 结构中供下一个阶段读取。这是因为我们希望得到的某些信息是在之前的阶段获得的。这里将缓存结构定义为了一个哈希表，并封装了 Get 与 Set 两个函数来获取和设置请求中的缓存。

```go
// 返回临时缓存数据
func (t *Temp) Get(key string) interface{} {
    return t.data[key]
}

func (t *Temp) Set(key string, value interface{}) error {
    if t.data == nil {
        t.data = make(map[string]interface{}, 8)
    }
    t.data[key] = value
    return nil
}
```

最后，单击图书的详情页，可以看到图书的作者、出版社、页数、定价、得分、价格等信息，如图 23-3 所示。

图 23-3

解析图书详细信息的代码如下。

```go
var autoRe = regexp.MustCompile(`<span class="pl"> 作者</span>:[\d\D]*?<a.*?>([^<]+)</a>`)
var public = regexp.MustCompile(`<span class="pl">出版社:</span>([^<]+)<br/>`)
var pageRe = regexp.MustCompile(`<span class="pl">页数:</span> ([^<]+)<br/>`)
var priceRe = regexp.MustCompile(`<span class="pl">定价:</span>([^<]+)<br/>`)
var scoreRe = regexp.MustCompile(`<strong class="ll rating_num "
property="v:average">([^<]+)</strong>`)
var intoRe = regexp.MustCompile(`<div class="intro">[\d\D]*?<p>([^<]+)</p></div>`)

func ParseBookDetail(ctx *collect.Context) (collect.ParseResult, error) {
    bookName := ctx.Req.TmpData.Get("book_name")
    page, _ := strconv.Atoi(ExtraString(ctx.Body, pageRe))

    book := map[string]interface{}{
        "书名":    bookName,
        "作者":    ExtraString(ctx.Body, autoRe),
        "页数":    page,
        "出版社": ExtraString(ctx.Body, public),
        "得分":    ExtraString(ctx.Body, scoreRe),
        "价格":    ExtraString(ctx.Body, priceRe),
        "简介":    ExtraString(ctx.Body, intoRe),
    }
    data := ctx.Output(book)

    result := collect.ParseResult{
        Items: []interface{}{data},
    }

    return result, nil
}

func ExtraString(contents []byte, re *regexp.Regexp) string {
    match := re.FindSubmatch(contents)
    if len(match) >= 2 {
        return string(match[1])
    } else {
        return ""
    }
}
```

其中，书名是从上下文缓存中得到的。这里仍然使用正则表达式进行演示，你也可以改为使用更合适的
CSS 选择器。完整的任务规则如下所示。

```go
var XXXBookTask = &collect.Task{
    Property: collect.Property{
        Name:        "XXX_book_list",
        WaitTime: 1 * time.Second,
        MaxDepth: 5,
        Cookie:      "xxx"
```

```
        },
    Rule: collect.RuleTree{
        Root: func() ([]*collect.Request, error) {
            roots := []*collect.Request{
                &collect.Request{Priority: 1,
                    Url:      "https://book.XXX.com",
                    Method:   "GET",
                    RuleName: "数据 tag",
                },
            }
            return roots, nil
        },
        Trunk: map[string]*collect.Rule{
            "数据 tag": &collect.Rule{ParseFunc: ParseTag},
            "书籍列表": &collect.Rule{ParseFunc: ParseBookList},
            "书籍简介": &collect.Rule{
                ItemFields: []string{"书名","作者","页数","出版社","得分","价格","简介"},
                ParseFunc: ParseBookDetail,
            },
        },
    },
}
```

在采集规则节点中，加入了一个新的字段 ItemFields 来表明当前输出数据的字段名，后面我们还会看到它的用途。

```
type Rule struct {
    ItemFields []string
    ParseFunc  func(*Context) (ParseResult, error) // 内容解析函数
}
```

上述代码位于 v0.2.6 标签下，执行程序后，输出结果如下。

```
{"level":"INFO","ts":"2022-11-19T11:19:23.720+0800","caller":"crawler/main.go:16","msg":"log
init end"}
{"level":"INFO","ts":"2022-11-19T11:19:28.119+0800","caller":"engine/schedule.go:301","msg":"
get result: &{map[Data:map[书名:长安的荔枝 价格: 45.00 元 作者:马伯庸 出版社: 得分: 8.5 简介:—陕
西师范大学历史文化学院教授 于赓哲 页数:224] Rus://book.XXX.com/subject/36104107/]}"}
```

现在我们就能够爬取结构化的图书信息了。

23.2 数据存储

23.2.1 数据抽象

在爬取到足够的信息后，为了将数据存储起来，首先需要对数据进行抽象。这里将每条要存储的数据都抽象为 DataCell 结构，我们可以把 DataCell 想象为 MySQL 中的一行数据。

```go
type DataCell struct {
    Data map[string]interface{}
}
```

我们规定：在 DataCell 中，Key 为 "Task" 的数据表示当前的任务名；Key 为 "Rule" 的数据表示当前的规则名；Key 为 "Url" 的数据表示当前的网址；Key 为 "Time" 的数据表示当前的时间；而最重要的 Key 为 "Data" 的数据表示当前的核心数据，即当前书籍的详细信息。

在解析图书详细信息的规则中，我们定义 "Data" 对应的数据结构是一个哈希表 map[string]interface{}。在这个哈希表中，Key 为 "书名" "评分" 等字段名，Value 为字段对应的值。要注意的是，这里 Data 对应的 Value 不一定是 map[string]interface{}，只要能够灵活地处理不同的类型就可以了。

```go
func (c *Context) Output(data interface{}) *collector.DataCell {
    res := &collector.DataCell{}
    res.Data = make(map[string]interface{})
    res.Data["Task"] = c.Req.Task.Name
    res.Data["Rule"] = c.Req.RuleName
    res.Data["Data"] = data
    res.Data["Url"] = c.Req.Url
    res.Data["Time"] = time.Now().Format("2006-01-02 15:04:05")
    return res
}
```

完成了数据的抽象之后，就可以将最终的数据存储到 Items 中，供专门的协程处理。

```go
type ParseResult struct {
    Requesrts []*Request
    Items     []interface{}
}
```

23.2.2　数据底层存储

之前有一个未完成项，就是在 HandleResult 方法中对解析后的数据进行存储，现在我们可以将它完成了。循环遍历 Items，判断其中的数据类型，如果数据类型为 DataCell，就用专门的存储引擎将这些数据存储起来。注意，存储引擎是和爬虫任务绑定在一起的，不同的爬虫任务可能有不同的存储引擎。

```go
func (s *Crawler) HandleResult() {
    for {
        select {
        case result := <-s.out:
            for _, item := range result.Items {
                switch d := item.(type) {
                case *collector.DataCell:
                    name := d.GetTaskName()
                    task := Store.Hash[name]
                    task.Storage.Save(d)
                }
                s.Logger.Sugar().Info("get result: ", item)
            }
        }
    }
```

```
    }
}
```

我选择使用比较常见的 MySQL 数据库作为这个示例的存储引擎。这里创建了 Storage 作为数据存储的接口，Storage 中包含了 Save 方法，任何实现了 Save 方法的后端引擎都可以存储数据。

```
type Storage interface {
    Save(datas ...*DataCell) error
}
```

不过我们还需要完成一轮抽象，因为后端引擎需要处理的事务比较烦琐，除了存储，还包括缓存、拼接表头、处理数据等。所以，我们要创建一个更加底层的模块，只存储数据。

这个底层抽象的好处在于可以比较灵活地替换存储模块，我在这个例子中使用了原生的 MySQL 语句来与数据库交互。你也可以使用 Xorm 与 Gorm 这样的库来操作数据库。

新建一个文件夹 mysqldb，设置操作数据库的接口 DBer，里面的两个核心函数分别是 CreateTable（创建表）和 Insert（插入数据）。

```
type DBer interface {
    CreateTable(t TableData) error
    Insert(t TableData) error
}
type Field struct {
    Title string
    Type  string
}
type TableData struct {
    TableName   string
    ColumnNames []Field      // 标题字段
    Args        []interface{} // 数据
    DataCount   int          // 插入数据的数量
    AutoKey     bool
}
```

参数 TableData 包含了表的元数据，TableName 为表名，ColumnNames 包含字段名和字段的属性，Args 为要插入的数据，DataCount 为插入数据的数量，AutoKey 标识是否为表创建自增主键。

下面这段代码使用 option 模式生成了 SqlDB 结构体，实现了 DBer 接口。Sqldb.OpenDB 方法用于与数据库建立连接，需要从外部传入远程 MySQL 数据库的连接地址。

```
type Sqldb struct {
    options
    db *sql.DB
}

func New(opts ...Option) (*Sqldb, error) {
    options := defaultOptions
    for _, opt := range opts {
        opt(&options)
    }
```

```go
  d := &Sqldb{}
  d.options = options
  if err := d.OpenDB(); err != nil {
    return nil, err
  }
  return d, nil
}

func (d *Sqldb) OpenDB() error {
  db, err := sql.Open("mysql", d.sqlUrl)
  if err != nil {
    return err
  }
  db.SetMaxOpenConns(2048)
  db.SetMaxIdleConns(2048)
  if err = db.Ping(); err != nil {
    return err
  }
  d.db = db
  return nil
}
```

两个核心的方法 CreateTable 与 Insert 会拼接 MySQL 语句，并分别执行创建表与插入数据的操作。

```go
func (d *Sqldb) CreateTable(t TableData) error {
  sql := `CREATE TABLE IF NOT EXISTS ` + t.TableName + " ("
  if t.AutoKey {
    sql += `id INT(12) NOT NULL PRIMARY KEY AUTO_INCREMENT,`
  }
  for _, t := range t.ColumnNames {
    sql += t.Title + ` ` + t.Type + `,`
  }
  sql = sql[:len(sql)-1] + `) ENGINE=MyISAM DEFAULT CHARSET=utf8;`
  _, err := d.db.Exec(sql)
  return err
}

func (d *Sqldb) Insert(t TableData) error {
  sql := `INSERT INTO ` + t.TableName + `(`
  for _, v := range t.ColumnNames {
    sql += v.Title + ","
  }
  sql = sql[:len(sql)-1] + `) VALUES `
  blank := ",(" + strings.Repeat(",?", len(t.ColumnNames))[1:] + ")"
  sql += strings.Repeat(blank, t.DataCount)[1:] + `;`
  _, err := d.db.Exec(sql, t.Args...)
  return err
}
```

23.2.3 存储引擎实现

接下来，我们看看如何实现存储引擎 Storage。

```go
type SqlStore struct {
    dataDocker  []*collector.DataCell //分批输出结果缓存
    columnNames []sqldb.Field          //标题字段
    db          sqldb.DBer
    Table       map[string]struct{}
    options
}

func New(opts ...Option) (*SqlStore, error) {
    options := defaultOptions
    for _, opt := range opts {
        opt(&options)
    }
    s := &SqlStore{}
    s.options = options
    s.Table = make(map[string]struct{})
    var err error
    s.db, err = sqldb.New(
        sqldb.WithConnUrl(s.sqlUrl),
        sqldb.WithLogger(s.logger),
    )
    return s, nil
}
```

SqlStore 是对 Storage 接口的实现，SqlStore 实现了 option 模式，同时它的内部包含了操作数据库的 DBer 接口。让我们来看看 SqlStore 是如何实现 DBer 接口中的 Save 方法的，它主要实现了三个功能。

- 循环遍历要存储的 DataCell，并判断当前 DataCell 对应的数据库表是否已经被创建。如果表格没有被创建，则调用 CreateTable 创建表格。在存储数据时，getFields 用于获取当前数据的表字段与字段类型，这是从采集规则节点的 ItemFields 数组中获得的。你可能想问，我们为什么不直接用 DataCell 中 Data 对应的哈希表中的 Key 生成字段名呢？这一方面是因为它的速度太慢，另外一方面是因为 Go 中的哈希表在遍历时的顺序是随机的，而生成的字段列表需要的顺序是固定的。

```go
func getFields(cell *collector.DataCell) []sqldb.Field {
    taskName := cell.Data["Task"].(string)
    ruleName := cell.Data["Rule"].(string)
    fields := engine.GetFields(taskName, ruleName)

    var columnNames []sqldb.Field
    for _, field := range fields {
        columnNames = append(columnNames, sqldb.Field{
            Title: field,
            Type:  "MEDIUMTEXT",
        })
    }
}
```

```
    columnNames = append(columnNames,
      sqldb.Field{Title: "Url", Type: "VARCHAR(255)"},
      sqldb.Field{Title: "Time", Type: "VARCHAR(255)"},
    )
    return columnNames
}
```

- 如果当前的数据小于 s.BatchCount，则将数据放入缓存中直接返回（使用缓冲区批量插入数据库可以提高程序的性能）。

- 如果缓冲区已经满了，则调用 SqlStore.Flush 方法批量插入数据。

```
func (s *SqlStore) Save(dataCells ...*collector.DataCell) error {
    for _, cell := range dataCells {
      name := cell.GetTableName()
      if _, ok := s.Table[name]; !ok {
        // 创建表
        columnNames := getFields(cell)

        err := s.db.CreateTable(sqldb.TableData{
          TableName:   name,
          ColumnNames: columnNames,
          AutoKey:     true,
        })
        if err != nil {
          s.logger.Error("create table falied", zap.Error(err))
        }
        s.Table[name] = struct{}{}
      }
      if len(s.dataDocker) >= s.BatchCount {
        s.Flush()
      }
      s.dataDocker = append(s.dataDocker, cell)
    }
    return nil
}
```

SqlStore.Flush 方法的实现如下。

```
func (s *SqlStore) Flush() error {
    args := make([]interface{}, 0)
    for _, datacell := range s.dataDocker {
      ruleName := datacell.Data["Rule"].(string)
      taskName := datacell.Data["Task"].(string)
      fields := engine.GetFields(taskName, ruleName)
      data := datacell.Data["Data"].(map[string]interface{})
      value := []string{}
      for _, field := range fields {
        v := data[field]
        switch v.(type) {
        case nil:
```

```
              value = append(value, "")
          case string:
              value = append(value, v.(string))
          default:
              j, err := json.Marshal(v)
              if err != nil {
                  value = append(value, "")
              } else {
                  value = append(value, string(j))
              }
          }
      }
      value = append(value, datacell.Data["Url"].(string), datacell.Data["Time"].(string))
      for _, v := range value {
          args = append(args, v)
      }
  }

  return s.db.Insert(sqldb.TableData{
      TableName:   s.dataDocker[0].GetTableName(),
      ColumnNames: getFields(s.dataDocker[0]),
      Args:        args,
      DataCount:   len(s.dataDocker),
  })
}
```

这段代码的核心是遍历缓冲区，解析每个 DataCell 中的数据，将扩展后的字段值批量放入 args 参数中，并调用底层 DBer.Insert 方法批量插入数据。上述**完整的代码位于 v0.2.7 标签下**。

23.3   存储引擎验证

接下来我们简单地验证一下存储引擎的正确性。方便起见，我们用 Docker 在后台启动一个 MySQL 数据库，将当前的数据库映射到本机的 3326 端口，设置 root 密码为 123456。创建名为 crawler 的数据库。

```
docker run -d --name mysql-test -p 3326:3306 -e MYSQL_ROOT_PASSWORD=123456 mysql
docker exec -it mysql-test sh
CREATE DATABASE crawler;
use crawler;
```

在 main.go 的启动参数中，创建 sqlstorage 并注入 Task 中。注意，这里 WithSqlUrl 的作用是传递 MySQL 的连接地址。

```
func main(){
  ...
  var storage collector.Storage
  storage, err = sqlstorage.New(
    sqlstorage.WithSqlUrl("root:123456@tcp(127.0.0.1:3326)/crawler?charset=utf8"),
    sqlstorage.WithLogger(logger.Named("sqlDB")),
    sqlstorage.WithBatchCount(2),
```

```
)
seeds := make([]*collect.Task, 0, 1000)
seeds = append(seeds, &collect.Task{
    Property: collect.Property{
        Name: "XXX_book_list",
    },
    Fetcher: f,
    Storage: storage,
})

s := engine.NewEngine(
    engine.WithFetcher(f),
    engine.WithLogger(logger),
    engine.WithWorkCount(5),
    engine.WithSeeds(seeds),
    engine.WithScheduler(engine.NewSchedule()),
)

s.Run()
}
```

运行代码后，数据将存储到 MySQL 表的 XXX_book_list 中，我们可以用多种与数据库交互的工具查看表中的数据。例如，这里使用的是 DataGrip，使用地址、密码和对应的 Crawler Database，就可以连接到对应的数据库，如图 23-4 所示。

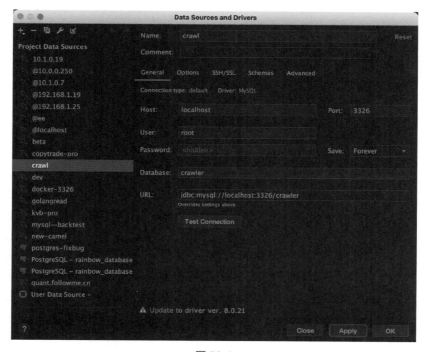

图 23-4

运行"select * from 　XXX_book_list;　"可以查看表中已经插入的数据，如图 23-6 所示。

图 23-6

23.4　总结

本章以存储数据为目标实现了存储引擎。我们以某读书网站的结构化数据为例，学习了如何对不同的数据进行抽象；以 MySQL 为例，学习了使用原生 SQL 语句操作数据库的方法，并在这个过程中再次看到了接口的强大能力。当前的架构使我们能够轻松地编写新的存储引擎，例如将数据存储到 Kafka、MongoDB 或 Excel 等引擎中，此外，我们也可以很容易地实现在底层使用 ORM 方式来操作数据库。

24

固若金汤：限速器与错误处理

不要仅仅检查错误，而要优雅地处理它们。

———— *计算机行业谚语*

不加限制地并发爬取目标网站很容易被服务器封禁。为了正常稳定地访问服务器，本章要给项目增加一个重要的功能：限速器。同时，我们还会介绍在 Go 语言中进行错误处理的最佳实践。

24.1　限速器

在很多情况下，例如防止黑客的攻击、防止对资源的访问超过服务器的承载能力，或是防止在爬虫项目中被服务器封杀，我们都需要对服务进行限速。

在爬虫项目中，保持合适的速率也有利于我们稳定地爬取数据。令牌桶算法是一种广泛使用且高效的速度控制策略。关于其他一些限流算法，我们将在第 37 章进行详细的探讨。

令牌桶算法的原理很简单，我们可以想象这样一个场景：去饭店吃饭，里面只有 10 桌座位，我们可以将这 10 桌座位看作桶的容量，当座位坐满时，服务员会要求后续客人排号，领到号的客人随即进入等待状态。

一桌客人吃完之后，下一桌并不能马上就座，因为服务员还需要收拾饭桌。由于服务员的数量有限，因此即便很多桌客人同时吃完，也不能立即释放所有的座位。如果每 5 分钟收拾好一桌，那么"1 桌/5 分钟"就叫作令牌放入桶中的速率。轮到新客人就餐时，这些客人占据了一桌座位，也就是占据了一个令牌，这时就可以开吃了。

通过上面简化的案例能够看到，令牌桶算法通过控制桶的容量和令牌放入桶中的速率，保证了系统能在最大的处理容量下正常工作。我们可以使用 Go 语言官方提供的限速器 golang.org/x/time/rate 来实现这一算法，其中包含了一些简单易用的 API。在该库中，类型 Limit 表示速率，代表每秒钟放入桶中的令牌数量。NewLimiter 函数中的第一个参数传递的是 Limit 速率，第二个参数 b 表示桶的数量。此外，该库还提供了 Every 函数，用于指定两个令牌之间的时间间隔，以转化为对应的 Limit 速率。

```
func Every(interval time.Duration) Limit
```

生成了 Limiter 之后，我们一般会调用 Limiter 的 Wait 方法等待可用的令牌。其中，参数 ctx 可以设置超时退出的时间，以避免协程一直陷在阻塞状态中。

```go
func (lim *Limiter) Wait(ctx context.Context) (err error) {
    return lim.WaitN(ctx, 1)
}
```

如果没有可用的令牌，当前协程就会陷入阻塞状态，我们用一个例子来说明一下 Limiter 的使用方法。

在下面的例子中，rate.NewLimiter 生成了一个限速器，其中桶的最大容量为 2，rate.Limit(1)表示每隔 1s 向桶中放入 1 个令牌。

```go
package main

import (
    "context"
    "fmt"
    "golang.org/x/time/rate"
    "time"
)

func main() {
    limit := rate.NewLimiter(rate.Limit(1), 2)
    for {
        if err := limit.Wait(context.Background()); err == nil {
            fmt.Println(time.Now().Format("2006-01-02 15:04:05"))
        }
    }
}
```

用一个 for 循环输出当前时间会发现，前两次输出在同一秒，这是因为桶中一开始有两个令牌可以用。之后，每次输出都间隔 1s，因为每隔 1s 才会向桶中填充一个令牌。

```
2022-11-22 22:31:51
2022-11-22 22:31:51
2022-11-22 22:31:52
2022-11-22 22:31:53
2022-11-22 22:31:54
```

我们再尝试使用 rate.Every 来生成 Limit 速率。

```go
func main() {
    limit := rate.NewLimiter(rate.Every(500*time.Millisecond), 2)
    for {
        if err := limit.Wait(context.Background()); err == nil {
            fmt.Println(time.Now().Format("2006-01-02 15:04:05"))
        }
    }
}
```

其中，rate.Every(500*time.Millisecond)表示每 500 毫秒放入一个令牌，换算过来就是每秒放入 2 个令牌。

所以我们可以看到，现在每秒都会输出两条记录。

```
2022-11-22 22:39:28
2022-11-22 22:39:28
2022-11-22 22:39:29
2022-11-22 22:39:29
2022-11-22 22:39:30
2022-11-22 22:39:30
```

刚才我们已经看到了限速器 Limiter 的基本用法，但有时还有一些更复杂的需求，例如有多层限速器的需求（细粒度限速器限制每秒的请求，粗粒度限速器限制每分钟、每小时或每天的请求）。

假设我们希望爬虫项目每分钟只能访问 10 次目标网站，那么只有每分钟的限制是不够的，因为这样可能在 1s 内直接访问 10 次，依然会被服务器检测出来。所以，我们还需要控制一下瞬时请求量，例如每秒访问不超过 0.5 次。这里我也借鉴了 *Concurrency in Go: Tools and Techniques for Developer*s[1]中多层限速器的设计，在新的 Limiter 包中将限速器抽象为了 RateLimiter 接口，golang.org/x/time/rate 实现的 Limiter 自动实现了该接口。

```go
package limiter

type RateLimiter interface {
    Wait(context.Context) error
    Limit() rate.Limit
}
```

多层限速器对应的 multiLimiter 如下。

```go
type multiLimiter struct {
    limiters []RateLimiter
}

func MultiLimiter(limiters ...RateLimiter) *multiLimiter {
    byLimit := func(i, j int) bool {
        return limiters[i].Limit() < limiters[j].Limit()
    }
    sort.Slice(limiters, byLimit)
    return &multiLimiter{limiters: limiters}
}

func (l *multiLimiter) Wait(ctx context.Context) error {
    for _, l := range l.limiters {
        if err := l.Wait(ctx); err != nil {
            return err
        }
    }
    return nil
}

func (l *multiLimiter) Limit() rate.Limit {
    return l.limiters[0].Limit()
}
```

其中，MultiLimiter 函数用于聚合多个 RateLimiter，并将速率由小到大排列。Wait 方法会循环遍历多层限速器 multiLimiter 中所有的限速器并索要令牌，只有当所有的限速器规则都被满足后，才会正常执行后续的操作。

最后，我们生成多层限速器并把它放入爬虫任务 Task 中，每个爬虫任务可能有不同的限速。这里生成速率的函数用 Per 进行了封装，例如 limiter.Per(20, 1*time.Minute)代表速率是每分钟补充 20 个令牌。

```go
func main(){
  //2s1 个
  secondLimit := rate.NewLimiter(limiter.Per(1, 2*time.Second), 1)
  //60s20 个
  minuteLimit := rate.NewLimiter(limiter.Per(20, 1*time.Minute), 20)
  multiLimiter := limiter.MultiLimiter(secondLimit, minuteLimit)

  seeds := make([]*collect.Task, 0, 1000)
  seeds = append(seeds, &collect.Task{
    Property: collect.Property{
      Name: "XXX_book_list",
    },
    Fetcher: f,
    Storage: storage,
    Limit:   multiLimiter,
  })
}

func Per(eventCount int, duration time.Duration) rate.Limit {
  return rate.Every(duration / time.Duration(eventCount))
}
```

这里就不需要在爬取数据时固定休眠了，只要使用限速器来控制速度就可以了。

24.2　随机休眠

如果只使用多层限速器，那么访问服务器的频率会过于稳定，为了模拟人类的行为，还可以在限速器的基础上增加随机休眠。

如下所示，假设设置的 r.Task.WaitTime 为 2s。这里使用了随机数，获取 0~2000 之间的任意一个整数作为休眠时间。

```go
func (r *Request) Fetch() ([]byte, error) {
  if err := r.Task.Limit.Wait(context.Background()); err != nil {
    return nil, err
  }
  // 随机休眠，模拟人类行为
  sleeptime := rand.Int63n(r.Task.WaitTime * 1000)
  time.Sleep(time.Duration(sleeptime) * time.Millisecond)
  return r.Task.Fetcher.Get(r)
}
```

图 24-1 是通过多层限速器和随机休眠机制成功爬取到的图书数据，**完整代码位于 v0.2.8 标签下。**

图 24-1

24.3　错误处理

在 Go 语言中，错误处理是被人吐槽得比较多的地方。很多批评者根据自己使用其他语言编程的经验，觉得在 Go 语言中有很多像下面这样的错误处理语法。

```
if err != nil{
    return err
}
```

确实，在日常实践中，代码常常会变得像下面这样，让人感觉不太优雅。

```
func doSomething() error {
    if err := foo(); err != nil {
        return err
    }
    if err := bar(); err != nil {
        return err
    }
    if err := baz(); err != nil {
        return err
    }
    return nil
}
```

然而，Go 语言这种错误处理方式实际上是深思熟虑的结果，它是有软件工程的经验作为指导的。像 Java 或 C++中错误处理的 try…catch 语句被实践证明有可读性差、难以精准地处理错误等问题。**而在 Go 语言中，错误处理的哲学是强制调用者检查错误，这就保证了代码的可读性和健壮性。**

虽然在某些情况下，这使代码变得冗长，但幸运的是，我们可以使用一些技巧来最大程度地降低错误处理的重复性。

24.3.1　基本的错误处理方式

由于 Go 语言中允许多返回值，因此最常见的错误处理方式是将函数的最后一个返回值作为 error 接口，接口中的 Error 方法返回错误的信息。

```go
type error interface {
    Error() string
}
```

这种方式会用 errors.New 函数来生成一个新的错误，其中，参数为本次的错误信息。

```go
func (r *Request) Check() error {
    if r.Depth > r.Task.MaxDepth {
        return errors.New("max depth limit reached")
    }
    return nil
}
```

错误信息需要清晰明确，方便定位问题，例如通过 open not_here.txt: no such file or directory，我们可以清楚地知道打开的文件不存在。errors.New 的实现非常简单，它生成了一个内置的 errorString 结构体，而 errorString 实现了 Error()方法。

```go
func New(text string) error {
    return &errorString{text}
}
type errorString struct {
    s string
}
func (e *errorString) Error() string {
    return e.s
}
```

我们也可以采用 fmt.Errorf 来做一些格式化的输出，fmt.Errorf 的好处是，我们可以在之前错误的基础上，附加一些额外的错误信息。

```go
func (b BrowserFetch) Get(request *Request) ([]byte, error) {
    client := &http.Client{
        Timeout: b.Timeout,
    }
    if b.Proxy != nil {
        transport := http.DefaultTransport.(*http.Transport)
        transport.Proxy = b.Proxy
        client.Transport = transport
```

```
  }
  req, err := http.NewRequest("GET", request.Url, nil)
  if err != nil {
    return nil, fmt.Errorf("get url failed:%v", err)
  }
  ...
}
```

由于接口的零值为 nil，因此在处理函数返回的错误时，要通过 error != nil 来判断是否有错误产生。

```
func (s *Crawler) CreateWork() {
  for {
    ...
    body, err := req.Fetch()
    if err != nil {
      s.Logger.Error("can't fetch ",
        zap.Error(err),
        zap.String("url", req.Url),
      )
      s.SetFailure(req)
      continue
    }
  }
}
```

此外，在进行错误处理时，还要谨慎地处理自定义的错误。例如，当接口为 nil 时，意味着接口内部的动态类型和动态数据都为 nil，所以下面 foo 函数返回的 err 不为 nil。

```
func foo() error {
    var err *os.PathError
    return err
}
func main() {
    err := foo()
    fmt.Println(err != nil) // true
}
```

还有一个类似的例子。

```
func GenerateError(flag bool) error {
  var genErr StatusErr
  if flag {
    genErr = StatusErr{
      Status: NotFound,
    }
  }
  return genErr
}

func main() {
  err := GenerateError(true) // true
  fmt.Println(err != nil)
}
```

```
    err = GenerateError(false) // true
    fmt.Println(err != nil)
}
```

我们应该怎么处理返回的错误呢？直接 return err 让上层区处理？还是先对错误进行一些特殊的处理？在实践中我们经常看到一些对错误反复、无意义的处理，最典型的就是日志处理。我们当前的项目也存在这个问题，当爬取网站超时时，会在多个地方输出错误信息，这时常是多余的。

{"level":"ERROR","ts":"2022-11-22T00:22:57.549+0800","caller":"collect/collect.go:74","msg":"fetch failed","error":"Get \\"https://book.XXX.com/subject/1008145/\\": context deadline exceeded (Client.Timeout exceeded while awaiting headers)"}
{"level":"ERROR","ts":"2022-11-22T00:22:57.549+0800","caller":"engine/schedule.go:263","msg":"can't fetch ","error":"Get \\"https://book.XXX.com/subject/1008145/\\": context deadline exceeded (Client.Timeout exceeded while awaiting headers)","url":"https://book.XXX.com/subject/1008145/"}

但如果我们只是 return err，又容易失去一些函数堆栈的关键信息，从而只知道最终的错误信息，不知道函数的调用链是如何触发这一问题的。其实，我们可以通过使用 fmt.Errorf 包装额外的错误信息来解决这一问题。

24.3.2　错误链处理方式

在实践中，我们可能还会遇到这样的特殊情况：tasks 是任务的列表，我们希望所有任务都执行，即便前面的任务执行失败也不退出，但是下面这样的写法只能得到最后一个错误信息。

```
func doSomething() error {
    var reserr error
    for _, task := range tasks {
        if err = f(task);err != nil{
            reserr = err
        }
    }
    return reserr
}
```

还有一种情况是希望检测到错误链中的某一类特定错误。例如，foo 函数通过读取 Read 来读取文件中的信息，在读取到最后时，Read 函数会返回特定的错误类型——io.EOF。而在一些场景下，需要检测特殊的错误类型来进行额外的逻辑处理。

```
func foo() error {
  f, _ := os.Open(file)
   if _, err = f.Read(b); err != nil {
        fmt.Println(err == io.EOF) // true
    }
}
```

要解决这个问题，我们可能首先想到在 foo 函数中使用 fmt.Errorf 包裹信息，但是很快会发现，现在已经失去了 io.EOF 这个原始的错误类型。

为了解决这类问题，Go 语言标准库为我们实现了类似错误包装的机制，它可以将多个错误组成一个错误链。使用错误包装机制有一个非常简单的方法，那就是在使用 fmt.Errorf 时加入一个特殊的格式化符号%w，在下面这段代码中，fmt.Errorf("read failed,%w", err) 将错误 err 进行了包装。

这时，我们可以通过 errors.Is 来判断当前错误中是否包含了原始的 io.EOF 错误，errors.Is 会遍历整个错误链并查找是否有相同的错误。

```go
func foo() error {
  f, _ := os.Open(file)
    if _, err = f.Read(b); err != nil {
        warpErr := fmt.Errorf("read failed,%w", err)
        fmt.Println(errors.Is(warpErr, io.EOF)) // true
    }
}
```

另外，errors.Unwrap 还可以对错误进行解包，如下所示。

```go
func foo() error {
  f, _ := os.Open(file)
    if _, err = f.Read(b); err != nil {
        warpErr := fmt.Errorf("read failed,%w", err)
        err = errors.Unwrap(warpErr)
        fmt.Println(err == io.EOF) //  true
    }
}
```

一般我们会使用 errors.Is 来判断错误链中是否包含了指定的错误，而不是直接使用下面的==来判断。

```go
if err == ErrSomething {
    ...
}
```

要注意，尽量不要在自己的 API 中返回 syscall.ENOENT 以及 io.EOF 这样的特殊类型。因为这通常意味着调用者需要依赖代码库中定义的特定类型。这在标准库中没有问题，但是如果是第三方库返回了一个新的错误类型，或者使用 fmt.Errorf 等方式进行了包裹，这种相等关系后续就不再成立了。同时，这种方式还可能带来不必要的包之间的依赖。

24.3.3   减少错误处理的实践

为了避免冗长的错误处理，我们可以使用一些最佳实践。例如在下面的 HTTP 服务器中，每个路由函数在处理错误时，都用一个中间件函数 appHandler 来统一处理错误。

```go
func main() {
   http.HandleFunc("/users", appHandler(viewUsers))
   http.HandleFunc("/companies", appHandler(viewCompanies))
}
func viewUsers(w http.ResponseWriter, r *http.Request) {
   return userTemplate.Execute(w, user)
}
func viewCompanies(w http.ResponseWriter, r *http.Request) {
   return companiesTemplate.Execute(w, companies)
```

```
}
type appHandler func(http.ResponseWriter, *http.Request) error
func (fn appHandler) ServeHTTP(w http.ResponseWriter, r *http.Request) {
    if err := fn(w, r); err != nil {
        http.Error(w, err.Error(), 500)
    }
}
```

第二个最佳实践是使用 defer 来减少错误处理。例如，下面的函数在错误返回时，包装函数的逻辑是相同的。

```
func DoSomeThings(val1 int, val2 string) (string, error) {
    val3, err := doThing1(val1)
    if err != nil {
        return "", fmt.Errorf("in DoSomeThings: %w", err)
    }
    val4, err := doThing2(val2)
    if err != nil {
        return "", fmt.Errorf("in DoSomeThings: %w", err)
    }
    result, err := doThing3(val3, val4)
    if err != nil {
        return "", fmt.Errorf("in DoSomeThings: %w", err)
    }
    return result, nil
}
```

如果把这里的函数改造为使用 defer 就会更为简捷。

```
func DoSomeThings(val1 int, val2 string) (_ string, err error) {
    defer func() {
        if err != nil {
            err = fmt.Errorf("in DoSomeThings: %w", err)
        }
    }()
    val3, err := doThing1(val1)
    if err != nil {
        return "", err
    }
    val4, err := doThing2(val2)
    if err != nil {
        return "", err
    }
    return doThing3(val3, val4)
}
```

24.4 panic

当发生算术除 0 错误、内存无效访问、数组越界等问题时，会触发程序 panic，导致程序异常退出并输出函数的堆栈信息。在 Go 语言中，有以下两个内置函数可以处理程序的异常情况。

```go
func panic(interface{})
func recover() interface{}
```

panic 函数传递的参数为空接口 interface{}，它可以存储任何形式的错误信息并进行传递，然后在异常退出时进行输出。

```go
panic(42)
panic("unreachable")
panic(Error("cannot parse"))
```

Go 程序在 panic 时并不会直接异常退出，它会终止当前正在正常执行的函数，执行 defer 函数并逐级返回。例如，对于函数调用链 a→b→c，当函数 c 触发 panic 后，会返回函数 b。此时，函数 b 也像发生了 panic 一样返回函数 a。函数 c、b、a 中的 defer 函数都将正常执行。

```go
func a() {
    defer fmt.Println("defer a")
    b()
    fmt.Println("after a")
}
func b() {
    defer fmt.Println("defer b")
    c()
    fmt.Println("after b")
}
func c() {
    defer fmt.Println("defer c")
    panic("this is panic")
    fmt.Println("after c")
}
func main() {
    a()
}
```

如下所示，当函数 c 触发了 panic 后，所有函数中的 defer 语句都会被正常调用，并且在 panic 时输出堆栈信息。通常，我们希望能够捕获这样的错误，让程序继续正常执行。要捕获这种异常，需要将 defer 与内置 recover 函数结合起来使用。

```go
func executePanic() {
    defer func() {
        if errMsg := recover(); errMsg != nil {
            fmt.Println(errMsg)
        }
        fmt.Println("This is recovery function...")
    }()
    panic("This is Panic Situation")
    fmt.Println("The function executes Completely")
}
func main() {
    executePanic()
    fmt.Println("Main block is executed completely...")
}
```

从下面这段输出可以看出，尽管有 panic，main 函数仍然在正常执行后才退出。

```
This is Panic Situation
This is recovery function...
Main block is executed completely...
```

在实践中，我们常常看到一些开发者为了避免异常退出在各个函数调用的地方都加上了 recover 捕获，其实这是没有必要的。借助上面的特性，我们只需要在最上层函数捕获异常就可以了。

有些同学可能想：直接在 main 函数里加一个 recover 函数，这样不就可以捕获异常了吗？这是不对的，因为这个特性只适用于某个单独的协程，我们应该对每个重要协程的最上层函数进行捕获，这样就可以避免程序异常退出了。

下面这段代码在 CreateWork 方法中捕获到 panic 并输出到了日志中。一般这种日志会被额外的监控系统发现并报警。上述完整代码位于 v0.2.9 标签下。

```go
func (s *Crawler) CreateWork() {
    defer func() {
        if err := recover(); err != nil {
            s.Logger.Error("worker panic",
                zap.Any("err", err),
                zap.String("stack", string(debug.Stack())))
        }
    }()
...
}
```

24.5　总结

本章介绍了两个重要的特性：限速器与错误处理。限速器通过令牌桶机制减轻了爬虫对目标服务器的压力，并且使用了多层限速器对爬虫进行细致的管理。而对于错误处理，Go 语言吸收了当前软件开发中遇到的经验与教训，其理念是函数的调用者理应对错误进行处理，但这个思路有时候会带来错误处理冗长的问题。错误处理目前有许多最佳实践，其中包括了错误包装、错误中间件以及通过 defer 来减少错误的处理等。

最后介绍了 panic，在关键功能的最上层使用 defer+recover 可以防止程序异常退出。不过要注意，在对异常进行捕获时，只对单个协程生效。

参考文献

[1] COX-BUDAY K. Concurrency in Go: Tools and Techniques for Developers[M]. Farnham: O'Reilly Media, 2017.

25

服务注册与监听：
Worker 节点与 etcd 交互

如果为了"今日事今日毕"而让明天的任务变得难以完成，你就输了。

—— Martin Fowler

本章将会把 Worker 节点变为一个支持 GRPC 与 HTTP 访问的服务，让它最终可以被 Master 服务和外部服务直接访问。在 Worker 节点上线之后，我们还要将 Worker 节点注册到服务注册中心。

25.1 GRPC 与 Protocol Buffers

在微服务的远程通信中，通常选择 GRPC 协议或遵循 RESTful 风格的 HTTP，GRPC 具有以下优势。

* 使用 HTTP/2 来传输序列化后的二进制信息，传输速度更快。
* 可以为不同的语言生成对应的 Client 库，外部访问非常便利。
* 使用 Protocol Buffers 定义 API 的行为，提供了强大的序列化与反序列化能力。
* 支持双向的流式传输（Bi-directional streaming）。

GRPC 默认使用 Protocol Buffers 来定义接口，其特点如下。

* 提供了与语言、框架无关的序列化与反序列化能力。
* 序列化生成的字节数组比 JSON 更小，同时序列化与反序列化的速度也比 JSON 更快。
* 有良好的向后和向前兼容性。

Protocol Buffers 将接口语言定义在以 .proto 为后缀的文件中，proto 编译器结合特定语言的运行库生成特定的 SDK 文件，这个 SDK 文件有助于我们在 Client 端访问，也有助于我们生成 GRPC Server。下面，我们将通过实践来学习如何使用 Protocol Buffers。

第一步，编写一个简单的文件 hello.proto。

```
syntax = "proto3";
option go_package = "proto/greeter";

service Greeter {
```

```
    rpc Hello(Request) returns (Response) {}
}

message Request {
    string name = 1;
}

message Response {
    string greeting = 2;
}
```

proto 协议很容易理解。

- syntax = "proto3"; 标识协议的版本，每个版本的语言可能有所不同，目前最新的使用最多的版本是 proto3，关于它的语法可以查看官方文档[①]。
- option go_package 定义生成的 package 名。
- service Greeter 定义了一个服务 Greeter，它的远程方法为 Hello，Hello 参数为结构体 Request，返回值为结构体 Response。

根据 proto 文件生成对应的协议文件需要首先完成前置工作：下载 proto 的编译器 protoc， protoc 指定版本的安装方式可以查看官方安装文档[②]。

此外，还需要安装 protoc 的 Go 语言插件。

```
go install google.golang.org/protobuf/cmd/protoc-gen-go@latest
go install google.golang.org/grpc/cmd/protoc-gen-go-grpc@latest
```

第二步，运行 protoc 命令进行编译。编译完成后，将生成 hello.pb.go 和 hello_grpc.pb.go 两个协议文件。编译命令如下。

```
protoc -I $GOPATH/src  -I .  --go_out=.  --go-grpc_out=.  hello.proto
```

在 hello_grpc.pb.go 文件中，我们可以看到 protoc 自动生成了 GreeterServer 接口，其中包含了 Hello 方法。

```
type GreeterServer interface {
    Hello(context.Context, *Request) (*Response, error)
}
```

第三步，在 main 函数中生成结构体 Greeter，实现 GreeterServer 接口，然后调用协议文件中的 pb.RegisterGreeterServer 将 Greeter 注册到 GRPC server 中，代码如下所示。要注意的是，xxx/proto/greeter 需要替换为你自己的项目中协议文件的位置。

至此，我们就生成了一个 GRPC 服务，该服务提供了 Hello 方法。

```
package main

import (
```

---

① https://developers.google.com/protocol-buffers/docs/proto3。

② https://grpc.io/docs/protoc-installation/。

```
    pb "xxx/proto/greeter"
    "google.golang.org/grpc"
)
type Greeter struct {
    pb.UnimplementedGreeterServer
}

func (g *Greeter) Hello(ctx context.Context, req *pb.Request) (rsp *pb.Response, err error) {
    rsp.Greeting = "Hello " + req.Name
    return rsp, nil
}

func main() {
    listener, err := net.Listen("tcp", ":9000")
    s := grpc.NewServer()
    pb.RegisterGreeterServer(s, &Greeter{})
    if err := s.Serve(listener); err != nil {
        log.Fatalf("failed to serve: %v", err)
    }
}
```

25.2 　go-micro 与 grpc-gateway

我们已经知道了原生的生成 GRPC 服务器的方法。不过在我们的项目中，我打算用一个目前微服务领域比较流行的框架 go-micro 来实现 GRPC 服务器。

相比原生的方式，go-micro 拥有更丰富的生态和功能，更方便的工具和 API。例如，在 go-micro 中，服务注册可以方便地切换到 etcd、ZooKeeper、Gossip、NATS 等注册中心，方便开发者实现服务注册功能。Server 端同时支持 GRPC、HTTP 等协议。

要在 go-micro 中实现 GRPC 服务器，同样需要利用前面的 proto 文件生成的协议文件。不过 go-micro 在此基础上进行了扩展，需要下载 protoc-gen-micro 插件来生成 micro 适用的协议文件。这个插件的版本需要和 go-micro 的版本相同。目前，**最新的 go-micro 版本为 v4**，我们的项目就用最新的版本来开发，所以需要先下载 protoc-gen-micro v4。

```
go install github.com/asim/go-micro/cmd/protoc-gen-micro/v4@latest
```

接着输入如下命名，生成一个新的文件 hello.pb.micro.go。

```
protoc -I $GOPATH/src  -I .  --micro_out=. --go_out=.  --go-grpc_out=.  hello.proto
```

在 hello.pb.micro.go 中，micro 生成了一个接口 GreeterHandler，所以我们需要在代码中实现这个新的接口。

```
type GreeterHandler interface {
    Hello(context.Context, *Request, *Response) error
}
```

用 go-micro 生成 GRPC 服务器的代码如下，Greeter 结构体实现了 GreeterHandler 接口。代码调用

pb.RegisterGreeterHandler 将 Greeter 注册到 micro 生成的 GRPC server 中。可以在 example 库中查看使用 go-micro 的样例①。

```go
import (
    pb "xxx/proto/greeter"
    "google.golang.org/grpc"
)

type Greeter struct{}

func (g *Greeter) Hello(ctx context.Context, req *pb.Request, rsp *pb.Response) error {
    rsp.Greeting = "Hello " + req.Name
    return nil
}

func main() {
    service := micro.NewService(
        micro.Name("helloworld"),
    )
    service.Init()
    pb.RegisterGreeterHandler(service.Server(), new(Greeter))
    if err := service.Run(); err != nil {
        log.Fatal(err)
    }
}
```

但到这里我们还不满足，GRPC 的调试比 HTTP 烦琐，有些外部服务可能不支持使用 GRPC，为了解决这些问题，我们可以让服务同时具备 GRPC 与 HTTP 的能力。

要实现这一目标，我们需要借助一个第三方库——grpc-gateway。grpc-gateway 的功能就是生成一个 HTTP 的代理服务，这个 HTTP 代理服务会将 HTTP 请求转换为 GRPC 协议，并转发到 GRPC 服务器中。这样，服务便能同时提供 HTTP 接口和 GRPC 接口。

要启用 grpc-gateway 功能，需要对.proto 文件进行相应修改。

```proto
syntax = "proto3";
option go_package = "proto/greeter";
import "google/api/annotations.proto";

service Greeter {
    rpc Hello(Request) returns (Response) {
        option (google.api.http) = {
            post: "/greeter/hello"
            body: "*"
        };
    }
}
```

---

① https://github.com/go-micro/examples。

```
message Request {
    string name = 1;
}

message Response {
    string greeting = 2;
}
```

这里引入了一个依赖 google/api/annotations.proto，并且加入了自定义的 option 选项，grpc-gateway 的插件会识别到这个自定义选项，并为我们生成 HTTP 代理服务。

要生成指定的协议文件，需要先安装 grpc-gateway 插件。

```
go install github.com/grpc-ecosystem/grpc-gateway/v2/protoc-gen-grpc-gateway@latest
go install github.com/grpc-ecosystem/grpc-gateway/v2/protoc-gen-openapiv2@latest
```

同时，提前下载依赖文件 google/api/annotations.proto。在这里，我手动下载了依赖文件并放入 GOPATH 中。

```
git clone git@github.com:googleapis/googleapis.git
mv googleapis/google  $(go env GOPATH)/src/google
```

最后，使用下面的指令将 proto 文件生成协议文件。注意，这里同时加入了 go-micro 插件和 grpc-gateway 插件，两个插件之间可能存在命名冲突，所以我指定了 grpc-gateway 的选项 register_func_suffix 为 Gw，它能够让生成的函数名包含该 Gw 前缀，这就解决了命名冲突问题。

```
protoc -I $GOPATH/src  -I .  --micro_out=.  --go_out=.  --go-grpc_out=.
--grpc-gateway_out=logtostderr=true,register_func_suffix=Gw:. hello.proto
```

这样就生成了 4 个文件，分别是 hello.pb.go、hello.pb.gw.go、hello.pb.micro.go 和 hello_grpc.pb.go。其中，hello.pb.gw.go 是 grpc-gateway 插件生成的文件。

接下来我们借助 go-micro 与 grpc-gateway 为项目生成具备 GRPC 与 HTTP 功能的服务器，代码如下。

```
import (
    pb "xxx/proto/greeter"
    gs "github.com/go-micro/plugins/v4/server/grpc"
    "github.com/grpc-ecosystem/grpc-gateway/v2/runtime"
    "google.golang.org/grpc"
)

type Greeter struct{}

func (g *Greeter) Hello(ctx context.Context, req *pb.Request, rsp *pb.Response) error {
    rsp.Greeting = "Hello " + req.Name
    return nil
}

func main() {
    // http proxy
    go HandleHTTP()
```

```go
    // grpc server
    service := micro.NewService(
        micro.Server(gs.NewServer()),
        micro.Address(":9090"),
        micro.Name("go.micro.server.worker"),
    )
    service.Init()
    pb.RegisterGreeterHandler(service.Server(), new(Greeter))
    if err := service.Run(); err != nil {
        log.Fatal(err)
    }
}

func HandleHTTP() {
    mux := runtime.NewServeMux()
    opts := []grpc.DialOption{grpc.WithInsecure()}
    err := pb.RegisterGreeterGwFromEndpoint(ctx, mux, "localhost:9090", opts)
    http.ListenAndServe(":8080", mux)
}
```

其中，HandleHTTP 函数生成 HTTP 服务器，监听 8080 端口。同时，我们利用 grpc-gateway 生成了 RegisterGreeterGwFromEndpoint 方法，指定了要转发到哪一个 GRPC 服务器。当访问该 HTTP 接口后，该代理服务器会将请求转发到 GRPC 服务器。

现在让我们来验证一下，使用 HTTP 访问服务。

```
curl -H "content-type: application/json" -d '{"name": "john"}'
http://localhost:8080/greeter/hello
```

返回结果如下。

```
{
    "greeting": "Hello "
}
```

这就表明我们已经成功地使用 HTTP 请求访问了 GRPC 服务器。

25.3 注册中心与 etcd

在 go-micro 中使用 micro.NewService 生成一个 service。其中，service 可以用 option 的模式注入参数。而 micro.NewService 有许多默认的 option，在默认情况下生成的服务器并不是 GRPC 类型的。为了生成 GRPC 服务器，我们需要导入 go-micro 的 grpc 插件库，生成一个 GRPC server 注入 micro.NewService 中。同时，micro.Address 指定了服务器监听的地址，而 micro.Name 表示服务器的名字。

```go
import (
    "go-micro.dev/v4"
    Gs "github.com/go-micro/plugins/v4/server/grpc"
)
```

```go
func main() {
  ...
  service := micro.NewService(
    micro.Server(gs.NewServer()),
    micro.Address(":9090"),
    micro.Name("go.micro.server.worker"),
  )
}
```

在 micro.NewService 中还可以注入 register 模块，用于指定注册中心。我们的项目使用 etcd 作为注册中心，在 go-micro v4 中使用 etcd 作为注册中心需要导入 etcd 插件库，如下所示。这里的 etcd 注册模块仍然使用了 option 模式，registry.Addrs 指定了当前 etcd 的地址。

```go
import (
  etcdReg "github.com/go-micro/plugins/v4/registry/etcd"
)
func main() {
  ...
  reg := etcdReg.NewRegistry(
    registry.Addrs(":2379"),
  )

  service := micro.NewService(
    micro.Server(gs.NewServer()),
    micro.Address(":9090"),
    micro.Registry(reg),
    micro.Name("go.micro.server"),
  )
}
```

接下来启动 etcd 服务器。启动服务器的方式有很多种，具体可以查看官方文档[①]。这里利用 Docker 启动一个 etcd 服务器。

```
rm -rf /tmp/etcd-data.tmp && mkdir -p /tmp/etcd-data.tmp && \
  docker rmi gcr.io/etcd-development/etcd:v3.5.6 || true && \
  docker run \
  -p 2379:2379 \
  -p 2380:2380 \
  --mount type=bind,source=/tmp/etcd-data.tmp,destination=/etcd-data \
  --name etcd-gcr-v3.5.6 \
  gcr.io/etcd-development/etcd:v3.5.6 \
  /usr/local/bin/etcd \
  --name s1 \
  --data-dir /etcd-data \
  --listen-client-urls <http://0.0.0.0:2379> \
  --advertise-client-urls <http://0.0.0.0:2379> \
  --listen-peer-urls <http://0.0.0.0:2380> \
  --initial-advertise-peer-urls <http://0.0.0.0:2380> \
```

---

① etcd 安装文档：https://github.com/etcd-io/etcd/releases/。

```
--initial-cluster s1=http://0.0.0.0:2380 \
--initial-cluster-token tkn \
--initial-cluster-state new \
--log-level info \
--logger zap \
--log-outputs stderr
```

要验证用 Dokcer 启动 etcd 服务器是否成功、功能是否正常，可以使用下面几条命令。这些命令会输出 etcd 的版本，并通过简单的键-值对操作验证 put 和 get 功能是否正常。

```
docker exec etcd-gcr-v3.5.6 /bin/sh -c "/usr/local/bin/etcd --version"
docker exec etcd-gcr-v3.5.6 /bin/sh -c "/usr/local/bin/etcdctl version"
docker exec etcd-gcr-v3.5.6 /bin/sh -c "/usr/local/bin/etcdctl endpoint health"
docker exec etcd-gcr-v3.5.6 /bin/sh -c "/usr/local/bin/etcdctl put foo bar"
docker exec etcd-gcr-v3.5.6 /bin/sh -c "/usr/local/bin/etcdctl get foo"
```

接下来启动 go-micro 构建的的 GRPC 服务器，服务的信息会注册到 etcd 中，并定时发送自己的健康状况用于保活。验证如下。

```
» docker exec etcd-gcr-v3.5.6 /bin/sh -c "/usr/local/bin/etcdctl get --prefix /"
/micro/registry/go.micro.server/go.micro.server-707c1d61-2c20-42b4-95a0-6d3e8473727e
{"name":"go.micro.server","version":"latest","metadata":null,"endpoints":[{"name":"Say.Hello"
,"request":{"name":"Request","type":"Request","values":[{"name":"name","type":"string","value
s":null}]},"response":{"name":"Response","type":"Response","values":[{"name":"msg","type":"st
ring","values":null}]}],"metadata":{}}],"nodes":[{"id":"go.micro.server-707c1d61-2c20-42b4-95a
0-6d3e8473727e","address":"192.168.0.107:9090","metadata":{"broker":"http","protocol":"grpc",
"registry":"etcd","server":"grpc","transport":"grpc"}}]}]
```

这里，命令 get --prefix / 表示获取前缀为/的 Key。我们会发现，go-micro 注册到 etcd 中的 Key 为 /micro/registry/c/go.micro.server-707c1d61-2c20-42b4-95a0-6d3e8473727e，其中，go.micro. server 是服务的名字，最后一串 ID 是随机字符。

可以通过在生成 server 时指定特殊的 ID 来替换随机的 ID，如下所示。

```
func main(){
    ...
    service := micro.NewService(
        micro.Server(gs.NewServer(
            server.Id("1"),
        )),
        micro.Address(":9090"),
        micro.Registry(reg),
        micro.Name("go.micro.server.worker"),
    )
}
```

这时注册到 etcd 服务中的 Key 已经发生了变化。

```
» docker exec etcd-gcr-v3.5.6 /bin/sh -c "/usr/local/bin/etcdctl get --prefix /"
/micro/registry/go.micro.server.worker/go.micro.server.worker-1
{"name":"go.micro.server.worker","version":"latest","metadata":null,"endpoints":[{"name":"Say
.Hello","request":{"name":"Request","type":"Request","values":[{"name":"name","type":"string"
```

,"values":null}]}],"response":{"name":"Response","type":"Response","values":[{"name":"msg","type":"string","values":null}]}],"metadata":{}}],"nodes":[{"id":"go.micro.server.worker-1","address":"192.168.0.107:9090","metadata":{"broker":"http","protocol":"grpc","registry":"etcd","server":"grpc","transport":"grpc"}}]}]}

上述完整的代码位于 v0.3.0 标签下。

最后，我们可以用一个 GRPC 客户端访问服务器。

```go
import (
    grpccli "github.com/go-micro/plugins/v4/client/grpc"
    "go-micro.dev/v4/registry"
    pb "xxx/proto/greeter"
}

func main() {
    reg := etcdReg.NewRegistry(
        registry.Addrs(":2379"),
    )
    // create a new service
    service := micro.NewService(
        micro.Registry(reg),
        micro.Client(grpccli.NewClient()),
    )

    // parse command line flags
    service.Init()

    // Use the generated client stub
    cl := pb.NewGreeterService("go.micro.server.worker", service.Client())

    // Make request
    rsp, err := cl.Hello(context.Background(), &pb.Request{
        Name: "John",
    })
}
```

这里，pb.NewGreeterService 的第一个参数代表服务器的注册名。如果运行后能够正常地返回结果，就代表 GRPC 客户端访问 GRPC 服务器成功。GRPC 返回的结果如下所示。

```
» go run main.go
Hello John
```

25.4　micro 中间件

对代码进行优化，设置 go-micro 的中间件。如下所示，我们使用 Go 函数闭包的特性对请求进行了一层包装，中间件函数在接收到 GRPC 请求时，可以输出请求的具体参数，方便我们排查问题。

```go
func logWrapper(log *zap.Logger) server.HandlerWrapper {
    return func(fn server.HandlerFunc) server.HandlerFunc {
        return func(ctx context.Context, req server.Request, rsp interface{}) error {
```

```
        log.Info("recieve request",
            zap.String("method", req.Method()),
            zap.String("Service", req.Service()),
            zap.Reflect("request param:", req.Body()),
        )
        err := fn(ctx, req, rsp)
        return err
    }
  }
}
```

接下来，使用 micro.WrapHandler 将中间件注入 micro.NewService 中，这样就大功告成了。

```
service := micro.NewService(
    ...
    micro.WrapHandler(logWrapper(logger)),
  )
```

当 GRPC 服务器收到请求之后，会输出下面这样的请求信息。

```
{"level":"INFO","ts":"2022-11-28T00:29:28.287+0800","caller":"crawler/main.go:148","msg":"rec
ieve request","method":"Greeter.Hello","Service":"go.micro.server.worker","request param":"{}}
```

25.5 总结

本章为 Worker 服务构建了 GRPC 服务器和 HTTP 服务器。其中，HTTP 服务器是用 grpc-gateway 生成的一个代理，最终也会访问 GRPC 服务器。构建 GRPC 服务器需要安装一些必要的依赖，还要编写定义接口行为的 proto 文件。

本章的案例使用 go-micro 微服务框架实现了 GRPC 服务器，它为微服务提供了多种能力，同时使用 go-micro 的插件将服务注册到了 etcd 注册中心。客户端可以通过服务器注册的服务名找到该服务并完成调用。如果同一个服务名找到了多个服务器，go-micro 就会默认使用负载均衡机制保障公平性。

第 4 篇

测试与分析

26 未雨绸缪：通过静态扫描与动态扫描保证代码质量

> 程序像人一样会老化。我们无法阻止这个进程，但我们可以了解它的原因，减少它的影响并修复一些损伤。

——计算机行业谚语

本章继续优化代码，实现程序的可配置化。然后通过静态与动态的代码扫描发现程序中存在的问题，让代码更加优雅。

26.1 静态扫描

当前大多数公司采用的静态代码分析工具都是 golangci-lint。Linter 原指一种分析源代码并标记编程错误、代码缺陷和风格错误的工具，而 golangci-lint 就是集合多种 Linter 的工具。要查看 golangci-lint 支持的 Linter 列表，以及它启用/禁用了哪些 Linter，可以使用下面的命令。

```
> golangci-lint help linters
```

Go 语言定义了实现 Linter 的 API，并提供了 golint 工具，golint 集成了几种常见的 Linter。我们可以通过源码查看在标准库中如何实现典型的 Linter。

Linter 的实现原理是静态扫描代码的 AST（抽象语法树），Linter 的标准化意味着我们可以灵活实现自己的 Linters。鉴于 golangci-lint 里面已经集成了包括 golint 在内的众多 Linter，并且具有灵活的配置能力，所以如果你想自己写 Linter，那么我建议你先了解一下 golangci-lint 现有的能力。

使用 golangci-lint 的第一步就是安装，不同环境下的安装方式可以查看官方文档[①]。下面演示如何在本地使用 golangci-lint，最简单的方式就是执行如下命令。

```
golangci-lint run
```

它等价于

```
golangci-lint run ./...
```

---

① Goalngci-lint 安装方式：https://golangci-lint.run/usage/install/。

我们也可以指定要分析的目录和文件。

```
golangci-lint run dir1 dir2/... dir3/file1.go
```

就像前面所说的，golangci-lint 是众多 Linter 的集合，要查看 golangci-lint 默认启动的 Linter，可以运行下面的命令。可以看到，golangci-lint 内置了数十个 Linter。

```
golangci-lint help linters
```

为了灵活配置 golangci-lint 的功能，我们需要创建一个配置文件。golangci-lint 会在当前目录下搜索这些配置文件，以启用或禁用指定的 Linter，并指定不同 Linter 的行为。关于配置的详细说明，可以参考官方文档。golangci-lint 支持.golangci.yml、.golangci.yaml、.golangci.toml 和.golangci.json 格式的配置文件。

现在让我们在项目中创建.golangci.yml 文件，具体配置如下。

```
run:
    tests: false
    skip-dirs:
        - vendor

linters-settings:
    funlen:
        # Default: 60
        lines: 120
        # Default: 40
        statements: -1

# list all linters by run `golangci-lint help linters`
linters:
    enable-all: true
    disable:
        - gochecknoglobals
        - gochecknoinits
        ...
```

其中，run.tests 选项表示不扫描测试文件；run.skip-dirs 表示扫描特定的文件夹；linters-settings 选项用于设置特定 Linter 的具体行为；funlen linter 用于限制函数的行数，默认限制为 60 行，这里根据项目的规范配置为了 120 行。Linter 的特性可以根据项目和团队的要求动态配置。

另外，linters.enable-all 表示默认开启所有的 Linter，linters.disable 表示禁用指定的 Linter。存在这个设定是因为在 golangci-lint 中有众多的 Linter，但是有些相互冲突，有些已经过时，还有些不适合当前的项目。例如，gochecknoglobals 禁止使用全局变量，但有时项目中确实需要全局变量，这时就要根据实际需求来调整了。

添加完配置文件后，执行 golangci-lint run 可以看到静态扫描之后的众多警告。很多 Linter 对提高代码的质量是非常有帮助的，例如在下面这个例子中，golangci-lint 会输出文件、行号、不符合规范的位置及原因。这里，第一行末尾的(golint)表示问题是由 golint 这个静态扫描工具发现的，它建议我们将 sqlUrl 的命名修改为 sqlURL。

```
sqldb/option.go:9:2: struct field `sqlUrl` should be `sqlURL` (golint)
    sqlUrl string
```

再举个例子，wsl linter 要求在特定场景下在 continue 前方空一行，这样可以方便阅读。

```
engine/schedule.go:242:4: branch statements should not be cuddled if block has more than two lines
(wsl)
```

这里将项目中所有的代码都根据 Linter 的提示进行了修改，**完整的代码位于 v0.3.1 标签下。**

26.2　动态扫描

有一些问题很难通过静态扫描发现，例如数据争用。数据争用是并发系统中最常见且最难调试的错误类型之一。在下面这个例子中，两个协程共同访问了全局变量 count，乍看之下可能没有问题，但是这个程序其实是存在数据争用的，count 的结果也是不明确的。这会导致很多奇怪的错误。

```
var count = 0
func add() {
    count++
}
func main() {
    go add()
    go add()
}
```

再举一个 Go 语言中经典的数据争用的例子。如下伪代码所示，在 Hash 表中，存储了我们希望存储到 Redis 数据库中的 data 数据。但是在使用 Range 时，变量 k 是一个堆上地址不变的对象，该地址存储的值会随着 Range 遍历而发生变化。

如果此时将变量 k 的地址放入协程 save，以此提供并发存储而不阻塞程序，那么最后的结果可能是，后面的数据会覆盖前面的数据，同时有一些数据没有被存储，并且每次完成存储的数据也是不明确的。

```
func save(g *data){
    saveToRedis(g)
}
func main() {
    var a map[int]data
    for _, k := range a{
        go save(&k)
    }
}
```

数据争用可以说是高并发程序中最难排查的问题，原因在于它的结果是不明确的，而且可能只在特定条件下发生，这导致很难复现相同的错误，在测试阶段也不一定能发现问题。

Go 1.1 后提供了强大的检查工具 race 来排查数据争用问题。如下所示，race 可以用在多个 Go 指令中。当检测器在程序中排查到数据争用时会输出报告，这个报告包含发生 race 冲突的协程栈，以及此时正在运行的协程栈。

```
$ go test -race mypkg
```

```
$ go run -race mysrc.go
$ go build -race mycmd
$ go install -race mypkg
```

如果对上面这个例子的 race.go 文件执行 go run -race，那么程序在运行时会直接报错，如下所示。从报错后输出的栈帧信息中可以看出发生冲突的具体位置。

```
» go run -race race.go
WARNING: DATA RACE
Read at 0x00000115c1f8 by goroutine 7:
main.add()
bookcode/concurrence_control/race.go:5 +0x3a
Previous write at 0x00000115c1f8 by goroutine 6:
main.add()
bookcode/concurrence_control/race.go:5 +0x56
```

Read at 表明读取发生在 race.go 文件的第 5 行，而 Previous write 表明前一个写入也发生在 race.go 文件的第 5 行，这样我们就可以非常快速地发现并定位数据争用问题了。

26.3 配置文件

代码可配置化是我们的项目一直没有实现的功能。很多人可能直接编写 JSON、TOML 等配置文件，并在程序启动时读取配置文件。不过一个优秀的处理配置的库要考虑更多内容，go-micro 的配置库提供了下面几种能力。

- **动态配置**。大多数程序在初始化时读取应用程序配置，之后一直保持静态，如果需要更改配置，则需要重新启动应用程序，这会显得比较烦琐。动态配置通过监听配置的变化，实现了动态化的配置。
- **多后端数据源支持**。适配多种数据源，包括但不限于文件、flags、环境变量，甚至 etcd 等。
- **多数据格式解析**。可以解析包括 JSON、TOML、YML 在内的多种数据源格式。
- **可合并**。它支持将多个后端数据源读取的数据合并到一起进行处理。
- **安全性**。当配置文件不存在时，go-micro 的配置库支持返回默认的数据[1]。

我们通过一个简单的例子来说明 go-micro 配置库的使用方法。假设有配置文件 config.json，

```
{
  "hosts": {
    "database": {
      "address": "10.0.0.2",
      "port": 3306
    },
    "cache": {
      "address": "10.0.0.2",
      "port": 6379
    }
  }
}
```

---

[1] 关于 go-micro 配置库代码的设计可以参考 https://micro.dev/blog/2018/07/04/go-config.html。

获取配置文件的实例代码如下。

```
import (
    "go-micro.dev/v4/config"
    "go-micro.dev/v4/config/source/file"
)
func main() {
    // 导入数据
    err := config.Load(file.NewSource(
        file.WithPath("config.json"),
    ))
    type Host struct {
        Address string `json:"address"`
        Port    int    `json:"port"`
    }
    var host Host
    // 获取 hosts.database 下的数据，并解析为 host 结构
    config.Get("hosts", "database").Scan(&host)
    w, err := config.Watch("hosts", "database")
    // 等待配置文件更新
    v, err := w.Next()
    v.Scan(&host)
    fmt.Println(host)
}
```

在这里，config.Load 函数用于导入某一个数据源中的 config.json 文件；config.Get 函数用于获得某一个层级下的数据；Scan 函数用于将数据解析到结构体中；config.Watch 函数用于监听指定的配置文件更新。

在项目中，我们使用 TOML 作为配置文件。TOML 相比 JSON 的优势在于，能够编写注释、阅读起来相对清晰，但是它不适合表示一些复杂的层次结构。要想在项目中读取 TOML 数据并将其转化为类似 JSON 的层次结构，需要导入 TOML 插件库并做额外的处理。

```
enc := toml.NewEncoder()
cfg, err := config.NewConfig(config.WithReader(json.NewReader(reader.WithEncoder(enc))))
err = cfg.Load(file.NewSource(
    file.WithPath("config.toml"),
    source.WithEncoder(enc),
))
```

之前有许多项目的配置是"写死"在代码中的，例如数据库的地址、etcd 的地址、GRPC 服务器的监听地址，以及超时时间、日志级别等。现在我们需要将这些配置迁移到配置文件中，实现可配置化。项目中配置文件的处理方法这里不再赘述，**具体可以查看 v0.3.2 标签**。

```
logLevel = "debug"

Tasks = [
    {Name = "XXX_book_list",WaitTime = 2,Reload = true,MaxDepth = 5,Fetcher =
"browser",Limits=[{EventCount = 1,EventDur=2,Bucket=1},{EventCount =
20,EventDur=60,Bucket=20}],Cookie = "xxx"},
```

```
        {Name = "xxx"},
]

[fetcher]
timeout = 3000
proxy = ["http://127.0.0.1:8888", "http://127.0.0.1:8888"]
 [storage]
sqlURL = "root:123456@tcp(127.0.0.1:3326)/crawler?charset=utf8"
[GRPCServer]
HTTPListenAddress = ":8080"
GRPCListenAddress = ":9090"
ID = "1"
RegistryAddress = ":2379"
RegisterTTL = 60
RegisterInterval = 15
ClientTimeOut   = 10
Name = "go.micro.server.worker"
```

26.4 Makefile

将配置文件准备好之后，就可以构建并运行程序了。在构建程序时，输入一长串的构建命令比较烦琐，因此可以把一些构建的脚本写入 Makefile 文件中，如下所示。

```
VERSION := v1.0.0
LDFLAGS = -X "main.BuildTS=$(shell date -u '+%Y-%m-%d %I:%M:%S')"
LDFLAGS += -X "main.GitHash=$(shell git rev-parse HEAD)"
LDFLAGS += -X "main.GitBranch=$(shell git rev-parse --abbrev-ref HEAD)"
LDFLAGS += -X "main.Version=${VERSION}"
ifeq ($(gorace), 1)
    BUILD_FLAGS=-race
endif

build:
    go build -ldflags '$(LDFLAGS)' $(BUILD_FLAGS) main.go

lint:
    golangci-lint run ./...
```

其中，build 下的命令就是构建程序的命令。在这段命令中，LDFLAGS 为编译时的一些选项，我们在编译时注入了程序的版本号、分支、构建时间、git commit 号等信息，这些信息会注入 main.go 中的全局变量中。在 main.go 中还要进行一些配套的处理，用来输出一些程序的版本信息。

```
var (
   GitHash = "None"
   Version  = "None"
)
func GetVersion() string {
   if GitHash != "" {
     h := GitHash
     if len(h) > 7 {
```

```
        h = h[:7]
    }
    return fmt.Sprintf("%s-%s", Version, h)
  }
  return Version
}
func Printer() {
  fmt.Println("Version:           ", GetVersion())
  fmt.Println("Git GitHash:       ", GitHash)
}
var (
  PrintVersion = flag.Bool("version", false, "print the version of this build")
)
func main(){
  flag.Parse()
  if *PrintVersion {
    Printer()
    os.Exit(0)
  }
}
```

如下所示，当我们执行 make build 构建可运行程序并传递 -version 运行参数时，就会输出程序的版本信息了。

```
> make build
> ./main -version

Version:           v1.0.0-ed89d91
Git Branch:        master
Git Commit:        ed89d91d03834fe85b1ca7f74f0cca305b8e516a
Build Time (UTC):  2022-11-30 04:52:45
```

同时，在 Makefile 中，BUILD_FLAGS 表示构建可执行文件的参数。当我们设置环境变量 gorace=1 时，go build 会将 race 工具编译到程序中，最后我们会看到完整的构建命令。

```
» export gorace=1
» make build
go build -ldflags '-X "main.BuildTS=2022-12-03 05:48:59" -X
"main.GitHash=e73f1126031f56178ca86deda7fceb0a71b5314e" -X "main.GitBranch=master" -X
"main.Version=v1.0.0"'  main.go
```

26.5　总结

本章使用静态与动态的代码扫描来发现 Bug 和不太规范的代码，这可以帮助开发者遵循团队的编码规范，编写出更优雅的程序。我们还看到了如何用 go-micro 的 config 库来更灵活地对配置文件进行管理。它不仅提供了配置化的能力，还实现了动态配置、配置合并的功能，在这个过程中，我们看到了功能全面的配置管理需要考虑的因素。

最后，通过编写 Makefile 文件，我们可以执行预先定义好的脚本，更快、更优雅地编写项目代码。

测试的艺术：从单元测试到集成测试

测试不是为了证明你是对的，而是为了证明你没有错。

—— 计算机行业谚语

对代码的功能与逻辑进行测试是项目开发中非常重要的一部分，本章将深入探讨 Go 语言中的测试技术，包括单元测试、基准测试、压力测试、代码覆盖率测试、模糊测试、集成测试等。通过灵活使用这些测试技术，可以在代码开发的各个阶段及时发现潜在的问题，提高代码的质量。

27.1　单元测试

单元测试（Unit Testing）是对单个函数或代码块进行测试的过程，它测试函数或代码块的输入和输出是否符合预期。Go 语言中内置的 testing 包提供了基本的单元测试功能。

编写测试用例包括以下几个步骤。

（1）编写测试用例：测试用例需要放置到 xxx_test.go 文件中，测试函数以 TestXxx 开头，其中 Xxx 是测试函数的名称，以大写字母开头。测试函数的参数为 *testing.T 类型，该类型用于输出日志、报告测试结果或跳过指定测试。

（2）创建测试数据：准备好需要测试的输入数据，并定义期望的输出数据。

（3）调用被测试的函数或方法：将测试数据传递给被测试的函数或方法，并获得其实际输出。

（4）断言输出结果：在测试用例中，可以使用 t.Error() 或 t.Fail() 方法来报告测试失败。如果测试输出与预期不符，则测试失败。

（5）运行测试用例：可以使用 go test 命令来运行测试用例，该命令将在测试文件中查找以 _test.go 结尾的文件，并自动运行其中的测试。

我们通过下面这个简单的加法例子进行说明。首先，在 add.go 文件中定义一个 Add 函数，用于实现两个整数的加法。

```
// add.go
```

```
package add

func Add(a, b int) int {
  return a + b
}
```

接下来在 add_test.go 文件中编写 TestAdd 测试用例，并将执行结果与预期进行对比，如果执行结果与预期相符则用 t.Log 方法输出日志。在默认情况下测试是没问题的，但是如果执行结果与预期不符，t.Fatal 方法则会报告测试失败。

```
// add_test.go
package add

import (
"testing"
)
func TestAdd(t *testing.T) {
  sum := Add(1, 2)
  if sum == 3 {
    t.Log("the result is ok")
  } else {
    t.Fatal("the result is wrong")
  }
}
```

要执行测试文件，可以运行 go test，如果测试成功，那么测试结果如下。

```
» go test
PASS
ok       github.com/dreamerjackson/xxx/add      0.013s
```

如果测试结果不符合预期，那么输出如下。

```
=== RUN   TestAdd
   add_test.go:13: the result is wrong
--- FAIL: TestAdd (0.00s)
FAIL
```

根据上面的 Add 函数，我们再回顾一下测试需要遵守的规范。

- 含有单元测试代码的 Go 文件必须以_test.go 结尾，Go 语言的测试工具只识别符合这个规则的文件。
- 单元测试文件名_test.go 前面的部分最好是被测试方法所在 Go 文件的文件名。例如，测试的 Add 函数在 add.go 文件中，则测试文件名为 add_test.go。
- 单元测试的函数名必须以 Test 开头。
- 测试函数的参数必须为*testing.T 类型，并且不能有任何返回值。
- 函数名最好是 Test+要测试的方法函数名，例如，Add 函数的测试函数名为 TestAdd。

下面在项目中对数据库操作的 sqldb 做单元测试，测试一下创建表的功能是否符合预期。

```
func TestSqldb_CreateTable(t *testing.T) {
  sqldb, err := New(
```

```
        WithConnURL("root:123456@tcp(127.0.0.1:3326)/crawler?charset=utf8"),
    )
    assert.Nil(t, err)
    assert.NotNil(t, sqldb)
    // 测试对于无效的配置返回错误
    name := "test_create_table"
    var notValidTable = TableData{
        TableName: name,
        ColumnNames: []Field{
            {Title: "书名", Type: "notValid"},
            {Title: "URL", Type: "VARCHAR(255)"},
        },
        AutoKey: true,
    }
    // 延迟删除表
    defer func() {
        err := sqldb.DropTable(notValidTable)
        assert.Nil(t, err)
    }()
    // 测试对于有效的配置返回错误,测试对于无效的配置返回错误
    ...
    err = sqldb.CreateTable(validTable)
    assert.Nil(t, err)
}
```

在这个例子中,我们使用了第三方包 github.com/stretchr/testify/assert 来完成测试。这个包对 testing.T 进行了封装，提供了一系列函数用于断言测试结果是否符合预期，例如 assert.Nil 表示预期传入的参数为 nil，assert.NotNil 表示预期传入的参数不为 nil 等。如果测试结果不符合预期，则会立即报告测试失败。

这样的单元测试其实并不够清晰也不易维护，特别是当测试的功能逐渐变多时，代码还会变得冗余。那么有没有一种测试方法可以优雅地测试多种功能呢？这就不得不提到表格驱动测试了。

27.1.1 表格驱动测试

表格驱动测试（Table-driven Testing）也是单元测试的一种方式，它使用循环遍历的方式遍历多组测试数据。**使用表格驱动测试可以方便地执行一组或多组测试，同时可以减少测试代码的冗余。**

举一个例子。下面是一个字符串分割函数，它的功能类似于标准库 strings 中的 Split 函数。

```
// split.go
package split
import "strings"
func Split(s, sep string) []string {
    var result []string
    i := strings.Index(s, sep)
    for i > -1 {
        result = append(result, s[:i])
        s = s[i+len(sep):]
        i = strings.Index(s, sep)
```

```go
    }
    return append(result, s)
}
```

我们可以使用表格驱动测试来测试 Split 函数多种不同输入的情况，测试代码如下。在表格驱动中，使用 Map 或者数组来组织用例，只需要输入值和期望结果，就能通过循环中的复用对比函数来对多组测试数据进行测试。这使得表格驱动测试在实践中非常受欢迎。

```go
// split_test.go
func TestSplit(t *testing.T) {
    tests := map[string]struct {
        input string
        sep   string
        want  []string
    }{
        "simple":       {input: "a/b/c", sep: "/", want: []string{"a", "b", "c"}},
        "wrong sep":    {input: "a/b/c", sep: ",", want: []string{"a/b/c"}},
        "no sep":       {input: "abc", sep: "/", want: []string{"abc"}},
        "trailing sep": {input: "a/b/c/", sep: "/", want: []string{"a", "b", "c"}},
    }

    for name, tc := range tests {
        got := Split(tc.input, tc.sep)
        if !reflect.DeepEqual(tc.want, got) {
            t.Fatalf("%s: expected: %v, got: %v", name, tc.want, got)
        }
    }
}
```

在上面的例子中，我们在测试用例的 Map 中定义了四组测试数据，以及它们的输入参数和期望结果。在 for 循环中，通过 reflect 标准库的 DeepEqual 函数深度对比两个参数的内容是否相同，从而检查结果是否符合预期。

我们也可以把之前测试 CreateTable 的函数修改为表格驱动测试，代码如下所示。

```go
func TestSqldb_CreateTableDriver(t *testing.T) {
    type args struct {
        t TableData
    }
    name := "test_create_table"
    tests := []struct {
        name    string
        args    args
        wantErr bool
    }{
        {
            name: "create_not_valid_table",
            args: args{TableData{
                TableName: name,
                ColumnNames: []Field{
```

```
            {Title: "书名", Type: "not_valid"},
            {Title: "URL", Type: "VARCHAR(255)"},
        },
      }},
      wantErr: true,
    },
    ...
  }

  sqldb, err := New(
    WithConnURL("root:123456@tcp(127.0.0.1:3326)/crawler?charset=utf8"),
  )
  for _, tt := range tests {
    err = sqldb.CreateTable(tt.args.t)
    if tt.wantErr {
      assert.NotNil(t, err, tt.name)
    } else {
      assert.Nil(t, err, tt.name)
    }
    sqldb.DropTable(tt.args.t)
  }
}
```

一般来说，我们会为每个测试都加上名字，方便在测试出错时输出具体的用例。在上例中，我们在 assert.NotNil 的第三个参数中加上了测试的名字，假如测试出错，输出结果如下所示。

```
=== RUN   TestSqldb_CreateTableDriver
    sqldb_test.go:98:
            Error Trace:     /Users/jackson/career/crawler/sqldb/sqldb_test.go:98
            Error:           Expected nil, but got: &mysql.MySQLError{Number:0x428, Message:"You
have an error in your SQL syntax; check the manual that corresponds to your MySQL server version
for the right syntax to use near 'not_valid,URL VARCHAR(255)) ENGINE=MyISAM DEFAULT CHARSET=utf8'
at line 1"}
            Test:            TestSqldb_CreateTableDriver
            Messages:        create_not_valid_table
--- FAIL: TestSqldb_CreateTableDriver (0.06s)

FAIL
```

错误信息清晰可见，其中的 Messages 就是相关测试用例的名字。

前面的例子都是串行调用的，CreateTable 的例子也确实不太适合使用并发调用。但是在一些场景下，我们需要通过并发调用来加速测试，这就是子测试为我们做的事情。

27.1.2　子测试

子测试（Subtests）是 Go 语言中一种特殊的测试方式，使用它可以通过并发调用来加速测试。子测试通过调用 testing.T 的 Run 函数来创建一个新的 goroutine，在该 goroutine 中执行测试用例。与普通的单元测试不同的是，子测试会运行所有测试用例，即使某个测试用例失败了，所有的测试用例也都会被执行完毕。在测试出错时，子测试可以将多个错误信息一并输出，方便快速定位问题。

下面是一个使用子测试的例子，用 t.Run 函数测试 Split 函数的多组用例。t.Run 函数的第一个参数是子测试的名称，可以方便地在测试结果中查找对应的子测试。第二个参数是子测试的测试函数，其中包含具体的测试逻辑。在该例子中，我们并发测试了 4 个测试用例。

```go
func TestSplit(t *testing.T) {
    tests := map[string]struct {
        input string
        sep   string
        want  []string
    }{
        "simple":       {input: "a/b/c", sep: "/", want: []string{"a", "b", "c"}},
        "wrong sep":    {input: "a/b/c", sep: ",", want: []string{"a/b/c"}},
        "no sep":       {input: "abc", sep: "/", want: []string{"abc"}},
        "trailing sep": {input: "a/b/c/", sep: "/", want: []string{"a", "b", "c"}},
    }

    for name, tc := range tests {
        t.Run(name, func(t *testing.T) {
            got := Split(tc.input, tc.sep)
            if !reflect.DeepEqual(tc.want, got) {
                t.Fatalf("expected: %#v, got: %#v", tc.want, got)
            }
        })
    }
}
```

下面用子测试来测试项目中 MySQL 库的插入功能。这里并发测试了多个测试用例，t.run 的第一个参数为测试用例的名字。

```go
func TestSqldb_InsertTable(t *testing.T) {
    type args struct {
        t TableData
    }
    tableName := "test_create_table"
    columnNames := []Field{{Title: "书名", Type: "MEDIUMTEXT"}, {Title: "price", Type: "TINYINT"}}
    tests := []struct {
        name    string
        args    args
        wantErr bool
    }{
        {
            name: "insert_data",
            args: args{TableData{
                TableName:   tableName,
                ColumnNames: columnNames,
                Args:        []interface{}{"book1", 2},
                DataCount:   1,
            }},
        },
```

```
      wantErr: false,
    },
    ...
  }

  sqldb, err := New(
    WithConnURL("root:123456@tcp(127.0.0.1:3326)/crawler?charset=utf8"),
  )
  err = sqldb.CreateTable(tests[0].args.t)
  for _, tt := range tests {
    t.Run(tt.name, func(t *testing.T) {
      err = sqldb.Insert(tt.args.t)
      if tt.wantErr {
        assert.NotNil(t, err, tt.name)
      } else {
        assert.Nil(t, err, tt.name)
      }
    })
  }
}
```

测试结果如下。

```
» go test -run=TestSqldb_InsertTable
--- FAIL: TestSqldb_InsertTable (0.07s)
    --- FAIL: TestSqldb_InsertTable/insert_wrong_data_type (0.01s)
        sqldb_test.go:171:
                Error Trace:      /Users/jackson/career/crawler/sqldb/sqldb_test.go:171
                Error:            Expected nil, but got: &mysql.MySQLError{Number:0x556,
Message:"Incorrect integer value: 'rrr' for column 'price' at row 1"}
                Test:             TestSqldb_InsertTable/insert_wrong_data_type
                Messages:         insert_wrong_data_type
FAIL
exit status 1
FAIL    github.com/dreamerjackson/crawler/sqldb 0.085s
```

可以看到，当测试出错时，错误信息被清晰输出了出来。我们可以通过 go test 命令的 -run 和 -v 参数来运行指定的子测试并输出详细信息。例如，go test -run=TestSqldb_InsertTable -v 可以运行 TestSqldb_InsertTable 函数下的所有子测试，并输出详细信息。

```
» go test -run=InsertTable -v
=== RUN   TestSqldb_InsertTable
=== RUN   TestSqldb_InsertTable/insert_data
=== RUN   TestSqldb_InsertTable/insert_wrong_data_type
    sqldb_test.go:171:
                Error Trace:      /Users/jackson/career/crawler/sqldb/sqldb_test.go:171
                Error:            Expected nil, but got: &mysql.MySQLError{Number:0x556,
Message:"Incorrect integer value: 'rrr' for column 'price' at row 1"}
                Test:             TestSqldb_InsertTable/insert_wrong_data_type
                Messages:         insert_wrong_data_type
--- FAIL: TestSqldb_InsertTable (0.07s)
```

```
    --- PASS: TestSqldb_InsertTable/insert_data (0.01s)
    --- FAIL: TestSqldb_InsertTable/insert_wrong_data_type (0.01s)
FAIL
exit status 1
FAIL    github.com/dreamerjackson/crawler/sqldb 0.084s
```

–run 后还可以指定只运行某一个特定的子测试。例如，下面的指令只会运行 TestSqldb_InsertTable 函数下的 insert_multi_data_wrong_count 子测试，并输出详细信息。

```
» go test -run=TestSqldb_InsertTable/insert_multi_data_wrong_count  -v
=== RUN   TestSqldb_InsertTable
=== RUN   TestSqldb_InsertTable/insert_multi_data_wrong_count
--- PASS: TestSqldb_InsertTable (0.04s)
    --- PASS: TestSqldb_InsertTable/insert_multi_data_wrong_count (0.00s)
PASS
ok      github.com/dreamerjackson/crawler/sqldb 0.055s
```

27.1.3　依赖注入

进行单元测试时可能遇到一些棘手的依赖问题，例如一个函数需要依赖多个服务才能完成其操作。在测试时启动这些依赖的步骤非常烦琐，有时候甚至无法在本地实现。因此，我们可以使用依赖注入进行 Mock，这样可以让我们更好地控制依赖返回的数据。

我们以项目中的 Flush 方法为例进行说明，在 Flush 方法中，最后的 s.db.Insert 需要将数据插入数据库。

```
func (s *SQLStorage) Flush() error {
    if len(s.dataDocker) == 0 {
        return nil
    }

    defer func() {
        s.dataDocker = nil
    }()
    ...
    return s.db.Insert(sqldb.TableData{
        TableName:   s.dataDocker[0].GetTableName(),
        ColumnNames: getFields(s.dataDocker[0]),
        Args:        args,
        DataCount:   len(s.dataDocker),
    })
}
```

我们其实并不是真的需要一个数据库。让我们新建一个测试文件 sqlstorage_test.go，编写一个实现 DBer 接口的 mysqldb 结构体，用于模拟数据库操作。

```
// sqlstorage_test.go
type mysqldb struct {
}
func (m mysqldb) CreateTable(t sqldb.TableData) error {
```

```
        return nil
    }
func (m mysqldb) Insert(t sqldb.TableData) error {
        return nil
    }
```

接下来，我们将 mysqldb 注入 SQLStorage 结构中，单元测试如下所示。

```
func TestSQLStorage_Flush(t *testing.T) {
    type fields struct {
        dataDocker []*spider.DataCell
        options    options
    }
    tests := []struct {
        name    string
        fields  fields
        wantErr bool
    }{
        {name: "empty", wantErr: false},
        {name: "no Rule filed", fields: fields{dataDocker: []*spider.DataCell{
            {Data: map[string]interface{}{"url": "http://xxx.com"}},
        }}, wantErr: true},
    }
    for _, tt := range tests {
        t.Run(tt.name, func(t *testing.T) {
            s := &SQLStorage{tt.fields.dataDocker,mysqldb{},tt.fields.options}
            if err := s.Flush(); (err != nil) != tt.wantErr {
                t.Errorf("Flush() error = %v, wantErr %v", err, tt.wantErr)
            }
            assert.Nil(t, s.dataDocker)
        })
    }
}
```

在这个测试用例中，我们对没有 Rule 字段的情况进行了测试，程序直接触发了 panic。这也正是单元测试的价值所在，它可以帮助我们找出程序中的一些特殊输入，以确保其是否仍然符合预期。

进一步查看代码发现，由于下面的代码将接口强制转换为了 string，当接口类型不匹配时就会直接 panic。

```
ruleName := datacell.Data["Rule"].(string)
taskName := datacell.Data["Task"].(string)
```

要避免这种情况，可以用如下代码检测 datacell.Data 中存储的 Value 类型是否符合预期，完整的测试可以查看最新的项目代码。

```
if ruleName, ok = datacell.Data["Rule"].(string); !ok {
        return errors.New("no rule field")
    }
if taskName, ok = datacell.Data["Task"].(string); !ok {
    return errors.New("no task field")
}
```

27.1.4　猴子补丁

猴子补丁（Monkey Patch）指在运行时替换或修改代码的技术，它可以在不改变原有代码的情况下，动态地修改程序的行为。GoMonkey 的实现原理是使用反射机制，通过修改函数的指针，将原有的函数实现替换为自己的实现。

GoMonkey 库[1]实现了猴子补丁技术[2]，从而能够动态地替换函数的实现。它可以用来模拟一些 Go 的内置函数和外部库函数，比如 os.Exit、time.Sleep、http.Get 等。在使用 GoMonkey 时，只需要使用 gomonkey.ApplyFunc 函数来替换目标函数。

例如，下面的代码演示了如何使用 GoMonkey 来模拟 http.Get 请求。

```go
import (
    "github.com/agiledragon/gomonkey/v2"
)

func TestGet(t *testing.T) {
    // 使用 GoMonkey 模拟 http.Get 函数
    p := gomonkey.ApplyFunc(http.Get, func(url string) (*http.Response, error) {
        return &http.Response{
            StatusCode: 200,
            Body:       ioutil.NopCloser(strings.NewReader("Hello, World!")),
        }, nil
    })
    defer p.Reset()
    // 发送模拟的 http.Get 请求
    resp, err := http.Get("http://example.com")
    if err != nil {
        t.Errorf("http.Get failed: %v", err)
    }
    // 验证模拟的 http.Get 请求的响应内容
    body, err := ioutil.ReadAll(resp.Body)
    if err != nil {
        t.Errorf("ioutil.ReadAll failed: %v", err)
    }
    if string(body) != "Hello, World!" {
        t.Errorf("got %q, want %q", string(body), "Hello, World!")
    }
}
```

在上面的代码中，使用 gomonkey.ApplyFunc 函数将 http.Get 函数的实现替换为一个返回固定响应的实现。这样，在测试代码中调用 http.Get 函数时，就会执行替换后的实现，从而得到我们想要的响应结果。

需要注意的是，使用 GoMonkey 可能影响程序的性能，因此建议仅在必要时使用它来进行单元测试。

---

[1] 实现猴子补丁的 GoMonkey 库：https://github.com/agiledragon/gomonkey。

[2] GoMonkey 的实现原理:https://bou.ke/blog/monkey-patching-in-go/。

27.2　压力测试

有时候，我们还希望对程序进行压力测试（Stress Testing），用于模拟并发或高负载情况下系统的表现和稳定性。通过压力测试，可以评估系统在不同负载下的性能指标，例如响应时间、吞吐量、并发连接数、CPU 和内存使用率等。

进行压力测试通常需要用到一些专门的工具，例如 ab、wrk 等。

我们可以结合实际项目来设计压力测试，同时可以通过编写 Shell 脚本将测试过程自动化。以下是一个压力测试脚本的示例。

```
# pressure.sh
go test -c # -c 会生成可执行文件

PKG=$(basename $(pwd))  # 获取当前路径的最后一个名字，即为文件夹的名字
echo $PKG
while true ; do
        export GOMAXPROCS=$[ 1 + $[ RANDOM % 128 ]] # 随机的 GOMAXPROCS
        ./$PKG.test $@ 2>&1    # $@代表可以加入参数    2>&1 代表错误输出到控制台
done
```

脚本中使用了 go test -c 命令将测试函数编译成可执行文件。然后通过一个无限循环，在不同的 GOMAXPROCS 下运行测试函数并输出测试结果。可以通过 ./pressure.sh –test.v 命令来运行压力测试，并使用 –test.v 参数输出详细信息。

需要注意的是，压力测试的结果可能受到测试环境和测试数据的影响。在进行压力测试之前，需要对测试环境和测试数据进行充分的准备，以确保测试结果的准确性和可靠性。

以之前的加法函数为例，执行上面的脚本即可对测试函数进行压力测试。其中，–test.v 为运行参数，用于输出测试的详细信息。

```
> /pressure.sh -test.v
PASS
=== RUN   TestAdd
--- PASS: TestAdd (0.00s)
    add_test.go:17: the result is ok
PASS
=== RUN   TestAdd
--- PASS: TestAdd (0.00s)
    add_test.go:17: the result is ok
```

27.3　基准测试

基准测试（Benchmark testing）是一种性能测试，用于测量程序在已知负载下的性能。基准测试的目的在于确定某个程序、算法或者硬件系统的性能指标，例如计算速度、内存使用等。通常会针对某个函数或者方法进行测试，以得到具体的运行时间和资源消耗量。与压力测试不同，基准测试通过测试单元对代码性能进行分析，不涉及并发、负载等问题。我们可以用基准测试来对比不同代码实现方式的性能差异。例

如，我们可以用下面的代码对比接口调用与直接调用的性能差异。

```go
func BenchmarkDirect(b *testing.B) {
    adder := Sumer{id: 6754}
    b.ResetTimer()
    for i := 0; i < b.N; i++ {
        adder.Add(10, 12)
    }
}
func BenchmarkInterface(b *testing.B) {
    adder := Sumer{id: 6754}
    b.ResetTimer()
    for i := 0; i < b.N; i++ {
        Sumifier(adder).Add(10, 12)
    }
}
func BenchmarkInterfacePointer(b *testing.B) {
    adder := &SumerPointer{id: 6754}
    b.ResetTimer()
    for i := 0; i < b.N; i++ {
        Sumifier(adder).Add(10, 12)
    }
}
```

在执行基准测试时，我们可以加入一些运行参数。例如-gcflags "-N -l" 表示禁止编译器的优化与内联，-bench=. 表示执行所有的基准测试，这样就可以对比前后几个函数的性能差异了。

```
» go test -gcflags "-N -l"   -bench=.
BenchmarkDirect-12                    535487740               1.95 ns/op
BenchmarkInterface-12                  76026812               14.6 ns/op
BenchmarkInterfacePointer-12          517756519               2.37 ns/op
```

基准测试时还可以指定其他的运行参数，例如-benchmem 表示输出每次测试的内存分配情况。我们还可以使用-cpuprofile 和-memprofile 参数来生成 CPU 和内存 profile 文件，方便后续的可视化分析。

```
go test ./fibonacci \
  -bench BenchmarkSuite \
  -benchmem \
  -cpuprofile=cpu.out \
  -memprofile=mem.out
```

最后，我们可以使用 pprof 工具对生成的样本文件进行可视化分析，进一步优化程序性能。关于 pprof 工具，我们在之后还会做详细介绍。

27.4　代码覆盖率测试

当谈论代码质量时，除了性能和正确性，代码覆盖率（Code Coverage）也是一个重要的指标。代码覆盖率指在测试中对源代码的覆盖程度，即测试能够覆盖多少行代码，以及能够触发多少个分支。通过代码覆盖率测试，我们可以了解到哪些代码没有被测试到，进而进行针对性的测试，提高代码的质量。我们甚至还可以用它来识别无效的代码。

27.4.1 cover 的基本用法

自 Go 1.2 起，Go 语言内置了代码覆盖率测试工具 cover，可以在测试时获取覆盖率信息。在默认情况下，只有测试函数中出现的代码才会被计入覆盖率，因此我们需要在测试函数中覆盖所有代码分支。在项目的 sqldb 目录测试下代码的覆盖率，输出结果为 83.7%，它反映的是整个 package 中所有代码的覆盖率。

```
» go test -cover ./sqldb
PASS
coverage: 83.7% of statements
ok      github.com/dreamerjackson/crawler/sqldb 0.426s
```

我们还可以收集覆盖率，并进行可视化。具体做法是将收集到的覆盖率样本文件输出到 coverage.out 中。

```
go test -coverprofile=coverage.out
```

接着使用 go tool cover 命令对代码覆盖率信息进行可视化展示。

```
go tool cover -html=coverage.out
```

我们还是用 sqldb 库进行演示，输入上面的命令，浏览器会自动打开并展示图 27-1 所示的信息。其中绿色的部分表示测试用例走过的代码，而红色的部分表示未覆盖到的代码。根据这些信息，我们可以衡量出当前测试用例和代码的质量。

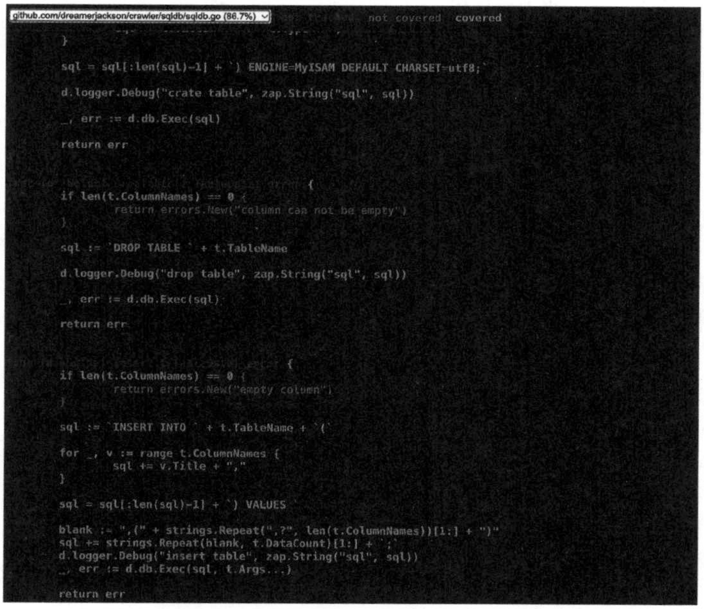

图 27-1

通过可视化分析发现，上面的测试用例遗漏了 t.ColumnNames 为空时的判断。现在让我们优化一下，在 TestSqldb_InsertTable 测试函数中加入相应的测试用例。

```
{
        name: "no column",
        args: args{TableData{
            TableName:   tableName,
            ColumnNames: nil,
            Args:        []interface{}{"book1", 2},
            DataCount:   1,
        }},
        wantErr: true,
    },
```

再次进行覆盖率测试，会看到测试代码成功走完了 Insert 函数所有的逻辑分支。最后，我们还可以根据代码覆盖率的可视化来识别无效的代码。

27.4.2   测试环境下的代码覆盖率

在通常情况下，我们可以通过运行 go test -cover 命令来得到代码覆盖率，但测试用例通常是手动添加的。如果想通过接入测试环境中的流量来测试代码覆盖率，那么可以在测试文件中执行 main()函数，这就像在实际执行程序一样。例如，如果我们的服务是一个 Web 服务器，那么可以新建一个 main_test.go 文件，如下所示。

```
func TestSystem(t *testing.T) {
    handleSignals()
    endRunning = make(chan bool, 1)
    go func() {
        main()
    }()
    <-endRunning
}
```

接着，在当前目录执行 go test -coverprofile=coverage.out ，或者用 go test -c -coverprofile=coverage.out 生成可执行的测试文件，然后执行该文件并在测试环境调用 HTTP 请求。当测试结束时，终止程序即可。退出程序后，会自动生成 coverage.out 文件，这时我们可以使用 go tool cover 命令来分析和展示代码覆盖率。

27.4.3   cover 工具的工作原理

当你使用 go test -cover 命令时，它会在编译时对代码进行打桩，然后运行测试用例来收集覆盖率数据。打桩指在源代码中插入代码以收集覆盖率数据，覆盖率数据指示了程序中每个语句和分支的执行次数。我们以下面的代码为例进行讲解。

```
package size
func Size(a int) string {
  switch {
```

```
    case a < 0:
        return "negative"
    case a == 0:
        return "zero"
    case a < 10:
        return "small"
    case a < 100:
        return "big"
    case a < 1000:
        return "huge"
    }
    return "enormous"
}
```

通过下面的命令可以查看打桩后的代码。

```
go tool cover -mode=set  -var=size  xxx.go
```

生成的代码如下所示。可以看到，cover 工具自动在逻辑代码分支的位置加入了统计函数，并提前注册了当前位置的信息。当测试程序进入该逻辑分支后，该位置会被记录。

```
//line xxx.go:1
package tt

func Size(a int) string {size.Count[0] = 1;
        switch {
        case a < 0:size.Count[2] = 1;
                return "negative"
        case a == 0:size.Count[3] = 1;
                return "zero"
        case a < 10:size.Count[4] = 1;
                return "small"
        case a < 100:size.Count[5] = 1;
                return "big"
        case a < 1000:size.Count[6] = 1;
                return "huge"
        }
        size.Count[1] = 1;return "enormous"
}
```

27.5　模糊测试

介绍完代码覆盖率，我们来看一看在代码覆盖率基础上实现的测试技术：模糊测试（Fuzz Testing）。

之前我们看到的单元测试都是提前放入的测试用例，这些用例依赖于一些提前规划好的功能和后续发现的异常。但是这样有时仍然难以确保测试充分，因为代码中可能有一些逻辑分支和极端的场景是测试用例覆盖不到的。那么，有没有一种方式能产生足够多的用例、覆盖更多的逻辑分支、测试各种特别的边界条件呢？这就不得不提到 Go 1.18 之后测试包中支持的模糊测试了。

模糊测试是一种黑盒测试技术，它会使用各种自动化工具生成大量随机的输入数据，然后将这些输入数据传递给被测程序进行测试，以此来检测被测程序中是否存在潜在的漏洞或错误。

与传统的测试方法不同，模糊测试并不需要针对具体的代码实现进行测试，它只需要在输入层面对被测程序进行测试，因此可以广泛适用于各种编程语言和应用场景。另外，由于模糊测试使用了随机数据作为输入，因此它能够检测到许多人工测试很难发现的边缘情况和漏洞。例如对于查找整数溢出、输入被截断、无效的编码长度和格式等极端 case 都有极大的帮助。

Go 语言内置了模糊测试工具，它可以自动构建和运行模糊测试。模糊测试和单元测试类似，都需要定义测试函数。模糊测试函数以单词"Fuzz"开头，参数必须为*testing.F 类型。和单元测试被称为"Unit Test"类似，模糊测试被称为"Fuzz Test"。

模糊测试包含两部分，第一部分是添加初始的测试输入，这些测试输入可以被看作种子数据或样本数据，也被称为 Seed Corpus。种子数据会在模糊测试中调用 f.Add 添加，同时会添加当前目录下 testdata/fuzz/{FuzzTestName} 文件中的数据。

模糊测试将根据样本数据生成新的输入，所以样本数据应该尽可能地反映函数的真实输入情况。添加样本数据的工作由 f.Add() 完成，它接受以下数据类型。

- String、[]byte、rune。
- Int、int8、int16、int32、int64。
- Uint、uint8、unit16、uint32、uint64。
- float32、float64。
- bool。

模糊测试的第二部分是执行目标测试函数（Fuzz Target），它是每个样本数据和模糊测试生成的随机数据都需要执行的函数。Fuzz Target 函数的第一个参数必须为*testing.T 类型，接着是输入数据的类型，类型的顺序需要与添加到样本数据中的顺序相同。

下面是一个使用模糊测试的示例，以项目 proxy 包中的 GetProxy 函数为例。

```go
func (r *roundRobinSwitcher) GetProxy(pr *http.Request) (*url.URL, error) {
    index := atomic.AddUint32(&r.index, 1) - 1
    u := r.proxyURLs[index%uint32(len(r.proxyURLs))]
    return u, nil
}
```

GetProxy 函数实现了 roundRobin 算法，让我们可以均衡地选择代理服务器地址。你能看出这个函数的问题吗？让我们用模糊测试来诊断一下。新建 proxy_test.go 文件，编写模糊测试函数。

```go
func FuzzGetProxy(f *testing.F) {
  f.Add(uint32(1), uint32(10))
  f.Fuzz(func(t *testing.T, index uint32, urlCounts uint32) {
    r := roundRobinSwitcher{}
    r.index = index
    r.proxyURLs = make([]*url.URL, urlCounts)
    for i := 0; i < int(urlCounts); i++ {
      r.proxyURLs[i] = &url.URL{}
      r.proxyURLs[i].Host = strconv.Itoa(i)
```

```
    }
    p, err := r.GetProxy(nil)
    assert.Nil(t, err)
    e := r.proxyURLs[index%urlCounts]
    if !reflect.DeepEqual(p, e) {
        t.Fail()
    }
  })
}
```

FuzzGetProxy 中定义了两个参数，一个是 URLs 的 Index，另一个是 URLs 的数量。f.Add(uint32(1), uint32(10)) 添加了一个样本数据。在 FuzzGetProxy 函数中，我们定义了两个参数：URLs 的索引和 URLs 的数量。通过 f.Add(uint32(1), uint32(10))向 fuzz 测试中添加一个样本数据，当返回结果与预期结果完全相同时，GetProxy 函数就是正确的。执行模糊测试的命令为 go test –fuzz={FuzzTestName}，其中–Fuzz 后面跟着要测试的函数名。我们也可以使用正则表达式来匹配要测试的函数名。

下面是执行模糊测试的结果。

```
» go test --fuzz=Fuzz
fuzz: elapsed: 0s, gathering baseline coverage: 0/1 completed
fuzz: elapsed: 0s, gathering baseline coverage: 1/1 completed, now fuzzing with 12 workers
--- FAIL: FuzzGetProxy (0.08s)
    --- FAIL: FuzzGetProxy (0.00s)
        testing.go:1349: panic: runtime error: integer divide by zero
        ....
    Failing input written to testdata/fuzz/FuzzGetProxy/70e685ddfc993d5486f7eb6700d3c1bda950
    To re-run:
    go test -run=FuzzGetProxy/70e685ddfc993d5486f7eb6700d3c1bda950
exit status 1
FAIL    github.com/dreamerjackson/crawler/proxy 0.118s
```

可以看到，当前的程序直接 panic 了，而且输出了堆栈信息。

这里第一行 gathering baseline coverage 表示，模糊测试以实现更高的代码覆盖率为目标来生成数据。而 panic 输出的结果为 runtime error: integer divide by zero，表明遇到了除 0 错误。

我们还可以看到，测试失败后，失败的用例会输出到文件 testdata/fuzz/FuzzGetProxy/70e685xxx 中，查看此文件，可以看到失败用例的参数为 1 和 0。

```
» cat
testdata/fuzz/FuzzGetProxy/70e685ddfc993d5486f7eb6700d3c1bda950e873fd05c02c7be67e845205abc2
go test fuzz v1
uint32(1)
uint32(0)
```

在查看堆栈信息和失败用例后，我们发现，在 GetProxy 函数中，当 r.proxyURLs 的长度为 0 时，取余操作会触发除 0 错误，我们需要针对此情况添加错误处理代码，例如返回一个错误信息。

```
func (r *roundRobinSwitcher) GetProxy(pr *http.Request) (*url.URL, error) {
    if len(r.proxyURLs) == 0 {
        return nil, errors.New("empty proxy urls")
```

```
    }
    index := atomic.AddUint32(&r.index, 1) - 1
    u := r.proxyURLs[index%uint32(len(r.proxyURLs))]
    return u, nil
}
```

此外，对于 GetProxy 返回报错的用例，如果我们预期程序会报错，则不应让整个测试失败。为实现这一点，我们可以使用 t.Skip 函数跳过符合预期的特殊用例。下面是一个示例函数 FuzzGetProxy，用于模糊测试 GetProxy 函数。在此函数中，我们使用 Fuzz 方法来生成各种参数进行测试，并使用 assert 库进行断言。如果 GetProxy 返回了一个错误信息并且此错误信息包含 "empty proxy urls"，则使用 t.Skip 函数跳过此用例。

```
func FuzzGetProxy(f *testing.F) {
    f.Add(uint32(1), uint32(10))
    f.Fuzz(func(t *testing.T, index uint32, urlCounts uint32) {
        r := roundRobinSwitcher{}
        r.index = index
        r.proxyURLs = make([]*url.URL, urlCounts)
        for i := 0; i < int(urlCounts); i++ {
            r.proxyURLs[i] = &url.URL{}
            r.proxyURLs[i].Host = strconv.Itoa(i)
        }
        p, err := r.GetProxy(nil)
        if err != nil && strings.Contains(err.Error(), "empty proxy urls") {
            t.Skip()
        }
        assert.Nil(t, err)
        e := r.proxyURLs[index%urlCounts]
        if !reflect.DeepEqual(p, e) {
            t.Fail()
        }
    })
}
```

模糊测试默认会一直执行，如果不希望一直执行模糊测试，那么可以使用 fuzztime 参数指定模糊测试的运行时间。

```
go test --fuzz=Fuzz -fuzztime=10s
```

学完上面这些内容，你应该可以搞定绝大多数的模糊测试场景了。想进一步了解模糊测试的内部原理，可以查看相关文章[①]。

27.6　集成测试

之前，我们更多的对单个函数或模块进行测试，集成测试（Integration Testing）可以对应用程序的组件进行整体测试，以验证它们在相互交互和依赖的情况下是否能够正确地工作。与单元测试不同的是，集成

---

① Go 模糊测试的内部原理：https://jayconrod.com/posts/123/internals-of-go-s-new-fuzzing-system。

测试需要测试应用程序不同组件之间的交互和集成，而不仅是组件本身。

在进行集成测试时，需要确保系统的各个组件能够正确地协同工作，包括数据交换、消息传递、网络通信等。这种测试通常需要使用测试环境来模拟生产环境，并使用自动化测试框架来运行测试用例。集成测试通常分为两种类型：垂直集成测试和水平集成测试。垂直集成测试指对系统不同层次的组件进行测试，例如测试数据库、后端应用程序、前端应用程序等。下面是一个伪代码示例，用于说明集成测试的流程。

```go
func TestCreateOrderIntegration(t *testing.T) {
    // 模拟购物车中有一个商品，数量为 2
    cart := &mockCart{items: []CartItem{{"item-1", 2}}}
    // 模拟库存管理系统中有足够的库存
    inventory := &mockInventory{stocks: map[string]int{"item-1": 10}}
    // 模拟支付系统可以正常支付
    payment := &mockPayment{success: true}
    // 创建订单
    order, err := service.CreateOrder("user-1")
    // 断言订单被成功创建
    assert.Equal(t, 1, len(order.Items))
    assert.Equal(t, 2, order.Items[0].Quantity)
    // 断言购物车中的商品被清空
    assert.Equal(t, 0, len(cart.items))
    // 断言库存被正确扣减
    assert.Equal(t, 8, inventory.stocks["item-1"])
    // 断言支付系统被正确调用
    assert.True(t, payment.called)
}
```

在这个测试中，我们通过模拟购物车、库存管理、支付系统等子系统的行为，模拟了整个订单创建的流程。通过断言每个子系统的行为是否符合预期，我们可以确保整个系统能够正常地协同工作，这就是集成测试的作用。水平集成测试指对系统中不同模块之间的交互进行测试，例如测试微服务架构中不同服务之间的接口、通信等。这种测试通常需要使用真实的硬件和网络设备来模拟生产环境，以便测试系统在实际运行环境中的交互是否正常。需要注意的是，集成测试需要对多个子系统进行测试，因此它的执行时间可能比单元测试长得多。建议在持续集成中使用集成测试，以便在每次提交代码时运行它们，而不是在本地开发环境中手动运行。

27.7　总结

本章介绍了 Go 中的多种测试技术，包括单元测试、基准测试、压力测试、代码覆盖率测试等。灵活地使用这些测试技术可以提前发现系统存在的性能问题，提高代码的质量和可维护性。

代码覆盖率是非常重要的指标，它可以帮助我们完成诊断代码、测试用例的质量和查找无用代码等工作。而基于代码覆盖率而实现的模糊测试是一种更加高级的测试技术。模糊测试可以随机生成一些测试用例，以实现更高的代码覆盖率和更好的安全性。Go1.18 中引入的模糊测试工具为 Go 语言标准库发现了上百个 Bug，具有非常高的实用价值。最后我们介绍了用集成测试对系统的不同组件进行整体测试，在更高的层面保证系统按照预期运行。

28
调试程序:
从日志打印到 Delve 调试器

> 调试就像在一部侦探电影中同时扮演侦探和凶手两个角色。

—— 计算机行业谚语

调试的目的是定位并修复程序中的错误,使程序实现预期目标。通常,在程序出现错误时,我们需要了解程序执行的细节,以便更好地理解错误的根本原因。

调试是一项艺术,它需要丰富的经验和技能。本章将介绍一些基本的调试技术和工具,以帮助你更好地理解程序的行为和问题,并最终解决这些问题。

28.1　常见的调试方法和技术

在 Go 中,常见的调试方法和技术包括打印调试信息、调试器、远程调试和性能分析工具等。

打印调试信息是最常见的调试技术之一,通过在代码中插入打印语句,输出各种变量、函数返回值以及其他调试信息。Go 语言标准库 fmt 的众多函数可以将信息输出到控制台。另外,借助标准库的 log 包或其他第三方日志库可以将日志写入文件。打印调试信息不会阻塞程序的执行,因此比较适合在线上环境使用。

调试器是另一种常见的调试技术,它可以让我们暂停程序的执行并检查程序状态。通过设置断点、查看堆栈、变量、运行状态等,可以帮助我们快速定位问题。谈到调试器,一些有经验的开发者可能想到 GDB,不过在 Go 语言中,我们一般会选择使用 Delve(dlv)。这不仅因为 Delve 比 GDB 更了解 Go 运行时、数据结构和表达式,还因为 Go 语言的栈扩容等特性会让 GDB 得到错误的结果。

远程调试是一种在远程计算机上调试代码的技术,它可以让我们在本地机器上运行调试器,并与远程机器通信来控制程序执行和检查状态。Go 中的调试器 Delve 支持远程调试,可以通过指定远程主机和端口来启动调试器并连接到远程进程。

除此之外,强大的性能分析工具 pprof 与 trace 也是常见的调试技术。pprof 可以帮助我们分析 CPU、内存、阻塞等性能问题。trace 则更细致地记录了每个 goroutine 的活动轨迹,以及 goroutine 之间的通信和同步操作。第 29 章会专门介绍 pprof 与 trace。这一章让我们重点介绍一下使用 Delve 调试器来完成本地调试和远程调试的技术。

28.2　Delve 的内部架构

Delve 也是用 Go 语言实现的，它的内部架构分为三层：**开发者交互层、符号层和目标层**。

1. 开发者交互层

开发者交互层（UI Layer）提供 Delve 的开发者交互功能，包括命令行交互和 REST API，开发者可以通过 Delve 提供的各种命令行和 API 接口来操作调试器。例如通过在 Dlv 命令行中输入"print a"来输出变量信息 a。

2. 符号层

符号层（Symbolic Layer）维护了 Go 语言程序的符号信息，用于解析开发者的输入。例如对于 print a 这个指令，变量 a 可能是结构体、int 等不同的类型，Symbolic Layer 将变量 a 转化为实际的内存地址和对应的字节大小，并通过 Target Layer 层读取内存数据。同时，Symbolic Layer 也将从 Target Layer 中读取的数据解析为对应的结构、行号等信息。

3. 目标层

目标层（Target Layer）属于底层的组件，主要负责与被调试的应用程序进行通信。Delve 会在被调试的应用程序中注入一个调试器代理程序，该代理程序会与 Delve 通信，向 Delve 发送被调试应用程序的状态信息，并接受来自 Delve 的指令控制应用程序的执行。

代理程序主要通过调用操作系统的 API 实现对应用程序的控制，例如在 Linux 中，代理程序会使用 ptrace、waitpid、tgkill 等操作系统 API 来读取、修改、追踪内存地址的内容。同时，Target Layer 还负责收集和处理目标程序的调试信息，并将处理后的信息传递到符号层和开发者交互层。

28.3　Delve 实战

简单了解了 Delve 的内部架构，接下来可以通过使用常见的 Delve 指令进行实战调试。可以使用以下指令安装最新版本的 Delve。

```
$ go install github.com/go-delve/delve/cmd/dlv@latest
```

可以用下面的指令安装指定的版本。

```
$ go install github.com/go-delve/delve/cmd/dlv@v1.7.3
```

以代码 v0.3.9 为例，在构建程序时，指定编译器选项 -gcflags=all="-N -l"，禁止内联和编译器优化，这样有助于我们在使用 Delve 进行调试时得到更精准的行号等信息。

```
debug:
    go build -gcflags=all="-N -l" -ldflags '$(LDFLAGS)' $(BUILD_FLAGS) main.go
```

执行 make debug 完成代码的编译。

```
» make debug
go build -gcflags=all="-N -l" -ldflags '-X
"github.com/dreamerjackson/crawler/version.BuildTS=2022-12-25 03:33:21" -X
"github.com/dreamerjackson/crawler/version.GitHash=6a4e939d8e68f5f29ee9f46bb3dc898157a8ca8e"
-X "github.com/dreamerjackson/crawler/version.GitBranch=master" -X
"github.com/dreamerjackson/crawler/version.Version=v1.0.0"'  main.go
```
执行 dlv exec 指令启动程序并开始调试执行，执行完毕后会出现如下的(dlv)提示符。
```
» sudo dlv exec ./main worker
Password:
Type 'help' for list of commands.
(dlv)
```

下面我们来看看 Delve 调试中的常见命令。

- **查看帮助信息**：使用 help 命令。当我们记不清具体指令的含义时，可以执行该命令。

```
(dlv) help
The following commands are available:
    args ---------------------- Print function arguments.
    break (alias: b) ------------ Sets a breakpoint.
    breakpoints (alias: bp) ----- Print out info for active breakpoints.
    call ---------------------- Resumes process, injecting a function call (EXPERIMENTAL!!!)
    clear --------------------- Deletes breakpoint.
    clearall ------------------- Deletes multiple breakpoints.
    condition (alias: cond) ----- Set breakpoint condition.
    config -------------------- Changes configuration parameters.
    continue (alias: c) --------- Run until breakpoint or program termination.
    deferred ------------------- Executes command in the context of a deferred call.
    disassemble (alias: disass) - Disassembler.
    ....
```

- **打断点**：使用 break 命令或者 b 命令。执行该指令会在指定的位置打一个断点。

```
(dlv) b main.main
Breakpoint 1 set at 0x2089e86 for main.main() ./main.go:8
```

- **继续运行程序**：使用 continue 或者 c。程序将一直运行，直到遇到断点。

```
(dlv) c
> main.main() ./main.go:8 (hits goroutine(1):1 total:1) (PC: 0x2089e86)
    3: import (
    4:         "github.com/dreamerjackson/crawler/cmd"
    5:         _ "net/http/pprof"
    6: )
    7:
=>  8: func main() {
    9:         cmd.Execute()
   10: }
```

- **单步执行**：使用 n 命令或 next 命令。程序在单步执行一行代码后会暂停，我们可以看到程序当前暂停的位置。

```
(dlv) n
```

```
> main.main() ./main.go:9 (PC: 0x2089e92)
    4:              "github.com/dreamerjackson/crawler/cmd"
    5:          _   "net/http/pprof"
    6: )
    7:
    8: func main() {
=>  9:          cmd.Execute()
   10: }
```

- **跳进函数中**：使用 s 命令或 step 命令。这时将进入调用函数的堆栈中执行。

```
(dlv) s
> github.com/dreamerjackson/crawler/cmd.Execute() ./cmd/cmd.go:20 (PC: 0x2089d4a)
   15:          Run: func(cmd *cobra.Command, args []string) {
   16:                  version.Printer()
   17:          },
   18: }
   19:
=> 20: func Execute() {
   21:          var rootCmd = &cobra.Command{Use: "crawler"}
   22:          rootCmd.AddCommand(master.MasterCmd, worker.WorkerCmd, versionCmd)
   23:          rootCmd.Execute()
   24: }
```

接下来，我们在 worker.go 文件的第 135 行打上断点，可以使用命令 b worker.go:135。然后，使用命令 c 继续执行程序，直到程序运行到断点处停下来。

```
(dlv) b worker.go:135
Breakpoint 2 set at 0x2071659 for
github.com/dreamerjackson/crawler/cmd/worker.Run() ./cmd/worker/worker.go:135
(dlv) c
{"level":"INFO","ts":"2022-12-26T00:02:57.026+0800","caller":"worker/worker.go:101","msg":"lo
g init end"}
{"level":"INFO","ts":"2022-12-26T00:02:57.029+0800","caller":"worker/worker.go:109","msg":"pr
oxy list: [<http://192.168.0.105:8888> <http://192.168.0.105:8888>] timeout: 3000"}
> github.com/dreamerjackson/crawler/cmd/worker.Run() ./cmd/worker/worker.go:135 (hits
goroutine(1):1 total:1) (PC: 0x2071659)
  130:          // init tasks
  131:          var tcfg []spider.TaskConfig
  132:          if err := cfg.Get("Tasks").Scan(&tcfg); err != nil {
  133:                  logger.Error("init seed tasks", zap.Error(err))
  134:          }
=> 135:          seeds := ParseTaskConfig(logger, f, storage, tcfg)
  136:
  137:          _ = engine.NewEngine(
  138:                  engine.WithFetcher(f),
  139:                  engine.WithLogger(logger),
  140:                  engine.WithWorkCount(5),
```

- list 命令：显示当前断点处的源代码。

```
(dlv) list
```

```
> github.com/dreamerjackson/crawler/cmd/worker.Run() ./cmd/worker/worker.go:135 (hits
goroutine(1):1 total:1) (PC: 0x2071659)
   130:          // init tasks
   131:          var tcfg []spider.TaskConfig
   132:          if err := cfg.Get("Tasks").Scan(&tcfg); err != nil {
   133:                  logger.Error("init seed tasks", zap.Error(err))
   134:          }
=> 135:          seeds := ParseTaskConfig(logger, f, storage, tcfg)
   136:
   137:          _ = engine.NewEngine(
   138:                  engine.WithFetcher(f),
   139:                  engine.WithLogger(logger),
   140:                  engine.WithWorkCount(5),
```

- locals 命令：显示当前所有的局部变量。

```
(dlv) locals
proxyURLs = []string len: 2, cap: 2, [...]
seeds = []*github.com/dreamerjackson/crawler/spider.Task len: 0, cap: 57, []
cfg = go-micro.dev/v4/config.Config(*go-micro.dev/v4/config.config) 0xc000221508
enc =
go-micro.dev/v4/config/encoder.Encoder(github.com/go-micro/plugins/v4/config/encoder/toml.tom
lEncoder) {}
err = error nil
f =
github.com/dreamerjackson/crawler/spider.Fetcher(*github.com/dreamerjackson/crawler/collect.B
rowserFetch) 0xc0002214b8
logText = "debug"
plugin = go.uber.org/zap/zapcore.Core(*go.uber.org/zap/zapcore.ioCore) 0xc000221498
sqlURL = "root:123456@tcp(192.168.0.105:3326)/crawler?charset=utf8"
...
```

- print 或者 p 命令：显示当前变量的值。

```
(dlv) print proxyURLs
[]string len: 2, cap: 2, [
        "<http://192.168.0.105:8888>",
        "<http://192.168.0.105:8888>",
]
(dlv) p logText
"debug"
```

- stack 命令：显示当前函数的堆栈信息，从中可以看出函数的调用关系。

```
(dlv) stack
0  0x0000000002071659 in github.com/dreamerjackson/crawler/cmd/worker.Run
   at ./cmd/worker/worker.go:135
1  0x00000000020702cb in github.com/dreamerjackson/crawler/cmd/worker.glob..func1
   at ./cmd/worker/worker.go:44
2  0x0000000002058734 in github.com/spf13/cobra.(*Command).execute
   at /Users/jackson/go/pkg/mod/github.com/spf13/cobra@v1.6.1/command.go:920
3  0x00000000020596c6 in github.com/spf13/cobra.(*Command).ExecuteC
```

```
    at /Users/jackson/go/pkg/mod/github.com/spf13/cobra@v1.6.1/command.go:1044
4  0x0000000002058c8f in github.com/spf13/cobra.(*Command).Execute
    at /Users/jackson/go/pkg/mod/github.com/spf13/cobra@v1.6.1/command.go:968
5  0x0000000002089e5d in github.com/dreamerjackson/crawler/cmd.Execute
    at ./cmd/cmd.go:23
6  0x0000000002089e97 in main.main
    at ./main.go:9
7  0x000000000103e478 in runtime.main
    at /usr/local/opt/go/libexec/src/runtime/proc.go:250
8  0x000000000106fee1 in runtime.goexit
    at /usr/local/opt/go/libexec/src/runtime/asm_amd64.s:1571
```

- frame 命令：可以在堆栈之间切换。在下面这个例子中，输入 frame 1 会切换到当前函数的调用方，再输入 frame 0 即可切换回去。

```
(dlv) frame 1
> github.com/dreamerjackson/crawler/cmd/worker.Run() ./cmd/worker/worker.go:135 (hits
goroutine(1):1 total:1) (PC: 0x2071659)
Frame 1: ./cmd/worker/worker.go:44 (PC: 20702cb)
    39:         Use:    "worker",
    40:         Short:  "run worker service.",
    41:         Long:   "run worker service.",
    42:         Args:   cobra.NoArgs,
    43:         Run: func(cmd *cobra.Command, args []string) {
=>  44:                 Run()
    45:         },
    46: }
    47:
    48: func init() {
    49:         WorkerCmd.Flags().StringVar(
```

- breakpoints 命令：输出当前的断点。

```
(dlv) breakpoints
Breakpoint 1 at 0x2089e86 for main.main() ./main.go:8 (1)
Breakpoint 2 at 0x2071659 for
github.com/dreamerjackson/crawler/cmd/worker.Run() ./cmd/worker/worker.go:135 (1)
```

- clear 命令：清除断点。下面这个例子可以清除序号为 1 的断点。

```
(dlv) clear 1
Breakpoint 1 cleared at 0x2089e86 for main.main() ./main.go:8
```

- goroutines 命令：显示当前时刻所有的协程。

```
(dlv) goroutines
* Goroutine 1 - User: ./cmd/worker/worker.go:135 github.com/dreamerjackson/crawler/cmd/worker.Run
(0x2071659) (thread 8118196)
  Goroutine 2 - User: /usr/local/opt/go/libexec/src/runtime/proc.go:362 runtime.gopark (0x103e892)
  Goroutine 3 - User: /usr/local/opt/go/libexec/src/runtime/proc.go:362 runtime.gopark (0x103e892)
  Goroutine 4 - User: /usr/local/opt/go/libexec/src/runtime/proc.go:362 runtime.gopark (0x103e892)
  Goroutine 5 - User: /usr/local/opt/go/libexec/src/runtime/proc.go:362 runtime.gopark (0x103e892)
  Goroutine 6 - User:
```

```
/Users/jackson/go/pkg/mod/github.com/patrickmn/go-cache@v2.1.0+incompatible/cache.go:1079
github.com/patrickmn/go-cache.(*janitor).Run (0x1a88f05)
  Goroutine 7 - User:
/Users/jackson/go/pkg/mod/go-micro.dev/v4@v4.9.0/config/loader/memory/memory.go:401
go-micro.dev/v4/config/loader/memory.(*watcher).Next (0x1b7af28)
```

goroutine 还可以实现协程的切换。例如在下面的例子中，执行 goroutine 2 切换到协程 2，并输出协程 2 的堆栈信息，接着执行 goroutine 1 切换回去。

```
(dlv) goroutine 2
Switched from 1 to 2 (thread 8118196)
(dlv) stack
0  0x000000000103e892 in runtime.gopark
   at /usr/local/opt/go/libexec/src/runtime/proc.go:362
1  0x000000000103e92a in runtime.goparkunlock
   at /usr/local/opt/go/libexec/src/runtime/proc.go:367
2  0x000000000103e6c5 in runtime.forcegchelper
   at /usr/local/opt/go/libexec/src/runtime/proc.go:301
3  0x000000000106fee1 in runtime.goexit
   at /usr/local/opt/go/libexec/src/runtime/asm_amd64.s:1571
```

还有一些更高级的调试指令，例如，disassemble 输出出当前的汇编代码。

```
(dlv) disassemble
TEXT github.com/dreamerjackson/crawler/cmd/worker.Run(SB)
/Users/jackson/career/crawler/cmd/worker/worker.go
        worker.go:66    0x2070500    4c8da42408f9ffff    lea r12, ptr [rsp+0xfffff908]
        worker.go:66    0x2070508    4d3b6610            cmp r12, qword ptr [r14+0x10]
        worker.go:66    0x207050c    0f8635180000        jbe 0x2071d47
        worker.go:66    0x2070512    4881ec78070000      sub rsp, 0x778
        worker.go:66    0x2070519    4889ac2470070000    mov qword ptr [rsp+0x770], rbp
        worker.go:66    0x2070521    488dac2470070000    lea rbp, ptr [rsp+0x770]
        worker.go:68    0x2070529    488d0518252f00      lea rax, ptr [rip+0x2f2518]
```

另外，dlv 通常用在开发环境中，有时也会用于线上环境。例如，当服务完全无响应时，可以使用 dlv 帮助我们排查问题。假设代码中的一段逻辑 Bug 导致服务陷入了长时间的 for 循环中，这时就可以使用 dlv 排查原因了。

```
...
count := 0
   for {
      count++
      fmt.Println("count", count)
   }
```

在服务完全无响应的情况下，可以使用定位问题，具体做法是先使用 ps 指令查找程序的进程号，如本例中程序的进程号为 75296。

```
» ps -ef | grep './main worker'
  501 75296 91914    0 11:20PM ttys003     0:00.31 ./main worker
```

接着，执行 dlv attach 进行调试，后跟程序的进程号。注意，这时程序会完全暂停。

```
» dlv attach 75296
Type 'help' for list of commands.
(dlv)
```

接下来，我们可以使用 goroutines 命令查看当前协程所处的位置，找到可能造成程序卡死的协程。

```
(dlv) goroutines
  Goroutine 1 - User: /usr/local/opt/go/libexec/src/runtime/sys_darwin.go:23 syscall.syscall
(0x106629f)
  Goroutine 2 - User: /usr/local/opt/go/libexec/src/runtime/proc.go:362 runtime.gopark
(0x1039336)
  Goroutine 3 - User: /usr/local/opt/go/libexec/src/runtime/proc.go:362 runtime.gopark
(0x1039336)
  Goroutine 4 - User:
/Users/jackson/go/pkg/mod/github.com/patrickmn/go-cache@v2.1.0+incompatible/cache.go:1079
github.com/patrickmn/go-cache.(*janitor).Run (0x16c2c65)
  Goroutine 5 - User:
/Users/jackson/go/pkg/mod/go-micro.dev/v4@v4.9.0/config/loader/memory/memory.go:401
go-micro.dev/v4/config/loader/memory.(*watcher).Next (0x1758bb2)
  Goroutine 6 - User:
/Users/jackson/go/pkg/mod/github.com/patrickmn/go-cache@v2.1.0+incompatible/cache.go:1079
github.com/patrickmn/go-cache.(*janitor).Run (0x16c2c65)
  Goroutine 7 - User: /usr/local/opt/go/libexec/src/runtime/netpoll.go:302
internal/poll.runtime_pollWait (0x1063be9)
```

当我们切换到 goroutine 1 查看堆栈信息时可以发现，由于调用了 fmt 函数，所以执行了系统调用函数。继续查看调用 fmt 函数的位置是 ./cmd/worker/worker.go:84，结合代码就可以轻松地发现这个逻辑 Bug了。

```
(dlv) goroutine 1
Switched from 0 to 1 (thread 9333412)
(dlv) stack
 0  0x00000000010677e0 in runtime.systemstack_switch
    at /usr/local/opt/go/libexec/src/runtime/asm_amd64.s:436
 1  0x00000000010563e6 in runtime.libcCall
    at /usr/local/opt/go/libexec/src/runtime/sys_libc.go:48
 2  0x000000000106629f in syscall.syscall
    at /usr/local/opt/go/libexec/src/runtime/sys_darwin.go:23
 3  0x000000000107ce09 in syscall.write
    at /usr/local/opt/go/libexec/src/syscall/zsyscall_darwin_amd64.go:1653
 4  0x00000000010d188e in internal/poll.ignoringEINTRIO
    at /usr/local/opt/go/libexec/src/syscall/syscall_unix.go:216
 5  0x00000000010d188e in syscall.Write
    at /usr/local/opt/go/libexec/src/internal/poll/fd_unix.go:383
 6  0x00000000010d188e in internal/poll.(*FD).Write
    at /usr/local/opt/go/libexec/src/internal/poll/fd_unix.go:794
 7  0x00000000010d93c5 in os.(*File).write
    at /usr/local/opt/go/libexec/src/os/file_posix.go:48
 8  0x00000000010d93c5 in os.(*File).Write
```

```
      at /usr/local/opt/go/libexec/src/os/file.go:176
 9   0x00000000010e2775 in fmt.Fprintln
      at /usr/local/opt/go/libexec/src/fmt/print.go:265
10   0x0000000001a4e329 in fmt.Println
      at /usr/local/opt/go/libexec/src/fmt/print.go:274
11   0x0000000001a4e329 in github.com/dreamerjackson/crawler/cmd/worker.Run
      at ./cmd/worker/worker.go:84
12   0x0000000001a4e097 in github.com/dreamerjackson/crawler/cmd/worker.glob..func1
      at ./cmd/worker/worker.go:45
```

28.4 使用 Goland+Delve 进行本地调试

虽然 Delve 命令行具备强大的功能，但在日常开发过程中，我们通常更倾向于使用 Goland 和 VSCode 进行调试。Goland 和 VSCode 通过调试协议与 Delve 交互，为开发者提供可视化的调试体验，从而更加高效地进行调试。下面以 Goland 为例，介绍如何进行本地调试。

第一步，设置与构建相关的配置。首先设置构建目录的位置和程序运行时的参数，然后启动 Master 程序的调试，如图 28-1 所示。

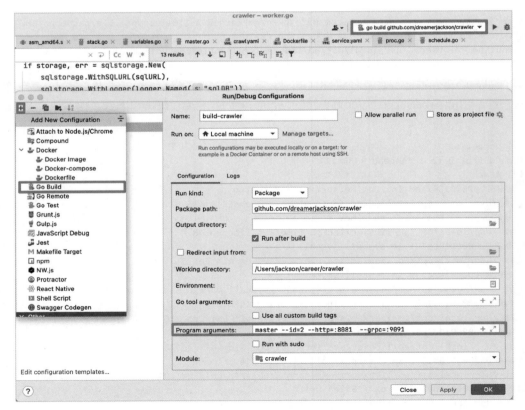

图 28-1

第二步，在代码左边适当的位置加入断点。

第三步，单击左上方的调试按钮开始调试。程序会开始运行直到遇到断点，如图 28-2 所示。

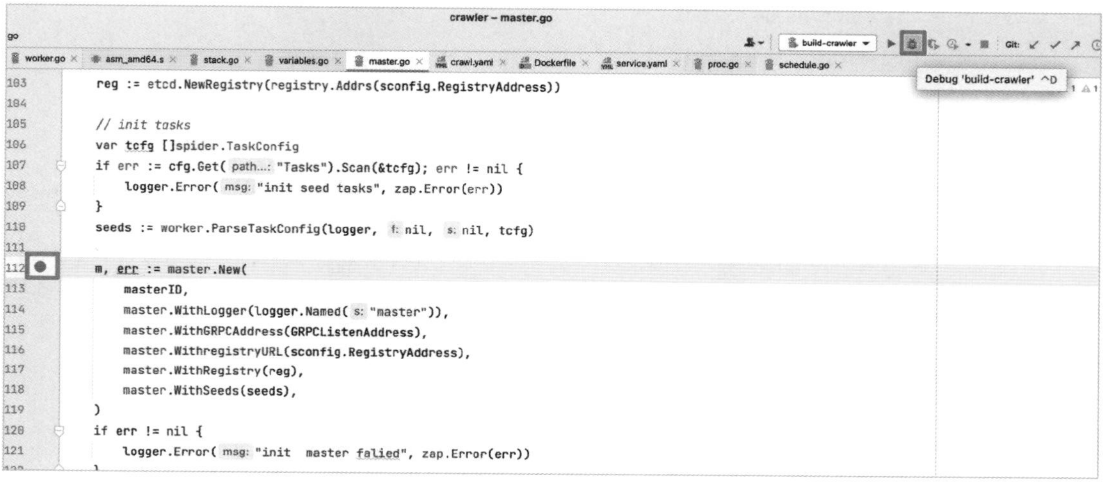

图 28-2

当程序在断点处停下来后，在 Goland 界面下方会显示当前局部变量的值和堆栈信息，如图 28-3 所示。我们可以切换到不同的协程和堆栈，还可以使用各种按钮实现让程序继续执行、单步执行、跳入函数、跳出函数等操作，此外，右键单击变量可以修改变量的值。

图 28-3

28.5 使用 Goland+Delve 进行远程调试

Goland 和 Delve 的结合也可以用于远程调试 Go 语言程序，这种需求在很多场景下都非常有用，例如本地机器配置不足、远程服务器拥有更完备的环境、需要在特定环境中重现问题等。利用 Goland 完成远程调试有许多优点，例如可视化的调试界面可以减轻心智负担，而且不会占用本地机器太多负载，从而缩短调试时间。

Goland 结合 dlv 进行远程调试的步骤如下。

（1）将代码同步到远程机器，保证远程机器的代码版本与本地代码版本相同。

（2）在远程机器上安装最新的 dlv。

（3）在远程机器上构建程序，使用下面的命令禁止编译器进行优化和内联操作。

```
go build -o crawler -gcflags=all="-N -l" main.go
```

（4）执行 dlv exec，这时程序不会执行，而会监听 2345 端口，等待远程调试客户端发过来的信号。

```
dlv --listen=:2345 --headless=true --api-version=2 --accept-multiclient --check-go-version=false exec ./crawler worker
```

（5）在 Goland 中设置远程连接地址。单击 Goland 右上角的 edit Configurations，选择 Go Remote，然后设置远程服务器监听的 IP 地址与端口。

接下来我们就可以和在本地一样进行代码调试了。

28.6　总结

本章介绍了常见的调试方法和技术，并详细讲解了如何使用 Delve 调试器来调试 Go 语言程序。Delve 调试器是专门为 Go 语言设计的，相比于其他调试器，它更懂 Go 语言的运行时与数据结构。

虽然 Delve 提供了命令行调试的强大功能，但在平时的开发过程中，我们通常还是倾向于使用界面化的调试方式，如 Goland 和 VSCode。Goland 和 VSCode 通过调试协议与 Delve 进行交互，让开发者可以通过可视化的方式进行本地和远程调试，大大减少了心智负担和调试时间。

当然，对于一些特殊的线上环境，无法使用可视化界面，此时可以直接使用 Delve 调试器的 attach 命令进行调试。练习使用各个命令是学习 Delve 调试器的最好方式。

29

性能分析利器：
深入 pprof 与 trace 工具

> 打造性能是一个循序渐进的过程，需要持续的努力和改进。我们不能期望通过一个简单的技术
> 或者工具来解决所有问题。
>
> ——计算机行业谚语

当我们开发应用程序时，优化性能是一个非常重要的任务。为了优化程序性能，我们需要了解程序在运行时所消耗的时间和资源，并找到程序的瓶颈。pprof 和 trace 是 Go 语言自带的两个强大的性能分析工具，可以帮助我们找到程序的性能问题，从而进行优化。本章将介绍 pprof 和 trace 的使用方法和原理，以及如何使用它们分析程序性能并进行性能优化。

29.1 pprof 及其使用方法

pprof 是 Go 语言的性能分析利器，用于对指标或特征进行分析（Profiling）。它可以帮助我们定位程序中的错误（如内存泄漏、race 冲突、协程泄漏），并对程序进行优化（例如对于 CPU 利用率不足等问题）。

在 Go 语言运行时中，指标并不直接对外暴露，而是通过标准库 net/http/pprof 和 runtime/pprof 与外界交互。其中，runtime/pprof 需要嵌入代码进行调用，而 net/http/pprof 提供了一种通过 HTTP 获取样本特征数据的便捷方式。对于特征文件的分析，需要依赖谷歌推出的分析工具 pprof。这个工具是 Go 语言自带的，可以通过执行 go tool pprof 命令来使用它。

要用 pprof 进行特征分析需要执行两个步骤：**收集样本和分析样本**。收集样本有两种方式，一种是通过引用 net/http/pprof，在程序中开启 HTTP 服务器。在初始化 init 函数中，net/http/pprof 会注册路由。

```
import _ "net/http/pprof"
if err := http.ListenAndServe(":6060", nil); err != nil {
    log.Fatal(err)
}
```

通过 HTTP 收集样本是实践中最常见的方式，但它并不总是合适的。例如，对于一个测试程序或只运行一次的定时任务，这种方式并不适用。

另一种方式是直接在需要分析的代码处嵌入分析函数，下例中调用了 runtime/pprof 的 StartCPUProfile 函数，这样，在程序调用完 StopCPUProfile 函数之后，特征数据会保存到指定的文件中。

```go
func main() {
    f, err := os.Create(*cpuProfile)
    if err := pprof.StartCPUProfile(f); err != nil {
        log.Fatal("could not start CPU profile: ", err)
    }
    defer pprof.StopCPUProfile()
    busyLoop()
}
```

让我们在项目的 main 函数中注册 pprof，使用 net/http/pprof 来收集样本。

```go
package main

import (
    "github.com/dreamerjackson/crawler/cmd"
    _ "net/http/pprof"
)

func main() {
    cmd.Execute()
}
```

pprof 库在 init 函数中默认注册了下面几个路由。

```go
func init() {
    http.HandleFunc("/debug/pprof/", Index)
    http.HandleFunc("/debug/pprof/cmdline", Cmdline)
    http.HandleFunc("/debug/pprof/profile", Profile)
    http.HandleFunc("/debug/pprof/symbol", Symbol)
    http.HandleFunc("/debug/pprof/trace", Trace)
}
```

接下来，我们需要在 Master 中开启一个默认的 HTTP 服务器，用于接收外界的 pprof 请求。

虽然在实现 GRPC-gateway 时已经为 Master 和 Worker 开启了 HTTP 服务器，但该 HTTP 服务器并非 Go 语言默认的 HTTP 路由器，因此无法为 pprof 复用该端口。

我们需要开启一个新的 HTTP 服务器来处理 pprof 请求，处理方式如下。

```go
// cmd/master.go
MasterCmd.Flags().StringVar(
        &PProfListenAddress, "pprof", ":9981", "set GRPC listen address")

func Run() {
    // start pprof
    go func() {
        if err := http.ListenAndServe(PProfListenAddress, nil); err != nil {
            panic(err)
        }
```

```
    }()
}
```

有了用于处理 pprof 请求的 HTTP 服务器后，就可以调用相关的 HTTP 接口，获取与性能相关的信息了。pprof 的 URL 为 debug/pprof/xxxx 形式，最常用的 3 种 pprof 类型包括了堆内存分析（heap）、协程栈分析（goroutine）和 CPU 占用分析（profile）。

其中，profile 用于获取 CPU 相关信息，调用如下。

```
curl -o cpu.out http://localhost:9981/debug/pprof/profile?seconds=30
```

goroutine 用于获取协程堆栈信息，调用如下。

```
curl -o goroutine.out http://localhost:9981/debug/pprof/goroutine
```

heap 用于获取堆内存信息，调用如下。在实践中我们大多使用 heap 来分析内存分配情况。

```
curl -o heap.out http://localhost:9981/debug/pprof/heap
```

cmdline 用于输出程序的启动命令，调用如下。

```
» curl -o cmdline.out http://localhost:9981/debug/pprof/cmdline
» cat  cmdline.out
./main master --id=2 --http=:8081 --grpc=:9091
```

另外，block、threadcreate、mutex 这三种类型在实践中很少使用，一般只用于特定的场景分析。

获取到特征文件后，就可以开始具体地分析了。

一般情况下使用 go tool pprof 进行分析。

```
» go tool pprof heap.out
Type: inuse_space
Time: Dec 18, 2022 at 1:08am (CST)
Entering interactive mode (type "help" for commands, "o" for options)
(pprof)
```

此外，也可以直接采用下面的形式完成特征文件的收集与分析，通过 HTTP 获取的特征文件将存储在临时目录中。

```
go tool pprof http://localhost:9981/debug/pprof/heap
```

29.1.1　pprof 堆内存分析

当我们用下面的 pprof 工具分析堆内存时，默认的分析类型为 inuse_space，表示正在使用的内存。该命令的最后一行会出现等待进行交互的信息。

```
$ go tool pprof http://localhost:9981/debug/pprof/heap
Entering interactive mode (type "help" for commands, "o" for options)
(pprof) top
```

交互命令有许多，可以通过 help 命令查看，比较常用的包括 top、list、tree 等。其中最常用的是 top，它可以显示分配资源最多的函数。

启动 Worker，利用 pprof 分析堆内存的占用情况。在只有一个任务（爬取某图书网站信息）的情况下，当前收集的内存量为 5915.93KB。这些内存来自哪里呢？使用 top 可以分析出分配内存最多的函数来自哪里。如下所示，其中，2562.81KB 由 runtime.allocm 函数分配，它是运行时创建线程 m 的函数；768.26KB 来自 Zap 日志库的 zapcore.newCounters 方法。

```
» go tool pprof heap.out
Type: inuse_space
Time: Dec 18, 2022 at 1:37am (CST)
Entering interactive mode (type "help" for commands, "o" for options)
(pprof) top
Showing nodes accounting for 5915.93kB, 100% of 5915.93kB total
Showing top 10 nodes out of 92
      flat  flat%   sum%        cum   cum%
 2562.81kB 43.32% 43.32%  2562.81kB 43.32%  runtime.allocm
  768.26kB 12.99% 56.31%   768.26kB 12.99%  go.uber.org/zap/zapcore.newCounters (inline)
  536.37kB  9.07% 65.37%   536.37kB  9.07%  xxx/strs.(*Builder).AppendFullName
  512.23kB  8.66% 74.03%   512.23kB  8.66%  xxx/filedesc.(*Message).unmarshalFull
  512.20kB  8.66% 82.69%   512.20kB  8.66%  runtime.malg
  512.05kB  8.66% 91.35%   512.05kB  8.66%  runtime.acquireSudog
    512kB  8.65%  100%      512kB  8.65%  go-micro.dev/xxx/reader/json.(*jsonValues).Get
        0     0%  100%   768.26kB 12.99%  github.com/dreamerjackson/crawler/cmd.Execute
        0     0%  100%   768.26kB 12.99%  github.com/dreamerjackson/crawler/cmd/worker.Run
        0     0%  100%   768.26kB 12.99%  xxx/crawler/cmd/worker.RunGRPCServer
```

top 会按照 flat 列从大到小的顺序列出序列。不同场景的 flat 对应值的含义不同，当切换为 inuse_space 分析模式时，flat 对应的值表示当前函数正在使用的内存大小。

cum 列对应的值是一个累积的概念，指当前函数及其调用的一系列函数 flat 的和。flat 本身只包含当前函数的栈帧信息，不包括它的调用函数的栈帧信息，cum 字段正好弥补了这一点，flat%和 cum%分别表示 flat 和 cum 字段占总字段的百分比。

要注意的是，5915.93KB 并不是当前程序的内存大小，而是收集的内存量。在实践过程中，很多人会犯错，那么应该如何获取当前时刻程序的内存大小呢？虽然收集的内存量可以提供参考，但并不是准确的程序内存大小。为了获取当前时刻程序的准确内存大小，我们可以使用 runtime 标准库中的 ReadMemStats 方法，示例代码如下所示。

```
memStats := new(runtime.MemStats)
runtime.ReadMemStats(memStats)
fmt.Println(memStats.Alloc/1024, "KB")
```

另外，我们也可以通过在 HTTP 请求中添加 debug=1 参数来使用 pprof 获取程序当前的堆栈信息和内存指标，如下所示。

```
curl http://localhost:9981/debug/pprof/heap?debug=1
```

输出结果包含了一系列内存指标，例如总内存大小、堆内存大小等。另外，通过使用 top -cum 命令，我们可以按照累计内存分配量排序，查看哪个函被数分配的内存最多（包含了其子函数的内存分配量）。

以 runtime.newm 函数为例，通过运行 pprof 工具并查看其 flat 指标，我们可以知道它并未被分配内存。但是，由于 runtime.newm 调用了 runtime.allocm 函数，因此它的 2.50MB 内存被计入了 runtime.allocm 函数的 cum 量中。

下面是运行 top -cum 命令的结果，显示了内存分配量排名前十的函数及其累计内存分配量。

```
(pprof) top -cum
Showing nodes accounting for 2.50MB, 43.32% of 5.78MB total
Showing top 10 nodes out of 92
     flat  flat%   sum%      cum   cum%
   2.50MB 43.32% 43.32%   2.50MB 43.32%  runtime.allocm
        0     0% 43.32%   2.50MB 43.32%  runtime.newm
   ...
```

我们还可以使用 tree 命令查看当前函数的调用链。例如，我们可以看到 runtime.allocm 函数被分配了 2.5MB 内存，其中有 512.56KB 是由 runtime.mcall 函数调用产生的，而另外的 2050.25KB 则是程序启动时调用的 runtime.mstart0 函数产生的。

```
(pprof) tree
Showing nodes accounting for 5915.93kB, 100% of 5915.93kB total
Showing top 80 nodes out of 92
----------------------------------------------------------+-------------
      flat  flat%   sum%       cum    cum%  calls calls%  + context
----------------------------------------------------------+-------------
                                        2050.25kB 80.00% |   runtime.mstart0
                                         512.56kB 20.00% |   runtime.mcall
 2562.81kB 43.32% 43.32% 2562.81kB 43.32%                |   runtime.allocm
----------------------------------------------------------+-------------
                                         768.26kB   100% |
go.uber.org/zap/zapcore.NewSamplerWithOptions (inline)
  768.26kB 12.99% 56.31%  768.26kB 12.99%                | go.uber.org/zap/zapcore.newCounters
```

更进一步，我们可以使用命令"list <函数名>"查看特定函数中内存分配发生的行数。如下所示，runtime.allocm 函数位于 runtime/proc.go，它的内存分配发生于第 1743 行的 mp := new(m)。

```
(pprof) list runtime.allocm
Total: 5.78MB
ROUTINE ======================== runtime.allocm in
/usr/local/opt/go/libexec/src/runtime/proc.go
   2.50MB     2.50MB (flat, cum) 43.32% of Total
        .          .    1738:        }
        .          .    1739:        sched.freem = newList
        .          .    1740:        unlock(&sched.lock)
        .          .    1741:   }
        .          .    1742:
   2.50MB     2.50MB    1743:   mp := new(m)
        .          .    1744:   mp.mstartfn = fn
        .          .    1745:   mcommoninit(mp, id)
        .          .    1746:
        .          .    1747:   // In case of cgo or Solaris or illumos or Darwin, pthread_create
will make us a stack.
        .          .    1748:   // Windows and Plan 9 will layout sched stack on OS stack.
```

这样一来，当遇到内存问题时，我们就可以非常精准地知道要查看哪一行代码了。除了默认的分析类型 inuse_space，在 heap 中，还有另外三种类型，分别是 alloc_objects、alloc_space 和 inuse_objects。其中，alloc_objects 与 inuse_objects 分别代表已经被分配的对象和正在使用的对象的数量，alloc_space 表示内存分配的数量，alloc_objects 与 alloc_space 都没有考虑对象的释放情况。你可以通过输入对应的命令来切换展示的类型，如下所示，输入"alloc_objects"命令并再次输入"top"命令，当前的 flat 列将显示分配内存的次数。可以看到，分配内存次数最多的是 go-micro 中的 json.Get 函数。

```
(pprof) alloc_objects
(pprof) top
Showing nodes accounting for 221497, 93.52% of 236838 total
Showing top 10 nodes out of 92
    flat  flat%   sum%        cum   cum%
   65536 27.67% 27.67%      65536 27.67%  go-micro.dev/v4/config/reader/json.(*jsonValues).Get
   65536 27.67% 55.34%      65536 27.67%  google.golang.org/grpc.DialContext
   ...
```

pprof 工具还提供了强大的可视化功能，可以生成便于查看的图片或 HTML 文件，但实现这种功能需要先安装 Graphviz（开源的可视化工具）。可以在官网找到最新的下载方式，下载并安装完成后，在 pprof 提示符中输入 Web 就可以在浏览器中看到资源分配的可视化结果了。

```
(pprof) web
```

从图 29-1 中能够直观地看出当前函数的调用链、内存分配数量和比例，找出程序中内存分配的关键部分，方框越大代表被分配内存的次数越多。

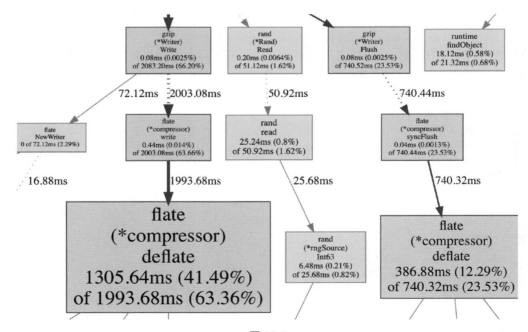

图 29-1

我们来详细解读一下 pprof 可视化结果。

- 节点颜色：红色代表累计值 cum 为正，并且很大；绿色代表累计值 cum 为负，并且很大；灰色代表累计值 cum 可以忽略不计。
- 节点字体大小：越大的字体代表当前值越大；越小的字体代表当前值越小。
- 边框颜色：当前值较大且为正数时为红色；当前值较小且为负数时为绿色；当前值接近 0 时为灰色。
- 箭头大小：箭头越粗代表当前路径消耗的资源越多，箭头越细代表当前路径消耗的资源越少。
- 箭头线型：虚线箭头表示两个节点之间的某些节点已被忽略，为间接调用；实线箭头表示两个节点之间为直接调用。

29.1.2　pprof 协程栈分析

协程栈分析在程序性能优化中扮演着重要的角色。它有两个作用：一是查看协程数量，判断是否有协程泄漏；二是查看协程在执行哪些函数，判断其健康状态。

通过以下示例，我们可以发现当前共收集了 36 个协程，而程序中存在 37 个协程。其中，有 33 个协程位于 runtime.gopark 函数中，这意味着它们正在等待某些资源或者正在执行一些耗时操作导致协程被阻塞。

```
» go tool pprof http://localhost:9981/debug/pprof/goroutine
Fetching profile over HTTP from http://localhost:9981/debug/pprof/goroutine
Saved profile in /Users/jackson/pprof/pprof.goroutine.015.pb.gz
Type: goroutine
Time: Dec 18, 2022 at 1:26pm (CST)
Entering interactive mode (type "help" for commands, "o" for options)
(pprof) top
Showing nodes accounting for 36, 97.30% of 37 total
Showing top 10 nodes out of 96
     flat  flat%   sum%        cum   cum%
       33 89.19% 89.19%         33 89.19%  runtime.gopark
        1  2.70% 91.89%          1  2.70%  runtime.sigNoteSleep
        1  2.70% 94.59%          1  2.70%  runtime/pprof.runtime_goroutineProfileWithLabels
      ...
```

通过运行 tree 命令，我们可以发现大多数协程陷入了网络阻塞和 select 等待中，这是符合预期的，因为我们的程序是网络 I/O 密集型的，当有大量协程在等待服务器返回时，它们会被阻塞并等待网络数据准备就绪。

```
(pprof) tree
Showing nodes accounting for 33, 89.19% of 37 total
----------------------------------------------------------+-------------
     flat  flat%   sum%        cum   cum%  calls calls% + context
----------------------------------------------------------+-------------
                                             22 66.67% |   runtime.selectgo
                                              6 18.18% |   runtime.netpollblock
                                              4 12.12% |   runtime.chanrecv
                                              1  3.03% |   time.Sleep
```

```
            33 89.19% 89.19%         33 89.19%         |  runtime.gopark
```

29.1.3   pprof CPU 占用分析

在实践中，我们经常使用 pprof 工具来分析 CPU 的占用情况，它可以在不破坏原始程序的情况下，估计函数的执行时间并找出程序的瓶颈。

下面的指令用于分析 CPU 占用情况，其中 seconds 参数指定要分析的时间，我们要花费 60s 来收集 CPU 信息。

```
curl -o cpu.out http://localhost:9981/debug/pprof/profile?seconds=60
```

收集到 CPU 信息后，可以使用下面的指令在 Web 页面中进行分析。

```
go tool pprof -http=localhost:8000  cpu.out
```

Worker 的 CPU 信息的可视化图像如图 29-2 所示，从图中可以看出耗时最多的函数在哪里。例如，从第一列调用链可以看出，在探测周期内，程序有 14.29%的时间在 http.readLoop 函数中工作，这个函数是 http 标准库中读取数据的协程。从整体上可以看出，耗时主要在网络数据处理上，开发者协程的数据处理占用的 CPU 极少。

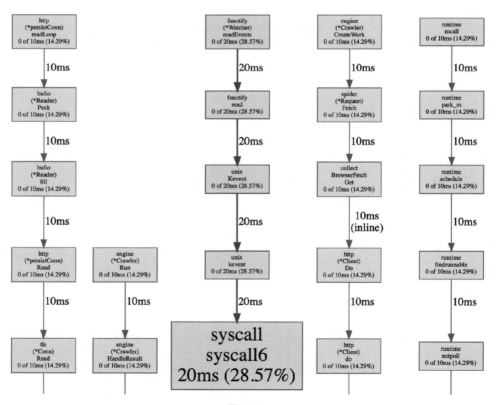

图 29-2

我们还可以将上面的图像切换为火焰图。火焰图因其形状和颜色像火焰而得名，是分析 CPU 特征和性能的利器，可以快速准确地识别出使用最频繁的代码的路径，让我们看到程序的瓶颈所在。

Go 1.11 之后，火焰图已经内置到了 pprof 分析工具中，用于分析堆内存与 CPU 的使用情况。Web 页面的最上方为导航栏，可以查看之前提到的许多 pprof 分析指标，单击导航栏中 VIEW 菜单下的 Flame Graph 选项，可以切换到火焰图。如图 29-3 所示，颜色最深的函数为 HTTP 请求的发送与接收。

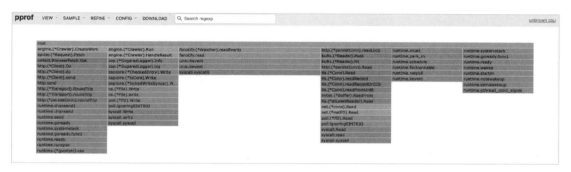

图 29-3

在火焰图中，每个矩形都代表一个函数，矩形的宽度表示函数在总执行时间中的耗时比例，矩形的颜色深浅代表函数的嵌套调用关系。深色表示调用次数较多，浅色表示调用次数较少。

在火焰图中，我们还可以通过搜索框查找指定的函数，或者通过放大/缩小查看具体的函数调用情况。单击矩形方块可以查看更详细的信息，例如函数名称、执行时间、调用栈等。

29.2 trace 及其使用方法

通过 pprof 的分析能够知道一段时间内的 CPU 占用、内存分配、协程堆栈信息。这些信息都是一段时间内数据的汇总，但是它并不能让我们了解整个周期内发生的具体事件，例如指定的 Goroutines 何时执行、执行了多长时间、什么时候陷入了阻塞、什么时候解除了阻塞、GC 是怎么影响单个 Goroutine 的执行的、STW 中断花费的时间是否太长等。而这正是 Go1.5 之后推出的 trace 工具的强项，它提供了指定时间内程序中各事件的完整信息，具体如下。

- 协程的创建、开始和结束。
- 协程的阻塞，系统调用、通道和锁。
- 网络 I/O 相关事件。
- 系统调用事件。
- 垃圾回收相关事件。

收集 trace 文件的方式和收集 pprof 特征文件类似，主要有两种，一种是在程序中调用 runtime/trace 包的接口，例如，

```
import "runtime/trace"
```

```
trace.Start(f)
defer trace.Stop()
```

另一种方式是使用 pprof 库中的 trace 接口，例如，

```
curl -o trace.out http://127.0.0.1:9981/debug/pprof/trace?seconds=60
```

上述命令将在 60 s 内收集 trace 事件并将其存储到 trace.out 文件中。要对收集到的文件进行分析，可以使用 trace 工具，命令如下。

```
go tool trace trace.out
```

执行上面的命令会默认打开浏览器，显示超链接信息，如图 29-4 所示。

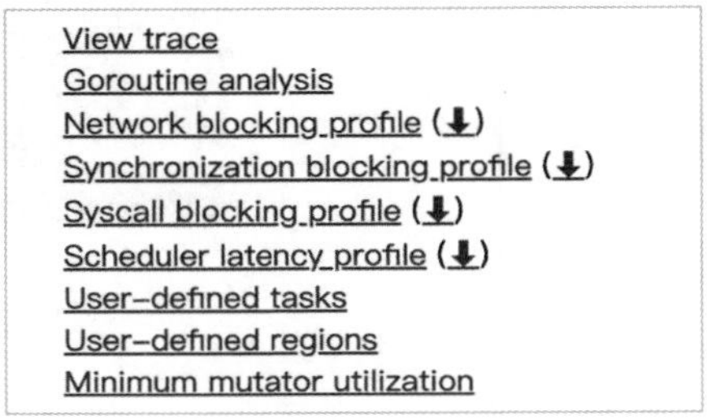

View trace
Goroutine analysis
Network blocking profile (⬇)
Synchronization blocking profile (⬇)
Syscall blocking profile (⬇)
Scheduler latency profile (⬇)
User-defined tasks
User-defined regions
Minimum mutator utilization

图 29-4

这几个选项中最复杂、信息最丰富的当数第一个 View trace 选项。单击它会出现如图 29-5 所示的交互式可视化界面，它展示的是整个执行周期内的完整事件。

trace
Flow events
Processes
View Options
STATS (pid 1)
Goroutines:
Heap:
Threads:
PROCS (pid 0)
GC
Network
Syscalls
Proc 0
Proc 1
Proc 2
Proc 3
Proc 4
Proc 5
Proc 6
Proc 7
Proc 8
Proc 9
Proc 10
Proc 11

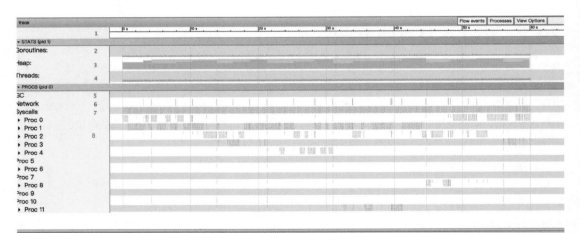

图 29-5

我们来详细说明一下图中的信息。

1. 时间线：显示执行的时间，可以放大或缩小。

2. 协程数量：显示每个时间点正在运行的 Goroutine 的数量及可运行（等待调度）的 Goroutine 的数

量。如果存在大量可运行的 Goroutine，则可能意味着调度器繁忙。

3. 堆内存：显示执行期间内存的分配情况，用于查找内存泄漏及检查每次运行时 GC 释放的内存。

4. 操作系统线程：显示正在使用的操作系统线程数和被系统调用阻止的线程数。

5. GC：展示 GC 的耗时和次数等。

6. 网络调用：展示网络调用的耗时和次数等。

7. 系统调用：展示系统调用的耗时和次数。

8. 逻辑处理器：展示每个逻辑处理器的负载情况。

单击特定协程后，信息框会出现 Title（协程名）、Start（开始时间）、Wall Duration（持续时间）、Start Stack Trace（开始堆栈），End Stack Trace（结束堆栈），及 Event（事件信息）等信息，如图 29-6 所示。

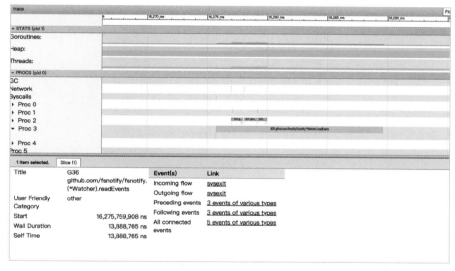

图 29-6

对上面的程序进行分析，我们可以得出下面几点结论。

- 程序每隔 2s 进行一次网络调用，这是符合预期的，因为我们设置了任务的请求间隔。

- 程序中有 12 个逻辑处理器 P，每个 P 中间都可以明显看到大量的间隙，这些间隙表示没有执行任何任务。

- 查看 Goroutines，会发现在任一时刻存在的协程都不多，表明当前程序并无太多需要执行的任务，还未达到系统的瓶颈。

- 观察内存的使用情况，可以看到内存的占用很小，只有不到 8MB，但内存的增长表现出了锯齿状。进一步观察，我们发现在 60s 内执行了 6 次 GC。单击触发 GC 的方格，会出现图 29-7 所示 GC 的详细信息，进一步会发现 GC 主要由 ioutl.ReadAll 函数触发。

接着查看函数堆栈信息，会发现我们在采集引擎中使用了 ioutil.ReadAll 读取数据。每次 HTTP 请求都会新建一个切片，切片使用完毕后就变为了垃圾内存。可以考虑在此处复用内存，优化内存的分配，降低程序 GC 的频率。

```go
func (b BrowserFetch) Get(request *spider.Request) ([]byte, error) {
    ...
    bodyReader := bufio.NewReader(resp.Body)
    e := DeterminEncoding(bodyReader)
    utf8Reader := transform.NewReader(bodyReader, e.NewDecoder())
    return ioutil.ReadAll(utf8Reader)
}
```

trace 工具非常强大，它提供了追踪到的运行时的完整事件和宏观视野。不过 trace 不是万能的，如果想查看协程内部函数占用 CPU 的时间、内存分配等详细信息，则还是需要结合 pprof 来实现。

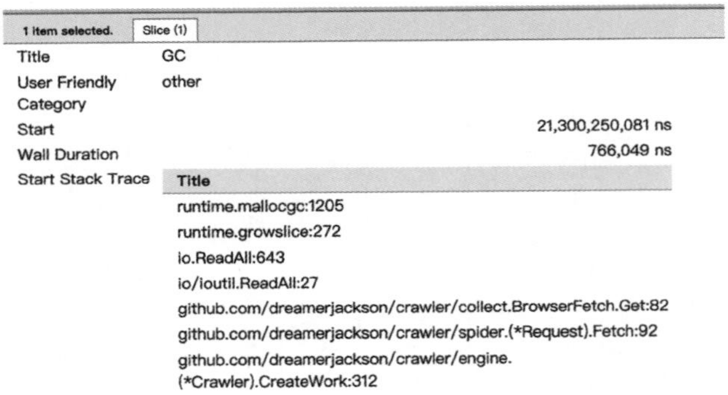

图 29-7

29.3　总结

本章介绍了调试 Go 语言程序的两个强大工具 pprof 和 trace，它们的底层原理可以参考《Go 底层原理剖析》。

pprof 提供了多种维度的样本统计信息，例如内存大小、CPU 使用时间、协程堆栈信息、阻塞时间等。通过查看资源占用的代码路径，我们可以方便地检查出程序遇到的内存泄漏、死锁、CPU 利用率过高等问题。在实践中，我们可以放心地将 pprof 以 HTTP 的形式暴露出来，因为在不调用 HTTP 接口的情况下，这种做法对程序的性能几乎没有影响。

trace 是以事件为基础的信息追踪工具，它可以反映出一段时间内程序的变化，例如频繁的 GC 和协程调度情况等，以便我们追踪程序的运行状态，分析程序遇到的瓶颈。trace 提供的内省功能很强大，但在开启时会对程序性能产生影响，因为运行时源码中的每个重要事件都需要判断 trace.enabled 是否开启。当开启 trace 时，程序会在关键事件处触发 traceEvent 写入事件。

通过使用 pprof 和 trace，我们可以更好地了解 Go 语言程序的运行情况、发现程序中存在的性能问题，并优化代码以提高程序性能。

综合案例：
节约千台容器的线上性能分析实战

如果调试是消除软件缺陷的过程，那么编程一定是放入缺陷的过程。

——计算机行业谚语

当我们对 Go 语言程序进行性能分析时，一般想到的方式是使用 pprof 提供的一系列工具分析 CPU 火焰图、内存占用情况等。诚然，通过分析 CPU 耗时最多的流程、设法对 CPU 耗时最多的函数进行优化能够改善程序整体的状况，然而这就一定能够大幅度提高容器的 QPS、减少机器数量，从而大幅度提程序高性能吗？

答案是否定的。一个函数在 pprof 中耗时多可能因为它本身耗时就多，这是现象却不一定是问题。同时，在高负载情况下，可能导致某些请求、函数的耗时突然升高，而这些异常不一定能体现在 pprof 上，这是因为 pprof 能看到整体的耗时情况，却难以分析个例。因此，有时候我们需要跳出 pprof CPU profiling，仔细审视程序遇到的最严重的性能瓶颈。

30.1　程序问题描述与排查过程

某团队维护了一个核心程序为 Go Web 的服务，当前程序能够承载的 QPS 非常低。当 QPS 上涨到一个阈值时，就会出现 p99 抖动，导致接口耗时超过了上游给定的超时时间。在过去，解决这类问题的方法是通过增加容器来分摊请求量，随着业务的不断发展，这个核心服务线上有了几千台容器。最近几年，很多开发者都尝试分析引发这个问题的原因，但都无功而返，现在出于降本考虑，需要再次直视这个问题。

为了更精准地分析现状，我们采用了线上压测的方式，通过提高某一台容器权重的方式提高该容器的请求量。经过压测分析，得到如下信息。

- 在正常情况下，服务约为 3QPS，p99 耗时在 300 毫秒左右（意味着如果有 100 个请求，那么 99 个请求的耗时在 300 毫秒以下），p95 耗时 120 毫秒左右。当压测上涨到 16QPS 以上时，会看到耗时 p99 抖动，而 p95 仍保持稳定。压测时容器 p99 在 700 毫秒以上。
- cpu idle（CPU 处于空闲状态的时间比例）在 80%以上。
- 内存容量充足，内存利用率 55%左右。

- 获取耗时异常的请求，在再次调用该请求时，耗时能够恢复正常。每次请求走的是相同的代码路径，但是请求耗时差距可达 300 毫秒以上。
- 程序也会有许多下游的网络调用，而这些下游调用的 p99 耗时稳定，可以大致排除问题出在下游服务上的可能。
- 当程序稳定运行时，占用约 4GB 内存，容器 Cgroup 的容量被限制为 16GB。我们对程序暴露的运行时内存分配 Metric 进行了分析，没有发现明显的异常。
- 程序本身协程数量在 120 左右，但是大部分都处于休眠状态。在负载情况下，协程数量与请求数量大致相同。协程数量增长到了 130 左右，运行的协程数量不多。
- 用如下指令获取线程数量，结果约为 14 个，在压测时并没有增加线程数量。

```
cat /proc/`ps -ef | grep xxx | awk 'NR==1 {print $2}'`/status | grep Threads
```

- 当容器飘移到性能更强的宿主机后，耗时能够得到显著缓解。

综上，我们主要面对的其实是耗时 p99 抖动的问题，下面对问题进行拆解。

1. 请求排队

耗时上涨可能是 HTTP 请求排队导致的吗？当 HTTP Keep-Alive 为 true 时会复用连接，第二个请求会等待第一个请求完成，但是这种假设不成立。通过下面的指令，我们发现连接总是在不断变化，没有复用长连接。

```
netstat -antp |grep xxx | grep ES
```

并且，程序中输出的请求耗时时间是从接收到请求之后开始计时的，所以耗时还是发生在程序中。

2. 与时间状态有关

由于新部署的容器还是会出现这个问题，所以排除这个假设。

3. 网络请求处理不过来

对于网络 I/O 来说，Go 语言拥有足够优秀的网络模型来处理大量网络请求。它使用封装 epoll 的方式，过程轻量、异步且快速，不会因为某一个协程的网络阻塞导致其他协程排队。同时，观察输出的 p99 异常请求的耗时，会发现这些请求的下游网络耗时很正常，没有阻塞。

4. 磁盘 I/O 和系统调用阻塞问题

磁盘 I/O 和系统调用可能因为阻塞产生排队问题，但是 Go 语言的 sysmon 监控程序每隔 10 毫秒会就监控这种情况并适时创建新的线程。再加上 Go 调度器的均衡工作，从理论上来讲，程序的理想运行状态应该是随着负载的增加耗时稳定上升，不会突然出现毛刺。

5. Go 调度器的调度延迟

实际上即便在压测时，当前的 QPS 也只有 16 左右。如果任务数增加，那么在 Go 运行时调度器进行调度时，某一个协程长期不执行的可能性很低。8 个逻辑处理器 P 足够承载当前的 QPS 了。

我们再进一步分析一下调度器的细节。如图 30-1 所示的启动指令，在程序启动时加入环境变量

GODEBUG=schedtrace=1000,scheddetail=1，程序每隔 1s 就会输出调度器的细节。

```
GOMAXPROCS=8 GODEBUG=schedtrace=1000,scheddetail=1 nohup ./main -config conf/conf.test.toml >
runoob.log 2>&1 &
```

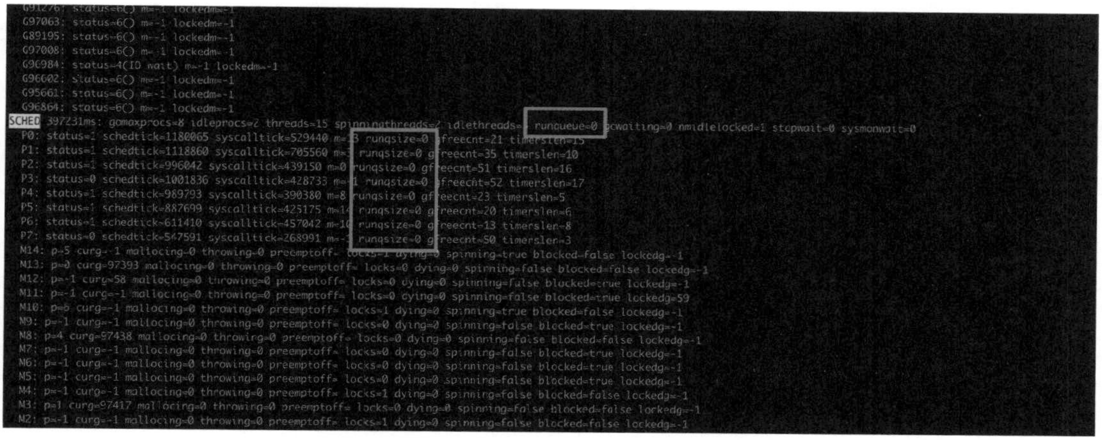

图 30-1

通过输出的日志我们发现，协程等待队列中基本没有等待运行的协程，这从侧面证明，当前程序有极大的 QPS 提升空间。这个现象也解释了在压测情况下 cpu idle 仍然很高的原因——程序没有满负载运行。

使用 trace 工具能够更直观地看出程序负载不足的情况，瞬时可运行协程数量小于逻辑处理器 P 的数量，并且 P 运行协程有大量的间隙，如图 30-2 所示。

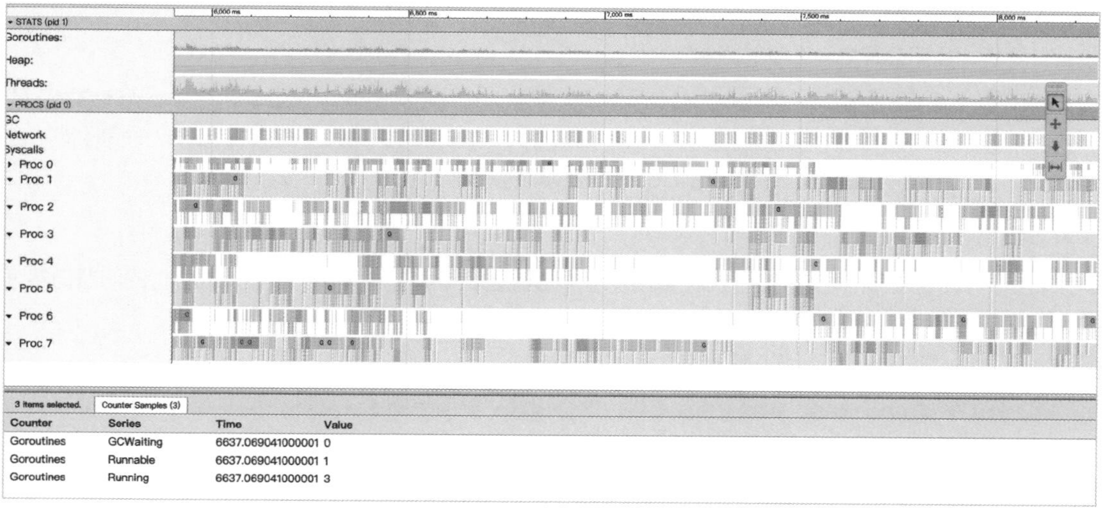

图 30-2

6. 请求消耗过多 CPU

在压测时，我们收集了 pprof 火焰图，并把它和正常负载下的火焰图进行了对比，没有发现明显变化。

7. 并发导致的锁

在高并发场景下，如果程序都在争抢同一把锁，那么有可能产生协程等待，导致耗时变长。

但是从代码上来看，当前程序几乎未使用锁等同步机制。即便使用了锁，在如此低的负载下，也几乎不可能出现几百毫秒的延迟，更不要提标准库中的锁耗时需要上万 QPS 才可能出现瓶颈。

查看 pprof block，也没有发现瓶颈。

```
go tool pprof http://localhost:9981/debug/pprof/block
go tool pprof http://localhost:9981/debug/pprof/mutex
```

8. 同步写日志的磁盘

在 Go 语言程序中，磁盘 I/O 不像网络那样可以使用多路复用的机制，这意味着协程可能陷入操作系统调用，这也是我们之前想要查看线程数量的原因。因为当长时间陷入操作系统调用时，sysmon 监控程序会创建新的线程。目前的线程数量比较正常，查看如下核心指标没有发现异常。

- 磁盘容量正常。
- 磁盘利用率正常。
- inode 利用率正常。
- iops 正常。
- 磁盘输入/输出操作时间占比正常。

9. 垃圾回收

接着往下想，会不会是垃圾回收的问题？

当前程序 GC 频率相对较高，在压测时能够达到几秒一次，但是初步分析不足以导致瓶颈。从程序暴露的运行时指标来看，在 GC 程序生命周期内，平均花费的 CPU 时间在千分之二左右，STW 时间（即不可用时间）小于 1 毫秒，这些信息都表明 GC 不是瓶颈。

10. 宿主机

再来看宿主机，由于现在的程序运行在容器中，虽然理论上资源是完全隔离的，但是宿主机的问题仍然可能影响到容器，我们需要依次查看如下指标。

- 宿主机 cpu idle 正常。
- CPU 外部争抢 cpu.exter_wait_rate 正常，这个指标主要用来衡量任务在线程等待队列中等待其他容器的时间是否过长。
- Cgroup CPU 与内存设置正常。
- 查看容器 cpu.throttled 和 throttled_time，发现它们在正常情况下和压测时都存在。这个指标可以判断是否存在资源抢占导致的耗时增加，如果容器的资源被利用得太狠，到达了分配的资源限制，就可能出现这样的情况。但是压测时数据没有明显飙升，不足以导致耗时增加 300 毫秒。

● 查看一段时间内操作系统的线程堆栈，发现程序大部分时间并没有耗在操作系统调用上，而是在开发者态上。

总之，从现象上看，这个问题和宿主机有关系，但直接对宿主机进行分析无法得出清晰的结论。

11. "以退为进分析法"

分析到这里，问题似乎陷入了僵局。不得已，我们需要以退为进，回归到最原始的问题。

直接在代码的关键位置输出耗时，通过对日志的分析，我们发现大部分时间都消耗在了 clone 函数上，其功能是对一个结构体进行深拷贝。程序中调用 clone 非常频繁，一次复杂的请求可能调用 1000 次 clone 函数，每次调用 clone 函数的时间都不足 1 毫秒，累积起来却比较吓人。也就是说，内存分配没有明显的突然恶化导致的卡点，而是有一种情况让整体的内存分配耗时增加了。

在深入分析运行时内存分配可能具有的 Bug 之前，我选择了使用更强大的工具 trace 分析程序在生命周期内的运行状态，这也让我最终找到了答案。trace 借助于 Go 运行时在关键时刻的埋点，帮助我们一窥程序的运行过程。

具体做法是，首先抓取压测情况下的 trace，然后查看如图 30-3 所示的 Goroutine analysis，Goroutine analysis 是一个非常有用的工具，它可以分析单个协程的情况。

```
curl -o trace.out http://127.0.0.1:9981/debug/pprof/trace?seconds=30
go tool trace -http=localhost:8000  trace.out
```

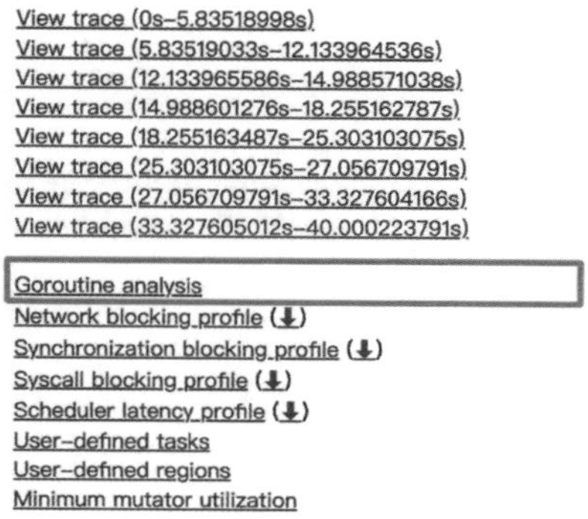

View trace (0s–5.83518998s)
View trace (5.83519033s–12.133964536s)
View trace (12.133965586s–14.988571038s)
View trace (14.988601276s–18.255162787s)
View trace (18.255163487s–25.303103075s)
View trace (25.303103075s–27.056709791s)
View trace (27.056709791s–33.327604166s)
View trace (33.327605012s–40.000223791s)

Goroutine analysis
Network blocking profile (⬇)
Synchronization blocking profile (⬇)
Syscall blocking profile (⬇)
Scheduler latency profile (⬇)
User-defined tasks
User-defined regions
Minimum mutator utilization

图 30-3

我们要做的是找到要分析的那个函数对应的协程。如图 30-4 所示，A.func6 是 A 函数的第 6 个协程，样本数有五百多个。

图 30-4

接下来，分析一下这些样本协程的耗时情况，如图 30-5 所示。

Goroutine Name: ▓▓▓▓▓▓▓▓▓▓▓▓▓▓▓ func6
Number of Goroutines: 575
Execution Time: 31.97% of total program execution time
Network Wait Time: graph(download)
Sync Block Time: graph(download)
Blocking Syscall Time: graph(download)
Scheduler Wait Time: graph(download)

Goroutine	Total	Execution	Network wait	Sync block	Blocking syscall	Scheduler wait	GC sweeping	GC pause
40840442	483ms	358ms	3794µs	26ms	0ns	90ms	1810µs (0.4%)	459ms (94.9%)
40840407	475ms	401ms	373µs	18ms	0ns	50ms	8907µs (1.9%)	419ms (88.1%)
40840510	420ms	317ms	348µs	23ms	0ns	74ms	11ms (2.7%)	333ms (79.3%)
40843230	326ms	301ms	584µs	18ms	0ns	4462µs	0ns (0.0%)	326ms (100.0%)
40849998	322ms	285ms	428µs	20ms	0ns	14ms	0ns (0.0%)	322ms (100.0%)
40839999	292ms	181ms	1606µs	53ms	0ns	55ms	0ns (0.0%)	292ms (100.0%)
40843183	243ms	201ms	1094µs	21ms	0ns	17ms	0ns (0.0%)	164ms (67.5%)
40849978	239ms	217ms	672µs	20ms	0ns	581ms	0ns (0.0%)	230ms (95.9%)
40837732	188ms	162ms	337µs	24ms	0ns	2356µs	5511µs (2.9%)	0ns (0.0%)
40850057	188ms	170ms	973µs	12ms	0ns	2479µs	0ns (0.0%)	188ms (100.0%)

图 30-5

从图 30-5 中可以看出，一些协程的最大函数耗时超过了 300 毫秒，这些协程会导致 p99 的飙升，和现象是对应的。同时，单击耗时比较大的协程可以看到，协程的耗时主要花费在了 Execution 执行阶段，比较奇怪的是，这一阶段的大部分时间都处于 GC 阶段。

单击某一个协程的详细信息，可以看到协程在当前一段时间内的运行状态。等等！这密密麻麻的绿色线条是怎么回事？放大以后特别吓人，大部分时间都在 Mark Assisst，如图 30-6 所示。

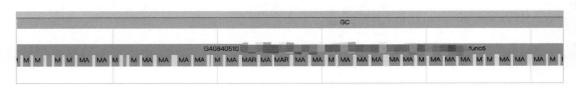

图 30-6

也就是说，在程序已经 GC 的情况下，疯狂的内存分配导致的 Mark Assisst 问题非常严重，这也就解释了为什么只有负载上来了才会导致 P99 问题。

30.2 进一步分析与修复问题

总结一下问题的根源：在 GC 阶段，大量的内存分配导致了大量的辅助标记，加上 25% 的专有 GC 处理占用了 2 个线程，程序运行状态会迅速恶化，如图 30-7 所示。

在并发标记阶段，扫描内存的同时，开发者协程也会不断被分配内存，当开发者协程的内存分配速度快到后台标记协程来不及扫描时，GC 标记阶段将永远不会结束。这样一来，GC 周期就无法完整，还会进一步造成内存泄漏。

为了解决这样的问题，Go1.5 引入了辅助标记算法。当开发者协程被分配了超过限度的内存时，运行时会暂停当前协程并让它执行辅助标记工作。而当前程序会频繁地分配内存，超过了内存扫描的速度，导致协程执行一段时间后就不得不切换到辅助标记工作，这增加了协程运行的时间，并最终导致了 p99 耗时非常严重。

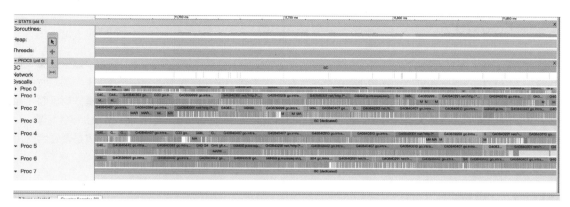

图 30-7

这个问题的根源是内存的频繁释放和分配。在实践中，频繁的内存分配导致的程序问题经常出现，我遇到过一个由于内存分配不合理导致程序直接 OOM 的案例，容器的内存容量为 16GB，但是当程序内存达到 8GB 之后，下一次 GC 的目标内存到达了 16GB。在这段时间里，内存频繁分配，不到两分钟就上涨到了 16G，直接导致了程序崩溃。Go 运行时本身有一个定时监控服务，每 2 分钟会强制触发一次 GC，但是程序的特性却导致不到 2 分钟内存就被打满了。

遇到这样的问题应该如何解决呢？

有两种思路。一种是减少内存的分配，在这个线上问题中，由于程序设计不合理，导致每次请求都会对一个大对象进行深拷贝，因此我们需要思考如何结合程序的场景，减少不合理的内存拷贝。

另一种思路是通过构建内存池来复用内存。谈到内存池，很多人会想到 sync.Pool。确实，sync.Pool 的源码是值得学习的，Go 语言在其中进行了很多底层优化，包括为了防止内存泄漏而采取的回收策略；对结构的设计可以防止 CPU 缓存伪共享；设计 Ring-Buffer 结构可以复用内存并提高 CPU 缓存效率；每个 P 中都会存储本地缓存以便并发时的无锁访问。

不能忽视的是，sync.Pool 还有一些陷阱。sync.Pool 是一个底层的缓存池接口，它没有内置清空对象中的数据，这就需要我们在 get 或 put 对象时，额外去做这件事，否则会出现脏数据。

我们给出一个 sync.Pool 的最佳实践，这是一个在 fmt 包中使用 sync.Pool 的例子。fmt 利用 sync.Pool 缓存了 pp 结构体，在 pp 结构体中，有一个 buf 字节数据，当 fmt 调用结束时，会使用 free 方法将 buf 清空。p.buf = p.buf[:0] 利用切片的截取将 buf 清空，并且保留了切片的容量，在清空数据的同时复用了之前分配的内存。

```go
func (p *pp) free() {
   // See https://golang.org/issue/23199
   if cap(p.buf) > 64<<10 {
      return
   }
```

```
    p.buf = p.buf[:0]
    p.arg = nil
    p.value = reflect.Value{}
    p.wrappedErr = nil
    ppFree.Put(p)
}
```

不过 sync.Pool 不是万能的，它并不是在所有场景下都适用，甚至可能适得其反。例如，如果数据大量存储在 Map 中，用 sync.Pool 缓存 Map 就不太好。因为我们无法在对 Map 进行清空操作的同时保持 Map 的容量，这时常常要根据实际场景修改设计结构或者构造自己的缓存池。此外，在操作对象时 get 多 put 少的场景下，也会大量地分配内存，sync.Pool 起不到缓存的作用。而在 get 少 put 多的场景下，sync.Pool 还会加重 GC 的负担。建议在使用 sync.Pool 前，先认真分析一下自己的场景是否适合使用 sync.Pool。

30.3　总结

本章介绍了一个真实的线上性能分析案例。案例中造成线上瓶颈的根本原因是内存使用不合理，当 GC 被触发后，在高负载的情况下，内存分配的速度超过了 GC 扫描的速度，导致一直在执行辅助标记，大大减慢了程序运行的速度，并进一步导致调度延迟等问题。通过优化代码逻辑和复用内存分配可以消除瓶颈，节约上千台容器。

程序的运行状态就像一个黑盒，不同的指标可以从侧面反映程序的运行状态，不同的工具也可以反映相同的问题。所以在合适的时间使用合适的工具，将起到事半功倍的效果。

一个运行中的程序似乎总是缺乏"内省"的能力，trace 工具通过在关键事件处埋点来实现事件追踪功能。本章的案例证明，trace 工具在分析程序整体运行状态甚至是 P99 瓶颈问题时确实非常强大，它是性能分析甚至是启发式探索问题的利器。

不得不说，在容器化的趋势下，排查复杂问题变得更加困难了。很多时候我们不仅要面对语言层面的挑战，还要面对每位开发者都会遇到的共性问题，所以一定要有体系化的思考和强大的学习能力。

第 5 篇

分布式 Master 开发

31

他山之石：etcd 架构

架构在耦合和内聚之间寻求平衡。

——计算机行业谚语

etcd 这个名字是 etc distributed 的缩写。我们知道，Linux 中的 etc 目录存储了系统的配置文件，所以 etcd 代表了分布式的配置中心系统。然而，它能够实现的功能远不是同步配置文件这么简单。etcd 可以作为分布式协调的组件帮助我们实现分布式系统。

使用 etcd 的重要项目包括 CoreOS 与 Kubernetes。etcd 使用 Go 语言编写，底层使用了 Raft 协议，它的架构本身非常优美。了解了 etcd 的架构、核心特性和实现机制，才能利用 etcd 更好地完成分布式协调工作，领会这个优秀的开源组件的设计哲学，同时有助于我们更深入地了解 Kubernetes 的运行机制。

31.1 etcd 全局架构与原理

etcd 的第一个版本 v0.1 于 2013 年发布，现在已经更新到了 v3，在这个过程中，etcd 的稳定性、扩展性、性能都在不断提升。本节主要讨论当前最新的 v3 版本，其整体架构如图 31-1 所示。

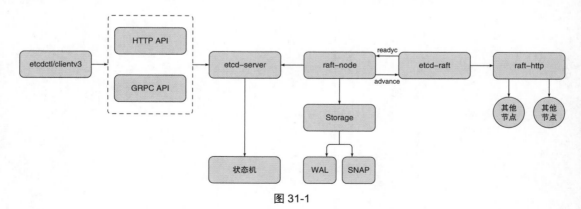

图 31-1

etcd 从大的方面可以分为几个部分，让我们结合图 31-1 从右向左说起。

etcd 抽象出了 raft-http 模块，由于 etcd 通常以分布式集群的方式部署，因此该层主要负责处理和其他 etcd 节点之间的网络通信。etcd 内部使用 HTTP 进行通信，由于消息类型很多，心跳探活的数据量较小，快照信息较大（可达 GB 级别），所以有两种处理消息的通道，分别是 Pipeline 消息通道与 Stream 消息通道。

Stream 消息通道是 etcd 中节点与节点之间进行维护的长连接，它可以处理频繁的小消息，还能复用 HTTP 底层的连接，不必每次通信都建立新的连接。而 Pipeline 消息通道用于处理快照这样数据量大的信息，处理完毕后连接会关闭。

raft-http 的左侧是 etcd-raft 模块，它是 etcd 的核心。该层实现了 Raft 协议，可以实现节点状态的转移、节点的选举、数据处理等重要功能，确保分布式系统的一致性与故障容错性。我们已经知道，Raft 中的节点有 3 种状态，分别是领导者（Leader）、候选人（Candidates）和跟随者（Follower），在此基础上，etcd 为 Raft 节点新增了一个预候选人（PreCandidate）。

我们在讲解 Raft 协议时介绍过，如果节点收不到来自 Leader 的心跳检测，就会变为 Candidates 并开始新的选举。如果当前节点位于不足半数的网络分区中，短期内就不会影响集群的使用，但是在当前节点不断发起选举的过程中，当前选举周期的 Term 号会不断增长，当网络分区消失后，由于该节点的 Term 号高于当前集群中 Leader 节点的 Term 号，Raft 协议会迫使当前的 Leader 切换状态并开始新一轮的选举。

这种选举是没有意义的。为了解决这样的问题，etcd 在选举之前插入了一个新的阶段叫作 PreVote，当前节点会先尝试连接集群中的其他节点，只有成功连接半数以上的节点，才开始新一轮的选举。Raft 节点状态转移过程如图 31-2 所示。

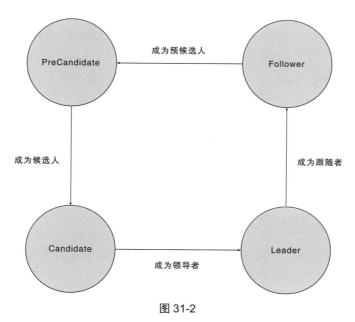

图 31-2

在 etcd-raft 模块的基础上，etcd 进一步封装了 raft-node 模块。该模块充当上层模块与下层 Raft 模块之间的桥梁，并负责调用 Storage 模块，将记录（Record）存储到 WAL 日志文件以实现持久化。WAL 日志文件可存储以下几种类型的记录。

- WAL 文件的元数据，记录节点 ID、集群 ID 信息。
- Entry 记录，即客户端发送给服务器处理的数据。
- 集群的状态信息，包含集群的任期号、节点投票信息。
- 数据校验信息，可以校验文件数据的完整性与正确性。
- 快照信息，包含快照的相关信息，但不包含实际的快照数据，可以校验快照数据的完整性。

Record 结构如下。

```
type Record struct {
    Type        int64    `protobuf:"varint,1,opt,name=type" json:"type"`
    Crc         uint32   `protobuf:"varint,2,opt,name=crc" json:"crc"`
    Data        []byte   `protobuf:"bytes,3,opt,name=data" json:"data,omitempty"`
}
```

WAL 日志文件对于系统的稳定性至关重要，因为它在记录应用到状态机之前，确保了大多数节点已达成一致并实现了记录的持久化。这样，在节点崩溃并重启后，就能从 WAL 中恢复数据了。

WAL 日志的数量与大小随着时间不断增加，可能超过可容纳的磁盘容量。同时，在节点宕机后，如果要恢复数据就必须从头到尾读取 WAL 日志文件，耗时非常久。为了解决这一问题，etcd 会定期创建快照并保存到文件中，在恢复节点时会先加载快照数据，并从快照所在的位置后读取 WAL 文件，这就加快了节点的恢复速度。快照的数据也有单独的 SNAP 模块进行管理。

在 raft-node 模块之上是 etcd-server 模块，它的核心任务是执行 Entry 对应的操作，在这个过程中提供限流操作与权限控制的能力，这些操作最终会使状态机到达最新的状态。etcd-server 还会维护当前 etcd 集群的状态信息，并提供线性读的能力。

etcd-server 模块为外部访问提供了一系列 GRPC API。同时，利用 GRPC-gateway 作为反向代理，使得 etcd-server 模块具备向外部提供 HTTP API 的能力。

最后，etcd 提供了客户端工具 etcdctl 和 clientv3 代码库，使用 GRPC 协议与 etcd 服务器交互。客户端支持负载均衡、节点间故障自动转移等机制，极大降低了业务使用 etcd 的难度，提升了开发的效率。

此外，etcd 框架中还有一些辅助功能，例如权限管理、限流管理、重试、GRPC 拦截器等。由于不是核心点，图 31-1 中没有一一列举。

31.2　etcd 架构的优点

etcd 自身的架构与实现有许多值得借鉴的地方。例如它的高内聚、低耦合、优雅的数据同步、更高的读取性能，以及可靠的 Watch 机制与高性能的并发处理。

1. 高内聚

etcd 将相关的核心功能（例如鉴权、网络、Raft 协议）都聚合起来形成了一个单独的模块，功能之间联系紧密，并且只提供核心的接口与外部进行交互。这非常便于理解与开发，也便于后期对功能进行组合。

2. 低耦合

各个模块之间边界清晰，用接口来进行交流与组合的设计给了程序极大的扩展性。举一个例子，数据存储的 store 就是一个 interface。

```
type Storage interface {
    InitialState() (pb.HardState, pb.ConfState, error)
    Entries(lo, hi, maxSize uint64) ([]pb.Entry, error)
    Term(i uint64) (uint64, error)
    LastIndex() (uint64, error)
    FirstIndex() (uint64, error)
    Snapshot() (pb.Snapshot, error)
}
```

简单地搜索一下，可以发现 etcd 内部使用了大量接口。这样做的好处是，etcd 抽象出了 etcd-raft 这个模块，实现了 Raft 协议，开发者可以在这个模块之上构建实现了 Raft 协议的分布式系统，从而减轻心理和技术负担。分布式协议是非常难实现的，其潜在问题也很难被发现，发现问题之后又很难定位原因，有了 etcd-raft 模块，这一系列问题都迎刃而解了。

在 etcd 代码库中有一个示例代码[①]，该示例代码基于 etcd-raft 模块实现了一个最简单的分布式内存 KV 数据库。在示例代码中实现了上游的 KVServer 服务器与 raft-node 节点，并与 etcd-raft 模块进行交互，去掉了 etcd 实现的日志落盘等逻辑，将键–值对存储到了内存中。如果你有志于深入地学习 etcd，那么从这个实例入手是非常不错的选择。

3. 优雅的数据同步

在 etcd 中，我们极少看到使用互斥锁的场景。更多的时候，它是借助协程与通道的相互配合来传递信息的，既完成了通信又优雅地解决了并发安全问题。

4. 更高的读取性能

etcd 在 etcd-raft 模块中实现了 Raft 协议。我们知道 Raft 并不能够保证读取的线性一致性，也就是说，它有可能读取到过时的数据。

怎么解决呢？办法有很多。例如，Follower 可以将读请求直接转发给 Leader，不过这样做 Leader 的压力会很大，并且 Leader 可能已经不是最新的了。

第二种解决方案是 etcdv3.2 之前的处理方式。也就是将该请求记录为一个 Entry，从而借助 Raft 机制来保证读到的数据是最新的。

还有一种更轻量级的方法。在 v3.2 之后，etcd 实现了 ReadIndex 机制，这也是在 Raft 的论文[1]中提到

---

① https://github.com/etcd-io/etcd/tree/main/contrib/raftexample。

过的。Follower 从 Leader 读取当前最新的 Commit Index，同时 Leader 需要确保自己没有被未知的新 Leader 取代。它会发出新一轮的心跳，并等待集群中大多数节点确认，一旦收到确认信息，Leader 就知道在发送心跳信息的那一刻，不可能存在更新的 Leader 了。也就是说，在那一刻，ReadIndex 是集群中所有节点见过的最大的 Commit Index。Follower 会在自己的状态机上将日志至少执行到该 Commit Index 之后，然后查询当前状态机生成的结果，并将结果返回客户端。

5. 可靠的 Watch 机制与高性能的并发处理

相对于 etcdv2，etcdv3 版本将所有键-值对的历史版本都存储了起来，这就让 Watch 机制的可靠性更高了，它实现的 MVCC 机制也提高了系统处理并发请求的数量。

31.3　总结

etcd 是一个用 Go 语言编写的分布式键-值存储系统，它应用广泛、架构优美。etcd 拥有高内聚和低耦合的特点，它的内部分为了清晰的 etcd-http、etcd-raft、etcd-node、etcd-server 等模块，模块之间可以用清晰的接口进行交流，这就保证了系统的扩展性与可组合性，我们可以在 etcd-raft 模块的基础上快速构建起自己的分布式系统。

etcd 实现了 Raft 协议，并且在此基础上实现了 PreVote 机制与线性读机制，再加上 WAL 日志文件的落盘与快照，最大程度保证了服务的一致性与出现故障时的容错性。

etcd 中的代码实践了 CSP 的编程模式，大量使用了协程与通道的机制进行通信，对超时的处理、资源的释放、并发的处理都比较优雅，是我们学习 Raft 协议和 Go 语言程序设计比较好的资料。

如果你希望深入源码学习 etcd，那么我推荐你去看看《etcd 技术内幕》这本书，它对 etcd 源码的各个字段都介绍得比较详细。

参考文献

[1] DNGARO D, OUSTERHOT J. In Search of an Understandable Consensus Algorithm[OL]. （2014-05-20）[2023-3-29] https://raft. github.io/raft.pdf.

32

搭建 Master 框架与命令行程序

记住，代码就是你的房子，你必须在其中生活。

——计算机行业谚语

在本章，让我们打开分布式开发的大门，一起看看如何开发 Master 服务，实现任务的调度与故障容错。

考虑到 Worker 和 Master 有许多可以共用的代码，并且关系紧密，我们可以将 Worker 与 Master 放到同一个代码仓库里。

32.1　Cobra 实现命令行工具

将代码放置到同一个仓库后，我们遇到了一个新的问题：代码中只有一个 main 函数，该如何构建两个程序呢？其实，我们可以参考 Linux 中的一些命令行工具，或者 Go 语言二进制文件的处理方式。例如，执行 go fmt 代表执行代码格式化程序，执行 go doc 代表执行文档注释程序。

本章使用 github.com/spf13/cobra 库提供的功能构建命令行应用程序。命令行应用程序通常接受各种输入作为参数，这些参数也被称为子命令，例如 go fmt 中的 fmt 和 go doc 中的 doc。同时，命令行应用程序提供了一些选项或运行参数来控制程序的不同行为，这些选项通常被称为 flags。

32.1.1　Cobra 示例代码

如何用 Cobra 来实现命令行工具呢？先来看一个简单的例子。在下面这个例子中，cmdPrint、cmdEcho、cmdTimes 表示向程序输入的 3 个子命令。

```
func main() {
  var echoTimes int
  var cmdPrint = &cobra.Command{
    Use:   "c [string to print]",
    Short: "Print anything to the screen",
    Long: `print is for printing anything back to the screen.
For many years people have printed back to the screen.`,
    Args: cobra.MinimumNArgs(1),
```

```
    Run: func(cmd *cobra.Command, args []string) {
        fmt.Println("Print: " + strings.Join(args, " "))
    },
}

var cmdEcho = &cobra.Command{
    Use:   "echo [string to echo]",
    Short: "Echo anything to the screen",
    Long: `echo is for echoing anything back.
Echo works a lot like print, except it has a child command.`,
    Args: cobra.MinimumNArgs(1),
    Run: func(cmd *cobra.Command, args []string) {
        fmt.Println("Echo: " + strings.Join(args, " "))
    },
}

var cmdTimes = &cobra.Command{
    Use:   "times [string to echo]",
    Short: "Echo anything to the screen more times",
    Long: `echo things multiple times back to the user by providing
a count and a string.`,
    Args: cobra.MinimumNArgs(1),
    Run: func(cmd *cobra.Command, args []string) {
        for i := 0; i < echoTimes; i++ {
            fmt.Println("Echo: " + strings.Join(args, " "))
        }
    },
}

cmdTimes.Flags().IntVarP(&echoTimes, "times", "t", 1, "times to echo the input")
var rootCmd = &cobra.Command{Use: "app"}
rootCmd.AddCommand(cmdPrint, cmdEcho)
cmdEcho.AddCommand(cmdTimes)
rootCmd.Execute()
}
```

以 cmdPrint 变量为例，它定义了一个子命令。cobra.Command 中的第一个字段 Use 定义了子命令的名字为 print；Short 和 Long 描述了子命令的使用方法；Args 为子命令需要传入的参数，cobra.MinimumNArgs(1) 表示至少需要传入一个参数；Run 为该子命令要执行的入口函数。

rootCmd 为程序的根命令，这里命名为 app。AddCommand 方法会为命令添加子命令。例如，rootCmd.AddCommand(cmdPrint, cmdEcho)表示为根命令添加了子命令 cmdPrint 与 cmdEcho。而 cmdTimes 命令为 cmdEcho 的子命令。

接下来执行上面的程序，会出现一连串文字，这是 Cobra 自动生成的帮助文档，非常清晰。帮助文档中显示了当前程序有 echo、help 与 print 3 个子命令。

```
» go build app.go
» ./app -h
```

```
Usage:
  app [command]

Available Commands:
  echo        Echo anything to the screen
  help        Help about any command
  print       Print anything to the screen
Use "app [command] --help" for more information about a command.
```

接下来输入子命令 echo，程序依然无法正确地执行并输出新的帮助文档。帮助文档提示，echo 必须传递一个启动参数。

```
» ./app echo
Error: requires at least 1 arg(s), only received 0
Usage:
  app echo [string to echo] [flags]
  app echo [command]

Available Commands:
  times       Echo anything to the screen more times

Flags:
  -h, --help   help for echo

Use "app echo [command] --help" for more information about a command.
```

正确的执行方式如下。echo 子命令模拟了 Linux 中的 echo 指令，输出了我们输入的信息。

```
» ./app echo hello world
Echo: hello world
```

在这个例子中，我们为 echo 命令添加了一个名为 times 的子命令，这使得我们可以轻松地实现对输入文本的多次输出。同时，times 子命令还绑定了一个名为 times 的标志（flags），缩写为 t。

```
cmdTimes.Flags().IntVarP(&echoTimes, "times", "t", 1, "times to echo the input")
```

因此可以用下面的方式执行 times 子命令，-t 这个 flag 可以控制输出文本的次数。

```
» ./app echo times hello-world  -t=3
Echo: hello-world
Echo: hello-world
Echo: hello-world
```

接下来在项目中使用 Cobra。这里遵循 Cobra 给出的组织代码的推荐目录结构，在最外层 main.go 的 main 函数中只包含一个简单清晰的 cmd.Execute()函数调用，实际的 Worker 与 Master 子命令则放置到了 cmd 包中。

```
func main() {
    cmd.Execute()
}
```

32.1.2　Worker 子命令

在 cmd.go 中，Execute 函数添加了 Worker、Master、Version 这 3 个子命令，它们都不需要添加运行参数。Worker 子命令最终会调用 worker.Run 函数，与之前一样运行 GRPC 与 HTTP 服务，只是将之前 main.go 中的 Worker 代码迁移到了 cmd/worker 下。

```go
// cmd.go
package cmd
var workerCmd = &cobra.Command{
    Use:   "worker",
    Short: "run worker service.",
    Long:  "run worker service.",
    Args:  cobra.NoArgs,
    Run: func(cmd *cobra.Command, args []string) {
        worker.Run()
    },
}
var masterCmd = &cobra.Command{
    Use:   "master",
    Short: "run master service.",
    Long:  "run master service.",
    Args:  cobra.NoArgs,
    Run: func(cmd *cobra.Command, args []string) {
        master.Run()
    },
}
var versionCmd = &cobra.Command{
    Use:   "version",
    Short: "print version.",
    Long:  "print version.",
    Args:  cobra.NoArgs,
    Run: func(cmd *cobra.Command, args []string) {
        version.Printer()
    },
}

func Execute() {
    var rootCmd = &cobra.Command{Use: "crawler"}
    rootCmd.AddCommand(masterCmd, workerCmd, versionCmd)
    rootCmd.Execute()
}
```

接着运行 go run main.go worker，可以看到 Worker 程序已经正常地运行了。

```
» go run main.go worker
{"level":"INFO","ts":"2022-12-10T18:07:20.615+0800","caller":"worker/worker.go:63","msg":"log
init end"}
{"level":"INFO","ts":"2022-12-10T18:07:20.615+0800","caller":"worker/worker.go:71","msg":"pro
xy list: [<http://127.0.0.1:8888> <http://127.0.0.1:8888>] timeout: 3000"}
{"level":"ERROR","ts":"2022-12-10T18:07:21.050+0800","caller":"engine/schedule.go:258","msg":
```

```
"can not find preset tasks","task name":"xxx"}
{"level":"DEBUG","ts":"2022-12-10T18:07:21.050+0800","caller":"worker/worker.go:114","msg":"g
rpc server config,{GRPCListenAddress::9090 HTTPListenAddress::8080 ID:1 RegistryAddress::2379
RegisterTTL:60 RegisterInterval:15 Name:go.micro.server.worker ClientTimeOut:10}"}
{"level":"DEBUG","ts":"2022-12-10T18:07:21.052+0800","caller":"worker/worker.go:188","msg":"s
tart http server listening on :8080 proxy to grpc server;:9090"}
2022-12-10 18:07:21  file=worker/worker.go:161 level=info Starting [service]
go.micro.server.worker
2022-12-10 18:07:21  file=v4@v4.9.0/service.go:96 level=info Server [grpc] Listening on [::]:9090
2022-12-10 18:07:21  file=grpc@v1.2.0/grpc.go:913 level=info Registry [etcd] Registering node:
go.micro.server.worker-1
```

32.1.3   Master 子命令

cmd/master 包用于启动 Master 程序。和 Worker 代码非常类似，Master 也需要启动 GRPC 服务和 HTTP 服务。和 Worker 不同的是，Master 服务的配置文件参数需要做相应的修改，如下在 config.toml 文件中增加了 Master 的服务配置。

```
[MasterServer]
HTTPListenAddress = ":8081"
GRPCListenAddress = ":9091"
ID = "1"
RegistryAddress = ":2379"
RegisterTTL = 60
RegisterInterval = 15
ClientTimeOut  = 10
Name = "go.micro.server.master"
```

接着执行 go run main.go master，可以看到 Master 服务已经正常地运行了。

```
» go run main.go master
{"level":"INFO","ts":"2022-12-10T18:03:21.986+0800","caller":"master/master.go:55","msg":"log
init end"}
hello master
{"level":"DEBUG","ts":"2022-12-10T18:03:21.986+0800","caller":"master/master.go:67","msg":"gr
pc server config,{GRPCListenAddress::9091 HTTPListenAddress::8081 ID:1 RegistryAddress::2379
RegisterTTL:60 RegisterInterval:15 Name:go.micro.server.master ClientTimeOut:10}"}
{"level":"DEBUG","ts":"2022-12-10T18:03:21.988+0800","caller":"master/master.go:141","msg":"s
tart master http server listening on :8081 proxy to grpc server;:9091"}
2022-12-10 18:03:21  file=master/master.go:114 level=info Starting [service]
go.micro.server.master
2022-12-10 18:03:21  file=v4@v4.9.0/service.go:96 level=info Server [grpc] Listening on [::]:9091
2022-12-10 18:03:21  file=grpc@v1.2.0/grpc.go:913 level=info Registry [etcd] Registering node:
go.micro.server.master-1
```

32.1.4   Version 子命令

Version 子命令主要用于输出程序的版本号。我们将输出版本号的功能从 main.go 迁移到 version/version.go 中，同时在 Makefile 中构建程序的编译时选项 ldflags 也需要进行一些调整。如下代码将版本信息注入了 version 包的全局变量中。

```
// Makefile
LDFLAGS = -X "github.com/dreamerjackson/crawler/version.BuildTS=$(shell date -u
'+%Y-%m-%d %I:%M:%S')"
LDFLAGS += -X "github.com/dreamerjackson/crawler/version.GitHash=$(shell git rev-parse HEAD)"
LDFLAGS += -X "github.com/dreamerjackson/crawler/version.GitBranch=$(shell git rev-parse
--abbrev-ref HEAD)"
LDFLAGS += -X "github.com/dreamerjackson/crawler/version.Version=${VERSION}"

build:
    go build -ldflags '$(LDFLAGS)' $(BUILD_FLAGS) main.go
```

执行 make build 构建程序，然后运行./main version 即可输出程序的详细版本信息。

```
» make build
go build -ldflags '-X "github.com/dreamerjackson/crawler/version.BuildTS=2022-12-10 10:25:17" -X
"github.com/dreamerjackson/crawler/version.GitHash=c841af5deb497745d1ae39d3f565579344950777"
-X "github.com/dreamerjackson/crawler/version.GitBranch=HEAD" -X
"github.com/dreamerjackson/crawler/version.Version=v1.0.0"' main.go
» ./main version
Version:              v1.0.0-c841af5
Git Branch:           HEAD
Git Commit:           c841af5deb497745d1ae39d3f565579344950777
Build Time (UTC):  2022-12-10 10:25:17
```

此外，运行./main -h 还可以看到 Cobra 自动生成的帮助文档。

```
» ./main -h
Usage:
  crawler [command]

Available Commands:
  completion  Generate the autocompletion script for the specified shell
  help        Help about any command
  master      run master service.
  version     print version.
  worker      run worker service.

Flags:
  -h, --help   help for crawler

Use "crawler [command] --help" for more information about a command.
```

具体的代码位于 v0.3.4 标签下。

32.2　flags 控制程序行为

刚才，我们将一些通用的配置写到配置文件，这样做有一个问题：如果我们想在同一台机器上运行多个 Worker 或 Master 程序，就会发生端口冲突，导致程序异常退出。要解决这一问题，可以为不同的程序指定不同的配置文件，也可以先修改配置文件再运行，但这些做法都非常烦琐。这时可以借助 flags 来解决这类问题。

如下所示，将 Master 的 ID、监听的 HTTP 地址与 GRPC 地址作为 flags，并将 flags 与子命令 master 绑定在一起。这时，可以手动传递运行程序时的 flags，并将 flags 的值设置到全局变量 masterID、HTTPListenAddress 与 GRPCListenAddress 中，这样就能比较方便地为不同的程序设置不同的运行参数了。

```
var MasterCmd = &cobra.Command{
  Use:   "master",
  Short: "run master service.",
  Long:  "run master service.",
  Args:  cobra.NoArgs,
  Run: func(cmd *cobra.Command, args []string) {
    Run()
  },
}

func init() {
  MasterCmd.Flags().StringVar(
    &masterID, "id", "1", "set master id")
  MasterCmd.Flags().StringVar(
    &HTTPListenAddress, "http", ":8081", "set HTTP listen address")

  MasterCmd.Flags().StringVar(
    &GRPCListenAddress, "grpc", ":9091", "set GRPC listen address")
}

var masterID string
var HTTPListenAddress string
var GRPCListenAddress string
```

接下来，通过 flags，我们可以为不同的 Master 服务设置不同的 HTTP 监听地址与 GRPC 监听地址。

现在就可以轻松地运行多个 Master 服务，不必担心端口冲突了。

```
// master 2
» ./main master --id=2 --http=:8081  --grpc=:9091
//master 3
» ./main master --id=3 --http=:8082  --grpc=:9092
```

32.3 总结

为了灵活地运行不同的程序与功能，本章使用了 Cobra 构建命令行程序。

Cobra 提供了推荐的项目组织结构，在 main 函数中有一个清晰的 cmd.Execute 函数调用，并把相关子命令放置到了 cmd 包中。通过 Cobra 可以灵活地构建子命令和 flags，子命令帮助我们把 Worker 与 Master 放置到了同一个仓库中，快速地搭建起了 Master 框架，而 flags 帮助我们设置了不同的程序运行参数，避免了在本地的端口冲突。

33

Master 高可用：
借助 etcd 实现服务选主

> 思考并不能保证我们不会犯错误，但不思考可以保证我们一定会犯错。
>
> ——计算机行业谚语

构建了 Master 的基本框架之后，我们将迈向另一个重要的里程碑——实现分布式 Master 的核心功能，即服务的选主过程。选主在分布式系统中扮演了非常关键的角色，它决定了服务的高可用性和弹性。

33.1 etcd 选主 API

我们在讲解架构设计时提到过，可以开启多个 Master 来实现分布式服务的故障容错。其中，只有一个 Master 能够成为 Leader，只有 Leader 能够分配任务、处理外部访问。当 Leader 崩溃时，其他的 Master 将竞争上岗成为新的 Leader。

实现分布式的选主并没有想象中那样复杂，在我们的项目中，只需要借助分布式协调服务 etcd 就能实现。etcd clientv3[①]已经为我们封装了对分布式选主的实现，核心的 API 如下。

```
// client/v3/concurrency
func NewSession(client *v3.Client, opts ...SessionOption) (*Session, error)
func NewElection(s *Session, pfx string) *Election
func (e *Election) Campaign(ctx context.Context, val string) error
func (e *Election) Leader(ctx context.Context) (*v3.GetResponse, error)
func (e *Election) Observe(ctx context.Context) <-chan v3.GetResponse
func (e *Election) Resign(ctx context.Context) (err error)
```

这些 API 的含义如下。

- NewSession 函数：创建一个与 etcd 服务端带租约的会话。
- NewElection 函数：创建一个选举对象 Election，Election 有许多方法。
- Election.Leader 方法可以查询当前集群中 Leader 的信息。
- Election.Observe 可以接收到当前 Leader 的变化
- Election.Campaign 方法：开启选举，该方法会阻塞协程，直到调用者成为 Leader。

---

① etcd 选举库：https://pkg.go.dev/go.etcd.io/etcd/clientv3/concurrency。

33.2 实现 Master 选主与故障容错

现在让我们在项目中实现分布式选主算法，核心逻辑位于 Master.Campaign 方法中。**完整的代码位于 v0.3.5 标签下。**

```
1  func (m *Master) Campaign() {
2    endpoints := []string{m.registryURL}
3    cli, err := clientv3.New(clientv3.Config{Endpoints: endpoints})
4    if err != nil {
5      panic(err)
6    }
7
8    s, err := concurrency.NewSession(cli, concurrency.WithTTL(5))
9    if err != nil {
10     fmt.Println("NewSession", "error", "err", err)
11   }
12   defer s.Close()
13
14   // 创建一个新的 etcd 选举 election
15   e := concurrency.NewElection(s, "/resources/election")
13   leaderCh := make(chan error)
17   go m.elect(e, leaderCh)
15   leaderChange := e.Observe(context.Background())
16   select {
20   case resp := <-leaderChange:
21     m.logger.Info("watch leader change", zap.String("leader:", string(resp.Kvs[0].Value)))
22   }
23
24   for {
25     select {
26     case err := <-leaderCh:
27       if err != nil {
28         m.logger.Error("leader elect failed", zap.Error(err))
29         go m.elect(e, leaderCh)
30       } else {
31         m.logger.Info("master change to leader")
32         m.leaderID = m.ID
33         if !m.IsLeader() {
34           m.BecomeLeader()
35         }
36       }
37     case resp := <-leaderChange:
38       if len(resp.Kvs) > 0 {
39         m.logger.Info("watch leader change")
40       }
41     }
42   }
43 }
```

我们一步步来解析这段分布式选主的代码。

（1）第 3 行调用 clientv3.New 函数创建一个 etcd clientv3 的客户端。

（2）第 15 行的 concurrency.NewElection(s, "/resources/election")意为创建一个新的 etcd 选举对象。其中的第二个参数就是所有 Master 都在抢占的 Key，抢占到该 Key 的 Master 将变为 Leader。

在 etcd 中，一般都会选择这种目录形式的结构作为 Key，以便我们查找前缀。例如，Kubernetes 资源在 etcd 中的存储格式为 prefix/资源类型/namespace/资源名称 。

```
/registry/clusterrolebindings/system:coredns
/registry/clusterroles/system:coredns
/registry/configmaps/kube-system/coredns
/registry/deployments/kube-system/coredns
/registry/replicasets/kube-system/coredns-7fdd6d65dc
/registry/secrets/kube-system/coredns-token-hpqbt
/registry/serviceaccounts/kube-system/coredns
```

（3）第 17 行的 go m.elect(e, leaderCh) 代表开启一个新的协程，让当前的 Master 进行 Leader 的选举。如果集群中已经有了其他的 Leader，那么当前协程将陷入阻塞状态。如果当前 Master 选举成功，成为 Leader，e.Campaign 方法就会被唤醒，将其返回的消息传递到 ch 通道中。

```go
func (m *Master) elect(e *concurrency.Election, ch chan error) {
    // 阻塞直到选取成功
    err := e.Campaign(context.Background(), m.ID)
    ch <- err
}
```

e.Campaign 方法的第二个参数为 Master 成为 Leader 后设置到 Key 中的 Value 值。这里将 Master 的 ID 作为 Value 值，Master 的 ID 是初始化时设置的，当前包含 Master 的序号、Master 的 IP 地址和监听的 GRPC 地址。

其实，Master 的 ID 已经足够标识唯一的 Master，这里存储 Master 的 IP 地址是为了方便后续 Master 拿到 Leader 的 IP 地址，从而对 Leader 进行访问。

```go
// master/master.go
func New(id string, opts ...Option) (*Master, error) {
    m := &Master{}

    options := defaultOptions
    for _, opt := range opts {
        opt(&options)
    }
    m.options = options

    ipv4, err := getLocalIP()
    if err != nil {
        return nil, err
    }
    m.ID = genMasterID(id, ipv4, m.GRPCAddress)
```

```
        m.logger.Sugar().Debugln("master_id:", m.ID)
        go m.Campaign()

        return &Master{}, nil
}

type Master struct {
    ID        string
    ready     int32
    leaderID  string
    workNodes map[string]*registry.Node
    options
}

func genMasterID(id string, ipv4 string, GRPCAddress string) string {
    return "master" + id + "-" + ipv4 + GRPCAddress
}
```

获取本机的 IP 地址有一个很简单的方式，就是遍历所有网卡，找到第一个 IPv4 地址，代码如下所示。

```
func getLocalIP() (string, error) {
    var (
        addrs []net.Addr
        err   error
    )
    // 获取所有网卡
    if addrs, err = net.InterfaceAddrs(); err != nil {
        return "", err
    }
    // 取第一个非 lo 的网卡 IP
    for _, addr := range addrs {
        if ipNet, isIpNet := addr.(*net.IPNet); isIpNet && !ipNet.IP.IsLoopback() {
            if ipNet.IP.To4() != nil {
                return ipNet.IP.String(), nil
            }
        }
    }

    return "", errors.New("no local ip")
}
```

（4）当 Master 并行进行选举的同时（第 18 行），调用 e.Observe 监听 Leader 的变化。e.Observe 函数会返回一个通道，当 Leader 状态发生变化时，会将当前 Leader 的信息发送到通道中。这里在初始化时首先阻塞读取了一次 e.Observe 返回的通道信息，只有成功收到 e.Observe 返回的消息，才意味着集群中已经存在 Leader，表示集群完成了选举。

（5）第 24 行在 for 循环中使用 select 监听了多个通道的变化，其中通道 leaderCh 负责监听当前 Master 是否当上了 Leader，而 leaderChange 负责监听当前集群中的 Leader 是否发生了变化。

编写好 Master 的选主逻辑后执行 Master 程序。上述完整的代码位于 v0.3.5 标签下。

```
» go run main.go master --id=2 --http=:8081  --grpc=:9091
```

当前只有一个 Master，因此它一定会成为 Leader。我们可以看到当前 Leader 的信息：master2-192.168.0.107:9091。

{"level":"INFO","ts":"2022-12-07T18:23:28.494+0800","logger":"master","caller":"master/master
.go:65","msg":"watch leader change","leader:":"master2-192.168.0.107:9091"}
{"level":"INFO","ts":"2022-12-07T18:23:28.494+0800","logger":"master","caller":"master/master
.go:65","msg":"watch leader change","leader:":"master2-192.168.0.107:9091"}
{"level":"INFO","ts":"2022-12-07T18:23:28.494+0800","logger":"master","caller":"master/master
.go:75","msg":"master change to leader"}
{"level":"DEBUG","ts":"2022-12-07T18:23:38.500+0800","logger":"master","caller":"master/maste
r.go:87","msg":"get Leader","Value":"master2-192.168.0.107:9091"}
```

如果这时查看 etcd 的信息，就会看到自动生成了 /resources/election/xxx 的 Key，并且它的 Value 是我们设置的 master2-192.168.0.107:9091。

```
» docker exec etcd-gcr-v3.5.6 /bin/sh -c "/usr/local/bin/etcdctl get --prefix /"
```

/micro/registry/go.micro.server.master/go.micro.server.master-2
{"name":"go.micro.server.master","version":"latest","metadata":null,"endpoints":[{"name":"Gre
eter.Hello","request":{"name":"Request","type":"Request","values":[{"name":"name","type":"str
ing","values":null}]},"response":{"name":"Response","type":"Response","values":[{"name":"gree
ting","type":"string","values":null}]},"metadata":{"endpoint":"Greeter.Hello","handler":"rpc"
,"method":"POST","path":"/greeter/hello"}}],"nodes":[{"id":"go.micro.server.master-2","addres
s":"192.168.0.107:9091","metadata":{"broker":"http","protocol":"grpc","registry":"etcd","serv
er":"grpc","transport":"grpc"}}]}

/resources/election/3f3584fc571ae898
master2-192.168.0.107:9091
```

如果我们再启动一个新的 Master 程序，就会发现当前获取的 Leader 仍然是 master2-192.168.0.107:9091。

```
» go run main.go master --id=3 --http=:8082  --grpc=:9092
```
{"level":"DEBUG","ts":"2022-12-07T18:23:52.371+0800","logger":"master","caller":"master/maste
r.go:33","msg":"master_id: master3-192.168.0.107:9092"}
{"level":"INFO","ts":"2022-12-07T18:23:52.387+0800","logger":"master","caller":"master/master
.go:65","msg":"watch leader change","leader:":"master2-192.168.0.107:9091"}
{"level":"DEBUG","ts":"2022-12-07T18:24:02.393+0800","logger":"master","caller":"master/maste
r.go:87","msg":"get Leader","value":"master2-192.168.0.107:9091"}
```

再次查看 etcd 的信息，会发现 go.micro.server.master-3 也成功注册到 etcd 中了，并且 c 在 /resources/election 下方注册了自己的 Key，但是该 Key 比 master-2 大。

/micro/registry/go.micro.server.master/go.micro.server.master-2
{"name":"go.micro.server.master","version":"latest","metadata":null,"endpoints":[{"name":"Gre
eter.Hello","request":{"name":"Request","type":"Request","values":[{"name":"name","type":"str
ing","values":null}]},"response":{"name":"Response","type":"Response","values":[{"name":"gree
ting","type":"string","values":null}]},"metadata":{"endpoint":"Greeter.Hello","handler":"rpc"
,"method":"POST","path":"/greeter/hello"}}],"nodes":[{"id":"go.micro.server.master-2","addres
s":"192.168.0.107:9091","metadata":{"broker":"http","protocol":"grpc","registry":"etcd","serv
```

er":"grpc","transport":"grpc"}}]}
/micro/registry/go.micro.server.master/go.micro.server.master-3
{"name":"go.micro.server.master","version":"latest","metadata":null,"endpoints":[{"name":"Gre
eter.Hello","request":{"name":"Request","type":"Request","values":[{"name":"name","type":"str
ing","values":null}]},"response":{"name":"Response","type":"Response","values":[{"name":"gree
ting","type":"string","values":null}]},"metadata":{"endpoint":"Greeter.Hello","handler":"rpc
","method":"POST","path":"/greeter/hello"}}],"nodes":[{"id":"go.micro.server.master-3","addres
s":"192.168.0.107:9092","metadata":{"broker":"http","protocol":"grpc","registry":"etcd","serv
er":"grpc","transport":"grpc"}}]}
/resources/election/3f3584fc571ae898
master2-192.168.0.107:9091
/resources/election/3f3584fc571ae8a9
master3-192.168.0.107:9092

到这里，就实现了 Master 的选主操作，所有 Master 都只认定一个 Leader。终止 master-2 程序，在 master-3 程序中会立即看到如下日志，说明当前的 Leader 已经顺利完成了切换，master-3 当选为了新的 Leader。

```
{"level":"INFO","ts":"2022-12-12T00:46:58.288+0800","logger":"master","caller":"master/master
.go:93","msg":"watch leader change","leader":"master3-192.168.0.107:9092"}
{"level":"INFO","ts":"2022-12-12T00:46:58.289+0800","logger":"master","caller":"master/master
.go:85","msg":"master change to leader"}
{"level":"DEBUG","ts":"2022-12-12T00:47:18.296+0800","logger":"master","caller":"master/maste
r.go:107","msg":"get Leader","value":"master3-192.168.0.107:9092"}
```

再次查看 etcd，/resources/election/路径下只剩下 master-3 程序的注册信息了，证明 Master 的选举成功。

```
» docker exec etcd-gcr-v3.5.6 /bin/sh -c "/usr/local/bin/etcdctl get --prefix /"
```
/micro/registry/go.micro.server.master/go.micro.server.master-3
{"name":"go.micro.server.master","version":"latest","metadata":null,"endpoints":[{"name":"Gre
eter.Hello","request":{"name":"Request","type":"Request","values":[{"name":"name","type":"str
ing","values":null}]},"response":{"name":"Response","type":"Response","values":[{"name":"gree
ting","type":"string","values":null}]},"metadata":{"endpoint":"Greeter.Hello","handler":"rpc
","method":"POST","path":"/greeter/hello"}}],"nodes":[{"id":"go.micro.server.master-3","addres
s":"192.168.0.107:9092","metadata":{"broker":"http","protocol":"grpc","registry":"etcd","serv
er":"grpc","transport":"grpc"}}]}
/resources/election/3f3584fc571ae8a9
master3-192.168.0.107:9092

33.3   etcd 选主原理

借助 etcd，分布式选主变得非常容易。现在我们来看一看 etcd 实现分布式选主的原理，它的核心代码位于 Election.Campaign 方法中，下面的代码做了简化，省略了对异常情况的处理。

```go
func (e *Election) Campaign(ctx context.Context, val string) error {
  s := e.session
  client := e.session.Client()

  k := fmt.Sprintf("%s%x", e.keyPrefix, s.Lease())
```

```go
    txn := client.Txn(ctx).If(v3.Compare(v3.CreateRevision(k), "=", 0))
    txn = txn.Then(v3.OpPut(k, val, v3.WithLease(s.Lease())))
    txn = txn.Else(v3.OpGet(k))
    resp, err := txn.Commit()
    if err != nil {
      return err
    }
    e.leaderKey, e.leaderRev, e.leaderSession = k, resp.Header.Revision, s
    _, err = waitDeletes(ctx, client, e.keyPrefix, e.leaderRev-1)
    if err != nil {
      // clean up in case of context cancel
      select {
      case <-ctx.Done():
        e.Resign(client.Ctx())
      default:
        e.leaderSession = nil
      }
      return err
    }
    e.hdr = resp.Header

    return nil
}
```

Campaign 用了一个事务操作在要抢占的 e.keyPrefix 路径下维护一个 Key。其中，e.keyPrefix 是 Master 要抢占的 etcd 路径，在项目中为/resources/election/。这段事务操作会首先判断当前生成的 Key（例如 /resources/election/3f3584fc571ae8a9）是否在 etcd 中，只有当结果为否时才会创建该 Key。这样，每个 Master 都会在/resources/election/下维护一个 Key，并且当前的 Key 是带租约的。

然后，Campaign 会调用 waitDeletes 函数阻塞等待，直到自己成为 Leader。那么什么时候当前 Master 会成为 Leader 呢？waitDeletes 函数会调用 client.Get 获取当前争抢的/resources/election/路径下具有最大版本号的 Key，并调用 waitDelete 函数等待该 Key 被删除。而 waitDelete 会调用 client.Watch 来完成对特定版本 Key 的监听。

当前 Master 需要监听这个最大版本号 Key 的删除事件。如果这个特定的 Key 被删除，就意味着已经没有比当前 Master 创建的 Key 更早的 Key 了，因此当前的 Master 理所当然成为 Leader。

```go
func waitDeletes(ctx context.Context, client *v3.Client, pfx string, maxCreateRev int64)
(*pb.ResponseHeader, error) {
  getOpts := append(v3.WithLastCreate(), v3.WithMaxCreateRev(maxCreateRev))
  for {
    resp, err := client.Get(ctx, pfx, getOpts...)
    if err != nil {
      return nil, err
    }
    if len(resp.Kvs) == 0 {
      return resp.Header, nil
    }
    lastKey := string(resp.Kvs[0].Key)
```

```go
        if err = waitDelete(ctx, client, lastKey, resp.Header.Revision); err != nil {
            return nil, err
        }
    }
}

func waitDelete(ctx context.Context, client *v3.Client, key string, rev int64) error {
    cctx, cancel := context.WithCancel(ctx)
    defer cancel()

    var wr v3.WatchResponse
    wch := client.Watch(cctx, key, v3.WithRev(rev))
    for wr = range wch {
        for _, ev := range wr.Events {
            if ev.Type == mvccpb.DELETE {
                return nil
            }
        }
    }
    if err := wr.Err(); err != nil {
        return err
    }
    if err := ctx.Err(); err != nil {
        return err
    }
    return fmt.Errorf("lost watcher waiting for delete")
}
```

这种监听方式还避免了惊群效应，当 Leader 崩溃后，并不会唤醒所有在选举中的 Master。只有队列中的前一个 Master 创建的 Key 被删除，当前的 Master 才会被唤醒。也就是说，每个 Master 都在排队等待前一个 Master 退出，这样 Master 就以最小的代价实现了对 Key 的争抢。

33.4　总结

本章借助 etcd 实现了分布式 Master 的选主，确保了在同一时刻只能存在一个 Leader。此外，本章还实现了 Master 的故障容错功能。

etcd clientv3 封装了选主的实现，通过监听最近的 Key 的删除事件实现所有的节点对同一个 Key 的抢占，同时避免了集群可能出现的惊群效应。在实践中，也可以使用其他分布式协调组件（例如 ZooKeeper、Consul）实现选主，它们的实现原理都和 etcd 类似。

Master 任务调度：
服务发现与资源管理

分布式系统并不追求绝对的完美，它维持不同目标之间的平衡。

——计算机行业谚语

本章继续深入 Master 的开发，实现 Master 的服务发现与资源管理。

34.1　Master 服务发现

Master 需要监听 Worker 节点的信息，感知 Worker 节点的注册与销毁。和服务注册一样，服务发现也使用 micro 提供的 registry 功能，代码如下。m.WatchWorker 方法调用 registry.Watch 监听 Worker 节点的变化，watch.Next 方法会阻塞等待节点的下一个事件，当 Master 收到节点变化事件时，会将事件发送到 workerNodeChange 通道。m.Campaign 方法接收到变化事件后，会用日志输出变化的信息。

```go
func (m *Master) Campaign() {
  ...
  workerNodeChange := m.WatchWorker()
  for {
    select {
      ...
    case resp := <-workerNodeChange:
      m.logger.Info("watch worker change", zap.Any("worker:", resp))
    }
  }
}

func (m *Master) WatchWorker() chan *registry.Result {
  watch, err := m.registry.Watch(registry.WatchService(worker.ServiceName))
  if err != nil {
    panic(err)
  }
  ch := make(chan *registry.Result)
  go func() {
    for {
```

```
        res, err := watch.Next()
        if err != nil {
            m.logger.Info("watch worker service failed", zap.Error(err))
            continue
        }
        ch <- res
      }
    }()
    return ch

}
```

Master 中的 etcd registry 对象是在初始化时注册到 go-micro 中的。

```
// cmd/master/master.go
reg := etcd.NewRegistry(registry.Addrs(sconfig.RegistryAddress))
master.New(
    masterID,
    master.WithLogger(logger.Named("master")),
    master.WithGRPCAddress(GRPCListenAddress),
    master.WithregistryURL(sconfig.RegistryAddress),
    master.WithRegistry(reg),
    master.WithSeeds(seeds),
)
```

34.1.1 深入 go-micro registry 接口

go-micro 提供的 registry 接口提供了诸多 API，其结构如下所示。

```
type Registry interface {
    Init(...Option) error
    Options() Options
    Register(*Service, ...RegisterOption) error
    Deregister(*Service, ...DeregisterOption) error
    GetService(string, ...GetOption) ([]*Service, error)
    ListServices(...ListOption) ([]*Service, error)
    Watch(...WatchOption) (Watcher, error)
    String() string
}
```

Master 的服务发现借助了 registry.Watch 方法，Watch 方法借助 client.Watch 实现了对特定 Key 的监听，并封装了 client.Watch 返回的结果。

```
func (e *etcdRegistry) Watch(opts ...registry.WatchOption) (registry.Watcher, error) {
    return newEtcdWatcher(e, e.options.Timeout, opts...)
}

func newEtcdWatcher(r *etcdRegistry, timeout time.Duration, opts ...registry.WatchOption)
(registry.Watcher, error) {
    var wo registry.WatchOptions
    for _, o := range opts {
```

```
        o(&wo)
    }
    watchPath := prefix
    if len(wo.Service) > 0 {
        watchPath = servicePath(wo.Service) + "/"
    }
    return &etcdWatcher{
        stop:     stop,
        w:        r.client.Watch(ctx, watchPath, clientv3.WithPrefix(), clientv3.WithPrevKV()),
        client:   r.client,
        timeout:  timeout,
    }, nil
}
```

registry.Watch 方法返回了 Watcher 接口，Watcher 接口中有 Next 方法用于完成事件的迭代。

```
type Watcher interface {
    // Next 阻塞调用
    Next() (*Result, error)
    Stop()
}
```

go-micro 的 etcd 插件库实现的 Next 方法也比较简单，只要监听 client.Watch 返回的通道，并将事件信息封装后返回即可。另外，Worker 节点利用了 registry 接口的 Register 方法实现了服务注册。如下所示，Register 方法最终调用了 clientv3 的 Put 方法，将包含节点信息的键-值对写入 etcd 中。

```
func (e *etcdRegistry) Register(s *registry.Service, opts ...registry.RegisterOption) error {
    // register each node individually
    for _, node := range s.Nodes {
        err := e.registerNode(s, node, opts...)
        if err != nil {
            gerr = err
        }
    }
    return gerr
}
func (e *etcdRegistry) registerNode(s *registry.Service, node *registry.Node,
opts ...registry.RegisterOption) error {
    service := &registry.Service{
        Name:      s.Name,
        Version:   s.Version,
        Metadata:  s.Metadata,
        Endpoints: s.Endpoints,
        Nodes:     []*registry.Node{node},
    }
    ...
    // create an entry for the node
    if lgr != nil {
        _, err = e.client.Put(ctx, nodePath(service.Name, node.Id), encode(service),
clientv3.WithLease(lgr.ID))
    } else {
```

```
        _, err = e.client.Put(ctx, nodePath(service.Name, node.Id), encode(service))
    }
    if err != nil {
        return err
    }
}
```

本节完整代码位于 v0.3.5 标签下。现在让我们来看一看服务发现的效果。首先，启动 Master 服务。

```
» go run main.go master --id=2 --http=:8081  --grpc=:9091
```

接着启动 Worker 服务。

```
» go run main.go worker --id=2 --http=:8079  --grpc=:9089
```

Worker 启动后，在 Master 的日志中会看到变化的事件。其中，"Action":"create"表明当前的事件为节点注册。

{"level":"INFO","ts":"2022-12-12T16:55:42.798+0800","logger":"master","caller":"master/master
.go:117","msg":"watch worker
change","worker:":{"Action":"create","Service":{"name":"go.micro.server.worker","version":"la
test","metadata":null,"endpoints":[{"name":"Greeter.Hello","request":{"name":"Request","type"
:"Request","values":[{"name":"name","type":"string","values":null}]},"response":{"name":"Resp
onse","type":"Response","values":[{"name":"greeting","type":"string","values":null}]},"metada
ta":{"endpoint":"Greeter.Hello","handler":"rpc","method":"POST","path":"/greeter/hello"}}],"n
odes":[{"id":"go.micro.server.worker-2","address":"192.168.0.107:9089","metadata":{"broker":"
http","protocol":"grpc","registry":"etcd","server":"grpc","transport":"grpc"}}]}}}

中止 Worker 节点后，我们还会看到 Master 的信息。其中，"Action":"delete"表明当前的事件为节点删除。

{"level":"INFO","ts":"2022-12-12T16:58:31.985+0800","logger":"master","caller":"master/master
.go:117","msg":"watch worker
change","worker:":{"Action":"delete","Service":{"name":"go.micro.server.worker","version":"la
test","metadata":null,"endpoints":[{"name":"Greeter.Hello","request":{"name":"Request","type"
:"Request","values":[{"name":"name","type":"string","values":null}]},"response":{"name":"Resp
onse","type":"Response","values":[{"name":"greeting","type":"string","values":null}]},"metada
ta":{"endpoint":"Greeter.Hello","handler":"rpc","method":"POST","path":"/greeter/hello"}}],"n
odes":[{"id":"go.micro.server.worker-2","address":"192.168.0.107:9089","metadata":{"broker":"
http","protocol":"grpc","registry":"etcd","server":"grpc","transport":"grpc"}}]}}}

34.1.2 维护 Worker 节点信息

完成服务发现之后，让我们更进一步，维护 Worker 节点的信息。在 updateWorkNodes 函数中，我们利用 registry.GetService 方法获取当前集群中全量的 Worker 节点，并将它的最新状态保存起来。

```
func (m *Master) Campaign() {
    ...
    workerNodeChange := m.WatchWorker()
    for {
        select {
            ...
        case resp := <-workerNodeChange:
            m.logger.Info("watch worker change", zap.Any("worker:", resp))
```

```
      }
    }
}

type Master struct {
    ...
    workNodes map[string]*registry.Node
}

func (m *Master) updateWorkNodes() {
    services, err := m.registry.GetService(worker.ServiceName)
    if err != nil {
        m.logger.Error("get service", zap.Error(err))
    }

    nodes := make(map[string]*registry.Node)
    if len(services) > 0 {
        for _, spec := range services[0].Nodes {
            nodes[spec.Id] = spec
        }
    }
    added, deleted, changed := workNodeDiff(m.workNodes, nodes)
    m.logger.Sugar().Info("worker joined: ", added, ", leaved: ", deleted, ", changed: ", changed)
    m.workNodes = nodes
}
```

我们还可以使用 workNodeDiff 函数比较集群中新旧节点的变化。

```
func workNodeDiff(old map[string]*registry.Node, new map[string]*registry.Node) ([]string,
[]string, []string) {
    added := make([]string, 0)
    deleted := make([]string, 0)
    changed := make([]string, 0)
    for k, v := range new {
        if ov, ok := old[k]; ok {
            if !reflect.DeepEqual(v, ov) {
                changed = append(changed, k)
            }
        } else {
            added = append(added, k)
        }
    }
    for k := range old {
        if _, ok := new[k]; !ok {
            deleted = append(deleted, k)
        }
    }
    return added, deleted, changed
}
```

当节点发生变化时，可以输出日志。

{"level":"INFO","ts":"2022-12-12T16:55:42.810+0800","logger":"master","caller":"master/master
.go:187","msg":"worker joined: [go.micro.server.worker-2], leaved: [], changed: []"}
{"level":"INFO","ts":"2022-12-12T16:58:32.026+0800","logger":"master","caller":"master/master
.go:187","msg":"worker joined: [], leaved: [go.micro.server.worker-2], changed: []"}

34.2　Master 资源管理

下一步，让我们来看看爬虫任务的管理。

爬虫任务也可以理解为一种资源。和 Worker 一样，Master 中可以有一些初始化的爬虫任务存储在配置文件中。在初始化时，程序通过读取配置文件将爬虫任务注入 Master 中。

```
seeds := worker.ParseTaskConfig(logger, nil, nil, tcfg)
    master.New(
        masterID,
        master.WithLogger(logger.Named("master")),
        master.WithGRPCAddress(GRPCListenAddress),
        master.WithregistryURL(sconfig.RegistryAddress),
        master.WithRegistry(reg),
        master.WithSeeds(seeds),
    )
```

在初始化 Master 时，调用 m.AddSeed 函数添加资源。m.AddSeed 会首先调用 etcdCli.Get 方法，查看当前任务是否已经写入 etcd 中。如果没有，则调用 m.AddResource 将任务存储到 etcd 中，存储在 etcd 中的任务的 Key 为 /resources/xxxx。

```
func (m *Master) AddSeed() {
    rs := make([]*ResourceSpec, 0, len(m.Seeds))
    for _, seed := range m.Seeds {
        resp, err := m.etcdCli.Get(context.Background(), getResourcePath(seed.Name),
clientv3.WithSerializable())
        if err != nil {
            m.logger.Error("etcd get failled", zap.Error(err))
            continue
        }
        if len(resp.Kvs) == 0 {
            r := &ResourceSpec{
                Name: seed.Name,
            }
            rs = append(rs, r)
        }
    }
    m.AddResource(rs)
}
const (
    RESOURCEPATH = "/resources"
)
func getResourcePath(name string) string {
    return fmt.Sprintf("%s/%s", RESOURCEPATH, name)
}
```

在添加资源时可以设置资源的 ID、创建时间等。这里借助第三方库 Snowflake，使用雪花算法为资源生成了一个单调递增的分布式 ID。

```go
func (m *Master) AddResource(rs []*ResourceSpec) {
    for _, r := range rs {
        r.ID = m.IDGen.Generate().String()
        ns, err := m.Assign(r)
        r.AssignedNode = ns.Id + "|" + ns.Address
        r.CreationTime = time.Now().UnixNano()
        _, err = m.etcdCli.Put(context.Background(), getResourcePath(r.Name), encode(r))
        m.resources[r.Name] = r
    }
}
```

雪花算法是在分布式系统中生成唯一 ID 的通用方法。Snowflake 利用雪花算法生成了一个 64 位的唯一 ID，其结构如下。

```
+-------------------------------------------------------------------+
| 1 Bit Unused | 41 Bit Timestamp |  10 Bit NodeID  |  12 Bit Sequence ID |
+-------------------------------------------------------------------+
```

其中，41 位用于存储时间戳；10 位用于存储 NodeID，这里是 Master ID；最后 12 位为序列号。如果程序打算在同一毫秒内生成多个 ID，那么每生成一个新的 ID，序列号都会递增 1，这意味着每个节点每毫秒最多能产生 4096 个不同的 ID，已经可以满足当前场景的需求了。雪花算法确保了生成的资源 ID 是全局唯一的。

添加资源时，还有一步很重要，那就是调用 m.Assign 计算出当前的资源应该被分配到哪一个节点上。这里先用随机的方式选择一个节点，后面还会优化调度逻辑。

```go
func (m *Master) Assign(r *ResourceSpec) (*registry.Node, error) {
    for _, n := range m.workNodes {
        return n, nil
    }
    return nil, errors.New("no worker nodes")
}
```

设置好资源的 ID 信息、分配信息后，调用 etcdCli.Put 将资源的 KV 信息存储到 etcd 中。其中，存储到 etcd 中的 Value 需要是 string 类型的，所以我们编写了 JSON 的序列化与反序列化函数，用于存储信息的序列化和反序列化。

```go
func encode(s *ResourceSpec) string {
    b, _ := json.Marshal(s)
    return string(b)
}

func decode(ds []byte) (*ResourceSpec, error) {
    var s *ResourceSpec
    err := json.Unmarshal(ds, &s)
    return s, err
}
```

最后，当 Master 成为新的 Leader 后，我们还要全量地获取一次 etcd 中最新的资源信息，并把它保存到内存中，核心逻辑位于 loadResource 函数中。**上述代码位于 v0.3.7 标签下。**

```go
func (m *Master) BecomeLeader() error {
    if err := m.loadResource(); err != nil {
        return fmt.Errorf("loadResource failed:%w", err)
    }
    atomic.StoreInt32(&m.ready, 1)
    return nil
}


func (m *Master) loadResource() error {
    resp, err := m.etcdCli.Get(context.Background(), RESOURCEPATH, clientv3.WithSerializable())
    resources := make(map[string]*ResourceSpec)
    for _, kv := range resp.Kvs {
        r, err := decode(kv.Value)
        if err == nil && r != nil {
            resources[r.Name] = r
        }
    }
    m.resources = resources
    return nil
}
```

34.3 验证 Master 资源分配结果

最后让我们验证一下 Master 的资源分配结果。首先启动 Worker，要注意的是，如果先启动了 Master，初始任务就会由于没有对应的 Worker 节点而添加失败。

```
» go run main.go worker --id=2 --http=:8079  --grpc=:9089
```

接着启动 Master 服务。

```
» go run main.go master --id=2 --http=:8081  --grpc=:9091
```

查看 etcd 的信息会发现，当前两个爬虫任务都已经设置到 etcd 中，Master 为它们分配的 Worker 节点为"go.micro.server.worker-2|192.168.0.107:9089"，说明 Master 的资源分配成功了。

34.4 总结

本章实现了 Master 的两个重要功能：服务发现与资源管理。

对于服务发现，我们借助 micro registry 提供的接口实现了节点的注册、发现和状态获取。micro 的 registry 接口是一个插件，这意味着我们可以轻松使用不同插件与不同的注册中心交互。这里使用的仍然是 go-micro 的 etcd 插件，借助 etcd clientv3 的 API 实现了服务发现与注册的相关功能。

而对于资源管理，我们为资源加上了必要的 ID 信息，使用分布式的雪花算法来保证生成的 ID 是全局唯一的。同时，我们用随机的方式为资源分配了其所属的 Worker 节点并验证了分配的效果。

故障容错:
在 Worker 崩溃时重新调度

> 计算机会按照你告诉它的去做,但那可能与你原本想要的大相径庭。

—— Joseph Weizenbaum

资源分配不仅发生在正常的事件内,也可能发生在 Worker 节点崩溃等特殊时期,这时需要将崩溃的 Worker 节点中的任务转移到其他节点上。

35.1　Master 资源调度的时机

Master 资源调度的时机包括 Master 成为 Leader、Worker 节点发生变化,以及客户端调用 Master API 进行资源增删查改时。

35.1.1　Master 成为 Leader 时的资源调度

在日常实践中,Leader 的频繁切换并不常见。不管是 Master 在初始化时被选举成为 Leader,还是在中途由于其他 Master 异常退出导致 Leader 发生了切换,都要全量更新当前 Worker 的节点状态以及资源的状态。在 Master 成为 Leader 节点时,首先要利用 m.updateWorkNodes 方法全量加载当前的 Worker 节点,同时利用 m.loadResource 方法全量加载当前的爬虫资源。

```go
func (m *Master) BecomeLeader() error {
  m.updateWorkNodes()
  if err := m.loadResource(); err != nil {
    return fmt.Errorf("loadResource failed:%w", err)
  }
  m.reAssign()
  atomic.StoreInt32(&m.ready, 1)
  return nil
}
```

接下来,调用 reAssign 方法完成资源的分配。m.reAssign 会遍历资源,当发现有资源还没有被分配到节点时,将再次尝试将资源分配到 Worker 中。如果发现资源都已经分配给了对应的 Worker,就会查看当前节点是否存活。如果当前节点已经不存在了，就将该资源分配给其他的节点。

```go
func (m *Master) reAssign() {
    rs := make([]*ResourceSpec, 0, len(m.resources))
    for _, r := range m.resources {
        if r.AssignedNode == "" {
            rs = append(rs, r)
            continue
        }
        id, err := getNodeID(r.AssignedNode)
        if _, ok := m.workNodes[id]; !ok {
            rs = append(rs, r)
        }
    }
    m.AddResources(rs)
}

func (m *Master) AddResources(rs []*ResourceSpec) {
    for _, r := range rs {
        m.addResources(r)
    }
}
```

之前我们已经维护了资源的 ID、事件以及分配的 Worker 节点等信息。这里更进一步，当资源被分配到节点时，更新节点的状态。

我们抽象出一个新的结构 NodeSpec，用它来描述 Worker 节点的状态。NodeSpec 封装了 Worker 注册到 etcd 中的节点信息 registry.Node。额外增加一个 Payload 字段，用于标识当前 Worker 节点的负载，当资源分配到对应的 Worker 节点时，更新 Worker 节点的状态，让 Payload 负载加 1。

```go
type NodeSpec struct {
    Node    *registry.Node
    Payload int
}

func (m *Master) addResources(r *ResourceSpec) (*NodeSpec, error) {
    ns, err := m.Assign(r)
    ...
    r.AssignedNode = ns.Node.Id + "|" + ns.Node.Address
    _, err = m.etcdCli.Put(context.Background(), getResourcePath(r.Name), encode(r))
    m.resources[r.Name] = r
    ns.Payload++
    return ns, nil
}
```

35.1.2 Worker 节点发生变化时的资源更新

当 Worker 节点发生变化时，也需要全量完成一次更新。这是为了及时发现当前已经崩溃的 Worker 节点，并将这些崩溃的 Worker 节点下的任务转移给其他 Worker 节点。

如下所示，当 Master 监听 workerNodeChange 通道，发现 Worker 节点发生了变化后，就会更新当前节点与资源的状态，然后调用 m.reAssign 方法重新调度资源。

```go
func (m *Master) Campaign() {
  ...
  for {
    select {
    case resp := <-workerNodeChange:
      m.logger.Info("watch worker change", zap.Any("worker:", resp))
      m.updateWorkNodes()
      if err := m.loadResource(); err != nil {
        m.logger.Error("loadResource failed:%w", zap.Error(err))
      }
      m.reAssign()
    }
  }
}
```

35.2   负载均衡的资源分配算法

接下来，我们再重新看看资源的分配。之前，我们将资源随机分配到某一个 Worker 上，但是在实践中可能有多个 Worker，为了对资源进行合理的分配，需要实现负载均衡，让 Worker 节点分摊工作量。

负载均衡分配资源的算法有很多，例如轮询法、加权轮询法、随机法、最小负载法等，而在实际场景中，还可能需要特殊的调度逻辑。这里实现一种简单的调度算法——最小负载法。在当前场景中，最小负载法能够比较均衡地将爬虫任务分摊到 Worker 节点中，每次都将资源分配给具有最低负载的 Worker 节点，这依赖于我们维护的节点的状态。

如下所示，第一步遍历所有 Worker 节点，并找到合适的 Worker 节点。这一步可以完成一些简单的筛选，过滤掉一些不匹配的 Worker。例如，有些任务比较特殊，在计算时需要使用 GPU，我们就只能将它调度到有 GPU 的 Worker 节点中。这里没有实现更复杂的筛选逻辑，把当前全量的 Worker 节点都作为候选节点放入 candidates 队列。

```go
func (m *Master) Assign(r *ResourceSpec) (*NodeSpec, error) {
  candidates := make([]*NodeSpec, 0, len(m.workNodes))
  for _, node := range m.workNodes {
    candidates = append(candidates, node)
  }
  // 找到最低的负载
  sort.Slice(candidates, func(i, j int) bool {
    return candidates[i].Payload < candidates[j].Payload
  })
  if len(candidates) > 0 {
    return candidates[0], nil
  }
  return nil, errors.New("no worker nodes")
}
```

第二步，根据负载对 Worker 队列进行排序，这里使用了标准库 sort 中的 Slice 函数。Slice 函数的第一个参数为 candidates 队列；第二个参数是一个函数，可以指定排序的依据，这里指定负载越小的 Worker 节点优先级越高，所以在排序之后，负载最小的 Worker 节点会排在前面。

第三步，取排序之后的第一个节点作为目标 Worker 节点。

上述代码位于 v0.3.9 标签下。

现在，让我们来验证一下是否通过资源分配成功实现了负载均衡。首先，启动两个 Worker 节点。

```
» go run main.go worker --id=1 --http=:8080  --grpc=:9090
» go run main.go worker --id=2 --http=:8079  --grpc=:9089
```

接着，在配置文件中加入 5 个任务，并启动一个 Master 节点。

```
» go run main.go master --id=2 --http=:8081  --grpc=:9091
```

Master 在初始化时就会完成任务分配，可以在 etcd 中查看资源的分配情况，结果如下所示。

```
» docker exec etcd-gcr-v3.5.6 /bin/sh -c "/usr/local/bin/etcdctl get --prefix /resources"
/resources/XXX_book_list
{"ID":"1604065810010083328","Name":"XXX_book_list","AssignedNode":"go.micro.server.worker-2|1
92.168.0.107:9089","CreationTime":1671274065865783000}
/resources/task-test-1
{"ID":"1604066670018857472","Name":"task-test-1","AssignedNode":"go.micro.server.worker-1|192
.168.0.107:9090","CreationTime":1671274272579882000}
/resources/task-test-2
{"ID":"1604066699756179456","Name":"task-test-2","AssignedNode":"go.micro.server.worker-2|192
.168.0.107:9089","CreationTime":1671274278001122000}
/resources/task-test-3
{"ID":"1604066716206239744","Name":"task-test-3","AssignedNode":"go.micro.server.worker-1|192
.168.0.107:9090","CreationTime":1671274281922539000}
/resources/xxx
{"ID":"1604065810026860544","Name":"xxx","AssignedNode":"go.micro.server.worker-1|192.168.0.1
07:9090","CreationTime":1671274065869756000}
```

观察资源分配的 Worker 节点，会发现当前有 3 个任务被分配到了 go.micro.server.worker-2，有 2 个节点被分配到了 go.micro.server.worker-1，说明现在的负载均衡策略符合预期。

接下来，删除 worker-1 节点，验证 worker-1 中的资源是否会自动迁移到 worker-2 中。使用组合键 <Ctrl+C>退出 worker-1 节点，然后回到 etcd 中查看资源分配的情况，发现所有的资源都已经迁移到了 worker-2 中。这说明当 Worker 节点崩溃后，重新调度任务的策略是符合预期的。

最后来看看 Master Leader 切换时的情况。新建一个 Master，它的 ID 为 3。使用组合键<Ctrl+C>中断之前的 Master 节点。

```
» go run main.go master --id=3 --http=:8082  --grpc=:9092
```

再次查看 etcd 中的资源分配情况，会发现资源的信息没有任何变化，这是符合预期的，因为当前的资源已经分配给了 Worker，不需要再重新分配了。

35.3 Master 资源处理 API 实战

接下来，让我们为 Master 实现对外暴露的 API，方便外部客户端进行访问，实现资源的增删查改。按照惯例，我们仍然会为 API 实现 GRPC 协议和 HTTP。在 crawler.proto 中编写 Master 服务的 Protocol Buffer 协议，为 Master 加入两个 RPC 接口。其中，AddResource 接口用于增加资源，参数为结构体 ResourceSpec，表示所添加资源的信息，其中最重要的参数是 name，它标识了具体启动哪一个爬虫任务。返回值为结构体 NodeSpec，NodeSpec 描述了资源被分配到 Worker 节点的信息。DeleteResource 接口用于删除资源，请求参数为资源信息，不需要任务返回值信息，因此这里定义为空结构体 Empty。为了引用 Empty，这里导入了 google/protobuf/empty.proto 库。

```proto
syntax = "proto3";
option go_package = "proto/crawler";
import "google/api/annotations.proto";
import "google/protobuf/empty.proto";

service CrawlerMaster {
    rpc AddResource(ResourceSpec) returns (NodeSpec) {
        option (google.api.http) = {
            post: "/crawler/resource"
            body: "*"
        };
    }
    rpc DeleteResource(ResourceSpec) returns (google.protobuf.Empty){
        option (google.api.http) = {
            delete: "/crawler/resource"
            body: "*"
        };
    }
}
message ResourceSpec {
    string id = 1;
    string name = 2;
    string assigned_node = 3;
    int64 creation_time = 4;
}
message NodeSpec {
    string id = 1;
    string Address = 2;
}
```

代码中的 option 是 GRPC-gateway 使用的信息，用于生成与 GRPC 方法对应的 HTTP 代理请求。在 option 中，AddResource 对应的 HTTP 方法为 POST，URL 为/crawler/resource。

DeleteResource 对应的 URL 仍然为/crawler/resource，不过 HTTP 方法为 DELETE。body: "*" 表示 GRPC-gateway 将接受 HTTP Body 中的信息，并将其解析为对应的请求。

下一步，执行 protoc 命令，生成对应的 micro GRPC 文件和 HTTP 代理文件。

```
» protoc -I $GOPATH/src  -I .  --micro_out=. --go_out=.  --go-grpc_out=.
--grpc-gateway_out=logtostderr=true,allow_delete_body=true,register_func_suffix=Gw:.
crawler.proto
```

这里的 allow_delete_body 表示对于 HTTP DELETE 方法，HTTP 代理服务也可以解析 Body 中的信息，并将其转换为请求参数。

接下来为 Master 编写对应的方法，让 Master 实现 micro 生成的 CrawlerMasterHandler 接口。

```
type CrawlerMasterHandler interface {
    AddResource(context.Context, *ResourceSpec, *NodeSpec) error
    DeleteResource(context.Context, *ResourceSpec, *empty.Empty) error
}
```

实现 DeleteResource 和 AddResource 这两个方法比较简单。其中，DeleteResource 负责判断当前的任务名是否存在，如果存在则调用 etcd delete 方法删除资源 Key，并更新节点的负载。而 AddResource 方法可以调用之前写好的 m.addResources 方法来添加资源，返回资源分配的节点信息。

```
func (m *Master) DeleteResource(ctx context.Context, spec *proto.ResourceSpec, empty *empty.Empty)
error {
  r, ok := m.resources[spec.Name]
 if _, err := m.etcdCli.Delete(context.Background(), getResourcePath(spec.Name)); err != nil {
    return err
  }
  if r.AssignedNode != "" {
    nodeID, err := getNodeID(r.AssignedNode)
    if ns, ok := m.workNodes[nodeID]; ok {
      ns.Payload -= 1
    }
  }
  return nil
}

func (m *Master) AddResource(ctx context.Context, req *proto.ResourceSpec, resp *proto.NodeSpec)
error {
  nodeSpec, err := m.addResources(&ResourceSpec{Name: req.Name})
  if nodeSpec != nil {
    resp.Id = nodeSpec.Node.Id
    resp.Address = nodeSpec.Node.Address
  }
  return err
}
```

最后调用 micro 生成的 crawler.RegisterCrawlerMasterHandler 函数，将 Master 注册为 GRPC 服务，就可以正常处理客户端的访问了。

```
func RunGRPCServer(MasterService *master.Master, logger *zap.Logger, reg registry.Registry, cfg
ServerConfig) {
  ...
  if err := crawler.RegisterCrawlerMasterHandler(service.Server(), MasterService); err != nil {
```

```
        logger.Fatal("register handler failed", zap.Error(err))
    }
    if err := service.Run(); err != nil {
        logger.Fatal("grpc server stop", zap.Error(err))
    }
}
```

让我们来验证一下 Master 是否在正常对外提供服务。首先，启动 Master。接着，通过 HTTP 访问 Master 提供的添加资源的接口，添加资源"task-test-4"，如下所示。

```
» go run main.go master --id=2 --http=:8081  --grpc=:9091
» curl -H "content-type: application/json" -d '{"id":"zjx","name": "task-test-4"}'
http://localhost:8081/crawler/resource
{"id":"go.micro.server.worker-2", "Address":"192.168.0.107:9089"}
```

通过返回值可以看到，当前资源被分配到了 worker-2，worker-2 的 IP 地址为"192.168.0.107:9089"。

查看 etcd 中的资源，发现已被成功写入 etcd，而且其中分配的 Worker 节点信息与 HTTP 接口返回的信息相同。

```
» docker exec etcd-gcr-v3.5.6 /bin/sh -c "/usr/local/bin/etcdctl get /resources/task-test-4"
/resources/task-test-4
{"ID":"16041091125694787584","Name":"task-test-4","AssignedNode":"go.micro.server.worker-2|192
.168.0.107:9089","CreationTime":1671284393144648000}
```

接着，尝试调用 Master 服务的删除资源接口删除刚刚添加的资源。

```
» curl -X DELETE  -H "content-type: application/json" -d '{"name": "task-test-4"}'
http://localhost:8081/crawler/resource
```

再次查看 etcd 中的资源"task-test-4"，发现资源已经被删除了。Master API 提供的添加和删除功能验证成功。

35.4　总结

本章对资源分配的时机和算法进行了优化，模拟了 Master 和 Worker 节点崩溃的情况，并用简单的方式实现了节点的重新分配，让当前系统在分布式下具备了故障容错能力。

在 Master 的调度时机上，当 Master 成为 Leader、Worker 节点崩溃，或者外部调用资源增删查改接口时，Leader 需要重新调度资源。对于调度算法，为了实现负载均衡，我们选择了当前负载最低的 Worker 节点作为优先级最高的节点。最后，我们为 Master 实现了 GRPC 与 HTTP API，让 Master 具有添加和删除资源的能力。

完善核心能力：Master 请求转发与 Worker 资源管理

> 分布式系统就是：一台发生故障的计算机让你的计算机变得不可用，而你甚至不知道它的存在。
>
> ——计算机行业谚语

本章继续优化 Master 服务，实现 Master 请求转发和并发情况下的资源保护，同时实现 Worker 对分配资源的监听。

36.1　将 Master 请求转发到 Leader

我们来考虑一下这种场景：当 Master 是 Follower 状态时接收到了请求。在之前的设计中，为了避免并发处理时可能出现的异常情况，我们只让 Leader 来处理请求。所以，当 Master 节点接收到请求时，如果当前节点不是 Leader，那么可以直接报错，由客户端选择正确的 Leader 节点，如下所示。

```go
func (m *Master) AddResource(…) error {
    if !m.IsLeader() {
        return errors.New("no leader")
    }
}
```

我们还可以采用另外一种更常见的方式：将接收到的请求转发给 Leader。要实现这一点，就需要所有 Master 节点在 Leader 发生变更时都将最新的 Leader 地址保存到 leaderID 中。

```go
func (m *Master) Campaign() {
  select {
  case resp := <-leaderChange:
    m.logger.Info("watch leader change", zap.String("leader:", string(resp.Kvs[0].Value)))
    m.leaderID = string(resp.Kvs[0].Value)
  }
  for {
    select {
    case err := <-leaderCh:
      m.leaderID = m.ID
    case resp := <-leaderChange:
```

```
      m.leaderID = string(resp.Kvs[0].Value)
    }
  }
}
```

在处理请求前判断当前 Master 的状态，如果它不是 Leader，就获取 Leader 的地址并转发请求。注意，这里如果不指定 Leader 的地址，go-micro 就会随机选择一个地址进行转发。

```
func (m *Master) AddResource(...) error {
  if !m.IsLeader() && m.leaderID != "" && m.leaderID != m.ID {
    addr := getLeaderAddress(m.leaderID)
    nodeSpec, err := m.forwardCli.AddResource(ctx, req, client.WithAddress(addr))
    resp.Id = nodeSpec.Id
    resp.Address = nodeSpec.Address
    return err
  }
  nodeSpec, err := m.addResources(&ResourceSpec{Name: req.Name})
  if nodeSpec != nil {
    resp.Id = nodeSpec.Node.Id
    resp.Address = nodeSpec.Node.Address
  }
  return err
}
```

在转发时，我们使用了 micro 生成的 GRPC 客户端，这是通过在初始化时导入 micro GRPC client 的插件实现的。SetForwardCli 方法将生成的 GRPC client 注入了 Master 结构体中。

```
import (
  grpccli "github.com/go-micro/plugins/v4/client/grpc"
)

func RunGRPCServer(m *master.Master, reg registry.Registry, cfg ServerConfig) {
  service := micro.NewService(
    ...
    micro.Client(grpccli.NewClient()),
  )
  cl := proto.NewCrawlerMasterService(cfg.Name, service.Client())
  m.SetForwardCli(cl)
}
```

上述代码位于 v0.4.1 标签下。

接下来验证服务能否正确地转发。

启动一个 Worker 和一个 Master 服务，当前的 Leader 会变成 master2，IP 地址为 192.168.0.105:9091。

```
» go run main.go worker  --pprof=:9983
» go run main.go master --id=2 --http=:8081  --grpc=:9091
```

启动一个新的 Master 服务——master3。

```
» go run main.go master --id=3 --http=:8082  --grpc=:9092 --pprof=:9982
```

接着访问 master3 服务暴露的 HTTP 接口。虽然 master3 不是 Leader，但是访问 master3 添加资源的操作仍然能够成功。

```
» curl  --request POST 'http://localhost:8082/crawler/resource' --header 'Content-Type:
application/json' --data '{"id":"zjx","name": "task-forward"}'
{"id":"go.micro.server.worker-1","Address":"192.168.0.105:9090"}
```

同时，在 Leader 服务的日志中能够看到请求信息，验证成功。

```
{"level":"INFO","ts":"2022-12-29T17:23:55.792+0800","caller":"master/master.go:198","msg":"re
ceive
request","method":"CrawlerMaster.AddResource","Service":"go.micro.server.master","request
param":"{"id":"zjx","name":"task-forward"}}
```

36.2 资源保护

由于 Worker 节点与 Resource 资源一直在动态变化，因此如果不考虑数据的并发安全，在复杂线上场景下，就可能出现很多难以解释的现象。

为了避免数据的并发安全问题，我们之前利用通道进行协程间的通信。**如果希望保护 Worker 节点与 Resource 资源**，那么在当前场景下更好的方式是使用原生的互斥锁。这是因为我们只希望在关键位置加锁，其他的逻辑仍然是并行的。如果在读取一个变量时还要用通道来通信，代码就会变得不优雅。如下，在 Master 中添加 sync.Mutex 互斥锁，用于保证资源的并发安全。

```go
type Master struct {
    ...
    ID          string
    rlock       sync.Mutex
    options
}
```

我们可以在资源更新（资源加载与增删查改）、Worker 节点更新、资源分配阶段都加入互斥锁，如下所示。

```go
func (m *Master) DeleteResource() error {
    m.rlock.Lock()
    defer m.rlock.Unlock()
    r, ok := m.resources[spec.Name]
    ...
}

func (m *Master) AddResource() error {
    ...
    m.rlock.Lock()
    defer m.rlock.Lock()
    nodeSpec, err := m.addResources(&ResourceSpec{Name: req.Name})
    if nodeSpec != nil {
        resp.Id = nodeSpec.Node.Id
        resp.Address = nodeSpec.Node.Address
    }
```

```go
        return err
    }
func (m *Master) updateWorkNodes() {
    services, err := m.registry.GetService(worker.ServiceName)
    m.rlock.Lock()
    defer m.rlock.Unlock()
    ...
    m.workNodes = nodes
}

func (m *Master) loadResource() error {
    resp, err := m.etcdCli.Get(context.Background(), RESOURCEPATH, clientv3.WithPrefix(),
clientv3.WithSerializable())
    ...
    resources := make(map[string]*ResourceSpec)
    m.rlock.Lock()
    defer m.rlock.Unlock()
    m.resources = resources
}

func (m *Master) reAssign() {
    rs := make([]*ResourceSpec, 0, len(m.resources))
    m.rlock.Lock()
    defer m.rlock.Unlock()
    for _, r := range m.resources {...}
    for _, r := range rs {
        m.addResources(r)
    }
}
```

当外部访问 Leader 的 HTTP 接口时，实际上服务端会开辟一个协程并发处理请求。通过使用互斥锁，我们消除了并发访问同一资源可能出现的问题。在实践中，需要合理地使用互斥锁，尽量让锁定的范围足够小，锁定的资源足够少，减少锁等待的时间。

36.3　Worker 单机模式

接下来回到 Worker。Worker 有集群与单机两种模式。我们可以在 Worker 中加一个 flag 来切换模式。对于少量的任务，可以直接用单机版的 Worker 来处理，种子节点来自配置文件。而对于集群版的 Worker，任务将来自 Master 的分配，切换 Worker 模式只需要判断 flag 值 cluster。如下所示，在启动 Worker 时，cluster 为 false 代表单机模式，cluster 为 true 代表集群模式。

```go
WorkerCmd.Flags().BoolVar(&cluster, "cluster", true, "run mode")
var cluster bool
func (c *Crawler) Run(cluster bool) {
    if !cluster {
        c.handleSeeds()
    }
    go c.Schedule()
```

```
   for i := 0; i < c.WorkCount; i++ {
      go c.CreateWork()
   }
   c.HandleResult()
}
```

36.4　Worker 集群模式

在集群模式下，我们还需要实现 Worker 加载和监听 etcd 资源这一重要功能。来看看初始化时的资源加载，初始化时生成了 etcd client，并将其注入 Crawler 结构中。

```
endpoints := []string{e.registryURL}
cli, err := clientv3.New(clientv3.Config{Endpoints: endpoints})
if err != nil {
    return nil, err
}
e.etcdCli = cli
```

36.4.1　资源加载

Crawler.loadResource 方法用于从 etcd 中加载资源。调用 etcd Get 方法获取前缀为/resources 的全量资源列表，解析这些资源，查看当前资源分配的节点是否为当前节点。如果分配的节点与当前节点匹配，则意味着当前资源是分配给当前节点的，不是当前节点的资源将被直接忽略。

```
func (c *Crawler) loadResource() error {
   resp, err := c.etcdCli.Get(context.Background(), master.RESOURCEPATH, clientv3.WithPrefix(),
clientv3.WithSerializable())
   resources := make(map[string]*master.ResourceSpec)
   for _, kv := range resp.Kvs {
      r, err := master.Decode(kv.Value)
      if err == nil && r != nil {
         id := getID(r.AssignedNode)
         if len(id) > 0 && c.id == id {
            resources[r.Name] = r
         }
      }
   }
   c.rlock.Lock()
   defer c.rlock.Unlock()
   c.resources = resources
   for _, r := range c.resources {
      c.runTasks(r.Name)
   }
   return nil
}
```

资源加载完毕后，分配给当前节点的任务会执行 runTask 方法，通过任务名从全局任务池中获取爬虫任务，调用 t.Rule.Root 方法获取种子请求，并放入调度器中执行。

```go
func (c *Crawler) runTasks(taskName string) {
  t, ok := Store.Hash[taskName]
  res, err := t.Rule.Root()
  for _, req := range res {
    req.Task = t
  }
  c.scheduler.Push(res...)
}
```

36.4.2　资源监听

除了加载资源，在初始化时还需要开辟一个新的协程 c.watchResource 来监听资源的变化。

```go
func (c *Crawler) Run(id string, cluster bool) {
  c.id = id
  if !cluster {
    c.handleSeeds()
  }
  go c.loadResource()
  go c.watchResource()
  go c.Schedule()
  for i := 0; i < c.WorkCount; i++ {
    go c.CreateWork()
  }
  c.HandleResult()
}
```

如下所示，在 watchResource 函数中编写一个监听新增资源的功能，watchResource 借助 etcd client 的 Watch 方法监听资源的变化。Watch 返回值是一个通道，当 etcd client 监听到 etcd 中前缀为 /resources 的资源发生变化时，就会将信息写入通道 Watch 中。通过通道返回的信息，不仅能够得到当前有变动的资源最新的值，还可以得知当前资源变动的事件是新增、更新还是删除。如果是新增事件，就调用 runTasks 启动该资源对应的爬虫任务。

```go
func (c *Crawler) watchResource() {
  watch := c.etcdCli.Watch(context.Background(), master.RESOURCEPATH, clientv3.WithPrefix())
  for w := range watch {
    for _, ev := range w.Events {
      spec, err := master.Decode(ev.Kv.Value)
      switch ev.Type {
      case clientv3.EventTypePut:
        c.runTasks(spec.Name)
      case clientv3.EventTypeDelete:
        c.Logger.Info("receive delete resource", zap.Any("spec", spec))
      }
    }
  }
}
```

现在让我们来验证一下新增资源的功能，启动 Master 与 Worker 节点。

```
» go run main.go master --id=3 --http=:8082  --grpc=:9092 --pprof=:9982
» go run main.go worker  --pprof=:9983
```

接着调用 Master 的添加资源接口。

```
» curl -H "content-type: application/json" -d '{"id":"zjx","name": "XXX_book_list"}'
<http://localhost:8082/crawler/resource>
{"id":"go.micro.server.worker-1", "Address":"192.168.0.105:9090"}
```

可以看到，Worker 日志中的任务开始正常地执行了，验证成功。**完整代码位于 v0.4.1 标签下。**

```
{"level":"DEBUG","ts":"2022-12-30T21:06:56.743+0800","caller":"XXXbook/book.go:77","msg":"par
se book tag,count: 47"}
{"level":"DEBUG","ts":"2022-12-30T21:07:00.532+0800","caller":"XXXbook/book.go:108","msg":"pa
rse book list,count: 20 url: https://book.XXX.com/tag/随笔"}
{"level":"DEBUG","ts":"2022-12-30T21:07:04.240+0800","caller":"XXXbook/book.go:108","msg":"pa
rse book list,count: 20 url: https://book.XXX.com/tag/散文"}
```

36.4.3　资源删除

接下来让我们看看如何删除一个爬虫任务。

我们需要在 Watch 的选项中设置 clientv3.WithPrevKV()，这样，当监听到删除资源的操作时，就能获取当前删除的资源信息，接着就可以调用 c.deleteTasks 来删除任务了。

```go
func (c *Crawler) watchResource() {
    watch := c.etcdCli.Watch(context.Background(), master.RESOURCEPATH, clientv3.WithPrefix(),
clientv3.WithPrevKV())
    for w := range watch {
        for _, ev := range w.Events {
            switch ev.Type {
                ...
            case clientv3.EventTypeDelete:
                spec, err := master.Decode(ev.PrevKv.Value)
                c.Logger.Info("receive delete resource", zap.Any("spec", spec))
                if err != nil {
                    c.Logger.Error("decode etcd value failed", zap.Error(err))
                }
                c.rlock.Lock()
                c.deleteTasks(spec.Name)
                c.rlock.Unlock()
            }
        }
    }
}
```

deleteTasks 会删除 c.resources 中存储的当前 Task，并且将 Task 的 Closed 变量设置为 true。

```go
func (c *Crawler) deleteTasks(taskName string) {
    t, ok := Store.Hash[taskName]
    if !ok {
        c.Logger.Error("can not find preset tasks", zap.String("task name", taskName))
```

```
        return
    }
    t.Closed = true
    delete(c.resources, taskName)
}
```

我们在 Task 中设计了一个新的变量 Closed 用于标识当前的任务是否已经被删除，这是因为被删除的任务可能还在运行中，我们需要通过该变量确认它是否已经不再运行。

在一些场景中，我们也可以将标识任务是否已经结束的变量设计为通道类型或者 context.Context，然后与 select 语句结合起来实现多路复用。在 HTTP 标准库中也经常会遇到这种用法，它可以判断通道中的事件与其他事件哪一个先发生。

```
type Task struct {
    Visited     map[string]bool
    VisitedLock sync.Mutex
    Closed bool
    Rule RuleTree
    Options
}
```

不过这里使用一个标识任务是否关闭的 bool 类型就足够了。在任务流程的核心位置需要检测该变量，一旦检测到任务关闭，就不再执行后续流程。

具体操作是在 request.Check 方法中加入对任务是否关闭的判断。

```
func (r *Request) Check() error {
    if r.Depth > r.Task.MaxDepth {
        return errors.New("max depth limit reached")
    }
    if r.Task.Closed {
        return errors.New("task has Closed")
    }
    return nil
}
```

接着，在任务的采集和调度两个核心位置检测任务的有效性。一旦发现任务已经被关闭，那么它所有的请求将不再被调度和采集。

```
func (c *Crawler) CreateWork() {
    for {
        req := c.scheduler.Pull()
        if err := req.Check(); err != nil {
            c.Logger.Debug("check failed", zap.Error(err))
            continue
        }
    }
}

func (s *Schedule) Schedule() {
    var ch chan *spider.Request
```

```
    var req *spider.Request
    for {
        ...
        // 请求校验
        if req != nil {
            if err := req.Check(); err != nil {
                zap.S().Debug("check failed", zap.Error(err))
                req = nil
                ch = nil
                continue
            }
        }
    }
}
```

上述代码位于 v0.4.2 标签下。

下面让我们来验证一下任务的删除功能是否正常，首先启动一个 Master 和一个 Workers 服务。

```
» go run main.go master --id=3 --http=:8082  --grpc=:9092 --pprof=:9982
» go run main.go worker  --pprof=:9983
```

紧接着，调用 Master 的添加资源接口，可以看到爬虫任务是正常执行的。

```
» curl -H "content-type: application/json" -d '{"id":"zjx","name": "XXX_book_list"}'
http://localhost:8082/crawler/resource
{"id":"go.micro.server.worker-1", "Address":"192.168.0.105:9090"}
```

然后调用 Master 的删除资源接口，从 Worker 的日志中可以看到，Worker 监听到了删除资源的事件。在日志输出 "task has Closed" 的信息后，删除的爬虫任务将不再运行。

```
{"level":"INFO","ts":"2022-12-31T14:06:33.528+0800","caller":"engine/schedule.go:479","msg":"
receive delete
{"level":"DEBUG","ts":"2022-12-31T14:06:33.845+0800","caller":"engine/schedule.go:269","msg":
"check failed","error":"task has Closed"}
```

此后，当我们再次调用 Master 的添加资源接口时，爬虫任务又恢复如初，删除功能验证成功。

36.5　总结

本章实现了将 Master 请求转发到 Leader 的功能，让所有 Master 都能够接收请求。此外，还使用原生的互斥锁解决了并发安全问题。通道并不总是解决并发安全问题的最佳方式，有时候使用通道反而会让代码变得不优雅。

此外，我们在 Worker 集群模式下实现了任务的加载与监听。在初始化阶段，Worker 节点会加载属于自身的全量爬虫任务，这些任务存储在 etcd 中。随后，我们启动了对 etcd 资源的实时监听，以便动态地添加和删除资源。

至此，Master 与 Worker 的关键功能以及互动流程全部实现并正常运行。

服务治理：
限流、熔断器、认证与鉴权

构建一个高可用、高可扩展且高度弹性的系统的关键在于接受故障会发生这一事实，并围绕它进行设计。

——计算机行业谚语

我们已经实现了 Master 与 Worker 的核心功能。在大规模微服务集群中，为了保证微服务集群正常运行，还需要添加许多重要的功能，包括限流、熔断、认证与鉴权。

37.1 限流

限流指对给定时间内可能发生的事件的发生频率进行限制，一旦请求达到规定的上限，此后的请求就都将被丢弃。限流对于公共 API 非常重要，它有下面几个优势。

- 提高服务的可用性和可靠性，并有助于防御或缓解一些常见的攻击（DoS 攻击、 DDoS 攻击、暴力破解、撞库攻击、网页爬取等）。
- 可用于成本控制，防止实验或错误配置的资源导致的意外账单（尤其适用于云厂商按次计费的情况）。
- 允许多个开发者公平共享服务。

限流有多种算法，我们已经实现了令牌桶算法，此外还包括固定窗口算法、滑动日志算法、漏桶算法等，每种算法都有优点和缺点。我们来回顾一下最经典的几种限流算法，以便根据需要选择理想的限流方案。

37.1.1 固定窗口算法

固定窗口算法（Fixed Window Algorithm）指限制固定时间窗口内请求的处理数量。例如每小时只允许处理 1000 个请求，或每分钟只允许处理 10 个请求。每个传入请求都会增加窗口的计数器，计数器会在一段时间后重置。如果计数器超过了阈值，那么后面的请求将被丢弃，直到计数器被重置。

固定窗口算法很容易实现，并且在限制请求速率方面做得很好。但是随着限制的重置，该算法会出现临界问题。也就是说，如果流量集中在两个窗口的交界处，那么突发流量会是设置上限的两倍。

举个例子，我们设置每小时只能处理 1000 个请求，如果这 1000 个请求刚好都出现第一个小时的最后一分钟，而之后的 1000 个请求又刚好都出现在下一个小时的第一分钟，就会导致在这短短的 2 分钟内，服务需要承受 2000 个请求，不堪重负。

37.1.2　滑动日志算法

还有一种常见的限流算法是滑动日志算法（Sliding Log）。它会记录下所有的请求时间点，并存储在按照时间排序的集合中，当新请求到来时，先判断指定时间范围内的请求数量是否超过阈值，超出阈值的请求会被丢弃。这种方式避免了固定窗口算法容易遇到的请求突变问题，限流比较准确。不过因为它要记录下每次请求的时间点，所以会额外消耗内存与 CPU。

37.1.3　滑动窗口算法

滑动窗口算法（Sliding Window）是一种混合方法，它有着固定窗口算法的低处理成本，并且和滑动日志算法一样，表示了在连续的时间范围内的请求量。

和固定窗口算法一样，滑动窗口算法会为每个固定窗口设置一个计数器，然后根据当前时间戳计算前一个窗口请求率的加权值，以平滑突发流量。例如，如果当前窗口经过了 25% 的时间，则当前窗口的计数权重为 25%，而前一个窗口的计数加权为 75%。滑动窗口算法需要统计的数据量比滑动日志算法少很多，并且在大型分布式集群中仍然具有较强的扩展性。

37.1.4　漏桶算法

漏桶算法（Leaky Bucket）利用队列提供了一种简单、直观的方法来限制请求的速率。

每个请求都像一滴水，请求发出之后会先被放到一个队列（漏桶）中，桶底有一个孔，不断地漏出水滴。这就好像消费者不断地消费队列中的内容，消费的速率（漏出的速度）等于限流阈值。漏桶有大小之分，对应的是队列的容量，如果请求的速率大于消费的速率，那么请求会被暂存在桶中。当请求超过指定容量时，就像水溢出了一样，会触发拒绝策略。漏桶算法中的消费处理总是以恒定的速度进行，这可以很好地保护自身系统不被突如其来的流量冲垮，但是突发流量可能使旧请求填满队列，导致最近的请求得不到处理。此外，它也不能保证请求一定会在某个时间段内得到处理。

37.1.5　用 go-micro 实现限流

除了常见的限流算法，我们还可以使用 go-micro 框架来实现限流，这是使用微服务框架的又一好处，因为框架中通常有配套的限流功能。在 go-micro 的插件库中封装了 github.com/juju/ratelimit 和 go.uber.org/ratelimit 两个限流库，分别提供了限流的令牌桶算法和漏桶算法，它们既可以在 go-micro 的客户端中使用，也可以在服务器中使用。

要在 go-micro GRPC API 中使用限流功能，首先要导入 go-micro 限流的插件库，同时导入与其配套的第三方限流库 github.com/juju/ratelimit。如下所示，ratelimit.NewBucketWithRate 可以设置令牌桶的参数，其中第一个参数表示的是速度。在下面的例子中，第一个参数为 0.5，表示每秒放入的令牌数量为 0.5；第二个参数为桶的大小。

```
import (
    ratePlugin "github.com/go-micro/plugins/v4/wrapper/ratelimiter/ratelimit"
    "github.com/juju/ratelimit"
)
func RunGRPCServer(m *master.Master, logger *zap.Logger,…) {
    b := ratelimit.NewBucketWithRate(0.5, 1)
    service := micro.NewService(
        ...
        micro.WrapHandler(ratePlugin.NewHandlerWrapper(b, false))
    )
```

micro.WrapHandler 包 装 了 go-micro 的 Server 端 设 置 的 限 流 中 间 件 。
ratePlugin.NewHandlerWrapper 的第一个参数为之前设置的令牌桶，第二个参数可以指定当请求速率
超过阈值时是否阻塞，此处为 false，表示不阻塞并立即返回错误。

这个中间件的原理也很简单，它在进行实际的 GRPC 方法之前调用了限流函数。

```
func NewHandlerWrapper(b *ratelimit.Bucket, wait bool) server.HandlerWrapper {
    fn := limit(b, wait, "go.micro.server")

    return func(h server.HandlerFunc) server.HandlerFunc {
        return func(ctx context.Context, req server.Request, rsp interface{}) error {
            if err := fn(); err != nil {
                return err
            }
            return h(ctx, req, rsp)
        }
    }
}
```

接下来检验服务限流的效果，启动 Master 服务并快速调用两次服务。如下所示，会发现在第二次调用时，
服务返回 429 状态码，并提示处理的请求太多。等待 1s 后再次调用，发现又可以正常运行了，这说明限
流功能是正常的。

```
» curl -H "content-type: application/json" -d '{"id":"zjx","name": "XXX_book_list"}'
http://localhost:8082/crawler/resource
{"code":2, "message":"no worker nodes", "details":[]}

» curl -H "content-type: application/json" -d '{"id":"zjx","name": "XXX_book_list"}'
http://localhost:8082/crawler/resource
{"code":2, "message":"{\\"id\\":\\"go.micro.server\\",\\"code\\":429,\\"detail\\":\\"too many
request\\",\\"status\\":\\"Too Many Requests\\"}",
"details":[{"@type":"type.googleapis.com/errors.Error", "id":"go.micro.server", "code":429,
"detail":"too many request", "status":"Too Many Requests"}]}
```

37.2 熔断器

我们通过熔断器来实现熔断，熔断器是当依赖的下游服务异常时，负责在一段时间内禁止访问依赖服务的

系统组件，它可以防止有问题的依赖服务拖垮系统。熔断器有下面三种状态，如图 37-1 所示。

- 关闭状态，表明当前服务可以正常访问下游的依赖服务。
- 打开状态，表明当前下游的依赖服务有问题，将被禁止访问。
- 半开状态，会尝试让一部分请求访问下游依赖服务，如果能够正常访问，则进入关闭状态。如果仍然无法正常访问，则维持打开状态。

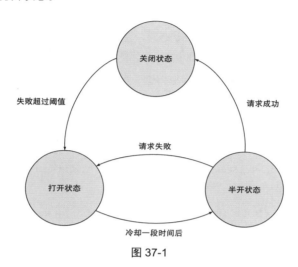

图 37-1

社区中已经有一些非常优秀的开源熔断组件了，例如 hystrix-go、gobreaker、Sentinel。Micro 也提供了对上述熔断组件进行了简单封装的插件，包括 hystrix 插件和 gobreaker 插件。

在 go-micro 中使用熔断器非常简单，只需要调用 micro.WrapClient 注入 GRPC 客户端的中间件，并使用 hystrix 插件控制熔断器的行为。

```
import (
    "github.com/go-micro/plugins/v4/wrapper/breaker/hystrix"
)

func RunGRPCServer(m *master.Master, …) {
    service := micro.NewService(
        ...
        micro.WrapClient(hystrix.NewClientWrapper()),
    )
}
```

之后，所有从此 micro client 发出的服务调用都会受到熔断插件的限制和保护，当失败次数超过阈值时，调用方会立即接收到熔断错误提示。熔断器的配置参数位于 hystrix-go 库中，默认的 5 个重要配置如下所示。

```
DefaultTimeout = 1000
DefaultMaxConcurrent = 10
DefaultVolumeThreshold = 20
```

```
DefaultSleepWindow = 5000
DefaultErrorPercentThreshold = 50
```

其中，DefaultTimeout 为请求的超时时间，DefaultMaxConcurrent 为最大的并发数量。

DefaultVolumeThreshold 为触发断路器的最小数量，如果没有触发断路器的最小数量，就不用熔断，这避免了低峰期的干扰。例如，如果当前只有一个请求，并且访问失败了，那么当前的失败率就是 100%，在这种情况下立即熔断服务是不合理的。

DefaultSleepWindow 表示当断路器处于打开状态时，需要等待多长时间才能再次检测当前链路的状态。DefaultErrorPercentThreshold 为失败率的阈值，当失败率超过该阈值时，熔断器将触发熔断操作。

在 go-micro 中，对熔断配置的维度是接口级别的，这一点可以从 hystrix 插件库中查看到，hystrix.DoC 的第二个参数是熔断的维度。例如，当我们调用 Master 添加资源的接口时，熔断的维度为 go.micro.server.master.CrawlerMaster.AddResource。

```go
func (cw *clientWrapper) Call(ctx context.Context, req client.Request,…) error {
  var err error
  herr := hystrix.DoC(ctx, req.Service()+"."+req.Endpoint(), func(c context.Context) error {
    err = cw.Client.Call(c, req, rsp, opts...)
    if cw.filter != nil {
      if cw.filter(ctx, err) {
        return nil
      }
    }
    return err
  }, cw.fallback)
  if herr != nil {
    return herr
  }
  // return original error
  return err
}
```

我们可以调用插件库封装的 hystrix. ConfigureCommand 函数修改某一个接口的熔断配置，如下所示。也可以调用 hystrix.ConfigureDefault 函数修改所有接口的默认熔断参数。

```go
hystrix.ConfigureCommand("go.micro.server.master.CrawlerMaster.AddResource",
hystrix.CommandConfig{
    Timeout:               10000,
    MaxConcurrentRequests: 100,
    RequestVolumeThreshold: 10,
    SleepWindow:           6000,
    ErrorPercentThreshold: 30,
  })
```

37.3　认证与鉴权

在访问微服务集群的过程中，常需要进行开发者的认证（Authentication）与鉴权（Authorization）。

认证的目的是检查开发者的身份是否合法、防止匿名开发者访问等。而鉴权是为了检查开发者是否有权限操作请求的资源。认证通常是访问服务的第一步，比较常见的方式是通过开发者名和密码来验证开发者的有效性。不过，使用开发者名和密码是比较烦琐且耗时的：在服务端通常需要考虑用密文来存储密码，还需要操作数据库。

因此从性能和安全性的角度考虑，在实践中，当我们第一次完成身份验证后，服务器会为我们发送一个凭证，即 Token。之后，客户端访问服务器时需要带上这个 Token，只要 Token 合法且在有效期内，就可以快速地完成验证了。Token 的有效期通常比较短，这样即便黑客在一定时间后获取了 Token，该 Token 也是无效的。利用 Token 进行身份认证的最常用的实践是 JWT。

JWT（Json Web Token）是基于 JSON 的开放标准（RFC 7519）定义的一种紧凑、独立的格式，使用它可以在各方之间安全地传输信息。JWT 可以使用对称加密算法（HMAC 算法）或者非对称加密算法（RSA、ECDSA）签名，我们更多使用非对称加密算法，因为它更安全，且能够验证信息的完整性。JWT 可以用于下面几种场景。

- 单点登录（SSO）。SSO 是一种身份验证解决方案，可以让开发者通过一次性身份验证登录多个应用程序和网站。JWT 可以实现单点登录是因为它的开销很小，能够轻松跨域使用。
- 信息交换。JWT 是在各方之间安全传输信息的好方法，可以使用公钥/私钥对签名进行验证，因此可以确定发送者的真实身份。此外，由于签名中包含了具体的内容，所以还可以验证内容是否被篡改。

JWT 由 Header、Payload、Signature 三个对象组成。第一个对象是 Header，它包含 alg 和 typ 两个字段，alg 表示签名的算法，typ 表示类型（JWT）；第二对象是 Payload，它表示载荷，包含开发者名、过期时间等信息，可以自定义添加字段；第三个对象是签名，它首先将 Header、Payload 使用 base64 url 编码，然后将编码后的字符串用"."连接在一起，最后用我们选择的算法进行签名。

可以看出，JWT 中包含了服务器认证需要的所有信息，在服务器中，只需要使用对应的私钥进行解密，就可以知道验证的完整性、开发者的有效性，还可以额外传递一些其他信息。

在实践中，认证一般包括以下三个步骤。

（1）客户端使用开发者名和密码访问服务器的登录接口。

（2）当服务器认证成功后，生成 JWT。

（3）客户端在之后的请求中带上 JWT，由服务器对 Token 进行验证。

步骤（1）和步骤（2）可能在单独的授权服务中进行，步骤（3）则需要对应的服务提供 Token 的校验支持。

go-micro 中也提供了对于 JWT 的支持，可以轻松地生成并校验 JWT。说到这里，你很容易想到中间件，没错，我们可以通过一个中间件来提供对 JWT 的校验，如下所示。

```go
func NewAuthWrapper(service micro.Service) server.HandlerWrapper {
    return func(h server.HandlerFunc) server.HandlerFunc {
        return func(ctx context.Context, req server.Request, rsp interface{}) error {
            md, b := metadata.FromContext(ctx)
            authHeader, ok := md["Authorization"]
```

```
            token := strings.TrimPrefix(authHeader, auth.BearerScheme)
            a := service.Options().Auth
            _, err := a.Inspect(token)
            return h(ctx, req, rsp)
        }
    }
}
```

其中，service.Options().Auth 是 go-micro 提供的认证与鉴权的接口。

```
type Auth interface {
    Init(opts ...Option)
    Options() Options
    Generate(id string, opts ...GenerateOption) (*Account, error)
    Inspect(token string) (*Account, error)
    Token(opts ...TokenOption) (*Token, error)
    String() string
}
```

要使用 JWT 插件功能，需要导入 go-micro 的 jwt 插件库，并设置之前处理 JWT 的中间件。

```
import (
_ "github.com/go-micro/plugins/v4/auth/jwt"
)
func main() {
    srv := micro.NewService(...)
    srv.Init(
        micro.Name(name),
        micro.Version(version),
        micro.WrapHandler(NewAuthWrapper(srv)),
    )
}
```

go-micro 还提供基于 JWT 的一些基本的授权功能，限制开发者访问的路由、服务和资源。这些功能比较简单，这里不再赘述。

37.4　总结

本章对保证大规模微服务集群正常运行需要具备的重要功能进行了梳理，包括限流、熔断器、认证与鉴权。

这几种能力保证了微服务集群的正常运行，是大规模微服务集群必不可少的治理手段。本章还讲解了如何用 go-micro 框架来实现这些能力，go-micro 微服务框架有着丰富的插件库，能够帮助我们快速实现这些治理功能，让开发者更关注于开发核心的业务逻辑。

第 6 篇

部署运维

38

不可阻挡的容器化：
Docker 核心技术与原理

容器正在改变软件的开发、部署和管理方式。

——计算机行业谚语

本章介绍容器化技术，并利用 Docker 将程序打包为镜像。

38.1 不可阻挡的容器化

大多数应用程序都是在服务器上运行的。过去，我们只能在一台服务器上运行一个应用程序，机器的资源通常不能被充分利用，导致了巨大的资源浪费。同时，由于程序依赖的资源很多，部署和迁移通常比较困难。解决这一问题的方法之一是虚拟机（Virtual Machine，VM）技术。如图 38-1 右侧所示，虚拟机是对物理硬件的抽象，协调程序的 Hypervisor 允许多个虚拟机在一台机器上运行。然而，每个 VM 都包含客户机操作系统（Guest Operating System）、应用程序、必要的二进制文件和库的完整副本，这可能占用数十 GB；同时，每个操作系统都会额外消耗主机操作系统（Host Operating System）的 CPU、RAM 和其他资源；此外，VM 的启动比较缓慢，难以进行灵活的迁移。

为了解决虚拟机带来的问题，容器化技术应运而生了。如图 38-1 左侧所示，容器不需要单独的操作系统，它是应用层的抽象，将代码和依赖项打包在了一起。多个容器可以在同一台机器上运行，并与其他容器共享主机操作系统内核，这也被称为基于基础设施（infrastructure）的容器化。

容器可以共享主机的操作系统，比 VM 占用的空间更少，这减少了维护资源和操作系统的成本。同时，容器可以快速迁移、便于配置，将容器从本地迁移到云端是轻而易举的事情。

现代容器起源于 Linux，借助 kernel namespaces、control groups、union filesystems 等技术实现了资源的隔离，而真正让容器技术走向寻常百姓家的是 Docker。

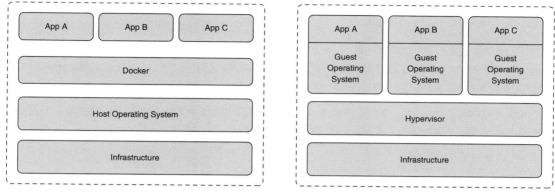

图 38-1

Docker 既是一门技术，也指代一个软件。Docker 软件目前由 Moby 开源的各种工具构建而成，它可以创建、管理甚至编排容器。安装 Docker 非常简单：在 macOS 与 Windows 系统下，我们可以直接使用 Docker Desktop 软件安装包[①]。而在不同的 Linux 发行版上也有不同的安装方式，可以通过官网安装教程[②]学习。

38.2　Docker 架构

Docker 的架构由四部分组成，分别为运行时（Runtime）、守护进程（Dockerd）、集群管理（Swarm）和客户端（Client）。其中，运行时、守护进程和集群管理 Swarm 是 Docker 平台的核心组件，它们提供了容器的运行、管理和集群的管理等关键功能。

Docker 平台提供了两种不同级别的运行时，底层运行时为 runC，遵循 OCI 定义的运行时规范，负责与底层操作系统交互、启动和停止容器；更高级别的运行时为 Containerd，负责管理容器的整个生命周期，包括拉取镜像、创建网络接口和管理较低级别的 runC 实例。

守护进程 Dockerd 位于 Containerd 之上，执行更高级别的任务。它的主要任务之一是提供一个易于使用的 Remote API 来抽象对底层容器的操作，它负责管理 Images、Volumes、Networking。

Docker 平台原生支持管理 Docker 集群的技术 Docker Swarm，它包括了 container orchestration 和 security 两个组件。其中，container orchestration 组件用于实现容器的自动化部署、管理和伸缩，security 组件用于提供集群间通信的安全性。

客户端 Client 用于发送指令与 Dockerd 进行交互，最终实现操作容器的目的。作为与 Docker API 进行交互的命令行工具，它是使用 Docker 平台的主要方式之一。

---

① https://www.docker.com/products/docker-desktop/。

② https://docs.docker.com/engine/install/。

38.3　Docker 镜像

要利用 Docker 生成容器，就需要构建 Docker 镜像（Docker images）。Docker 镜像打包了容器需要的程序、依赖、文件系统等所有资源。镜像是静态的，有了镜像之后，借助 Docker 就能够运行有相同行为的容器了，这有助于容器的扩容与迁移，使运维变得更加简单。

我们可以通过编写 **Dockerfile 文件**生成镜像，Dockerfile 文件会告诉 Docker 如何构建镜像。下面我们来看看怎么编写一个最简单的 Dockerfile 文件，它可以帮助我们生成爬虫项目的镜像。

```
1  FROM golang:1.18-alpine
2  LABEL maintainer="zhuimengshaonian04@gmail.com"
3  WORKDIR /app
4  COPY . /app
5  RUN go mod download
6  RUN go build -o crawler main.go
7  EXPOSE 8080
8  CMD [ "./crawler","worker" ]
```

让我们逐行剖析一下这个 Dockerfile 文件。

- 第 1 行，所有 Dockerfile 都以 FROM 指令开头，这是镜像的基础层，其余文件与依赖将作为附加层添加到基础层中。golang:1.18-alpine 是 Go 官方提供的包含了 Go 指定版本与 Linux 文件系统的基础层。
- 第 2 行，LABEL 指令，可以为镜像添加元数据，这里列出了镜像维护者的邮箱。
- 第 3 行，WORKDIR 指令，用于设置镜像的工作目录，这里设置为/app。
- 第 4 行，COPY 指令，用于将文件复制到镜像中，这里将项目的所有文件都复制到了/app 路径下。
- 第 5 行，RUN 指令，用于执行指定的命令，这里通过执行 go mod download 安装 Go 项目的依赖。
- 第 6 行，RUN go build 用于构建项目的二进制文件。
- 第 7 行，EXPOSE 8080 声明了容器暴露的服务端口，主要用于描述，没有正式的作用。
- 第 8 行，CMD 声明了容器启动时运行的命令，这里运行的是./crawler worker。

接下来让我们构建镜像，下面的命令将创建一个新的镜像 crawler:latest。第一行最后的 . 表示 Docker 使用当前的目录作为构建的上下文环境。

```
» docker image build -t crawler:latest .
[+] Building 2.5s (10/10) FINISHED                                          0.1s
 => [1/5] FROM
docker.io/library/golang:1.18-alpine@sha256:c2bb8281641f39a32e01854ae6b5fea45870f6f4c0c04365e
adc0be596675456                                             0.0s
...                                                                         0.0s
 => => writing image sha256:543e5f9605c19472776ba5a97c892092fd27e12a3164c4850940c442b960c714
0.0s
 => => naming to docker.io/library/crawler:latest                          0.0s
```

执行 docker image ls ，可以看到镜像已经构建完毕了。

```
» docker image ls | grep crawler
REPOSITORY    TAG    IMAGE ID         CREATED        SIZE
```

```
crawler      latest 543e5f9605c1   16 minutes ago   782MB
```

Docker 镜像由一系列的层（Layer）组成，镜像中的每层都代表 Dockerfile 中的一条指令。添加和删除文件都会产生一个新的层，每层与前一层只存在一组差异。分层设计加速了镜像的构建和分发，多个镜像还能共享相同的层，这也可以节约磁盘空间。

要查看镜像的层，可以使用 docker image inspect 指令。如下所示，crawler:latest 镜像目前有 8 层，每层都有唯一的 SHA256 标示。

```
» docker image inspect crawler:latest
[
    {
        "Id": "sha256:543e5f9605c19472776ba5a97c892092fd27e12a3164c4850940c442b960c714",
        "RootFS": {
            "Type": "layers",
            "Layers": [
                "sha256:ded7a220bb058e28ee3254fbba04ca90b679070424424761a53a043b93b612bf",
                "sha256:5543070dee1f9b72eff0b8d84c87dd37b04899edd7afe46414ca6230c09cc4f5",
                ...
            ]
        },
        "Metadata": {
            "LastTagTime": "2022-12-20T10:47:44.36765779Z"
        }
    }
]
```

下一步，让我们用 docker run 执行容器。-p 8081:8080 表示端口的映射，意思是将容器的 8080 端口映射到主机的 8081 端口。

```
» docker run -p 8081:8080  crawler:latest
{"level":"INFO","ts":"2022-12-20T10:56:53.420Z","caller":"worker/worker.go:101","msg":"log
init end"}
{"level":"INFO","ts":"2022-12-20T10:56:53.420Z","caller":"worker/worker.go:109","msg":"proxy
list: [<http://127.0.0.1:8888> <http://127.0.0.1:8888>] timeout: 3000"}
{"level":"ERROR","ts":"2022-12-20T10:56:53.421Z","caller":"worker/worker.go:126","msg":"creat
e sqlstorage failed","error":"dial tcp 127.0.0.1:3326: connect: connection refused"}
```

在这里程序直接退出了，因为它无法连接 127.0.0.1:3326 的 MySQL。这是因为容器网络具有隔离性，容器在查找 127.0.0.1 回环地址时，流量被直接转发到了当前容器中，无法访问到宿主机网络。

为了让容器访问宿主机上的程序，我们可以将 MySQL 的地址修改为宿主机对外的 IP 地址，例如当前我的局域网地址为 192.168.0.105（你可以使用 ifconfig 指令查看本机 IP 地址），或者我们可以在 docker run 时使用--network host，取消容器与宿主机之间的网络隔离。

```
docker run -p 8081:8080 --network host crawler:latest
```

通过 docker exec 可以在正在运行的容器中运行命令，这里的 -it 指将容器的输入输出重定向到当前的终端。如下所以，在容器中运行 sh 命令，之后可以通过命令行与容器交互。

```
docker exec  -it  crawler:latest sh
```

执行 docker ps 可以查看当前正在运行的容器。

```
» docker ps
CONTAINER ID   IMAGE                    COMMAND               CREATED          STATUS
52442ef0a737   crawler:latest           "./crawler worker"    12 seconds ago   Up 12 seconds
```

38.4　多阶段构建镜像

镜像可以只包含与运行程序相关的文件与依赖，因此可以变得很小。**镜像变小后能加快分发与运行**，我们之前构建的镜像有 782MB，在生产环境下显然是无法让人满意的。

其实，前面构建的镜像很大，是因为在构建程序时包含了很多额外的环境和依赖，例如 Go 编译器的环境和 Go 项目的依赖文件。如果我们可以在构建完二进制程序之后清除这些无用的文件，那么镜像将大大减小。要实现这个目标，就不得不提到镜像的多阶段构建（multi-stage builds）了。

有了多阶段构建，就可以在一个 Dockerfile 中包含多个 FROM 指令，每个 FROM 指令都是一个新的构建阶段，这样就可以轻松地从之前的阶段复制生成好的文件了。

下面是多阶段构建的 Dockerfile 文件。这里将第一个阶段命名为 builder，它是应用程序的初始构建阶段。第二个阶段以 alpine:latest 作为基础镜像，去除了很多无用的依赖。我们利用 COPY --from=builder，只复制了第一阶段的二进制文件和配置文件。

```
FROM golang:1.18-alpine as builder
LABEL maintainer="zhuimengshaonian04@gmail.com"
WORKDIR /app
COPY . /app
RUN go mod download
RUN go build -o crawler main.go

FROM alpine:latest
WORKDIR /root/
COPY --from=builder /app/crawler ./
COPY --from=builder /app/config.toml ./
CMD ["./crawler","worker"]
```

接下来再次执行 dokcer build，会发现最新生成的镜像大小只有 41MB 了，相比最初的 782MB，节省了七百多兆空间。

```
» docker images
REPOSITORY    TAG       IMAGE ID        CREATED       SIZE
crawler       local     19c35890a440    9 days ago    41MB
```

38.5　Docker 网络原理

那 Docker 网络的通信原理是什么呢？我们知道，容器中的网络是相互隔离的，容器与容器之间无法相互通信。在 Linux 中通过网络命名空间（Network Namespace）实现隔离。Docker 中的网络模型遵循了容器网络模型（Container Network Model，CNM）的设计规范。如图 38-2 所示，容器（Docker

Container）中的每个网络都对应着一个网络沙盒（Network Sandbox），网络沙盒是一个虚拟网络栈，它为容器提供了网络隔离和通信功能。容器可以通过 Endpoint 加入指定的 Frontend Network 或 Backend Network 中。通过网络模型的设计，Docker 可以轻松地管理和配置容器网络，并提供灵活的网络方案。

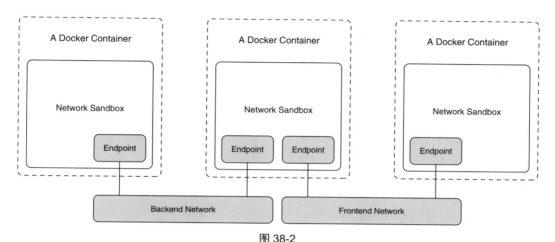

图 38-2

Docker 的网络子系统由网络驱动程序以插件形式提供，默认存在多个驱动程序，常见的驱动程序如下。（1）bridge：桥接网络，为 Docker 默认的网络驱动。（2）host：去除网络隔离，容器使用和宿主机相同的网络命名空间。（3）none：禁用所有网络，通常与自定义网络驱动程序结合使用。（4）overlay：容器可以跨主机通信。

要查看容器当前可用的网络驱动，可以使用 docker network ls。

```
» docker network ls
NETWORK ID      NAME          DRIVER    SCOPE
40865fd56e0d    bridge        bridge    local
1fa0c4c53670    host          host      local
25c4683eb897    none          null      local
```

要想让容器之间通过回环地址进行通信，除了使用和宿主机相同的网络命名空间将容器端口映射到宿主机端口，还可以在运行容器时指定--net 参数。

```
» docker run --net=container:mysql-test   crawler:latest
```

例如，上面的命令是让 Docker 将新建容器的进程放到一个已存在容器的网络栈中，新容器的进程有自己的文件系统、进程列表和资源限制，但会和已存在的容器共享 IP 地址、端口等网络资源，两个容器可以直接通过回环地址进行通信。

而 Docker 容器默认使用桥接网络，虽然容器与容器、容器与宿主机之间不能通过回环地址进行通信，但是借助容器的 IP 地址，可以让两个容器直接通信。例如，我们可以用下面的指令找到 MySQL 的 IP 地址。

```
» docker inspect mysql-test | grep IPAddress
"IPAddress": "172.17.0.3",
```

接着，在 crawler 容器中直接 ping 通 MySQL 容器的 IP 地址。

```
» docker run  -it  crawler:latest sh
~ # ping 172.17.0.3
PING 172.17.0.3 (172.17.0.3): 56 data bytes
64 bytes from 172.17.0.3: seq=0 ttl=64 time=1.597 ms
64 bytes from 172.17.0.3: seq=1 ttl=64 time=0.142 ms
```

这是怎么实现的呢？以 Linux 系统为例，**Docker 会在宿主机和容器内分别创建一个虚拟接口**（这样的一对接口叫作 Veth Pair），虚拟接口的两端彼此连通，这就可以实现跨网络的命名空间通信了。

但是要让众多的容器能够彼此通信，还要使用 Linux 中的 bridge 技术。bridge 以独立于协议的方式将两个以太网段连接在了一起，由于转发位于网络的第 2 层，因此所有协议都可以透明地通过 bridge，如图 38-3 所示。当 Docker 服务启动时，会在主机上创建一个 Linux 网桥，它在 Linux 中被命名为 Docker0。Docker 会将 Veth Pair 的一端连接到 Docker0 上，而另一端位于容器中，被命名为 eth0，如下所示。

```
» docker run  -it  crawler:latest sh
~ # ip addr
127: eth0@if128: <BROADCAST,MULTICAST,UP,LOWER_UP,M-DOWN> mtu 1500 qdisc noqueue state UP
    link/ether 02:42:ac:11:00:04 brd ff:ff:ff:ff:ff:ff
    inet 172.17.0.4/16 brd 172.17.255.255 scope global eth0
       valid_lft forever preferred_lft forever
```

这样，借助 Doker0 网桥就实现了容器与容器的通信，也实现了容器与宿主机、容器与外部网络的通信。因此在容器内是可以访问外部网络的。

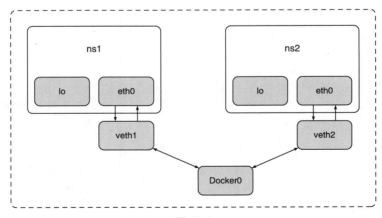

图 38-3

38.6　使用 GitHub Actions 自动化 Docker 工作流程

GitHub Actions 是 GitHub 提供的持续集成和部署（CI/CD）工具，它允许在发生代码推送等 GitHub 事件时，自动执行预定义的工作流程。这些工作流程使用一个易读易写的 YAML 文件进行描述，包括一个或多个作业（job），每个作业又可以包含一个或多个步骤，执行实际命令的就是这些步骤。

在 GitHub Actions 工作流程中，Action 是可以复用的组件，这些组件可能是 GitHub 提供的，也可能是开发者社区开发的。Action 可以完成特定的任务，如设置环境、运行测试、部署代码等。

为了自动构建并推送 Docker 镜像，我们需要在项目仓库的 .github/workflows 目录下创建一个新的 GitHub Actions 工作流程文件 docker.yml。这个文件中定义了一个作业，包含了多个步骤，如检出代码、登录 GitHub Container Registry（GHCR），提取 Docker 镜像元数据，以及构建并推送 Docker 镜像。其内容如下所示。

```
name: Build and Push Docker Image

env:
  REGISTRY: ghcr.io
  IMAGE_NAME: ${{ github.repository }}

on:
  push:
    branches: [ "*" ]
  pull_request:
    branches: [ "*" ]

jobs:
  build-and-push-image:
    runs-on: ubuntu-latest
    permissions:
      contents: read
      packages: write
    steps:
      - uses: actions/checkout@v3

      - name: Log in to the Container registry
        uses: docker/login-action@v1
        with:
          registry: ${{ env.REGISTRY }}
          username: ${{ github.actor }}
          password: ${{ secrets.GITHUB_TOKEN }}

      - name: Extract metadata (tags, labels) for Docker
        id: meta
        uses: docker/metadata-action@v3
        with:
          images: ${{ env.REGISTRY }}/${{ env.IMAGE_NAME }}
```

```
    - name: Build and push Docker image
      uses: docker/build-push-action@v2
      with:
       context: .
       push: true
       tags: ${{ steps.meta.outputs.tags }}
       labels: ${{ steps.meta.outputs.labels }}
```

这个工作流程在每次有新的代码推送或合并请求时执行，包含以下几个步骤。

- 代码检出：使用 actions/checkout@v3 Action 从当前仓库拉取最新代码。
- 登录仓库：使用 docker/login-action@v1 Action 登录 GHCR。GHCR 是 GitHub 的容器镜像服务，可以存储和管理 Docker 容器镜像。该服务与 Docker Hub 类似，但更紧密地集成到了 GitHub 平台上，它的访问地址是 ghcr.io。

登录 GHCR 时需要提供仓库地址（这里是 ghcr.io）、用户名和访问令牌。用户名就是用户的 GitHub 用户名，访问令牌是一种安全凭证，用于验证 GitHub 账户并授予特定的访问权限。

- 提取元数据：使用 docker/metadata-action@v3 Action 获取 Docker 镜像的元数据。
- 构建并推送镜像：使用 docker/build-push-action@v2 Action 构建 Docker 镜像，并将其推送到 GHCR。需要指定构建上下文，以及是否推送镜像。

一旦新的代码被推送到代码仓库，GitHub Actions 就会开始执行定义的工作流程。我们可以在当前项目的 GitHub 仓库页面的 Actions 选项卡中看到执行的步骤。在执行过程的详情中，可以看到当前项目构建并推送的 Docker 镜像地址：ghcr.io/dreamerjackson/crawler:main 。

38.7　总结

本章简单介绍了容器化的演进过程。容器是应用层的抽象，它将指定版本的代码和依赖项打包在一起，并使用静态的 Dockerfile 镜像来描述容器的行为。通过 Dockerfile 镜像生成的容器具有相同的行为，这是云原生时代弹性扩容服务和服务迁移的基础，极大地减少了运维的成本。通过多阶段构建镜像，我们还看到了如何减小镜像的大小，这有助于镜像的下载、分发与存储。

最后介绍了 Docker 网络的原理，Linux 中使用了虚拟接口与 bridge 技术，实现了容器与容器、容器与宿主机之间的隔离与网络通信。

39

多容器部署：利用 Docker Compose 快速搭建本地爬虫环境

一切可以自动化的事情，都将被自动化。

——计算机行业谚语

本章使用 Docker Compose 快速部署多个容器。

39.1 什么是 Docker Compose

Docker Compose 一般用于开发环境，负责部署和管理多个容器。现代的应用程序通常由众多微服务组成，就拿爬虫服务来说，它包含了 Master、Worker、etcd、MySQL，未来还可能包含前端服务、日志采集服务、鉴权服务等。部署和管理许多像这样的微服务可能很困难，而 Docker Compose 就可以解决这一问题。

Docker Compose 并不是简单地将多个容器脚本和 Docker 命令排列在一起，它会让你在单个声明式配置文件（例如 docker-compose.yaml）中描述整个应用程序，并使用简单的命令进行部署。部署应用程序之后，你可以用一组简单的命令来管理应用程序的整个生命周期。

借助 Docker Compose，你可以在 YAML 文件中定义多个服务，并由 docker-compose 对文件完成解析，然后借助 Docker API 部署容器。

39.2 Compose 的安装

Docker Compose 最简单的安装方法是 Docker Desktop，Docker Desktop 中包括 Docker Compose、Docker Engine 及 Docker CLI。要想通过其他方式安装，也可以查看官方安装文档。执行以下命令可以验证是否拥有了 Docker Compose。

```
» docker-compose --version
Docker Compose version v2.13.0
```

39.3　Compose 配置文件的编写

Compose 使用 YAML 和 JSON 格式的配置文件定义服务，默认的配置文件名称是 docker-compose.yml，你也可以使用 -f 标志来指定自定义的配置文件。

下面我们为爬虫项目编写一个简单的 docker-compose.yml 文件。

```yaml
version: "3.9"
services:
  worker:
    build: .
    command: ./crawler worker
    ports:
      - "8080:8080"
    networks:
      - counter-net
    volumes:
      - /tmp/app:/app
    depends_on:
      mysql:
          condition: service_healthy
  mysql:
    image: mysql:5.7
    environment:
      MYSQL_DATABASE: 'crawler'
      MYSQL_USER: 'myuser'
      MYSQL_PASSWORD: 'mypassword'
      MYSQL_ROOT_PASSWORD: '123456'
      TZ: 'Asia/Shanghai'
    ports:
      - '3326:3306'
    expose:
      - '3306'
    volumes:
      -  /tmp/data:/var/lib/mysql
    networks:
      counter-net:
    healthcheck:
      test: ["CMD", "mysqladmin" ,"ping", "-h", "localhost"]
      interval: 5s
      timeout: 5s
      retries: 55
networks:
  counter-net:
```

在这个例子中，docker-compose.yml 文件的根级别有 3 个指令。

- version：version 指令是 Compose 配置文件中必须的，它始终位于文件的第一行，定义了 Compose 文件格式的版本，这里使用的是 3.9 版本。注意，version 并未定义 Docker Compose 和 Docker 的版本。

- services：services 指令用于定义应用程序需要部署的不同服务。这个例子中定义了两个服务，一个是爬虫项目的 Worker，另一个是 Worker 依赖的 MySQL 数据库。
- networks：networks 的作用是告诉 Docker 创建一个新网络。在默认情况下，Compose 将创建桥接网络，可以使用 driver 属性来指定不同的网络类型。

除此之外，根级别配置中还可以设置其他指令，例如 volumes、secrets、configs。其中，volumes 用于将数据挂载到容器，这是持久化容器数据的最佳方式。secrets 主要用于 swarm 模式，可以管理敏感数据、安全传输数据（这些敏感数据不能直接存储在镜像或源码中，但在运行时又需要）。configs 也用于 swarm 模式，它可以管理非敏感数据，例如配置文件等。

更进一步地，让我们来看看 services 中定义的服务。**services 中定义了 Worker 和 MySQL 两个服务**。Compose 会将每个服务都部署为一个容器，并且容器的名字会分别包含 Worker 与 MySQL。

在对 Worker 服务的配置中，各个配置的含义如下。

- build 用于构建镜像，其中 build:. 告诉 Docker 使用当前目录中的 Dockerfile 构建一个新镜像，新构建的镜像将用于创建容器。
- command 是容器启动后运行的应用程序命令，该命令可以覆盖 Dockerfile 中设置的 CMD 指令。
- ports 表示端口映射。这里的"SRC:DST"表示将宿主机的 SRC 端口映射到容器中的 DST 端口，访问宿主机 SRC 端口的请求将被转发到容器对应的 DST 端口中。
- networks 可以告诉 Docker 要将服务的容器附加到哪个网络中。
- volumes 可以告诉 Docker 要将宿主机的目录挂载到容器内的哪个目录。
- depends_on 表示启动服务前需要首先启动的依赖服务。在本例中，启动 Worker 容器前必须先确保 MySQL 可正常提供服务。

在对 MySQL 服务的定义中，各个配置的含义如下。

- image 用于指定当前容器启动的镜像版本，当前版本为 mysql:5.7。如果在本地查找不到镜像，就从 Docker Hub 中拉取。
- environment 可以设置容器的环境变量。环境变量可用于指定当前 MySQL 容器的时区，并配置初始数据库名、根开发者的密码等。
- expose 是描述性信息，表明当前容器暴露的端口号。
- networks 用于指定容器的命名空间。MySQL 服务的 networks 应设置为和 Worker 服务相同的 counter-net，这样两个容器共用一个网络命名空间，可以使用回环地址进行通信。
- healthcheck 用于检测服务的健康状况，这里和 depends_on 配合在一起可以确保 MySQL 服务状态健康后再启动 Worker 服务。

要使用 Docker Compose 启动应用程序，可以使用 docker-compose up 指令，它是启动 Compose 应用程序最常见的方式。docker-compose up 指令可以构建或拉取所有需要的镜像，创建所有需要的网络和存储卷，并启动所有的容器。如下所示，输入 docker-compose up，程序启动后可能输出冗长的启动日志，等待几秒之后，服务就启动好了。根据我们的配置，将首先启动 MySQL 服务，接着启动 Worker

服务。

```
» docker-compose up
[+] Running 2/0
 ⠿ Container crawler-mysql-1          Created                                  0.0s
 ⠿ Container crawler-crawler-worker-1  Created                                  0.0s
Attaching to crawler-crawler-worker-1, crawler-mysql-1
```

在默认情况下，docker-compose up 指令将查找名称为 docker-compose.yml 的配置文件，如果你有自定义的配置文件，需要使用 -f 标志指定它。另外，使用 -d 标志可以在后台启动应用程序。现在，应用程序已构建好并开始运行了，我们可以使用普通的 docker 命令来查看 Compose 创建的镜像、容器、网络。

如下所示，docker images 指令可以查看最新构建的 Worker 镜像。

```
» docker images
REPOSITORY                 TAG       IMAGE ID       CREATED         SIZE
crawler-crawler-worker     latest    1fec0f6fc04e   23 hours ago    41.3MB
```

docker ps 指令可以查看当前正在运行的容器，可以看到 Worker 与 MySQL 都已经正常启动了。

```
» docker ps
CONTAINER ID   IMAGE                    COMMAND                  CREATED          STATUS
PORTS                                      NAMES
a43f4ed671fc   crawler-crawler-worker   "./crawler worker"       2 minutes ago    Up 2 minutes
0.0.0.0:8080->8080/tcp                     crawler-crawler-worker-1
2bd879656049   mysql:5.7                "docker-entrypoint.s…"   38 minutes ago   Up 2 minutes
(healthy)   33060/tcp, 0.0.0.0:3326->3306/tcp   crawler-mysql-1
```

接着，执行 docker network ls 指令，可以看到 dokcek 创建了一个新的网络 crawler_counter-net，它是桥接模式的。

```
» docker network ls
NETWORK ID     NAME                  DRIVER    SCOPE
ef63428fb70e   bridge                bridge    local
71d238bd7e46   crawler_counter-net   bridge    local
```

39.4 Compose 生命周期管理

接下来，我们看看如何使用 Docker Compose 启动、停止和删除应用程序，实现对于多容器应用程序的管理。当应用程序启动后，使用 docker-compose ps 命令可以查看当前应用程序的状态，与 docker ps 类似，你可以看到两个容器、容器正在运行的命令、当前运行的状态以及监听的网络端口。

```
» docker-compose ps
NAME               COMMAND                  SERVICE    STATUS              PORTS
crawler-mysql-1    "docker-entrypoint.s…"   mysql      running (healthy)   33060/tcp,
0.0.0.0:3326->3306/tcp
crawler-worker-1   "./crawler worker"       worker     running
0.0.0.0:8080->8080/tcp
```

使用 docker-compose top 可以列出每个服务（容器）内运行的进程，返回的 PID 号是从宿主机看到的。

```
» docker-compose top
crawler-mysql-1
UID    PID     PPID    C    STIME    TTY    TIME        CMD
999    71494   71468   0    14:58    ?      00:00:00    mysqld
crawler-worker-1
UID    PID     PPID    C    STIME    TTY    TIME        CMD
root   71773   71746   0    14:58    ?      00:00:00    ./crawler worker
```

如果要关闭应用程序，那么可以执行 docker-compose down，如下所示。

```
» docker-compose down
[+] Running 3/3
 ⸬ Container crawler-worker-1       Removed                                      5.2s
 ⸬ Container crawler-mysql-1        Removed                                      2.1s
 ⸬ Network crawler_counter-net      Removed
```

要注意的是，docker-compose up 构建或拉取的任何镜像都不会被删除，它们仍然存在于系统中，这意味着下次启动应用程序时会更快。同时我们还可以看到，当前挂载到宿主机的存储目录并不会随着 docker-compose down 而销毁。同样，使用 docker-compose stop 命令可以让应用程序暂停，但不会删除它。再次执行 docker-compose ps，可以看到应用程序的状态为 exited。

```
» docker-compose ps
NAME                COMMAND                 SERVICE         STATUS          PORTS
crawler-mysql-1     "docker-entrypoint.s…"  mysql           exited (0)
crawler-worker-1    "./crawler worker"      worker          exited (0)
```

再次执行 docker-compose restart 可以重新启动因为 docker-compose stop 而暂停的容器。

```
» docker-compose restart
[+] Running 2/2
 ⸬ Container crawler-mysql-1        Started
 ⸬ Container crawler-worker-1       Started                                     2.3s
```

最后，整合了 Master、Worker、MySQL 和 etcd 服务的 Compose 配置文件可以查看项目最新分支的 docker-compose.yml 文件。在这之后，我们就可以方便地测试最新的代码了。

39.5　总结

本章介绍了如何使用 Docker Compose 部署和管理多容器应用程序。Docker Compose 是一个运行在 Docker 之上的 Python 应用程序，它允许在单个声明式配置文件中描述多容器应用程序，并使用简单的命令管理。Docker Compose 默认的配置文件为当前目录下的 docker-compose.yml 文件，通过编写丰富的自定义配置控制容器的行为。

要注意的是，编写配置参数时需要配置参数的缩进。例如，描述服务的 networks 参数和根级别的 networks 参数的含义是截然不同的，在实践中我们一般会复制一个模版文件，并在此基础上将其改造为当前项目的配置。Docker Compose 多用在单主机的开发环境中，在更大规模的生产集群中，一般使用 Kubernetes 等容器编排技术。

容器海洋中的舵手：
Kubernetes 工作机制

这不过是将来之事的前奏，也是将来之事的影子。

—— Alan Turing

在实践中，对于大规模的线上分布式微服务项目，我们会选择 Kubernetes 作为容器编排的工具，它是云原生时代容器编排领域的霸主。本章，让我们来看看 Kubernetes 的基本原理。

40.1　什么是 Kubernetes

Kubernetes（K8s）是云原生时代的领导者，它自动部署、扩展和管理容器化应用程序，类似于操作系统为单机提供资源抽象和调度。Kubernetes 将多台机器的资源抽象成一个统一的资源池，实现灵活调度，让大规模集群管理变得轻松，如图 40-1 所示。从架构角度看，Kubernetes 的节点分为管理节点和工作节点。管理节点承载控制平面组件，工作节点负责运行业务服务。

管理节点上运行的控制平面组件主要包括如下服务。

- API Server：Kubernetes 组件之间，以及 Kubernetes 与外界沟通的桥梁。外部客户端（例如 kubectl）需要通过 API Server 暴露的 RESTful API 查询和修改集群状态，API Server 会完成认证与授权的功能。同时，API Server 是唯一与 etcd 通信的组件，其他组件要通过与 API Server 通信来监听和修改集群状态。
- etcd：集群中的持久存储。Kubernetes 中的众多资源（Pod、Deployment、Services、Secrets）都需要以持久的方式存储在 etcd 中，这样它们就可以实现故障容错了。
- Controller Manager： 生成并管理众多的 Controller。Controller 的作用是监控感兴趣的资源的状态，并维持服务的状态与期望的状态相同。核心的 Controller 包括 Deployment Controller、StatefulSet Controller 和 ReplicaSet Controller。
- Scheduler：Kubernetes 的调度器，通过 API Server 监听资源的变化。当需要创建新的资源时，它负责将资源分配给最合适的工作节点。

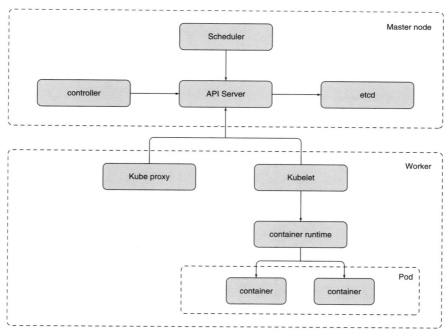

图 40-1

而工作节点主要负责运行业务服务，它主要包括 3 个组件。

- Kubelet：负责注册工作节点。通过 API Server 监听被调度到该工作节点的资源，并通过容器运行时操作容器。此外，Kubelet 还会监控容器的状态和事件并上报给 API Server。
- Kube-proxy：负责使用 iptables 或 IPVS 规则来处理网络流量的路由和负载均衡。
- 容器运行时：用于完成对容器的创建、删除等底层操作，包括 Docker、rkt 等。

Kubernetes 中抽象出了 Pod 作为资源调度的基本单位。Pod 在容器的基础上增加了标签，具有重启策略、安全策略、资源限制、探针等功能。同时，一个 Pod 中可能包含多个容器，有时需要将多个容器绑定在一起作为一个 Pod，这是因为一个 Pod 中的多个容器共享相同的网络命名空间等资源，可以通过回环地址进行通信。同时，一个 Pod 中的所有容器只能被调度到同一个工作节点中，这加快了这些容器的通信速度。

在实践中，我们一般不会直接部署 Pod，而是通过创建 Deployment 资源让 Deployment Controller 部署并管理 Pod。这是因为 Deployment Controller 提供了 Pod 的自动扩容（Scalability）、自动修复（Self-Healing）和滚动更新（Rolling Updates）等功能。

现在通过图 40-2 来看一看 Pod 是如何启动的。创建 Deployment 资源的过程包括：① 编写描述 Deployment 资源的 yaml 文件，通过 Kubectl 客户端创建 Deployment 资源；② Deployment Controller 监听 Deployment 资源变化；③ Deployment Controller 创建 ReplicaSet 资源；④ ReplicaSet Controller 监听 ReplicaSet 资源变化；⑤ ReplicaSet Controller 创建 Pod 资源；⑥ 调度器监听 Pod 资源变化；⑦ 调度器将 Pod 调度到指定工作节点；⑧ 工作节点的 Kubelet 监听 Pod 资源变化；

⑨ Kubelet 调用容器运行时运行容器；⑩ 容器运行时启动容器。

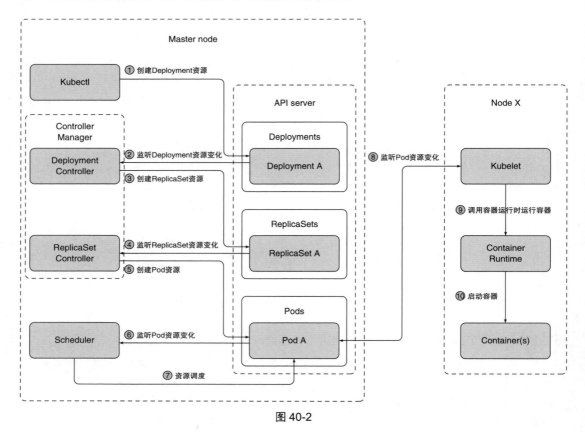

图 40-2

40.2 Kubernetes 网络原理

对于微服务集群，只有 Pod 还不够，大部分时候需要完成 Pod 之间的网络通信。Kubernetes 的网络规范要求所有 Pod 都拥有独立的 IP 地址，并且所有 Pod 都在一个可以直接连通的、扁平的网络空间里。这意味着每个 Pod 都可以通过 IP 地址直接访问其他 Pod，它们之间不存在 NAT（网络地址转换）。

在 Kubernetes 中，我们可以把网络通信分为 3 种情况：Pod 内容器间通信、相同 Worker Node 中的 Pod 通信，以及不同 Worker Node 中的 Pod 通信。先来看一看 Pod 内容器间通信，之前提到过，由于 Pod 中的容器共用同一个网络命名空间，因此它们也可以共用同一个网络栈，并通过回环地址进行通信。而在同一个 Worker Nod 中不同的 Pod 位于不同的网络命名空间中，无法直接通信。

还记得 Docker 是如何让容器进行通信的吗？在 Linux 中，Docker 在宿主机和容器内分别创建了一个虚拟接口，虚拟接口的两端彼此连通，这就实现了跨网络命名空间的通信。为了让众多的容器能够彼此通信，Docker 使用了 Linux 中的 bridge 将多个容器连接起来。如图 40-3 所示，Worker Node 的 Pod 的通信方式与 Docker 容器类似，只是把 Docker 中的容器换成了 Kubernetes 中的 Pod。

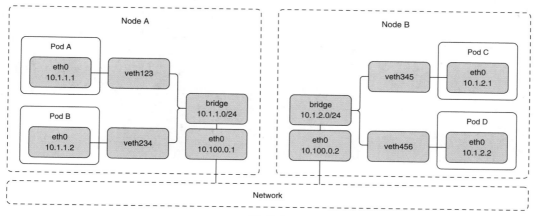

图 40-3

而对于跨 Worker Node 的 Pod 通信，情况变得更加复杂。我们需要解决下面两个核心问题：一是在整个 Kubernetes 集群中合理分配 Pod IP，不能有冲突，否则就无法让两个 Pod 通过 IP 地址进行交流。二是将 Pod IP 与 Node IP 关联，当 Pod 发出数据后，需要知道目标 Pod 所在的 Node 地址。

为了更容易地应用不同的网络插件，Kubernetes 采用了 CoreOS 公司提出的 CNI 容器网络规范。CNI 定义了对容器网络进行操作和配置的规范，而具体的实现可以由不同的插件提供。知名的 CNI 插件包括 Calico、Flannel、Romana、Weave Net。

现在，两个 Pod 之间可以通信了，我们很快又会面临新的问题。在过去，系统管理员会在配置文件中指定服务器的固定 IP 地址，但在 Kubernetes 中，这样做是行不通的。原因主要有下面两点：（1）Pod 可能随时出现和消失，客户端无法预知 Pod 对应的 IP 地址。（2）服务可能水平扩展，而每个 Pod 都有自己的 IP 地址，客户端不应该保留所有 Pod IP 列表。相反，所有这些 Pod 都应该可以通过单一的 IP 地址进行访问。

为了解决这些问题，Kubernetes 提供了新的资源类型 Service。Service 可以为一组提供相同服务的 Pod 提供单一、恒定的 IP 地址。当客户端与该 IP 地址连接时，Service 会将这些连接路由到对应的 Pod，这样客户端就不需要众多 Pod 的具体 IP 地址了。如果我们将 Service 类型设置为 NodePort 或者 LoadBalancer，那么还可以将 Service 暴露给外部的客户端进行访问。

Service 提供的 IP 地址是虚拟的，它没有绑定到任何网络接口，也不会在数据包离开 Worker Node 时变为网络数据包中的源 IP 地址或目标 IP 地址。Service 要实现这个功能需要依靠 kube-proxy。kube-proxy 通过 iptables 或者 IPVS 设置路由规则，确保发往 Service 的每个数据包都被拦截并修改目标地址，因此数据包会被重定向到 Service 维护的后端 Pod 之中。

40.3 总结

本章介绍了容器编排领域的霸主 Kubernetes 的架构、核心组件、网络等原理，以及 Kubernetes 是如何管理大规模服务的。如果你想更深入地学习 Kubernetes，那么推荐你阅读《Kubernetes 权威指南：从 Docker 到 Kubernetes 实践全接触》的网络原理部分和经典著作 *Kubernetes in Action*。

容器化实战：搭建 K8s 爬虫集群

如果建筑工人像程序员写软件那样盖房子，那么第一只飞来的啄木鸟就能毁掉人类文明。

——Gerald Weinberg

本章将介绍如何将与爬虫项目相关的微服务部署到 Kubernetes 中。

41.1 安装 Kubernetes 集群

我们需要准备一个 Kubernetes 集群。部署 Kubernetes 集群的方法很多，常见的方式包括 Play with Kubernetes (PWK)、Docker Desktop、云服务商提供的 K8s 服务（如 Google Kubernetes Engine (GKE)）、kops、kubeadm、K3s 和 K3d。

PWK 是一个免费的、试验性质的 Kubernetes 集群，只需使用 Docker 或 GitHub 账号即可在浏览器中生成 Kubernetes 集群。然而，它有一些限制，如每次使用时间不能超过 4 小时，且存在扩展性和性能问题。

Docker Desktop 可在本地创建 Kubernetes 集群。要使用 Docker Desktop 创建 Kubernetes 集群，只需单击 Docker 的鲸鱼图标，在选项卡中勾选 "启用 Kubernetes" 选项。虽然 Docker Desktop 生成的 Kubernetes 集群适用于开发和测试，但它不能模拟多节点 Kubernetes 集群。

在某些生产环境中，可能需要手动部署多节点 Kubernetes 集群。例如，在为企业部署基于 Kubernetes 的人脸识别系统时，可以使用 kubeadm 工具来安装 Kubernetes 集群。kubeadm 是 Kubernetes 1.4 版本引入的命令行工具，旨在简化集群安装过程，如需更精细地调整 Kubernetes 各组件服务的参数和安全设置，可以使用 Kubernetes 二进制文件进行部署。有关 kubeadm 和二进制文件的安装方法，请参阅官方文档和《Kubernetes 权威指南》。

在其他生产环境中，例如私有云场景下，为应对高峰期可能导致的机器闲置和资源浪费，可以使用云服务商的 Kubernetes 服务搭建集群。

K3s 是轻量级 Kubernetes 集群，通过删除不必要的第三方存储驱动、去除与云服务商交互的代码，以及将 Kubernetes 组件合并到小于 100 MB 的二进制文件中运行，从而降低二进制文件的内存占用。K3s 适用于物联网等资源紧张的环境，也可用于持续集成和开发环境。

K3d 是一个社区驱动的项目，对 K3s 进行了封装，从而可以在 Docker 中创建单节点或多节点的 Kubernetes 集群。本章我们会借助 K3d 来完成爬虫集群的部署。

41.2　安装 K3d

K3d 的安装方式比较简单，可以通过如下脚本完成。

```
curl -s https://raw.githubusercontent.com/k3d-io/k3d/main/install.sh | bash
```

可以使用下面的指令安装 K3d 的指定版本。

```
curl -s https://raw.githubusercontent.com/k3d-io/k3d/main/install.sh | TAG=v5.4.6 bash
```

在 mac OS 操作系统中，还可以使用 brew 进行安装，如下所示。其他的安装方式可以查看官方文档。

```
brew install k3d
```

安装完成后，执行 k3d version 指令可以查看 K3d 的版本信息和 K3d 依赖的 K3s 的版本。

```
» k3d version
k3d version v5.4.6
k3s version v1.24.4-k3s1 (default)
```

关于 K3d 的使用方法，我推荐你阅读它的官方文档[①]和 K3d 维护的一个交互式 demo 项目[②]。这个 demo 项目可以实现从集群的创建到销毁，从 Pod 的创建到销毁的完整链路。你可以下载 k3d-demo 项目的代码，然后 make demo，跟着它的提示一步步去学习。

```
git clone https://github.com/k3d-io/k3d-demo
make demo
```

下面让我们来看看如何借助 K3d 搭建 Kubernetes 集群。

执行 k3d cluster create 指令，创建 Kubernetes 集群。

```
» k3d cluster create demo --api-port 6550 --servers 1 --c 3 --port 8080:80@loadbalancer --wait
INFO[0000] portmapping '8080:80' targets the loadbalancer: defaulting to [servers:*:proxy
agents:*:proxy]
...
INFO[0026] Injecting records for hostAliases (incl. host.k3d.internal) and for 6 network members
into CoreDNS configmap...
INFO[0028] Cluster 'demo' created successfully!
```

其中，运行参数 api-port 用于指定 Kubernetes API server 对外暴露的端口；servers 用于指定 master node 的数量；agents 用于指定 worker node 的数量；port 用于指定宿主机端口到 Kubernetes 集群的映射，后面我们会看到，当我们访问宿主机 8080 端口时，实际上会被转发到集群的 80 端口；wait 参数

---

① https://k3d.io/v5.4.6/。

② https://github.com/k3d-io/k3d-demo。

表示等待 K3s 集群准备就绪后指令才会返回。

创建好 Kubernetes 集群后，执行 k3d cluster list 指令可以看到当前创建好的 demo 集群信息。

```
» k3d cluster list
NAME    SERVERS    AGENTS    LOADBALANCER
demo    1/1        3/3       true
```

要让 kubectl 客户端能够访问到我们刚创建好的 Kubernetes 集群，需要执行下面的指令，把当前集群的配置信息合并到 kubeconfig 文件中，然后切换 Kubernetes Context，使 kubectl 能够访问新建的集群。

```
k3d kubeconfig merge demo --kubeconfig-merge-default --kubeconfig-switch-context
```

接下来，输入 kubectl get nodes，可以看到当前集群的 Master Node 与 Worker Node。

```
» kubectl get nodes
NAME                STATUS    ROLES                 AGE      VERSION
k3d-demo-server-0   Ready     control-plane,master  2m36s    v1.24.4+k3s1
k3d-demo-agent-1    Ready     <none>                2m31s    v1.24.4+k3s1
k3d-demo-agent-0    Ready     <none>                2m31s    v1.24.4+k3s1
k3d-demo-agent-2    Ready     <none>                2m31s    v1.24.4+k3s1
```

41.3　部署 Worker Deployment

创建好集群之后，我们要想办法将当前的爬虫项目部署到 Kubernetes 集群中。编写一个 crawl-worker.yaml 文件，用它来创建 Deployment 资源、管理容器。

```yaml
apiVersion: apps/v1
kind: Deployment
metadata:
  name: crawler-deployment
  labels:
    app: crawl-worker
spec:
  replicas: 3
  selector:
    matchLabels:
      app: crawl-worker
  template:
    metadata:
      labels:
        app: crawl-worker
    spec:
      containers:
      - name: crawl-worker
        image: crawler:local
        command:
          - sh
          - -c
          - "./crawler worker --podip=${MY_POD_IP}"
        ports:
```

```
        - containerPort: 8080
      env:
        - name: MY_POD_IP
          valueFrom:
            fieldRef:
              fieldPath: status.podIP
```

文件中信息的意思如下。

- apiVersion：定义创建对象时使用的 Kubernetes API 的版本。apiVersion 的一般形式为 <GROUP_NAME>/<VERSION>。在这里，Deployment 的 API group 为 app，版本为 v1。而 Pod 对象由于位于特殊的核心组，可以省略掉<GROUP_NAME>。apiVersion 的设计有助于 Kubernetes 对不同的资源进行单独管理，也有助于开发者创建 Kubernetes 中实验性质的资源进行测试。
- kind 表示当前资源的类型，这里定义的是 Deployment 对象。之前我们提到过，Deployment 在 Pod 之上增加了自动扩容、自动修复和滚动更新等功能。
- metadata.name：定义 deployment 的名字。
- metadata.labels：给 Deployment 的标签。
- spec：代表对象的期望状态。
- spec.replicas：代表创建和管理的 Pod 的数量。
- spec.selector：定义了 Deployment Controller 要管理哪些 Pod。这里定义的通常是标签匹配的 Pod，满足该标签的 Pod 会被纳入 Deployment Controller 中管理。
- spec.template.metadata：定义了 Pod 的属性，在上例中，定义了标签属性 crawl-worker。
- spec.template.spec.containers：定义了 Pod 中的容器属性。
- spec.template.spec.containers.name：定义了容器的名字。
- spec.template.spec.containers.image：定义了容器的镜像。
- spec.template.spec.containers.command：定义了容器的启动命令。注意，启动参数中的 ${MY_POD_IP} 是从环境变量中获取的 MY_POD_IP 对应的值。
- spec.template.spec.container.ports：描述服务暴露的端口信息，方便开发者更好地理解服务，没有实际的作用。
- spec.template.spec.container.env：定义容器的环境变量。这里定义了一个环境变量 MY_POD_IP，并且传递了一个特殊的值，即 Pod IP，同时将该环境变量的值传递到了运行参数中。

这里将 Pod IP 传入程序中有一个妙处。之前在程序运行时我们手动传入了 Worker 的 ID，这在开发环境中是没有问题的。但是在生产环境中，我们希望 Worker 能够动态扩容，这时就不能手动地指定 ID 了。我们需要让程序在启动后自动生成一个 ID，这个 ID 在分布式节点中是唯一的。

有些读者可能想到把时间当作唯一的 ID，例如使用 time.Now().UnixNano() 来获取 Unix 时间戳，但是程序仍有很小的概率获取到重复的时间。另一些读者可能想到利用 MySQL 的自增主键或者 etcd 等分布式组件得到分布式 ID，这当然是一种解决办法，不过依赖了额外的外部服务。在这里，我选择了一种更为巧妙的方法：借助 Kubernetes 中 Pod 的 IP 地址不重复的特性，将 Pod 的 IP 地址传递到程序中，生成唯一的 ID，代码如下所示。

```
WorkerCmd.Flags().StringVar(&podIP, "podip", "", "set worker id")
WorkerCmd.Flags().StringVar(&workerID, "id", "", "set worker id")
var podIP string
if workerID == "" {
        if podIP != "" {
            ip := generator.GetIDbyIP(podIP)
            workerID = strconv.Itoa(int(ip))
        } else {
            workerID = fmt.Sprintf("%d", time.Now().UnixNano())
        }
    }
func GetIDbyIP(ip string) uint32 {
    var id uint32
    binary.Read(bytes.NewBuffer(net.ParseIP(ip).To4()), binary.BigEndian, &id)
    return id
}
```

现在 workerID 的默认值为空，如果没有传递 id flag，也没有传递 podip flag，则一般是线下开发场景，可以直接使用 Unix 时间戳来生成 ID。如果没有传递 id flag，但传递了 podip flag，则要利用 Pod IP 的唯一性生成 ID。

准备好程序代码后生成 Worker 的镜像，并打上镜像 tag：crawler:local。注意，这里并没有和之前一样将镜像变为 crawler:latest，这是因为对于 crawler:latest 的镜像，Kubernetes 会在 DockerHub 中默认拉取最新的镜像[1]，这会导致镜像拉取失败，我们希望 Kubernetes 使用本地缓存的镜像。

```
docker image build -t crawler:local .
```

接着，将镜像导入 K3d 集群中。

```
k3d image import crawler:local -c demo
```

准备好镜像后创建 Kubernetes 中的 Deployment 资源，用它管理 Worker 节点。具体步骤是，执行 kubectl apply，告诉 Kubernetes 我们希望创建的 Deployment 资源的信息。

```
kubectl apply -f crawl-worker.yaml
```

接下来，输入 kubectl get po，查看 default namespace 中 Pod 的信息。可以看到，Kubernetes 已经创建了 3 个 Pod。

```
» kubectl get po
NAME                              READY   STATUS    RESTARTS   AGE
crawler-deployment-6744cc644b-2mm9r   1/1     Running   0          88s
crawler-deployment-6744cc644b-bgjqc   1/1     Running   0          88s
crawler-deployment-6744cc644b-84t9g   1/1     Running   0          88s
```

使用 kubectl logs 输出某一个 Pod 的日志，可以看到 Worker 节点已经正常地运行了。

还要注意的是，当前 Worker 节点的启动依赖于 MySQL 和 etcd 这两个组件。和之前一样，在宿主机中使用 Docker 启动这两个组件，后续可以将这两个组件部署到 Kubernetes 集群中。

---

① https://kubernetes.io/docs/concepts/containers/images/#imagepullpolicy-defaulting。

```
» kubectl logs -f crawler-deployment-6744cc644b-2mm9r
{"level":"INFO","ts":"2022-12-24T07:50:09.301Z","caller":"worker/worker.go:101","msg":"log
init end"}
2022-12-24 07:50:09  file=v4@v4.9.0/service.go:96 level=info Server [grpc] Listening on [::]:9090
```

现在让我们尝试从外部访问 Worker 节点。

由于网络存在隔离性，想从外部访问 Worker 节点没有那么容易。我们之前讲过，Pod 之间是可以通过 IP 地址相互连接的，所以尝试通过一个 Pod 容器访问 Worker 节点。由于当前生成的 crawler 容器内没有内置网络请求工具，所以这里用 kubectl run 启动一个带有 curl 工具的镜像 curlimages/curl，并命名为 mycurlpod。

```
kubectl run mycurlpod --image=curlimages/curl -i --tty -- sh
```

如下所示，仍然使用 kubectl get pod 指令查看当前 Worker Pod 的 IP 地址，-o wide 可以帮助我们得到更详细的 Pod 信息。

```
» kubectl get pod -o wide
NAME                                     READY   STATUS    RESTARTS   AGE   IP           NODE
NOMINATED NODE   READINESS GATES
crawler-deployment-6744cc644b-2mm9r      1/1     Running   0          40m   10.42.4.9
crawler-deployment-6744cc644b-bgjqc      1/1     Running   0          40m   10.42.5.10
crawler-deployment-6744cc644b-84t9g      1/1     Running   0          40m   10.42.3.6
```

接着进入 mycurlpod，利用 Worker 节点的 Pod IP 地址进行访问，成功返回预期数据。

```
» curl -H "content-type: application/json" -d '{"name": "john"}'
http://10.42.4.9:8080/greeter/hello
{"greeting":"Hello "}
```

41.4 部署 Worker Service

到这里还不能放松警惕，因为 Pod IP 会随时发生变化。为了有稳定的 IP 地址来访问 Worker 与 Master，我们要创建一个文件 crawl-worker-service.yaml 用以描述 Service 资源。Service 默认的类型为 ClusterIP，该类型的 Service IP 只能在集群内部访问。

```
kind: Service
apiVersion: v1
metadata:
  name: crawl-worker
  labels:
    app: crawl-worker
spec:
  selector:
    app: crawl-worker
  ports:
  - port: 8080
    name: http
  - port: 9090
    name: grpc
```

描述 Service 资源与之前描述 Deployment 资源非常相似。

- kind: Service：指当前的 Kubernetes 资源类型为 Service。
- apiVersion: v1：代表 apiVersion 的版本是 v1，由于 Service 是核心类型，因此省略了 API GROUP 的命名前缀。
- metadata.name：当前 Service 的名字。
- metadata.labels：当前 Service 的标签。
- spec.selector：选择器，表示当前 Service 管理哪些后台服务，只有标签为 app: crawl-worker 的 Pod 才会受到该 Service 的管理，这些 Pod 就是 Worker 节点。
- spec.ports.port：当前 Service 监听的端口号。例如，port: 8080 指当前 Service 会监听 8080 端口。在默认情况下，当外部访问该 Service 的 8080 端口时，会将请求转发给后端服务相同的端口。
- spec.ports.port.name：描述了当前 Service 端口规则的名字。

接下来使用 kubectl apply 创建 Service 资源，并使用 kubectl get service 得到 Service 的 CLUSTER-IP 地址。

```
» kubectl apply -f crawl-worker-service.yaml
» kubectl get service
NAME            TYPE        CLUSTER-IP      EXTERNAL-IP     PORT(S)             AGE
crawl-worker    ClusterIP   10.43.245.115   <none>          8080/TCP,9090/TCP   13m
```

同样，在包含 curl 工具的 mycurlpod 中，访问 Service 暴露的 ClusterIP，这时请求会负载均衡到后端任意一个 Worker 节点中。

```
$ curl -H "content-type: application/json" -d '{"name": "john"}'
http://10.43.245.115:8080/greeter/hello
```

41.5 部署 Master Deployment

Master 节点的部署和 Worker 节点的部署非常相似。如下所示，创建 crawler-master.yaml 文件，描述 Deployment 资源的信息。这里和 Worker Deployment 不同的主要是相关的名字和程序启动的指令。

```
apiVersion: apps/v1
kind: Deployment
metadata:
  name: crawler-master-deployment
  labels:
    app: crawl-master
spec:
  replicas: 1
  selector:
    matchLabels:
      app: crawl-master
  template:
    metadata:
      labels:
        app: crawl-master
```

```
spec:
  containers:
  - name: crawl-master
    image: crawler:local
    command:
      - sh
      - -c
      - "./crawler master --podip=${MY_POD_IP}"
    ports:
    - containerPort: 8081
    env:
    - name: MY_POD_IP
      valueFrom:
        fieldRef:
          fieldPath: status.podIP
```

41.6　部署 Master Service

同样地，为了使用固定的 IP 地址访问 Master，需要创建 Master Service。新建 crawl-master-service.yaml 文件，如下所示，port 指 Service 监听的端口 80，这是默认的 HTTP 端口，而 targetPort 指转发到后端服务器的端口，也就是 Master 服务的 HTTP 端口 8081。

```
kind: Service
apiVersion: v1
metadata:
  name: crawl-master
  labels:
    app: crawl-master
spec:
  selector:
    app: crawl-master
  type: NodePort
  ports:
  - port: 80
    targetPort: 8081
    name: http
  - port: 9091
    name: grpc
```

接下来，利用 kubectl apply 创建 Master Service。

```
» kubectl  apply -f crawl-master-service.yaml
```

现在就可以和 Worker 一样，利用 Service 访问 Masrer 暴露的接口了。

41.7　创建 Ingress

下面让我们更进一步，尝试在宿主机中访问集群的 Master 服务。由于资源具有隔离性，之前我们一直都是在集群内从一个 Pod 访问另一个 Pod。现在我们希望**在集群外部使用 HTTP 访问 Master 服务，要实**

现这个目标，可以使用 Ingress 资源。

具体做法是，创建 ingress.yaml，在 ingress.yaml 文件中编写相关的 HTTP 路由规则，根据不同的域名和 URL 将请求路由到后端不同的 Service 中。

```yaml
apiVersion: networking.k8s.io/v1
kind: Ingress
metadata:
  name: crawler-ingress
spec:
  rules:
    - http:
        paths:
          - path: /
            pathType: Prefix
            backend:
              service:
                name: crawl-master
                port:
                  number: 80
```

spec.http.paths 中描述了 Ingress 的路由规则，我们对应上面这个例子解读一下。

* spec.http.paths.path 表示 URL 匹配的路径。
* spec.http.paths.pathType 表示 URL 匹配的类型为前缀匹配。
* spec.http.paths.backend.service.name 表示路由到后端的 Service 的名字。
* spec.http.paths.backend.service.port 表示路由到后端的 Service 的端口。

要使用 Ingress 的功能，光是定义 ingress.yaml 中的路由规则是不行的，**还需要 Ingress Controller 控制器来实现路由规则的逻辑**。和 Kubernetes 中内置的 Controller 不同，Ingress Controller 是可以灵活选择的，**比较有名的 Ingress Controller 包括 Nginx、Kong 等**，不过这些 Ingress Controller 需要单独安装。好在 **K3d 默认为我们内置了 traefik Ingress Controller**，不需要额外安装，只要创建 Ingress 资源，就可以直接访问它了。

```
» kubectl  apply -f ingress.yaml
```

在宿主机中访问集群。这里访问的是 8080 端口，因为我们在创建集群时指定了端口的映射，所以当前 8080 端口的请求会转发到集群的 80 端口中。根据 Ingress 指定的规则，请求会被转发到后端的 Master service 中。

```
» curl -H "content-type: application/json" -d '{"id":"zjx","name": "XXX_book_list"}'
http://127.0.0.1:8080/crawler/resource
```

此外，Ingress 还可以设置规则，让不同的域名遵守不同的域名规则，这里不再赘述。

```
» curl -H "content-type: application/json" -d '{"id":"zjx","name": "XXX_book_list"}'
http://zjx.vx1131052403.com:8080/crawler/resource
```

41.8　创建 ConfigMap

到这一步，配置文件都是打包在镜像中的，修改程序的启动参数会非常麻烦。我们可以借助 Kubernetes 中的 ConfigMap 资源，将配置挂载到容器当中，这样就可以更灵活地修改配置文件，而不必每次都打包新的镜像了，具体做法如下。创建一个 ConfigMap 资源，把它放到默认的 namespace 中。在 Data 下，对应地输入文件名 config.toml 和文件内容。

```
apiVersion: v1
kind: ConfigMap
metadata:
  name: crawler-config
  namespace: default
data:
  config.toml: |-
    logLevel = "debug"
    [fetcher]
    timeout = 3000
    proxy = ["http://192.168.0.105:8888", "http://192.168.0.105:8888"]
    ...
```

然后，修改 crawler-master.yaml 文件，将 ConfigMap 挂载到容器中。

```
apiVersion: apps/v1
kind: Deployment
metadata:
  name: crawler-master-deployment
  labels:
    app: crawl-master
spec:
  ...
    spec:
      containers:
      - name: crawl-master
        image: crawler:local
        command:
          - sh
          - -c
          - "./crawler master --podip=${MY_POD_IP}  --config=/app/config/config.toml"
        volumeMounts:
        - name: crawler-config
          mountPath: /app/config/
      volumes:
      - name: crawler-config
        configMap:
          name: crawler-config
```

在这个例子中，spec.template.spec.volumes 创建了一个存储卷 crawler-config，它的内容来自名为 crawler-config 的 ConfigMap。接着，spec.template.spec.containers.volumeMounts 表示将该存储卷挂载到容器的/app/config 目录下，这样程序就能顺利使用 ConfigMap 中的配置文件了。

41.9　总结

本章学习了如何安装 Kubernetes 集群，使用 K3d 工具搭建了轻量级的 Kubernetes 集群，从而在开发环境中模拟了多节点的 Kubernetes 集群。本章还编写了核心的 YAML 描述文件，创建了 Kubernetes 中的资源，包括 Deployment、Pod、Service、Ingress、ConfigMap 等，创建了这些资源之后，服务的扩容、维护就可以交给强大的 Kubernetes 来管理了。

第 7 篇
意犹未尽

回头看：如何更好地组织代码

当你只有一把锤子时，一切看起来都像钉子。

——民间谚语

在利用 Go 语言进行系统开发时，**相信你或早或晚都会思考这样一个问题：如何更好地组织代码？** 或者说如何更好地构建项目的目录结构？这并不是一个容易回答的问题，因为这通常不会有标准答案。开发者对 Go 语言和软件开发的理解不同、面临的业务场景不同，代码的组织方式也会截然不同。

如果我们对这个问题不管不顾，就会发现代码编写起来越来越别扭、越来越难做大的调整。因此，在完成对爬虫系统的开发后，让我们重新来思考一下如何更好地组织代码。

42.1　按照功能划分组织代码

我们之前设计的爬虫系统有对代码进行组织吗？当然是有的。凭借着开发软件的经验，我们进行了很多增加代码扩展性的设计，包括 Option 模式、大量使用接口解耦依赖、在 main 函数中统一注入依赖等。从整体上看，我们使用了扁平化的目录结构，没有嵌套太深的层次结构。同时，为了便于对代码进行管理，我们根据功能对代码结构进行了划分，例如，auth 负责权限验证、collect 包用于网络爬取、storage 用于存储数据。上面的这些设计保证了我们对爬虫系统有较强的控制力。

通过功能对代码结构进行划分是比较常见也比较容易想到的模式。在开发过程中，我们会遇到不少难题，这些问题也存在于开发爬虫系统的过程中，**比较严重的两个就是命名问题和循环依赖问题。**

先来看命名问题。我们之前抽象出了 Fetcher 接口来采集网站信息，并且实现了直接爬取与模拟浏览器访问两种模式。对于网站信息采集这一重要的功能，我们很容易想到使用一个 package 单独管理它，也很容易想到将 package 命名为 fetch。这时问题出现了：当引用 fetch 包时，命名变成了 fetch.Fetcher、fetch.BrowserFetch，类似的命名还有 task.Task 等，这些命名包含着重复语义代码，让人感到很别扭。

```
package fetch

import (
```

```
    "xxx/task"
)

type Fetcher interface {
    Get(url *Request) ([]byte, error)
}

type Request struct {
    Task *task.Task
    URL  string
}
type BrowserFetch struct{}
func (b BrowserFetch) Get(request *Request) ([]byte, error) {
    req, _ := http.NewRequest("GET", request.URL, nil)
    if len(request.Task.Cookie) > 0 {
        req.Header.Set("Cookie", request.Task.Cookie)
    }
    // ...
    return nil, nil
}
```

再来看循环依赖问题。假设我们新建了一个 Task 的 package 用于处理和任务相关的工作，很快就会发现出现了循环依赖问题。fetcher 包中的 Request 结构体引用了 Task 包中的 Task 结构，而 Task 结构包含了规则树 RuleTree，RuleTree 中引用了 fetch.Request，这导致 fetch package 与 task package 相互依赖。

```
package task

import (
    "xxx/fetch"
)

type Task struct {
    Visited     map[string]bool
    VisitedLock sync.Mutex
    Cookie      string
    Rule        RuleTree
}
type RuleTree struct {
    Root func() ([]*fetch.Request, error) // 根节点(执行入口)
}
```

可以看到，简单地按照功能组织代码，命名问题和循环依赖问题都是非常让人头疼的。

42.2 按照单体划分组织代码

为了解决上面的问题，我们能否把所有的代码都放入同一个 package 中呢？这样就不存在命名问题了，也就没有了循环依赖问题。**这种方式一般只适合于小型的应用程序**，一旦代码数量超过一定规模（例如 1

万行），阅读和管理起来就会非常困难。

42.3　按照层级划分组织代码

在实践中，我们还经常看到分层的代码组织方式。比较经典的分层模式是 MVC 模式。MVC 模式一般用于 Web 服务和桌面端应用程序,在典型的 MVC 模型中,代码被分为了模型（ Model ）层、控制（ Controller ）层和视图（ View ）层。其中，模型层用于管理应用程序的数据和业务规则，并负责与数据库进行交互；控制层负责在模型和视图之间进行通信；视图层用于数据或者页面展示，而较少进行逻辑处理。典型的 MVC 目录结构如下所示。

```
app/
  models/
    user.go
    course.go
  controllers/
    user.go
    course.go
  views/
    user.go
    course.go
```

分层的架构能够提供统一的开发模式，让开发者容易理解。使用分层架构意味着在添加或更改业务功能时几乎涉及所有层，这样一来，修改单个功能就会变得非常麻烦。

分层架构面临着和功能架构相同的问题，例如，出现 controller.UserController 这样不太优雅的命名。如果多个层共用了同一个结构，那么这个结构应该放在哪里呢？随着代码量的增加，层与层之间、甚至同层的不同子模块之间的依赖关系会非常混乱，依然容易出现循环依赖的问题。

例如，模型层提供了一个用于存储数据的 Storage 接口，NewStorage 函数会根据 storageType 类型的不同，决定是使用数据库存储引擎还是内存存储引擎。

```go
package models
import "xxx/storage"

type Storage interface {
    SaveBeer(...Beer) error
    SaveReview(...Review) error
    FindBeer(Beer) ([]*Beer, error)
    FindReview(Review) ([]*Review, error)
    FindBeers() []Beer
    FindReviews() []Review
}

func NewStorage(storageType StorageType) error {
    var err error

    switch storageType {
    case Memory:
```

```
        DB = new(storage.Memory)

    case JSON:
        DB, err = storage.NewJSON("./data/")
        if err != nil {
            return err
        }
    }

    return nil
}
```

数据库引擎的具体实现位于 storage 包中。在 storage 包中，又引用了 model 包中定义的数据类型，这就导致了循环依赖问题。

```
package storage
import "xxx/models"
type Memory struct {
    cellar  []models.Beer
    reviews []models.Review
}
func (s *Memory) SaveBeer(beers ...models.Beer) error {
    for _, beer := range beers {
        var err error
}
```

这说明在 Go 语言中，简单地按照分层思想来组织代码仍然不足以让人满意。

42.4　按照领域驱动设计组织代码

为了应对上面这些挑战，我们来探索一下用领域驱动设计（Domain-Driven Design，DDD）组织代码。DDD 是 Eric Evans 于 2004 年提出的一种软件设计方法和理念，**它的核心思想是围绕核心的业务概念定义领域模型、指导业务与应用的设计和实现。** 它主张开发人员与业务人员持续地沟通并持续迭代模型，保证业务模型与代码实现的一致性，最终有效管理业务复杂度、优化软件设计。

DDD 的学习曲线比较陡峭，因为它有许多新的术语， 例如领域（Domain）、限界上下文（ Bounded Context）、**实体（Entity）、值对象（Value Object）、聚合（Aggregate）、聚合根（ Aggregate Root）** 等。我们需要对这些概念有深入的理解，才能在不同的应用场景中灵活地使用 DDD 进行设计。

42.4.1　六边形架构

DDD 是一种软件开发方法论，实践中比较流行的做法是将 DDD 与六边形架构（Hexagonal）结合起来，用 DDD 来指导六边形架构的设计。如图 42-1 所示，**六边形架构是一种由内而外的分层架构，每层都有特定的职责，并与其他层隔离。**

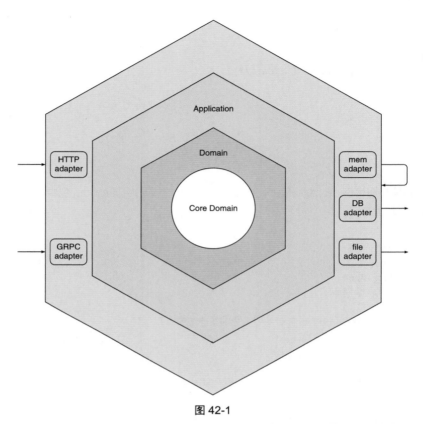

图 42-1

六边形架构的最内层为核心的领域（Domain），它定义应用程序中使用的实体和关系。应用（Application）层依赖内层的领域模型，负责实现应用程序的核心业务逻辑，例如验证开发者输入的数据并处理这些数据。外层的适配器用于不同形式的输入与输出。例如，HTTP 或者 GRPC 等多种适配器可以接收不同的外部输入，但是它们最终会由相同的内部处理逻辑来处理。不同形式的输出包括服务注册、将数据发送到消息队列、持久化存储等，每种输出形式都可能有多个适配器，例如，持久化存储可以有多种形式的适配器，控制把数据存储到 MySQL、MongoDB 或者内存中。这样，程序就有了比较强的扩展性，也方便进行 Mock 测试。

到这里你可能问，DDD 结合六边形架构为什么能够解决我们之前面临的问题呢？

同一个领域中的相关结构（实体、值对象）等会聚合在同一个 package 中。例如，我们可以把爬虫领域的相关代码放置到名为 spider 的 package 中，现在要引用该领域中的结构就变为了 spider.Task,spider.Request，避免了命名问题。

同时，该架构能够解决循环依赖问题。因为在六边形架构中，外层可以依赖内层的结构，但是内层不能依赖外层的结构，这保证了依赖关系的单向性。层级之间一般通过 Go 接口来交流，这不仅提高了扩展性，也实现了信息的隐藏。

下面就让我们试着用六边形架构重构爬虫系统，不过在这之前，还需要简单解释一下 DDD 的术语。

42.4.2 领域与子域

领域指从事一种专门活动或事业的范围。在 DDD 中，领域可以指业务的整个范围，而业务的整个范围又可以划分为多个子领域，核心的子领域可以被叫作核心域，核心域是业务成功的关键，是公司的核心竞争力，也是需要重点关注的领域。被多个子域使用的通用功能子域叫作通用域，不是核心功能也不是通用功能的领域被叫作支撑域，子域还可以细分为更小的问题域。

42.4.3 限界上下文

如图 42-2 所示，如果领域划分得足够好，就会发现某些子域之间形成了天然的边界，**限定在边界中的上下文被称为限界上下文（ Bounded context）**。在限界上下文中，业务人员和开发人员可以使用无歧义的统一语言来对话。

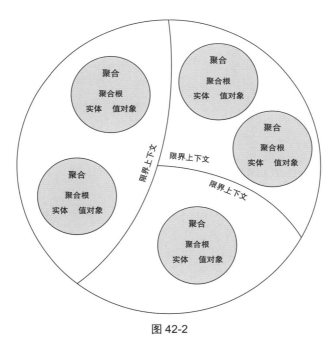

图 42-2

任务在不同上下文中的含义会不同，在 Worker 进行网站采集时，任务指包含了指定规则的描述爬虫任务的实例，而在 Master 添加任务时，任务指能够唯一用名字标识的资源。这就好比一个到酒吧买醉的人，在外人的眼中是酒鬼，而在酒吧老板的眼中是顾客。

所以，相同的事物在不同的上下文中具有不同的内涵和外延，限界上下文将事物限制在一定的上下文中进行讨论，可以让代码更真实地反映业务，让开发人员与业务人员有共同的语言。同时，限界上下文的边界通常还是进行微服务拆分的基础。

当前项目的核心是爬虫系统，核心域是爬虫域。我们将爬虫域的相关代码放置到 spider package 中，并在爬虫域的限界上下文中构建业务模型，最终会构建出实体、值对象、聚合等对象。

42.4.4 实体

DDD 中的实体是在相同限界上下文中具有唯一标识的领域模型，它的内部属性可能发生变化。在爬虫域中，一个爬虫的请求和一个爬虫任务可以作为一个实体，我们将其抽象为 Request 结构体和 Task 结构体。ResourceSpec 结构体也可以作为一个实体，它可以描述调度的资源对象，但是否要把它放入爬虫域中是值得推敲的，我们也许可以将其单独放入叫作调度域的领域中。

在对实体进行建模时，可以采取头脑风暴的方式，由开发人员与业务人员反复思考、推敲与迭代，最后根据具体的场景构建出比较合适的业务模型。

```go
package spider

type Request struct {
    Task     *Task
    URL      string
    Method   string
    Depth    int64
    Priority int64
    RuleName string
    TmpData  *Temp
}

// 请求唯一标识
func (r *Request) Unique() string {
    block := md5.Sum([]byte(r.URL + r.Method))
    return hex.EncodeToString(block[:])
}

func (r *Request) Check() error {
    ...
}

type Task struct {
    Visited     map[string]bool
    VisitedLock sync.Mutex
    Closed bool
    Rule RuleTree
    Options
}

type ResourceSpec struct {
    ID           string
    Name         string
    AssignedNode string
    CreationTime int64
}
```

除了添加对应实体的结构体，我们还可以添加实体的方法，用它来处理与实体相关的业务行为。例如，Request.Check 方法可以检查请求的有效性。这些方法之前已经开发好了，只是迁移到了指定的目录中，这里不再一一列出。

42.4.5　值对象

值对象是一种特殊的领域模型，它内部的值是一个整体，可以通过值判断同一性。例如，Request 结构体中的 URL 字段与 Method 字段都是值对象，它们描述了实体的属性。

注意，值对象不一定是字符串、整数这样的基础类型，还可能是一个结构体，关键在于我们需要把值对象看作一个整体，当我们需要替换实体中的值对象时，需要整体替换值对象。所以，我们可以把爬虫规则树 RuleTree 看作一个值对象，因为 RuleTree 是 Task 的一个属性，并且不能被单独修改。

```go
type RuleTree struct {
    Root  func() ([]*Request, error) // 根节点(执行入口)
    Trunk map[string]*Rule           // 规则哈希表
}
```

42.4.6　聚合

聚合是一组生命周期强一致、修改规则强关联的实体和值对象的集合，它表达的是统一的业务意义。比如，一个订单中有多个订单项，订单的总价是根据订单项目计算而来的，由于这些订单项和订单总价是密不可分的，因此可以把它们组合起来作为一个聚合。

在爬虫项目中，用于存储爬虫任务的全局变量 taskStore 就可以看作一个聚合，而描述爬虫存储单元的 DataCell 和上下文 Context 也是一个聚合。聚合和实体一样可以有对应的方法来描述业务行为。

```go
type taskStore struct {
    List []*Task
    Hash map[string]*Task
}

type Context struct {
    Body []byte
    Req  *Request
}

type DataCell struct {
    Task *Task
    Data map[string]interface{}
}

func (d *DataCell) GetTableName() string {
    return d.Data["Task"].(string)
}

func (d *DataCell) GetTaskName() string {
    return d.Data["Task"].(string)
}
```

42.4.7　服务

我们已经构建了爬虫域中的实体、值对象、聚合及它们对应的方法，但并不是所有的操作都适合放在这些对象的方法中。例如，爬取网站数据的行为就不适合放在 spider.Request 的方法中，因为爬取网站数据属于对 spider.Request 的操作，而不是 spider.Request 具有的行为。

另外，我们希望灵活地使用不同的采集方式，例如直接访问、代理访问或者模拟浏览器访问。因此我们还需要构建一个 DDD 中重要的对象——服务（Service）。**服务是领域模型的操作者，负责实现领域内的业务规则**，服务的结构体中一般不嵌套具体的实体、值对象和聚合，但是会在方法中串联业务逻辑。同时，服务一般会抽象出接口，这样其他的服务或者对象就可以通过依赖接口使用服务的方法，而不用管服务具体的实现了。我们将爬取网站数据的行为迁移到 fetchservice.go 文件中，代码如下。

```go
package spider

type Fetcher interface {
   Get(url *Request) ([]byte, error)
}

type BaseFetch struct{}
func (b BrowserFetch) Get(request *Request) ([]byte, error){
   ...
}
func (BaseFetch) Get(req *Request) ([]byte, error){
   ...
}

type BrowserFetch struct {
   Timeout  time.Duration
   Proxy    proxy.Func
   Logger   *zap.Logger
}
```

根据服务的定义，我们可以发现之前设计不太合理的地方，例如，模拟浏览器访问的 BrowserFetch 包含了 Timeout 与 Proxy 字段用于保存请求相关属性。其实，控制 HTTP 超时的 Timeout 以及控制代理的 Proxy 都可以放置到描述爬虫任务的 Task 中。同时，在 service 文件中，一般还需要一个函数 NewXxxService 来返回应该使用哪一种接口的具体实现，在我们的代码中，函数 NewFetchService 用于返回具体的采集实现。改造后的代码如下。

```go
package spider

type FetchType int
const (
   BaseFetchType FetchType = iota
   BrowserFetchType
)

type Fetcher interface {
   Get(url *Request) ([]byte, error)
```

```go
}

func NewFetchService(typ FetchType) Fetcher {
    switch typ {
    case BaseFetchType:
        return &baseFetch{}
    case BrowserFetchType:
        return &browserFetch{}
    default:
        return &browserFetch{}
    }
}

type baseFetch struct{}
func (*baseFetch) Get(req *Request) ([]byte, error) {
    ...
}
type browserFetch struct{}
func (b *browserFetch) Get(request *Request) ([]byte, error) {
    ...
}
```

这段代码将具体实现的结构体改为小写，外部服务或对象只能通过暴露的 NewFetchService 方法与采集服务交互。

42.4.8　仓储

服务本身可能依赖其他多个服务和仓储，并完成更高维度的业务串联，这是实现 Worker 逻辑的基础，因为爬虫 Worker 需要完成接收请求、爬取、存储等业务逻辑。那么问题来了，什么是仓储呢？

仓储（Repository）是以持久化领域模型为职责的对象，仓储的目的是增加持久化基础设施的可扩展性。核心域的 datarepository 文件定义了持久化存储的接口。

```go
package spider

type DataRepository interface {
    Save(datas ...*DataCell) error
}

type DataCell struct {
    Task *Task
    Data map[string]interface{}
}
func (d *DataCell) GetTableName() string {
    return d.Data["Task"].(string)
}
func (d *DataCell) GetTaskName() string {
    return d.Data["Task"].(string)
}
```

DataRepository 是一个接口，可以有多种实现了该接口的适配器，而适配器位于六边形架构的最外层。因此，我们之前基于 MySQL 的持久化实现不能放置到核心域中，而需要放置到外层的 sqlstorage package 中。

42.4.9　服务串联业务逻辑

在完成了 fetch Service 和 data Repository 的建模之后，我们需要更高维度的服务串联复杂的业务逻辑。我们把业务串联中与请求调度相关的代码放置到核心域的子文件夹中，命名为 workerengine。

之前，串联业务逻辑是在 Crawler 结构体的方法中完成的，这个结构体中还包含了 visited、failures、resources 等存储资源的容器。那么我们能够复用这个结构体吗？

```go
type Crawler struct {
    id         string
    out        chan spider.ParseResult
    Visited    map[string]bool
    failures   map[string]*spider.Request // 失败请求 id -> 失败请求
    resources  map[string]*master.ResourceSpec
    ...
}
```

这并不符合 Service 的定义，Service 只负责调度，不具有存储等逻辑，因此，我们需要重新思考一下设计方法。我们抽象出 ReqHistoryRepository 用于保存 Request 的历史记录。

```go
type ReqHistoryRepository interface {
    AddVisited(reqs ...*Request)
    DeleteVisited(req *Request)
    AddFailures(req *Request) bool
    DeleteFailures(req *Request)
    HasVisited(req *Request) bool
}
```

```go
type reqHistory struct {
    Visited     map[string]bool
    VisitedLock sync.Mutex
    failures    map[string]*Request // 失败请求 id -> 失败请求
    failureLock sync.Mutex
}
```

ResourceRepository 用于存储资源，Resource 是用于调度的实例。

```go
type ResourceRepository interface {
    Set(req map[string]*ResourceSpec)
    Add(req *ResourceSpec)
    Delete(name string)
    HasResource(name string) bool
}
```

```go
type resourceRepository struct {
    resources map[string]*ResourceSpec
```

```
    rlock     sync.Mutex
}
```

WorkerService 是对 Worker 服务的抽象，而 workerService 是具体的实现。从这里可以看出，workerService 大量依赖了外部的服务，例如 spider.Fetcher、Scheduler，同时依赖了外部的 Repository，例如 spider.DataRepository、spider.ReqHistoryRepository、spider.ResourceRepository。

```go
type WorkerService interface {
    Run(cluster bool)
    LoadResource() error
    WatchResource()
}

type workerService struct {
    out      chan spider.ParseResult
    rlock    sync.Mutex
    etcdCli *clientv3.Client
    options
}

type options struct {
    Fetcher           spider.Fetcher
    Storage           spider.DataRepository
    Logger            *zap.Logger
    ...
}

func (c *workerService) Run(cluster bool) {
    if !cluster {
        c.handleSeeds()
    }
    c.LoadResource()
    go c.WatchResource()
    go c.scheduler.Schedule()
    for i := 0; i < c.WorkCount; i++ {
        go c.CreateWork()
    }
    c.HandleResult()
}

func (c *workerService) CreateWork() {
    ...
    for {
        // 在调度器中获取请求
        req := c.scheduler.Pull()
        // 将请求放入 reqRepository
        c.reqRepository.AddVisited(req)
        // 爬取请求
        body, err := req.Task.Fetcher.Get(req)
        rule := req.Task.Rule.Trunk[req.RuleName]
```

```
    ctx := &spider.Context{
        Body: body,
        Req: req,
    }
    // 规则解析
    result, err := rule.ParseFunc(ctx)
    // 将请求放入调度器
    if len(result.Requesrts) > 0 {
        go c.scheduler.Push(result.Requesrts...)
    }
    // 数据存储
    c.out <- result
    }
}
```

实际上，workerService 还可以被进一步优化。这里依赖 etcd client 实现资源的监听与加载，我们很容易再抽象出一个适配器来对接不同的注册中心，所以我将与注册中心相关的代码放置到了resourceregistry.go 中。其实，也可以将 ResourceRegistry 接口的具体实现放置到外层的 package中，把它作为六边形架构的最外层。

```
type EventType int

const (
    EventTypeDelete EventType = iota
    EventTypePut
    RESOURCEPATH = "/resources"
)

type ResourceRegistry interface {
    GetResources() ([]*ResourceSpec, error)
    WatchResources() WatchChan
}

type WatchResponse struct {
    Typ      EventType
    Res      *ResourceSpec
    Canceled bool
}
type WatchChan chan WatchResponse
type EtcdRegistry struct {
    etcdCli *clientv3.Client
}

func NewEtcdRegistry(endpoints []string) (ResourceRegistry, error) {
    cli, err := clientv3.New(clientv3.Config{Endpoints: endpoints})
    return &EtcdRegistry{cli}, err
}
func (e *EtcdRegistry) GetResources() ([]*ResourceSpec, error) {
    resp, err := e.etcdCli.Get(context.Background(), RESOURCEPATH,...)
    resources := make([]*ResourceSpec, 0)
```

```go
    for _, kv := range resp.Kvs {
        r, err := Decode(kv.Value)
        if err == nil && r != nil {
            resources = append(resources, r)
        }
    }
    return resources, nil
}

func (e *EtcdRegistry) WatchResources() WatchChan {
    ch := make(WatchChan)
    go func() {
        ...
    }()
    return ch
}
```

最后，将所有依赖显式注入 main 函数，即 cmd/worker.go 文件的 Run 函数。

```go
func Run() {
    // init log
    logger = log.NewLogger(plugin)
    // init fetcher
    f := spider.NewFetchService(spider.BrowserFetchType)
    // init storage
    if storage, err = sqlstorage.New(sqlstorage.WithSQLURL(sqlURL))
    // init etcd registry
        reg, err := spider.NewEtcdRegistry([]string{sconfig.RegistryAddress})

    s, err := engine.NewWorkerService(
        engine.WithFetcher(f),
        engine.WithLogger(logger),
        ...
    )
    go s.Run(cluster)
}
```

至此，我们基于 DDD 实现了爬虫 Worker 的代码重构，虽然这里仍然有许多值得推敲与优化的地方，但代码确实变得更加清晰和优雅了，扩展性也更强了。**相关代码位于 v0.4.3 标签下**，你也可以在此基础上尝试将 Master 重构，相信这个过程一定非常有趣。

42.5　总结

在 Go 语言中，并没有一种代码组织方式适用于所有的场景。本章总结了按照单体、层次、功能来组织代码会面临的问题，并最终探索出了使用领域驱动设计和六边形架构这条路，它可以解决命名和循环依赖问题，使我们的程序具备极强的扩展性。

领域驱动设计具有较陡峭的学习曲线，且需要不断地迭代业务与领域建模，相信你能在学习与实践中感受到领域驱动设计的好处，改善自己的代码，让编程更加高效、有趣。